高等学校电子与电气工程及自动化专业系列教材

# 运动控制系统

## （第二版）

主　　编　贺昱曜

副主编　陈金平　王崇武

参　　编　李　宏　巨永峰

主　　审　侯媛彬

西安电子科技大学出版社

# 内 容 简 介

本书全面、系统、深入地介绍了运动控制系统的基本控制原理、系统组成和结构特点、分析和设计方法等。

本书内容主要包括直流调速系统、交流调速系统和智能运动控制系统三部分。直流调速系统部分主要介绍直流电动机原理及单闭环调速系统、电流转速双闭环直流调速系统、晶闸管-电动机可逆调速系统和以全控型功率器件为主的直流脉宽调速系统等内容;交流调速系统部分主要介绍交流调速系统基础、基于异步电动机稳态模型的调速系统、基于异步电动机动态数学模型的调速系统、异步电动机串级调速系统以及同步电动机调速与交流伺服系统等内容;智能运动控制系统部分主要介绍近几年发展起来的多电平逆变器调速技术、数字运动控制系统与工程实现、智能运动控制系统等内容。本书既注重理论基础,又注重工程应用,体现了理论性与实用性相统一的特点。本书结合大量的工程实例,给出了仿真图形、分析或实验数据,具有形象直观、简明易懂的特点。

本书可作为自动化、电气工程及机电一体化类专业的本科教材,也可作为相关专业研究生开展学位论文研究的参考书,还可供科研院所、企业从事电气传动的工程技术人员参考使用。

## 图书在版编目(CIP)数据

运动控制系统/贺昱曜主编. —2 版. —西安:西安电子科技大学出版社,
2023.3
ISBN 978 - 7 - 5606 - 6753 - 9

Ⅰ. 运…  Ⅱ. 贺…  Ⅲ. 自动控制系统—高等学校—教材  Ⅳ. TP273

中国国家版本馆 CIP 数据核字(2023)第 028955 号

策  划  马乐惠
责任编辑  马乐惠
出版发行  西安电子科技大学出版社(西安市太白南路 2 号)
电  话  (029)88202421  88201467    邮  编  710071
网  址:www.xduph.com    电子邮箱:xdupfxb001@163.com
经  销  新华书店
印刷单位  咸阳华盛印务有限责任公司
版  次  2023 年 3 月第 2 版  2023 年 3 月第 1 次印刷
开  本  787 毫米×1092 毫米  1/16  印张 22.5
字  数  523 千字
印  数  1～3000 册
定  价  53.00 元
ISBN 978 - 7 - 5606 - 6753 - 9
XDUP 7055002 - 1

# 前　言

目前，运动控制系统已经广泛应用于机械制造、冶金、交通运输、石油化工、航空航天、国防工业等领域，即只要是需要使用动力的地方，都要解决动力的传输和机器与设备的运动控制问题，由此可见，运动控制系统在国民经济中具有举足轻重的作用。

近十几年来，电力电子技术、微电子技术和现代控制理论与技术的飞速发展，已将电力电子器件、控制、驱动及保护等集为一体，为运动控制系统的发展开辟了广阔的前景。数字脉宽调制（PWM）技术、微型计算机控制技术及各种现代控制技术，如自适应控制、最优控制、滑模变结构控制、模型预测控制、模糊控制、神经网络控制及各种智能控制已经深入传统的运动控制系统中，具有较高的静、动态性能的运动控制系统不断涌现。

"运动控制系统"是自动化专业、电气工程及其自动化专业的主干课程。本书综合利用"自动控制理论""电力电子技术""电机与拖动基础""计算机控制系统"的基础知识，培养学生理论联系实际的能力，使之掌握运动控制系统的工作原理和设计方法。本书的宗旨是：从实际出发，较深入地进行理论分析，着力解决运动控制系统中的实际问题，以计算机仿真和实验等手段验证理论分析结果，提高学生分析问题和解决问题的能力。

本书是在《运动控制系统》第一版的基础上修订完成的。由于直流调速和交流调速系统是运动控制系统的基础，所以本书第 1～8 章保留了交、直流调速系统原有的结构体系，并进行了内容补充和文字润饰，以使内容更加完善，概念更加清晰、准确，论述更加流畅。鉴于永磁同步电动机及交流伺服系统是未来变频调速的主流和发展方向，应用越来越广泛，所以对第 9 章的同步电动机调速系统进行了系统的修改和补充，并将第一版的位置随动系统（原第 11 章）融入本书的同步电动机调速与交流伺服系统（本书第 9 章），以使同步电动机调速系统体系更加完善。本书的第 10～12 章为近年来发展的智能运动控制系统。第 10章介绍多电平逆变器调速技术，以适应中、大功率变频调速。第 11 章介绍数字运动控制系统与工程实现，以使学生和工程技术人员运用前面章节介绍的理论，可以仿例设计出一个完整的交流电动机运动控制系统。第 12 章在智能运动控制的基础上，增加了交流调速系统的先进控制技术及应用，以实现高性能的运动控制。

本书以控制规律为主线，按照从直流到交流、从开环到闭环、从调速到伺服循序渐进的原则编写。全书共 12 章，按照 64 学时编写，教师可以根据所开课程学时选讲相关内容。

第 1～4 章为直流调速系统部分，重点介绍直流电动机原理及单闭环调速系统、电流转速双闭环直流调速系统、晶闸管-电动机可逆调速系统和直流脉宽调速系统等。

第 5～9 章为交流调速系统部分，重点介绍交流调速系统的基本理论与方法。第 5 章为交流调速系统基础；第 6 章基于异步电动机稳态模型的调速系统，介绍恒压频比控制和转差频率控制两类调速系统及其 PWM 控制技术；第 7 章基于异步电动机动态数学模型的调速系统，主要介绍异步电动机的矢量控制和直接转矩控制；第 8 章介绍异步电动机串级调速系统；第 9 章介绍同步电动机调速与交流伺服系统。

第 10～12 章为智能运动控制系统部分。第 10 章为多电平逆变器调速技术，介绍中、大功率的多电平逆变器调速技术、调制方法及工程设计技术。

第 11 章为数字运动控制系统与工程实现，介绍运动控制系统的数字控制技术，基于 DSP 的运动控制系统及工程设计方法与实例。

第 12 章为智能运动控制系统，介绍近年来发展起来的非线性反馈线性化控制、反步设计控制、滑模变结构控制、自适应控制、模型预测控制、智能控制等运动控制新方法，以及智能控制在运动控制系统中的应用。

"运动控制系统"是一门实践性很强的课程，实验是学好本课程必不可少的重要环节。实验可以随课堂教学过程进行，也可以单独进行，目的在于培养学生掌握实验方法和运用理论分析解决实际问题的能力。

本书由贺昱曜教授主持修订。参加修订工作的人员有贺昱曜教授(绪论、第 7、12 章)、陈金平副教授(第 3、6、9、10 章)、王崇武副教授(第 2、4、11 章)、李宏副教授(第 1、5 章)、巨永锋教授(第 8 章)。全书最后由贺昱曜教授统一定稿。

西安电子科技大学出版社的马乐惠编审为本书的出版付出了辛勤的劳动，在此表示衷心的感谢。

由于编者水平所限，书中不妥之处在所难免，欢迎读者批评指正。

编　者

2022 年 11 月

# 常 用 符 号 表

## 一、元件和装置用文字符号

| | |
|---|---|
| A | 放大器、调节器，电枢绕组 |
| ACR | 电流调节器 |
| AER | 电动势调节器 |
| AFR | 励磁电流调节器 |
| APR | 位置调节器 |
| ASR | 转速调节器 |
| ATR | 转矩调节器 |
| AVR | 电压调节器 |
| A$\psi$R | 磁链调节器 |
| BQ | 位置传感器，位置检测器 |
| BS | 自整角机 |
| CD | 电流微分环节 |
| CU | 功率变换单元 |
| DLC | 逻辑控制环节 |
| F | 励磁绕组 |
| FA | 具有瞬时动作的限流保护 |
| FBC | 电流反馈环节 |
| FBS | 测速反馈环节 |
| G | 发电机 |
| GD | 驱动电路 |
| GE | 励磁发电机 |
| GT | 触发装置 |
| GT$_F$ | 正组触发装置 |
| GT$_R$ | 反组触发装置 |
| HBC | 滞环控制器 |
| K | 继电器，接触器 |
| M | 电动机（总称） |
| MA | 异步电动机 |
| MD | 直流电动机 |
| MS | 同步电动机 |

1

| | |
|---|---|
| RP | 电位器 |
| S | 控制开关，选择开关 |
| $S_F$ | 正组电子模拟开关 |
| $S_R$ | 反组电子模拟开关 |
| SM | 伺服电动机 |
| T | 变压器 |
| TA | 电流互感器，霍尔电流传感器 |
| TAF | 励磁电流互感器 |
| TG | 测速发电机 |
| UCR | 可控整流器 |
| UI | 逆变器 |
| UPE | 电力电子变换装置 |
| UR | 整流器 |
| V | 晶闸管整流器 |
| $V_F$ | 正组晶闸管整流装置 |
| $V_R$ | 反组晶闸管整流装置 |
| VT | 功率开关器件 |
| PMSM | 永磁同步电动机 |

## 二、常用缩写符号

| | |
|---|---|
| CHBPWM | 电流滞环跟踪 PWM(Current Hysteresis Band PWM) |
| CSI | 电流源（型）逆变器(Current Source Inverter) |
| CVCF | 恒压恒频(Constant Voltage Constant Frequency) |
| GTO | 门极可关断晶闸管（Gate Turn-off Thyristor) |
| DSP | 数字信号处理器(Digital Signal Processor) |
| IGBT | 绝缘栅双极（型）晶体管（Insulated Gate Bipolar Transistor) |
| IPM | 智能功率模块(Intelligent Power Module) |
| PD | 比例微分（Proportion Differentiation) |
| PI | 比例积分（Proportion Integration) |
| PID | 比例积分微分(Proportion Integration Differentiation) |
| P-MOSFET | 场效应晶闸管(Power MOS Field Effect Transistor) |
| PWM | 脉宽调制(Pulse Width Modulation) |
| SHEPWM | 指定次谐波消除 PWM(Selected Harmonics Elimination PWM) |
| SPWM | 正弦波脉宽调制（Sinusoidal PWM) |
| SVPWM | 电压空间矢量 PWM(Space Vector PWM) |
| VR | 矢量旋转变换器(Vector Rotator) |
| VSI | 电压源（型）逆变器（Voltage Source Inverter) |
| VVVF | 变压变频（Variable Voltage Variable Frequency) |

# 三、参数和物理量文字符号

| | |
|---|---|
| $C_e$ | 直流电动机在额定磁通下的电动势系数 |
| $C_m$ | 直流电动机在额定磁通下的转矩系数 |
| $D$ | 调速范围，摩擦转矩阻尼系数 |
| $E$，$e$ | 反电动势，感应电动势（大写为平均值或有效值，小写为瞬时值），误差 |
| $e_s$ | 系统误差 |
| $F$ | 磁动势，力，扰动量 |
| $f_t$ | 开关频率 |
| $GD^2$ | 飞轮力矩 |
| $GM$ | 增益裕度 |
| $h$ | 开环对数频率特性中频宽 |
| $I_a$，$i_a$ | 电枢电流 |
| $I_d$，$i_d$ | 整流电流，直流平均电流 |
| $I_{dL}$ | 负载电流 |
| $I_f$，$i_f$ | 励磁电流 |
| $J$ | 转动惯量 |
| $K_e$ | 直流电动机电动势的结构常数 |
| $K_m$ | 直流电动机转矩的结构常数 |
| $K_p$ | 比例放大系数 |
| $K_s$ | 电力电子变换器放大系数 |
| $k_N$ | 绕组系数 |
| $L$ | 电感，自感，对数幅值 |
| $L_l$ | 漏感 |
| $L_m$ | 互感 |
| $M$ | 闭环系统频率特性幅值，调制度 |
| $M_r$ | 闭环系统频率特性幅值 |
| $m$ | 整流电压（流）一周内的脉冲数，典型 I 型系统两个时间常数之比 |
| $N$ | 匝数，载波比 |
| $n$ | 转速 |
| $n_0$ | 理想空载转速，同步转速 |
| $n_{syn}$ | 同步转速 |
| $n_p$ | 磁极对数（简称极对数） |
| $P$ | 功率 |
| $p=\dfrac{\mathrm{d}}{\mathrm{d}t}$ | 微分算子 |
| $P_m$ | 电磁功率 |
| $P_s$ | 转差功率 |

| | |
|---|---|
| $Q$ | 无功功率 |
| $R_a$ | 直流电动机电枢电阻 |
| $R_{pc}$ | 电力电子变换器内阻 |
| $R_{rec}$ | 整流装置内阻 |
| $S$ | 视在功率 |
| $s$ | 转差率，静差率 |
| $s=\sigma+j\omega$ | Laplace 变量 |
| $T$ | 时间常数，开关周期 |
| $T_e$ | 电磁转矩 |
| $T_l$ | 电枢回路电磁时间常数 |
| $T_L$ | 负载转矩 |
| $T_m$ | 机电时间常数 |
| $t_t$ | 最大动态降落时间 |
| $T_s$ | 电力电子变换器平均失控时间，电力电子变换器滞后时间常数 |
| $U$，$u$ | 电压，电枢供电电压 |
| $U_2$ | 变压器次级（额定）相电压 |
| $U_d$，$u_d$ | 整流电压，直流平均电压 |
| $U_{d0}$，$u_{d0}$ | 理想空载整流电压 |
| $U_f$，$u_f$ | 励磁电压 |
| $U_g$ | 栅极驱动电压 |
| $W_{cl}(s)$ | 闭环传递函数 |
| $W_{obj}(s)$ | 控制对象传递函数 |
| $W_m$ | 磁场储能 |
| $W_x(s)$ | 环节 $x$ 的传递函数 |
| $z$ | 负载系数 |
| $\alpha$ | 转速反馈系数，可控整流器的控制角 |
| $\beta$ | 电流反馈系数，可控整流器的逆变角 |
| $\gamma$ | 电压反馈系数，相角裕度，PWM 电压系数 |
| $\delta$ | 转速微分时间常数相对值，脉冲宽度 |
| $\Delta n$ | 转速降 |
| $\Delta U$ | 偏差电压 |
| $\Delta\theta_m$ | 角差 |
| $\theta_m$ | 机械角位移 |
| $\sigma$ | 漏磁系数，转差功率损耗系数，超调量 |
| $\tau$ | 时间常数 |
| $\lambda$ | 电动机允许过载倍数 |
| $\Phi$ | 磁通量（磁通） |
| $\Phi_m$ | 每极气隙磁通量 |
| $\varphi$ | 相位角，阻抗角，相频 |

| $\mathbf{\Psi}, \psi$ | 磁链 |
|---|---|
| $\omega$ | 角转速，角频率 |
| $\omega_b$ | 闭环频率特性带宽 |
| $\omega_c$ | 开环频率特性截止频率 |
| $\omega_m$ | 机械角转速 |
| $\omega_n$ | 二阶系统自然振荡频率 |
| $\omega_s$ | 转差角转速 |
| $\omega_1$ | 同步角转速，同步角频率 |

# 目　　录

绪论 ……………………………………………………………………………………………… 1

0.1　运动控制系统 ………………………………………………………………………… 1

0.2　运动控制系统的基本组成 …………………………………………………………… 1

0.3　运动控制系统的发展过程及应用 …………………………………………………… 4

0.4　运动控制系统的发展趋势 …………………………………………………………… 7

0.5　课程的目的和主要内容 ……………………………………………………………… 8

第1章　直流电动机原理及单闭环调速系统 ……………………………………………… 10

1.1　基本电磁定律 ………………………………………………………………………… 10

1.1.1　全电流定律 ……………………………………………………………………… 11

1.1.2　电磁感应定律 …………………………………………………………………… 11

1.1.3　电路定律 ………………………………………………………………………… 12

1.1.4　安培定律 ………………………………………………………………………… 12

1.2　直流电动机的工作原理及种类 ……………………………………………………… 12

1.2.1　直流电动机的工作原理 ………………………………………………………… 12

1.2.2　直流电动机的种类 ……………………………………………………………… 13

1.3　直流电动机的模型 …………………………………………………………………… 14

1.3.1　直流电动机的转矩和反电动势 ………………………………………………… 15

1.3.2　直流电动机的启动 ……………………………………………………………… 16

1.4　他励直流电动机的调速方法 ………………………………………………………… 17

1.4.1　改变电枢回路电阻调速 ………………………………………………………… 18

1.4.2　减弱电动机励磁磁通调速 ……………………………………………………… 18

1.4.3　改变电枢电压调速 ……………………………………………………………… 19

1.4.4　调速系统的静态及动态指标 …………………………………………………… 19

1.5　开环调压调速系统 …………………………………………………………………… 21

1.5.1　旋转变流机组 …………………………………………………………………… 22

1.5.2　晶闸管相控静止整流 …………………………………………………………… 23

1.5.3　直流脉宽调制 …………………………………………………………………… 24

1.6　转速单闭环调速系统 ………………………………………………………………… 25

1.6.1　系统组成 ………………………………………………………………………… 25

1.6.2　转速单闭环调速系统的稳态特性 ……………………………………………… 25

1.6.3　开环系统与转速单闭环调速系统稳态特性比较 ……………………………… 26

1.6.4　转速单闭环调速系统动态模型 ………………………………………………… 27

1.6.5　稳定性分析 ……………………………………………………………………… 29

1.7　无静差调速系统和基本调节电路 …………………………………………………… 30

1.7.1　基本调节电路 …………………………………………………………………… 30

1.7.2　单闭环无静差调速系统 ………………………………………………………… 33

1.8 其他反馈环节的直流调速系统 ……………………………………………… 34
　　1.8.1 电压负反馈直流调速系统 ……………………………………………… 34
　　1.8.2 电动势反馈直流调速系统 ……………………………………………… 35
1.9 单闭环调速系统电流截止负反馈 …………………………………………… 37
　　1.9.1 问题的提出 ……………………………………………………………… 37
　　1.9.2 电流截止负反馈环节 …………………………………………………… 37
　　1.9.3 带电流截止负反馈的单闭环转速负反馈调速系统 …………………… 38
习题与思考题 ………………………………………………………………………… 39

## 第2章 电流转速双闭环直流调速系统 …………………………………………… 41
2.1 最佳过渡过程的基本概念 …………………………………………………… 41
2.2 电流转速双闭环调速系统 …………………………………………………… 42
　　2.2.1 电流转速双闭环调速系统的组成及静特性 …………………………… 42
　　2.2.2 电流转速双闭环调速系统的动态分析 ………………………………… 45
　　2.2.3 电流转速双闭环调速系统的动态抗干扰性能 ………………………… 48
2.3 电流转速双闭环调速系统的工程设计方法 ………………………………… 49
　　2.3.1 工程设计方法的基本思路 ……………………………………………… 49
　　2.3.2 典型Ⅰ型系统 …………………………………………………………… 50
　　2.3.3 典型Ⅱ型系统 …………………………………………………………… 55
　　2.3.4 传递函数的近似处理 …………………………………………………… 59
　　2.3.5 系统的类型和调节器的选择 …………………………………………… 61
2.4 电流转速双闭环调速系统的工程设计 ……………………………………… 63
　　2.4.1 电流调节器的设计 ……………………………………………………… 63
　　2.4.2 转速调节器的设计 ……………………………………………………… 66
　　2.4.3 转速退饱和超调量的计算 ……………………………………………… 69
　　2.4.4 退饱和超调的抑制 ……………………………………………………… 72
2.5 弱磁控制的直流调速系统 …………………………………………………… 75
习题与思考题 ………………………………………………………………………… 76

## 第3章 晶闸管-电动机可逆调速系统 …………………………………………… 78
3.1 晶闸管直流调速系统可逆运行方案 ………………………………………… 78
　　3.1.1 问题的提出 ……………………………………………………………… 78
　　3.1.2 可逆直流调速系统电路实现方式 ……………………………………… 78
3.2 两组晶闸管可逆线路中的环流及其处理原则 ……………………………… 81
　　3.2.1 晶闸管装置的逆变状态与直流电动机的回馈制动 …………………… 81
　　3.2.2 可逆系统中的环流分析 ………………………………………………… 83
3.3 V－M可逆调速系统 ………………………………………………………… 87
　　3.3.1 $\alpha=\beta$ 配合控制的有环流 V－M 可逆调速系统 ………………… 87
　　3.3.2 无环流控制的 V－M 可逆调速系统 …………………………………… 90
习题与思考题 ………………………………………………………………………… 93

## 第4章 直流脉宽调速系统 ………………………………………………………… 95
4.1 脉宽调制变换器 ……………………………………………………………… 95
　　4.1.1 不可逆调速系统 ………………………………………………………… 96
　　4.1.2 电流反向的不可逆 PWM 调速系统 …………………………………… 96

　4.1.3　四象限可逆 PWM 变换器 ·································· 99
　4.2　脉宽调制系统的开环机械特性 ·································· 105
　4.3　PWM 变换器的控制电路 ······································· 107
　　4.3.1　门极驱动器 ·············································· 108
　　4.3.2　缓冲与吸收电路 ·········································· 109
　4.4　PWM 调速系统的电流脉动和转矩脉动分析 ·················· 110
　　4.4.1　电流脉动 ················································ 110
　　4.4.2　转矩脉动 ················································ 112
　习题与思考题 ······················································ 114

## 第 5 章　交流调速系统基础 ··········································· 115
　5.1　概述 ··························································· 115
　　5.1.1　交流调速系统的发展历史 ·································· 116
　　5.1.2　交流调速与直流调速的比较 ································ 117
　5.2　异步电动机基础 ················································ 118
　　5.2.1　异步电动机的工作原理 ···································· 118
　　5.2.2　异步电动机的组成 ········································ 119
　　5.2.3　旋转磁场 ················································ 121
　　5.2.4　旋转磁场对定子绕组的作用 ································ 124
　　5.2.5　旋转磁场对转子绕组的作用 ································ 126
　　5.2.6　转子和定子电路之间的关系 ································ 126
　　5.2.7　异步电动机的功率及转矩表达式 ···························· 128
　5.3　交流调速的基本方法 ············································ 129
　　5.3.1　变极对数调速方法 ········································ 129
　　5.3.2　变频调速方法 ············································ 129
　　5.3.3　变转差率调速的主要方法 ·································· 130
　5.4　逆变器的分类及指标 ············································ 133
　　5.4.1　直接变换器 ·············································· 133
　　5.4.2　间接变换器 ·············································· 135
　　5.4.3　逆变器波形指标 ·········································· 136
　习题与思考题 ······················································ 137

## 第 6 章　基于异步电动机稳态模型的调速系统 ························· 138
　6.1　变压变频调速的基本控制方式 ···································· 138
　　6.1.1　基频以下调速 ············································ 138
　　6.1.2　基频以上调速 ············································ 139
　6.2　异步电动机电压-频率协调控制时的机械特性 ···················· 139
　　6.2.1　恒压恒频正弦波供电时异步电动机的机械特性 ·············· 139
　　6.2.2　基频以下电压-频率协调控制时的机械特性 ················ 140
　　6.2.3　基频以上恒压变频时的机械特性 ···························· 144
　6.3　交流脉宽调制(PWM)技术 ······································ 145
　　6.3.1　PWM 波形生成原理 ········································ 146
　　6.3.2　正弦 PWM 控制技术 ······································· 147
　　6.3.3　选择谐波消除 PWM 控制技术 ······························ 149
　　6.3.4　电流滞环 PWM 控制技术 ··································· 150

  6.3.5　电压空间矢量 PWM 控制技术 ………………………………… 152
6.4　转速开环恒压频比控制调速系统 …………………………………… 158
  6.4.1　系统结构 ……………………………………………………… 158
  6.4.2　系统实现 ……………………………………………………… 159
  6.4.3　动态特性与静态特性 …………………………………………… 160
6.5　转速闭环转差频率控制的变压变频调速系统 ……………………… 161
  6.5.1　转差频率控制的基本概念 ……………………………………… 161
  6.5.2　基于异步电动机稳态模型的转差频率控制规律 ……………… 162
  6.5.3　转差频率控制的变压变频调速系统 …………………………… 163
6.6　PWM 变频调速系统的几个问题 ……………………………………… 163
  6.6.1　转动脉动 ……………………………………………………… 164
  6.6.2　直流电压利用率 ………………………………………………… 165
  6.6.3　能量回馈与泵升电压 …………………………………………… 166
  6.6.4　对电网的污染 …………………………………………………… 167
  6.6.5　桥臂器件开关死区对 PWM 变压变频器的影响 ……………… 167
习题与思考题 ……………………………………………………………… 169

第 7 章　基于异步电动机动态数学模型的调速系统 ……………………… 171
7.1　交流异步电动机动态数学模型和坐标变换 ………………………… 171
  7.1.1　三相异步电动机动态数学模型 ………………………………… 171
  7.1.2　坐标变换 ………………………………………………………… 176
  7.1.3　异步电动机在两相坐标系上的数学模型 ……………………… 179
  7.1.4　异步电动机在两相坐标系上的状态方程 ……………………… 182
  7.1.5　异步电动机动态数学模型的控制特性 ………………………… 186
7.2　按转子磁链定向的矢量控制系统 …………………………………… 186
  7.2.1　同步旋转坐标系中的数学模型 ………………………………… 186
  7.2.2　按转子磁链定向矢量控制的基本原理 ………………………… 188
  7.2.3　按转子磁链定向的矢量控制系统 ……………………………… 189
  7.2.4　按转子磁链定向矢量控制系统的转矩控制方式 ……………… 190
  7.2.5　转子磁链计算 …………………………………………………… 192
  7.2.6　磁链开环转差型矢量控制系统——间接定向 ………………… 195
7.3　无速度传感器矢量控制系统 ………………………………………… 197
  7.3.1　速度推算与矢量控制分别独立进行 …………………………… 197
  7.3.2　速度推算与矢量控制同时进行 ………………………………… 198
  7.3.3　无电压、速度传感器矢量控制系统 …………………………… 199
7.4　直接转矩控制系统 …………………………………………………… 200
  7.4.1　直接转矩控制系统的基本原理 ………………………………… 200
  7.4.2　基于定子磁链控制的直接转矩控制系统 ……………………… 206
  7.4.3　定子磁链和转矩计算模型 ……………………………………… 208
  7.4.4　无速度传感器直接转矩控制 …………………………………… 210
7.5　直接转矩控制系统与矢量控制系统的比较 ………………………… 212
7.6　直接转矩控制实例仿真 ……………………………………………… 213
习题与思考题 ……………………………………………………………… 215

第 8 章　异步电动机串级调速系统 ……………………………………… 217

8.1 异步电动机串级调速系统的工作原理 ················· 217

8.2 异步电动机串级调速时的机械特性 ··················· 219

8.2.1 异步电动机串级调速机械特性的特征 ············· 219

8.2.2 异步电动机串级调速时的转子整流电路 ··········· 222

8.2.3 异步电动机串级调速机械特性方程 ··············· 223

8.3 双闭环控制串级调速系统 ························· 227

8.3.1 双闭环控制串级调速系统的组成 ················· 227

8.3.2 串级调速系统的动态数学模型 ··················· 228

8.3.3 调节器参数的设计 ··························· 229

8.3.4 串级调速系统的功率因数及其改善途径 ··········· 230

习题与思考题 ··································· 230

第 9 章 同步电动机调速与交流伺服系统 ················· 232

9.1 概述 ····································· 232

9.1.1 可控励磁同步电动机 ························· 233

9.1.2 永磁同步电动机 ··························· 238

9.1.3 同步电动机的调速 ··························· 240

9.2 他控变频同步电动机调速系统 ····················· 241

9.2.1 转速开环恒压频比控制的同步电动机群调速系统 ····· 241

9.2.2 大功率同步电动机调速系统 ····················· 241

9.3 自控变频同步电动机调速系统 ····················· 242

9.3.1 自控变频同步电动机 ························· 242

9.3.2 永磁无刷直流电动机的自控变压变频调速系统 ······· 244

9.4 可控励磁同步电动机高性能调速控制系统 ············· 247

9.4.1 可控励磁同步电动机的多变量动态数学模型 ········· 248

9.4.2 可控励磁同步电动机按气隙磁链定向矢量控制系统 ··· 251

9.4.3 可控励磁同步电动机直接转矩控制系统 ··········· 254

9.5 正弦波永磁同步电动机高性能调速控制系统 ··········· 256

9.5.1 PMSM 的 $dq$ 坐标系数学模型 ················· 257

9.5.2 PMSM 按转子磁链定向的矢量控制系统 ··········· 258

9.5.3 PMSM 直接转矩控制系统 ····················· 260

9.6 交流伺服系统 ······························· 262

9.6.1 伺服系统的组成 ··························· 262

9.6.2 PMSM 伺服系统 ··························· 264

9.6.3 PMSM 伺服系统的设计 ····················· 265

习题与思考题 ··································· 269

第 10 章 多电平逆变器调速技术 ····················· 270

10.1 多电平逆变器技术概述 ························· 270

10.1.1 多电平逆变器产生的背景 ····················· 270

10.1.2 多电平逆变器技术 ························· 271

10.1.3 多电平逆变器的特点 ······················· 274

10.2 多电平逆变器电路结构 ························· 274

10.2.1 钳位型逆变器 ··························· 274

10.2.2 级联型逆变器 ··························· 279

10.3　多电平 PWM 调制方法 ……………………………………………… 281
　　10.3.1　阶梯波调制法 …………………………………………………… 281
　　10.3.2　SPWM 法 ………………………………………………………… 282
　　10.3.3　空间矢量 PWM 法 ……………………………………………… 283
　　10.3.4　选择谐波消去法 ………………………………………………… 284
　　10.3.5　开关频率优化法 ………………………………………………… 285
10.4　三电平逆变器异步电动机直接转矩控制系统 ……………………… 286
　　10.4.1　三电平逆变器直接转矩控制基本原理 ………………………… 287
　　10.4.2　电压空间矢量优化选择原理 …………………………………… 287
　　10.4.3　仿真结果 ………………………………………………………… 288
　习题与思考题 ……………………………………………………………… 289

第 11 章　数字运动控制系统与工程实现 …………………………………… 290
11.1　运动控制系统数字控制的特点 ……………………………………… 290
11.2　运动控制系统主要环节的数字化实现 ……………………………… 291
　　11.2.1　系统状态量的数字检测 ………………………………………… 291
　　11.2.2　数字滤波器 ……………………………………………………… 295
　　11.2.3　函数发生器 ……………………………………………………… 296
　　11.2.4　数字控制器 ……………………………………………………… 298
11.3　基于 DSP 的运动控制系统 …………………………………………… 303
　　11.3.1　TMS320F28XX 实现异步电动机矢量控制 …………………… 303
　　11.3.2　TMS320 实现异步电动机直接转矩控制 ……………………… 306
　11.4　基于矢量控制系统的增量调试 ……………………………………… 310
　习题与思考题 ……………………………………………………………… 313

第 12 章　智能运动控制系统 ………………………………………………… 314
12.1　交流电动机的非线性与智能控制方法 ……………………………… 314
12.2　基于速度观测器的异步电动机模糊自适应反演控制 ……………… 316
12.3　智能控制在运动控制系统中的应用 ………………………………… 322
　　12.3.1　模糊控制在运动控制系统中的应用 …………………………… 323
　　12.3.2　神经网络控制在运动控制系统中的应用 ……………………… 332
　　12.3.3　模糊神经网络在运动控制系统中的应用 ……………………… 337
　习题与思考题 ……………………………………………………………… 342

参考文献 ……………………………………………………………………… 343

# 绪　　论

## 0.1　运动控制系统

运动控制系统是以电动机及其拖动的生产机械(即负载)为控制对象,以控制器为核心,以电力电子功率变换装置为执行机构,在自动控制理论的指导下组成的电气传动自动控制系统。通过这类系统控制电动机的转矩、转速和转角,将电能转换为机械能,实现生产机械的各种运动要求。

运动控制系统的种类繁多,用途各异,并有不同的分类方法。

(1)按被控物理量分:以转速为被控量的系统叫调速系统;以角位移或直线位移为被控量的系统叫位置随动系统,有时也叫伺服系统。

(2)按驱动电动机的类型分:用直流电动机带动生产机械的为直流传动系统;用交流电动机带动生产机械的为交流传动系统。

(3)按控制器的类型分:以模拟电路构成控制器的叫模拟控制系统;以数字电路构成控制器的叫数字控制系统。

另外,按照控制系统中闭环的多少,运动控制系统可分为单闭环控制系统、双闭环控制系统和多闭环控制系统;按控制原理的不同,也可分为多种运动控制系统。某一运动控制系统可能是多种分类方法的交叉,如用 DSP 实现的双闭环数字直流调速系统。

运动控制系统的共同特点如下:

(1)传动功率范围宽,可从几毫瓦到几百兆瓦。

(2)调速范围大,宽调速系统的调速范围可达到 1∶10 000;在没有变速装置的情况下,转速从最低几转每小时到最高几十万转每分钟。

(3)运动控制系统可获得良好的动态性能和较高的稳速精度或定位精度。

(4)运动控制系统可四象限运行,制动时能量回馈电网,较内燃机、涡轮机优点突出。

(5)运动控制系统可以控制单台电动机运行,也可控制多台电动机协调运行,只是控制方法略有不同。

(6)只要合理地选择控制方案,运动控制系统几乎可以适用于任何传动场合。

由于上述特点,运动控制系统被广泛地运用于相关行业的各种实际需求中。据统计,我国电动机的装机容量约为 4 亿多千瓦,其用电量占当年全国发电量的 $60\% \sim 70\%$。如何合理、有效、经济地利用好这一部分电能,提高劳动生产率,是运动控制系统研究的主要内容。

## 0.2　运动控制系统的基本组成

### 1. 基本组成

运动控制系统的基本组成主要包括三部分:控制器、功率驱动装置和电动机,如图

0-1 所示。控制器按照给定值和实际运行的反馈值之差调节控制量；功率驱动装置一方面按控制量的大小将电网中的电能作用于电动机上，调节电动机的转矩大小，另一方面按电动机的要求把恒压恒频的电网供电转换成电动机所需的变压变频的交流电或电压可调的直流电；电动机则按供电大小拖动生产机械运转。大多数运动控制系统都是闭环控制的，只有少数简单的、对控制要求不高的场合采用开环控制。

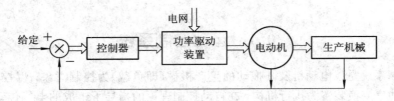

图 0-1  运动控制系统的基本组成

图 0-1 中的三个主要组成部分是构成运动控制系统所必需的，每一部分采用的设备和技术形式多样，如图 0-2 所示。任何一部分采用的具体设备和技术不同，都可构成不同的运动控制系统。虽然电动机、功率驱动装置和控制器等的大部分内容已经分别在其他先行课程中学过，但它们组合成完整的运动控制系统以后有哪些新的控制要求，如何分析系统的性能，如何设计控制器使系统达到较高的性能指标，在实际应用中存在哪些具体问题及如何解决，这些不同系统有哪些共性和特点以及它们的分析和设计方法有哪些，等等，这些都是"运动控制系统"课程研究的主要内容和需要解决的问题。

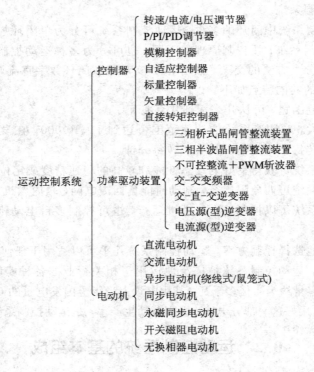

图 0-2  运动控制系统各部分的设备类型

### 2. 运动控制系统及其相关学科

运动控制系统具体由控制器、相应的传感器、功率驱动装置、信号处理单元、电动机及负载等构成，其每一部分所涉及的知识领域及所需要的知识单元如图0-3所示。

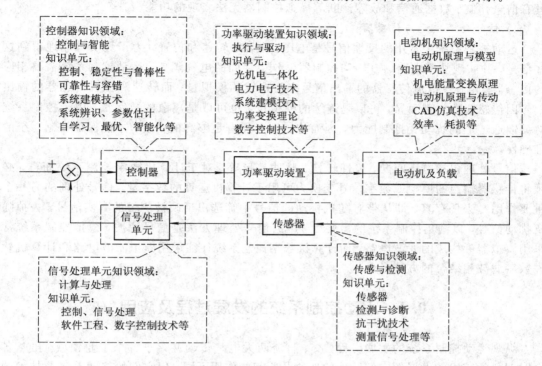

图0-3　运动控制系统所涉及的相关知识领域及所需要的知识单元

1）电动机及负载

运动控制系统的控制对象为电动机。电动机从类型上可分为直流电动机、交流感应电动机（又称为交流异步电动机）和交流同步电动机；从用途上可分为用于调速系统的驱动电动机和用于伺服系统的伺服电动机。直流电动机结构复杂，制造成本高，电刷和换向器限制了它的转速与容量。交流电动机具有结构简单、制造容易等优点，无需机械换向器，其允许的转速与容量均大于直流电动机。交流同步电动机的转速等于其同步转速，具有机械特性硬等优点，但存在启动失步问题。变频器的诞生不仅实现了交流同步电动机的调速，还解决了其启动和失步问题，有效地促进了交流同步电动机在运动控制系统中的应用。

2）功率驱动装置

功率驱动装置有电动机型、电磁型、电力电子型等，现在多用电力电子型功率驱动装置。电力电子器件经历了由半控型向全控型、由低频开关向高频开关、由分立器件向具有复合功能的功率模块发展的过程。电力电子技术的发展，使功率驱动装置的结构趋于简单，性能趋于完善。

3）控制器

控制器分模拟控制器和数字控制器两类，现在多采用数字控制器。

模拟控制器常用运算放大器及相应的电气元件实现，具有物理概念清晰、控制信号流向直观等优点，其控制规律体现在硬件电路和所用的器件上，因而线路复杂，通用性差，控制效果受到器件性能、温度等因素的影响。

以微处理器为核心的数字控制器的硬件电路标准化程度高，制作成本低，而且不受器件温度漂移的影响，其控制规律体现在软件上，修改起来灵活方便。此外，数字控制器还具有信息存储、数据通信和故障诊断等模拟控制器无法实现的功能。

4) 信号处理单元与传感器

运动控制系统中常用的反馈信号是电压、电流、转速和位置。为了真实可靠地得到这些信号，并实现功率电路（强电）和控制器（弱电）之间的电气隔离，运动控制系统需要相应的传感器。电压、电流传感器的输出信号多为连续的模拟量；而转速和位置传感器的输出信号因传感器的类型而异，可以是连续的模拟量，也可以是离散的数字量。由于控制系统对反馈通道上的扰动无抑制能力，因而传感器必须有足够高的精度，才能保证控制系统的准确性。

信号处理包括电压匹配、极性转换、脉冲整形等。对于计算机数字控制系统而言，必须将传感器输出的模拟或数字信号变换为可用于计算机运算的数字量。信号处理的另一个重要作用是去伪存真，即从带有随机扰动的信号中筛选出反映被测量的真实信号，去掉随机扰动信号，以满足控制系统的需要。常用的信号处理方法是信号滤波，模拟控制系统常采用模拟器件构成的滤波电路，而计算机数字控制系统往往采用模拟滤波电路和计算机软件数字滤波相结合的方法。

## 0.3　运动控制系统的发展过程及应用

纵观运动控制系统的发展历程，交、直流两大电气传动并存于各个工业领域。虽然各个时期科学技术的发展使它们所处的地位及所起的作用不同，但它们始终随着工业技术的发展，特别是电力电子和微电子技术的发展，在相互竞争、相互促进中不断完善并发生着变化。

### 1. 运动控制系统的发展过程

由于历史上最早出现的电动机是直流电动机，因而 19 世纪 80 年代以前，直流电气传动是唯一的电气传动方式。19 世纪末，交流电出现了，在解决了三相制交流电的输送和分配问题，并制成了经济适用的鼠笼式异步电动机后，交流电气传动在工业中逐步得到广泛的应用。大量使用异步电动机严重影响了电网的功率因数，而同步电动机的诞生和使用大大缓解了功率因数问题。电动机作为动力机械，为人类社会的发展和进步、工业生产的现代化起到了巨大的推动作用。

随着生产技术的发展，对电气传动在启制动、正反转以及调速精度、调速范围、静态特性、动态响应等方面都提出了更高的要求，这就要求大量使用调速系统。由于直流电动机易于实现速度调节和转矩控制，因而从 20 世纪 30 年代起人们就开始使用直流调速系统。它的发展过程是：由最早的旋转变流机组供电、磁放大器控制发展到用静止的晶闸管变流装置和模拟控制器实现直流调速。大约在 20 世纪 80 年代，采用大功率晶体管组成脉宽调制电路实现了数字化控制，使直流调速系统的快速性、可靠性、经济性不断提高，从而使之非常广泛地应用于许多场合。直流电动机调速，在额定转速以下，可用保持励磁电流恒定，改变电枢电压的方法实现恒转矩调速；在额定转速以上，可用保持电枢电压恒定，改变励磁的方法实现恒功率调速。近代采用晶闸管供电的转速、电流双闭环直流调速系统可获得优良的静、动态调速特性。因此，长期以来在变速传动领域中，直流调速一直占据主导地位。然而，由于直流电动机本身存在机械式换向器和电刷这一固有的结构性缺陷及制造工艺复杂、成本高等缺点，使之维护麻烦，使用环境受到限制，并且很难向高转速、高电压、大容量方向发展，因而直流调速难以满足现代社会对调速系统的需求。以风机、水泵设备为例，过去都工作在交流电动机拖动的恒速运行状态，如果改恒速为按需调速的话，可节省电能 30% 左右。

交流电动机，特别是鼠笼式异步电动机，具有结构简单、制造容易、价格便宜、坚固耐用、转动惯量小、运行可靠、很少维修、使用环境及结构发展不受限制等优点。20 世纪 80 年代以后，科学技术的迅速发展为交流调速的发展创造了极为有利的技术条件和物质基础。从此，以变频调速技术为主要内容的现代交流调速系统沿着下述四个方面迅速发展。

（1）电力电子器件。

电力电子器件是现代交流调速系统的支柱，其发展直接决定和影响交流调速系统的发展。20 世纪 80 年代中期以前，变频调速功率驱动装置主要采用第一代电力电子器件——晶闸管元件，其装置的效率、可靠性、成本、体积均无法与同容量的直流调速装置相比。20 世纪 80 年代中期以后，采用第二代电力电子器件 GTR（Giant Transistor）、GTO（Gate Turn Off Thyristor）、VDMOS - IGBT（Insulated Gate Bipolar Transistor）等功率器件制造的变频器在性能上可以与直流调速装置媲美。20 世纪 90 年代，第三代电力电子器件问世，在这个时期，中、小功率的变频器（1～1000 kW）主要采用 IGBT 器件，大功率的变频器采用 GTO 器件。20 世纪 90 年代末至今，电力电子器件的发展进入了第四代，主要实用的器件如下：

① 高压 IGBT 器件。西门子公司研制的沟槽式结构的绝缘栅晶体管 IGBT，使 IGBT 器件的耐压水平由常规的 1200 V 提高到 4500 V，实用功率容量为 3300 V/1200 A。这表明 IGBT 器件突破了耐压限制，进入第四代高压 IGBT 阶段。

② IGCT（Insulated Gate Controlled Transistor）器件。ABB 公司把环形门极 GTO 器件外加 MOSFET 功能，研制成功全控型 IGCT（ETO）器件，使其耐压性及容量保持了 GTO 的水平，但门极控制功率却大大减小，仅为 0.5～1 W。目前实用化的 IGCT 功率容量为 4500 V/3000 A，相应的变频器容量为（315～10 000 kW）/（6～10 kV）。

③ IEGT（Injection Enhanced Gate Transistor）器件。东芝公司研制的高压、大容量、全控型功率器件 IEGT 是把 IGBT 器件和 GTO 器件两者的优点结合起来的注入增强栅晶体管。IEGT 器件实用功率容量为 4500 V/1500 A，相应的变频器容量达 8～10 MW。

④ SGCT（Symmetrical Gate Commutated Thyristor）器件。罗克威尔公司研制的高压、大容量、全控型功率器件 SGCT 也开始走向实用化阶段。

第四代电力电子器件模块化更为成熟，如功率集成电路 PIC、智能功率模块 IPM 等。用第四代电力电子器件制造的变频器性能价格比更高，模块化器件将是 21 世纪的主宰器件。

（2）脉宽调制（PWM）技术。

1964 年，德国学者 A. Schonung 和 H. Stemmler 提出将通信中的调制技术应用到电动机控制中，于是产生了脉冲宽度调制技术，简称脉宽调制（PWM）。脉宽调制技术的发展和应用优化了变频装置的性能，使其适用于各类调速系统。

脉宽调制（PWM）种类很多，并且还在不断发展中。脉宽调制技术基本上可分为四类，即等宽 PWM、正弦 PWM（SPWM）、磁链追踪型 PWM（SVPWM）及电流滞环跟踪型 PWM（CHBPWM）。PWM 技术的应用克服了相控方法的所有弊端，使交流电动机定子得到了接近正弦波的电压和电流，提高了电动机的功率因数和输出功率。

（3）矢量控制技术。

1971 年，德国学者伯拉斯切克（F. Blaschke）提出了交流电动机矢量控制理论，这是实现高性能交流调速系统的一个重要突破。矢量控制的基本思想是应用参数重构和状态重构的现代控制理论概念实现交流电动机定子电流的励磁分量和转矩分量之间的解耦，将交流电动机的控制过程等效为直流电动机的控制过程，从而使交流调速系统的动态性能得到了显著的提高，这使交流调速最终取代直流调速成为可能。目前，对调速特性要求较高的生产工艺大多采用了矢量控制型的变频调速装置。实践证明，采用矢量控制的交流调速系统的优越性高于直流调速系统。

继矢量控制技术之后，20 世纪 80 年代中期德国鲁尔大学的德彭布罗克（Depenbrock）教授首先成功地实现了直接转矩控制的实际应用。近几十年的实际应用表明，与矢量控制技术相比，直接转矩控制可获得更大的瞬时转矩和更快的动态响应，因此，交流电动机直接转矩控制是一种很有发展前途的控制技术。目前，采用直接转矩控制方式的 IGBT、IGCT 变频器已广泛应用于工业生产及交通运输领域中。

（4）计算机控制技术。

近几十年来，计算机控制技术，特别是以单片机及数字信号处理器（DSP）为控制核心的计算机控制技术的迅速发展和广泛应用，促使交流调速系统的控制回路由模拟控制迅速走向数字控制。

数字化使得控制器对信息的处理能力大幅度提高，许多难以实现的复杂控制，如矢量控制中的坐标变换运算、解耦控制、滑模变结构控制、基于参数辨识的自适应控制等，都可以采用计算机控制器实现。此外，计算机控制技术同时提高了交流调速系统的可靠性和操作性、设置的多样性及灵活性，降低了变频调速装置的成本和体积，又给交流调速系统增加了多方面的功能，特别是故障诊断技术得到了完全的实现。以微处理器为核心的数字控制已成为现代交流调速系统的主要控制方式之一。

**2. 运动控制系统的应用**

根据统计，在用电系统中，电动机作为主要的动力设备而广泛地应用于工农业生产、国防、科技及社会生活等各个方面。电动机负荷约占总发电量的 70%，成为用电量最多的电气设备，而交流电动机用电量占电动机总用电量的 85% 左右，由此可见交流电动机应用的广泛性及其在国民经济中的重要地位。

今天，发达国家中生产的总电能的一半以上由电动机转换为机械能，电拖动的运动控制系统的应用已相当普及，到处可以看到以运动控制系统为动力核心的各种机械、设备或电器。例如：

（1）制造业：钢厂的连轧机、电炉，加工车间的各种机床如造纸机、印刷机、纺织机，化工厂的搅拌机和离心机，搬运厂的起重机和传送带，矿山、油田、林场等用的电力拖动机械。

　　（2）仪表工业：各种记录仪的笔架控制，如温度记录仪、计算机外部设备中的$x-y$记录仪，各种绘图机及计算机磁盘驱动器的磁头定位控制。

　　（3）军事：火炮群跟踪雷达天线、电子望远镜瞄准目标的控制、陀螺仪惯性导航控制以及各类飞行器的姿态控制等。

　　（4）高新技术产业：各种机器人的移动及关节姿态控制，3D打印机，电动汽车，电动船舰，高速列车，各种磁悬浮系统。

　　（5）日常生活：冰箱、空调、洗衣机、电梯、无轨电车等。

## 0.4　运动控制系统的发展趋势

　　针对技术发展和应用需求，运动控制系统的发展趋势可以归纳为以下几个方面：

　　（1）运动系统的交流化。由于交流电动机本身的优势，交流调速取代直流调速已成为一种不可逆转的趋势。随着交流调速系统成本的逐步降低，不仅现有的直流调速系统将被交流调速系统所取代，而且大量原来恒速运行的交流传动系统也将改为交流调速系统，原来直流调速所不能达到的高转速、大功率也将采用交流调速系统来实现。

　　（2）功率变换装置高频化。在功率变换装置中，低频的半控器件——晶闸管在中、小功率范围内将被高频的全控器件——大功率晶体管器件所代替，这样既可以提高系统性能，又可以改善电网的功率因数。

　　（3）功率系统的高速、超小和超大型化。系统已经实现了以前调速系统所不能达到的高转速（上万转每分钟）、大功率（上万千瓦）；同时，由于新材料、新工艺和集成技术的进步，超小型的运动控制器正在被应用于微型机器人、微型飞行器等领域。

　　（4）系统实现的集成化。电力电子技术的进步，使得功率变换装置不断向高频化和集成化发展。此外，借助于数字和总线技术，运动控制系统自身正在由简单的单机控制系统走向多机多种控制过程协调的系统集成阶段。

　　（5）控制的数字化、智能化和网络化。智能控制已经深入到运动控制系统的各个方面，例如模糊控制、神经网络控制等，各种观测器和辨识技术应用于运动控制系统中，大大改善了控制系统的性能。数字控制器的发展同时为联网和复杂控制提供了可能。随着系统规模的扩大和系统复杂性的提高，单机控制系统越来越少，而是传动设备及控制器作为一个节点连到现场总线或工业控制网上，形成大规模多机协同工作的高度自动化复杂系统，实现集中的或分散的生产过程实时监控。

　　交流调速技术的发展过程表明，现代工业生产及社会发展的需要推动了交流调速的发展；现代控制理论、电力电子技术、计算机控制技术及大规模集成电路的发展和应用，为交流调速的发展创造了技术和物质条件。当前交流调速系统正朝着高电压、大容量、高性能、高效率、绿色化、网络化的方向发展，新的研究与发展方向主要包括以下几个方面：

　　（1）高性能交流调速系统的研究与开发。几十年的应用实践表明，矢量控制理论及其他现代控制理论的应用尚待随着交流调速的发展而不断完善，从而进一步提高交流调速系统的控制性能。

　　按转子磁链定向的异步电动机矢量控制系统实现了定子励磁电流和转矩电流的完全解耦，然而转子参数估计的不准确及参数变化造成定向坐标的偏移是矢量控制研究中必须解决的重要问题。直接转矩控制技术在应用实践中不断完善和提高，其研究的主攻方向是进一步提高低速时的控制性能，以扩大调速范围。无硬件测速传感器的系统已有许多应用，但是转速推算精度和控制的实时性有待于深入研究与开发。

近年来，为了进一步提高和改善交流调速系统的控制性能，国内外学者致力于将先进的控制策略引入交流调速系统中，如滑模变结构控制、非线性反馈线性化控制、BackStepping 控制、自适应逆控制、模型预测控制、智能控制等，已经成为交流调速发展中新的研究内容。

（2）功率变换器新型主电路拓扑结构研究与开发。提高变频器的输出效率是电力电子技术发展中应主要解决的重要问题之一。提高变频器输出效率的主要措施是降低电力电子器件的开关损耗，具体解决方法是开发研制新型拓扑结构的变频器。如 20 世纪 80 年代中期美国威斯康星大学 Divan 教授提出的谐振直流环节逆变器，可使电力电子器件在零电压或零电流下转换，即工作在所谓的"软开关"状态下，从而使开关损耗降低到接近于零。2003 年，美国密歇根州立大学的彭方正教授提出了 $Z$ 源逆变器拓扑，提高了输入电源利用率和输出电压范围，成为近年来研究的热点。

（3）PWM 模式改进与优化研究。近年来，随着中压变频器和多电平变换器的兴起，人们对空间电压矢量控制 PWM 模式进行了改进和优化研究，其中为解决三电平中压变频器中点电压偏移问题，提出了虚拟电压矢量合成 PWM 模式（不产生中点电压偏移时的电压长矢量、短矢量、零矢量的组合），并已取得了具有实用价值的研究成果；用于级联式多电平中压变频器的脉冲移相 PWM 技术也已有应用。

（4）中压变频装置（我国称为高压变频装置）的研究与开发。中压是指电压等级为 $1\sim10$ kV，中、大功率是指功率等级在 300 kW 以上。中压、大容量的交流调速系统的研究与开发实践已有 30 多年，逐步进入实际应用阶段，尤其随着全控型功率器件耐压的提高，中压变频器的应用迅速加快。目前应用较多的是采用 IGBT、IGCT 的三电平中压变频器及级联式多电平中压变频器。目前，中压变频器已成为交流调速开发研究的新领域，是热点课题之一。

## 0.5　课程的目的和主要内容

"运动控制系统"是自动化专业、电气工程及其自动化专业的一门核心专业课程。

在先修课程中，学生学习了运动控制系统中所涉及的"自动控制理论""计算机控制技术""信号处理"以及实现电气能量形态变换的"电力电子技术"等课程。"运动控制系统"课程主要从系统的角度讨论作为被控对象的电动机及负载的原理性内容，以及结合上述知识构成控制系统以实现系统功能时所需的基本内容。那么，为什么要学习这门课程呢？

（1）从控制系统的角度看，运动控制系统具有系统的典型性和应用的广泛性。由 0.2 节对运动控制系统的介绍可知，该系统在国民经济中应用广泛，作用重大。大部分的控制系统都具有与图 0-3 实线部分所示系统相似的结构，只是控制目标、执行机构和被控对象因系统的要求不同而不同。

（2）从知识体系的角度看，该知识体系和内容具有较好的代表性和综合性。对于自动化或电气工程及其自动化专业的学生而言，具有系统控制及工程方面的知识和能力十分重要。图0-3中的点画线框说明了设计和构成一个运动控制系统所涉及的知识领域以及所需要的知识单元，每个单元都有相关课程。本课程把以前所学的知识综合起来，通过实际应用使学生明白所学过的知识到底有什么用处和应该怎样应用，体现了所学知识的系统性和完整性。

本书所介绍的内容可大致归纳为一个主题和两条主线。

· 一个主题：运动控制系统；

· 两条主线：一个是以机电能量变换为特征的电动机装置，一个是以电力拖动控制系统为核心的系统原理与设计。

学习电动机时要关注以下内容：

(1) 直流、交流电动机的原理，相关电参数、磁参数和机械参数的关系。

(2) 从使用角度来看，需要考查电动机的能量变换效率、机电特性。

(3) 作为某一控制系统的被控对象时，电动机的静、动态数学模型的建立。

具体的要点是要掌握电动机从电端口输入的电气量(主要是电压)，与机械端口输出的转矩、转速之间是如何联系起来的；既要掌握相关物理概念，又要掌握数学建模方法，甚至具体的静态电动势平衡方程、转矩平衡方程、磁势平衡方程、功率平衡方程以及静态和动态数学模型等；同时还需要掌握各种电动机的机械特性、等效电路、矢量图，以及变量的选取、解耦等分析方法。

学习控制系统时要关注以下内容：

(1) 系统的工程背景。所述系统的提出以及逐步完善大都基于当时的经济、技术条件和重大需求，学习这些问题提出的背景和解决思路，将有助于创新性思维和能力的提高。

(2) 应用理论解决实际问题。例如自动控制理论，它本身是很严谨的，但要从许多实际问题中抽象出理论，总得有一些假定条件，忽略次要矛盾，抓住主要矛盾。学过理论后，要把它用于实际，就得注意这些假定条件是否都对，如果都对，就可以用；如果有一条不对，就得修改，然后才能用。这就是结合实际、发展理论。

(3) 对具体的知识要点而言，应学习以下内容。

① 系统的稳定性，动、静态特性；基于某种控制目标的系统建模方法、分析方法、控制方法和设计方法。

② 重点系统。本书所涉及的重点系统具有代表性，一个是以单输入单输出、线性系统为特征的电流转速双闭环调速系统，另一个是以多输入单输出、非线性系统为特征的交流调速系统。

③ 与系统的实现相关的电力电子技术、控制理论、计算机技术、信号处理等相关理论与技术。

本课程所涉及的仅仅是一个运动控制系统中最基本的内容和方法。因此，希望学习者不仅要掌握有关电动机、运动控制系统的基本理论和方法，为今后应用、设计或研发该类系统打下良好的基础，更重要的是应掌握其思路和方法，以便今后在学习和工作中举一反三，更好地解决其他系统的相关问题。

# 第1章　直流电动机原理及单闭环调速系统

> 　　早期的运动控制系统几乎都采用直流电动机。直流电动机是运动控制系统的基础。本章主要介绍直流电动机的调速方法，开环调压和转速单闭环调速系统的性能等。
>
> 　　1.1节给出了基本电磁定律；1.2节和1.3节介绍了直流电动机的工作原理及种类，给出了电动机的数学模型；1.4节和1.5节分析了他励直流电动机调速方法及技术指标，介绍了实现调压调速的三种方法：旋转变流机组、晶闸管相控静止整流和直流脉宽调制；1.6节介绍了单闭环调速系统和开环调速系统；1.7节介绍了基本调节器的组成；1.8节和1.9节介绍了转速信号用电枢电压或电动势等取代时对调速系统的影响。

## 1.1　基本电磁定律

　　法拉第(Faraday)于1821年发现了载流导体在磁场中受力的现象，并首次使用模型演示了这种把电能转换为机械能的过程。在进行了大量的实验研究以后，1831年，他又发现了电磁感应现象，并最终确立了电磁感应定律。在这一基本定律的指导下，第二年，皮克西(Pixii)利用磁铁和线圈的相对运动，再加上一个换向装置，制成了一台原始的旋转磁极式直流发电动机。这就是现代直流发电动机的雏形。虽然早在1833年，楞次(Lenz)已经证明了电动机的可逆原理，但在1870年以前，直流发电机和电动机一直被看作两种不同的电机而独立发展着。

　　1870～1890年是直流电动机发展的另一个重要阶段。1873年，海夫纳·阿尔泰涅克(Hefner Alteneck)发明了鼓形绕组，提高了导线的利用率。为加强绕组的机械强度，减少铜线内部的涡流损耗，绕组的有效部分被嵌入铁芯槽中。1880年，爱迪生(Edison)提出了采用叠片铁芯，可进一步减少铁芯损耗，降低绕组温升。鼓形电枢绕组和有槽叠片铁芯结构一直沿用至今。

　　上述若干重大技术进步使直流电机的电磁负荷、单机容量和输出效率大为提高，但换向器上的火花问题随之上升为突出问题。于是，1884年出现了换向极绕组和补偿绕组，1885年开始用碳粉制作电刷。这些措施使火花问题暂告缓和，反过来又促进了电磁负荷和单机容量的进一步提高。

　　在电机理论方面，1886年霍普金森兄弟(J&E Hopkinson)确立了磁路欧姆定律，1891年阿诺尔特(Anoret)建立了直流电枢绕组理论。这就使直流电机的分析和设计建立在更为科学的基础上。

　　电机理论分析建立在电磁理论等基础之上，为了更好地理解电机原理，首先回顾一下基本电磁定律。

## 1.1.1　全电流定律

设空间有 $N$ 根载流导体，环绕载流体的任意磁通闭合回路中，磁场强度的切向分量沿该回路的线积分等于该回路所包围的电流代数和，即

$$\oint H\,\mathrm{d}l = NI \tag{1-1}$$

式中：$H$ 为沿该回路上各点切线方向的磁场强度分量；$I$ 为每根导体中流过的电流；$l$ 为导体的长度。式（1-1）表明磁场强度沿闭合回路的线积分与路径无关。称 $NI$ 为磁路的磁动势，简称磁势。

磁场强度 $\boldsymbol{H}$ 与磁感应强度 $\boldsymbol{B}$ 及磁导率 $\mu$ 关系为

$$\boldsymbol{H} = \frac{\boldsymbol{B}}{\mu}$$

磁感应强度大小 $B$ 为单位面积的磁通量，即

$$B = \frac{\Phi}{S}$$

$B$ 也称为磁通密度，简称磁密。

## 1.1.2　电磁感应定律

线圈中的磁通量 $\Phi$ 发生变化时，在该线圈中将产生与磁通变化率成正比的电动势，若线圈匝数为 $W$，则

$$e = -W\frac{\mathrm{d}\Phi}{\mathrm{d}t} \tag{1-2}$$

磁通量 $\Phi$ 是时间 $t$ 和线圈对磁场相对位移 $x$ 的函数，即 $\Phi = f(t, x)$。

将式（1-2）写成全微分形式：

$$e = -W\frac{\mathrm{d}\Phi}{\mathrm{d}t} = -W\left(\frac{\partial\Phi}{\partial t} + \frac{\partial\Phi}{\partial x}\cdot\frac{\mathrm{d}x}{\mathrm{d}t}\right) \tag{1-3}$$

若 $\mathrm{d}x/\mathrm{d}t = 0$，则

$$e_\mathrm{b} = -W\frac{\partial\Phi}{\partial t} = -W\frac{\mathrm{d}\Phi}{\mathrm{d}t} \tag{1-4}$$

$e_\mathrm{b}$ 称为变压器电动势。变压器工作原理就是线圈位置不动，线圈的磁通量对时间发生变化。

式（1-2）中，$W\mathrm{d}\Phi = \mathrm{d}\psi$；$\psi = W\Phi$，称为磁链。

若 $\partial\Phi/\partial t = 0$，则

$$e_v = -W\left(\frac{\partial\Phi}{\partial x}\cdot\frac{\mathrm{d}x}{\mathrm{d}t}\right) = -W\frac{\partial\Phi}{\partial x}\cdot v \tag{1-5}$$

$e_v$ 称为速度电动势。电动机的工作原理就是磁场的大小及分布不变，仅靠磁场和线圈的相对位移来产生变化磁通和感应电动势进行能量变换的。

速度电动势也可以通过计算单根导体在磁场中运动的感应电动势来得到：

$$e_v = B_x l v \tag{1-6}$$

式中：$B_x$ 为导体所在位置的磁通密度（T）；$l$ 为导体的有效长度（m）；$v$ 为导体在垂直于磁力线方向的运动速度。

　　感应电动势的方向符合右手定则：磁力线穿过掌心，大拇指指向导体的运动方向，四指表示感应电动势方向。

### 1.1.3　电路定律

　　电路定律即基尔霍夫电流定律和电压定律。其中：

$$\sum i = 0 \qquad\qquad (1-7)$$

即任意电路中，某一点的电流之和等于零；

$$\sum e = \sum u \qquad\qquad (1-8)$$

即任意电路中，沿某一方向环绕回路一周，该回路内所有电动势的代数和等于所有电压降的代数和。

### 1.1.4　安培定律

　　导体中通以电流 $i$，在磁场中将受到电磁力的作用，若磁场与导体相互垂直，则电磁力大小为

$$F = B_x li \qquad\qquad (1-9)$$

式中：$B_x$ 为导体所在处的磁通密度；$l$ 为导体的有效长度；$i$ 为导体中的电流（A）。

　　这就是磁场对载流导体的作用力，常称为安培力或电磁力，式(1-9)表示的规律就称为安培定律。

　　电磁力的方向由左手定则确定：磁力线穿过手掌，四指指向电流方向，大拇指表示电磁力方向。

## 1.2　直流电动机的工作原理及种类

### 1.2.1　直流电动机的工作原理

　　如图 1-1 所示，在空间有一对固定的永久磁铁，在 N 极和 S 极之间有一个可以转动的线圈，线圈的首尾分别连接在两个相互绝缘的半圆形铜质换向片（或称换向器）上，换向片固定在转轴上可以随轴转动，并且轴也是绝缘的。为了减小两极之间的磁阻，线圈安放在圆柱形铁芯上，线圈、铁芯和换向片构成一个整体，并随轴转动，统称为转子。为了把线圈与外电路接通，换向片上放置了一对在空间静止不动的

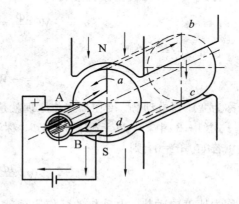

图 1-1　直流电动机的工作原理

电刷 A 和 B。电刷和磁极在空间静止不动，构成了电动机的固定部分，统称为定子。定子与转子之间有空隙，称为空气隙。

　　用直流电源向线圈供电，电流方向如图 1-1 所示，电刷 A 接正极，电刷 B 接负极。由安培定律可知，在导体与磁力线相互垂直的情况下，电磁力的方向可用左手定则确定。在

图 1-1 所示瞬间，电磁力的方向如图所示，在两个电磁力的作用下，转子沿逆时针方向转动。转子转动时，线圈边的位置将互换。要使线圈连续转动，就必须确保靠近 N 极的线圈的电流方向总是流入的，靠近 S 极的线圈的电流的方向总是流出的，这样转子所产生的电磁转矩才有可能是单方向的。由于换向片与电刷的相互配合作用，能使线圈不论转到何处，电刷 A 始终与运动在靠近 N 极的线圈边接触，电刷 B 始终与运动在靠近 S 极的线圈边接触，保证了电流总是由电刷 A 经靠近 N 极的线圈流入，再沿靠近 S 极的线圈经电刷 B 流出，从而使电磁力和电磁转矩的方向始终保持不变，电动机沿逆时针方向连续转动。当 ab 线圈转到 N 极附近时，cd 靠近 S 极，电流由电源正极出发，经过电刷 A，流过线圈 abcd，经过换向片和电刷 B 流出。ab 线圈中的电流方向是 a→b，cd 线圈中的电流方向为 c→d。靠近 N 极的线圈的电流方向是流入的，靠近 S 极的线圈的电流方向是流出的。转过 180° 后，电流经电刷 A 流入，电刷 B 流出，此时 cd 线圈中的电流方向为 d→c，确保靠近 N 极的线圈的电流方向是流入的；ab 线圈中的电流方向是 b→a，这样确保了靠近 S 极的线圈的电流方向总是流出的。由此确保了转子所受的电磁力矩的单方向性。若改变电源的极性，则电动机反转。

在图 1-1 中，去掉直流电源，线圈通过外力拖动旋转，由于线圈切割磁力线，根据电磁感应定律，线圈边中将产生感应电动势，线圈的两个边分别靠近 N 极和 S 极，整个线圈的电动势是两个线圈边电动势之和，即为一个线圈边电动势的两倍。当线圈逆时针转动 180° 时，每个线圈边中电动势方向发生改变，即线圈上的电动势是交变的。由于换向片的作用，电刷 A 始终与运动在靠近 N 极的线圈边接触，所以电刷 A 总是正极；电刷 B 始终与运动在靠近 S 极的线圈边接触，所以电刷 B 总是负极，故在电刷 A、B 之间所得到的是直流电动势。

在上述过程中，电刷和换向片起到了将内部绕组的交流转化为外部直流的作用。综上所述，可以得到如下结论：

(1) 直流电动机电枢绕组内部的感应电动势和电流为交流，而电刷外部的电压和电流为直流。

(2) 对直流电动机而言，电刷和换向片的相互配合实现了电刷外部的直流到电枢内部的交流的转换过程，即逆变过程。对直流发电动机而言，电刷和换向片的相互配合实现了电枢内部的交流到电刷外部的直流的转换过程。

## 1.2.2  直流电动机的种类

直流电动机的励磁方式是指励磁绕组的供电方式，供电方式不同，电动机的性能也不同。直流电动机根据励磁绕组和电枢绕组的连接方式不同，可分为五类，如图 1-2 所示。

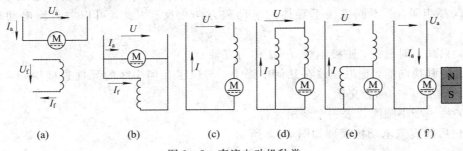

图 1-2  直流电动机种类

**1. 他励直流电动机**

他励直流电动机的励磁电流由独立电源供给，励磁绕组和电枢绕组互不连接，如图 1-2(a)所示，他励直流电动机多用于调速。

**2. 并励直流电动机**

并励直流电动机的励磁绕组和电枢绕组是并联的，如图 1-2(b)所示，励磁绕组上所加的电压就是电枢绕组两端的电压，电源的电流是两者电流之和。并励直流电动机机械特性较硬，基本上是一条直线。

**3. 串励直流电动机**

串励直流电动机的励磁绕组和电枢绕组是串联的，如图 1-2(c)所示，励磁电流等于电枢电流。串励直流电动机的机械特性为双曲线特性，随着电磁转矩（也就是负载）的变化，转速变化很大，因此串励直流电动机不能空载运行，以避免转速过高，造成事故。

**4. 复励直流电动机**

复励直流电动机有并励和串励两个绕组，并励绕组和电枢并联于同一个电源上，串励绕组和电枢绕组串联，如图 1-2(d)、1-2(e)所示。电枢绕组先与串励绕组串联，再与并励绕组并联，称为长复励直流电动机；电枢绕组先与并励绕组并联，再与串励绕组串联，称为短复励直流电动机。这两种方式只是励磁绕组中的电流稍有不同，电动机性能并无多大差异。复励直流电动机的机械特性介于并励和串励直流电动机两者之间，比并励直流电动机软，比串励直流电动机硬。

**5. 永磁直流电动机**

永磁直流电动机采用永久磁铁作为励磁，如图 1-2(f)所示，可分为永磁有刷直流电动机和永磁无刷直流电动机。从命名上看，这两种电动机的主要差别是有刷和无刷；从控制方法上看，它们是两种完全不同类型的电动机。严格来说，永磁无刷直流电动机是用电子换向装置代替机械换向装置的直流电动机，从控制电子换向装置角度看，它是同步电动机的一种。永磁直流电动机可用作直流伺服电动机，其体积小，结构简单，工作可靠，目前从小功率到大功率均有应用。永磁直流电动机的机械特性类似于并励直流电动机。

# 1.3　直流电动机的模型

电动机中每对磁极的电磁过程相同，分析一对磁极的工作情况就可以知道其他对磁极的工作情况。电刷通过换向器与位于几何中线上的元件相接触。每个磁极下电枢导体的电动势方向都相同，而不同磁极下导体的电动势方向相反。因此，可以对直流电动机进行简化：

（1）只画一对磁极，磁极轴线 $d$-$d$ 称为直轴。

（2）不画换向器，把电刷放在几何中线上，与位于几何中线的元件直接接触，几何中线对应的轴线 $q$-$q$ 称为交轴。

（3）每一个小圆圈代表一个绕组元件。

简化后的直流电动机模型如图 1-3 所示。

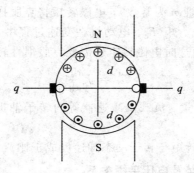

图 1-3 简化的直流电动机模型

### 1.3.1 直流电动机的转矩和反电动势

**1. 电枢绕组的电磁转矩和转矩平衡关系**

直流电动机的转矩是因载流导体在主磁场中受力作用而产生，由电磁转换而得到的，故又称为电磁转矩 $T_e$。在主磁场中电枢导体有电流 $I_a'$ 流过时，将受到电磁力的作用，设主磁场的平均气隙磁感应强度为 $B$，则每根导体上所受的平均电磁力为

$$F = BI_a'l \tag{1-10}$$

式中：$l$ 为电枢导体的有效长度。

每根导体所产生的平均电磁转矩为

$$T = F\frac{D}{2} = BI_a'l\frac{D}{2} \tag{1-11}$$

式中：$D$ 为电枢直径。

如果电枢的导体数为 $N$，则电动机总的电磁转矩为

$$T_e = T \cdot N = BI_a'l\frac{D}{2}N \tag{1-12}$$

磁感应强度 $B$ 为单位面积的磁通量，即

$$B = \frac{\Phi}{S} = \frac{\Phi}{\tau l} = \frac{\Phi}{\frac{\pi D}{2n_p}l} = \frac{n_p\Phi}{\frac{1}{2}\pi Dl} \tag{1-13}$$

式中：$n_p$ 为磁极对数，$\tau$ 为极距。

若电枢总电流为 $I_a$，电枢绕组共有 $a$ 个并联支路，即有 $2a$ 个导体，则导体中电流 $I_a' = \frac{I_a}{2a}$。将 $B$ 和 $I_a'$ 代入式(1-12)电磁转矩表达式中，则得

$$T_e = \frac{2n_p\Phi}{\pi Dl} \cdot \frac{I_a}{2a} \cdot l \cdot \frac{D}{2}N = \frac{n_pN}{2\pi a}\Phi I_a = K_m\Phi I_a = C_mI_a \tag{1-14}$$

式中：$K_m = \frac{n_pN}{2\pi a}$，$C_m = K_m\Phi$，$C_m$ 称为额定磁通下转矩系数。对于某一电动机，其磁极对数 $n_p$、电枢导体总数 $N$ 和电枢绕组中并联支路对数 $a$ 都是常数，因此 $K_m$ 为常数。

由式(1-14)可以看出，当气隙磁通 $\Phi$ 不变时，电枢电流越大，电磁转矩越大；当电枢电流一定时，气隙磁通越大，电磁转矩越大。

当电动机稳态运行时(转速 $n$ 为常数),电磁转矩将克服拖动的负载和电动机本身的摩擦所引起的制动力矩,即负载力矩 $T_L$。电动机在变速过程中,如加、减速,由于存在转子本身和负载的转动惯量,因而这时电磁转矩还需要克服惯性转矩,即动态转矩 $T_J$,而

$$T_J = J\frac{\mathrm{d}\Omega}{\mathrm{d}t} \tag{1-15}$$

式中: $J$ 为转子本身的转动惯量、负载及减速器等向转子轴折算的转动惯量之和; $\Omega$ 为转子的机械角速度。

从式(1-15)可知,动态转矩与转子动态加速度成正比。

**2. 电枢绕组中的反电动势及电压平衡关系**

直流电动机转子旋转后,电枢绕组的导体切割磁极的磁力线,产生了感应电动势,感应电动势方向与电源电压的方向相反,因此又称为直流电动机的反电动势。电枢绕组每根导体的反电动势平均值为

$$e = Blv \tag{1-16}$$

式中: $v$ 为电枢表面的线速度,如果电枢直径为 $D$,转速为 $n$,则 $v=\dfrac{D\pi n}{60}$。

因为 $B=\dfrac{\Phi}{S}=\dfrac{\Phi}{\tau l}=\dfrac{\Phi}{\dfrac{\pi D}{2n_{\mathrm{p}}}l}=\dfrac{n_{\mathrm{p}}\Phi}{\dfrac{1}{2}\pi Dl}$,所以

$$e = \frac{2n_{\mathrm{p}}\Phi n}{60} \tag{1-17}$$

整个电枢绕组的反电动势 $E$ 取决于每一并联支路的总电动势。若电枢绕组共有 $a$ 个并联支路,即有 $2a$ 个导体,电动机导体总数为 $N$,则

$$E = \frac{N}{2a}e = \frac{n_{\mathrm{p}}N}{60a}\Phi n = K_{\mathrm{e}}\Phi n = C_{\mathrm{e}}n \tag{1-18}$$

称 $K_{\mathrm{e}}=\dfrac{n_{\mathrm{p}}N}{60a}$ 为电动势系数。

若电动机的电枢电流为 $I_{\mathrm{a}}$,电枢绕组的总电阻为 $r_{\mathrm{a}}$,则直流电动机的电压平衡关系式为

$$U = E + I_{\mathrm{a}}r_{\mathrm{a}} \tag{1-19}$$

把式(1-18)代入式(1-19),得直流电动机的转速表达式

$$n = \frac{U - I_{\mathrm{a}}r_{\mathrm{a}}}{C_{\mathrm{e}}} \tag{1-20}$$

$n_0=\dfrac{U}{C_{\mathrm{e}}}$,称为电动机理想空载转速; $\Delta n=\dfrac{I_{\mathrm{a}}r_{\mathrm{a}}}{C_{\mathrm{e}}}$,称为电动机转速降。

## 1.3.2　直流电动机的启动

从机械方面看,电动机启动时要产生足够大的电磁转矩来克服机组的静止摩擦转矩、惯性转矩以及负载转矩(如果带负载启动的话),才能使机组在尽可能短的时间里从静止状态进入稳定运行状态。

从电路方面看,启动瞬间 $n=0$,由式(1-18)得 $E=0$,由式(1-19)可以得到

$$I_{\mathrm{a}} = \frac{U-E}{r_{\mathrm{a}}} = \frac{U}{r_{\mathrm{a}}} = I_{\mathrm{st}}$$

启动电流 $I_{st}$ 将达到很大的数值，通常为额定电枢电流的数倍甚至更大，这使电动机本身遭受很大电磁力的冲击，严重时还会损坏电动机。因此，适当限制电动机的启动电流是必要的。

直流电动机常用的启动方法有直接启动、电枢回路串电阻启动和降压启动三种。

这里所讲的直接启动只限于小容量电动机。所谓直接启动，是指不采取任何措施，直接将静止电枢投入额定电压电网的启动。

电枢回路串电阻启动指启动时将启动电阻 $R_{st}$ 串入电枢回路，以限制启动电流，启动结束后将电阻切除。串联启动电阻后的启动电流为

$$I_{st} = \frac{U}{r_a + R_{st}}$$

在实际工程中，可以根据具体需要选择 $R_{st}$ 的数值，以有效限制启动电流。启动电阻一般采用变阻器形式，可为分段切除式，也可以无级调节。

降压启动是通过降低端电压来限制启动电流的一种启动方式。降压启动对抑制启动电流最有效，能量消耗也比较少，目前广泛采用可控硅整流电源和 PWM 软启动控制方式，其调节性能和经济性能都很理想。因此，降压启动应用越来越多，尤其是大容量直流电动机和各类直流电力电子传动系统。

## 1.4 他励直流电动机的调速方法

直流电动机的调速具有以下优点：调速范围宽，可无级调速；精度高，额定负载与空载下，转速变化小，机械特性硬，动态性能好；启动、制动快，超调、振荡小，抗干扰（负载、电源干扰）能力强，动态转速降小，恢复时间短。

直流电动机的四象限调速如图 1-4 所示。

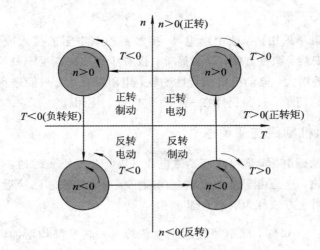

图 1-4 直流电动机的四象限调速

由式（1-20）可知，他励直流电动机的调速方法有三种：

(1) 改变电枢回路电阻，即串电阻调速。

(2) 减弱电动机励磁磁通 $\Phi$。

（3）改变电枢电压 $U$。

## 1.4.1　改变电枢回路电阻调速

在电枢回路中串联附加电阻，如图 1-5 所示。当开关没有闭合时，电枢回路总电阻为 $R_\Sigma = r_a + R_1 + R_2 + R_3$，通过闭合 $S_1$、$S_2$ 和 $S_3$ 可以分别短接 $R_1$、$R_2$ 和 $R_3$，三个开关都短接后只剩下电枢电阻。这种调速原理实际上是利用电枢电流 $I_a$ 在电阻上的压降不同，即转速降 $\Delta n = \dfrac{I_a R_\Sigma}{K_e \Phi}$ 不同而得到不同的转速。

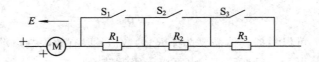

图 1-5　改变电阻调速原理图

当电动机空载时，电枢电流很小，转速降几乎为零，因此采用串电阻调速时，无论串多大的电阻，其空载时的转速都相同。串电阻调速的调速特性如图 1-6 所示。

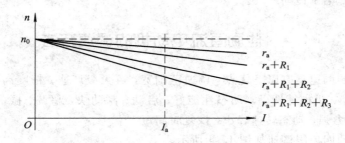

图 1-6　串电阻调速的调速特性

这种调速方法最早采用，一般由继电器-接触器控制电阻的接入或短接。这种方法的突出优点是设计、安装、调整方便，设备简单，投资少。其缺点也十分明显，由图 1-6 可见，随着串联电阻的增大，电动机机械特性变软，电阻能耗大，只能进行有级调速。

串电阻调速电路简单，目前仍然在一些生产机械上应用。

## 1.4.2　减弱电动机励磁磁通调速

改变电动机的励磁电压，即可改变励磁电流，从而改变励磁磁通。实际应用中只采用减弱励磁磁通来升速，这是由于电动机磁通在额定值时，其铁芯已接近饱和，增磁的余量很小，因而把这种调速方法称为弱磁升速。

由公式 $n = \dfrac{U - I_a r_a}{K_e \Phi}$ 可知，减小 $\Phi$ 使理想空载转速和转速降均增加，电动机转速升高。由式（1-14）可知，减弱磁通使电动机的电磁转矩（$T_e = K_m \Phi I_a$）减小，若负载转矩不变，必将导致电枢电流增大，电枢电流的增大又将导致转速降增大，即电动机机械特性变软，增加电动机发热。这种调速方法调速范围不大，一般只在额定转速以上调速时才应用，但在某些特殊场合也有通过调节励磁稳速的应用设备。某电动机改变磁通时的调速特性如图

1-7 所示，从上至下，四条曲线的磁通依次增大。

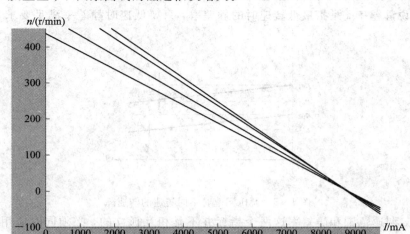

图 1-7  改变磁通 $\Phi$ 时的调速特性（横轴为电流，纵轴为转速）

### 1.4.3  改变电枢电压调速

改变电枢电压，可以改变电动机的理想空载转速，而转速降是不受影响的，即电动机的机械特性硬度不变。改变电动机的供电电压，电动机机械特性仅仅上下移动，即为一组平行线。三种调速方法中，改变电枢电压调速方法的电动机机械特性最硬。

### 1.4.4  调速系统的静态及动态指标

调速系统的指标分为两大类：静态指标和动态指标。

**1. 静态指标**

1）调速范围（可调速度的范围）$D$

电动机的调速范围是指在额定负载下，电动机的最高转速 $n_{\max}$ 和最低转速 $n_{\min}$ 之比，用 $D$ 表示，即

$$D = \frac{n_{\max}}{n_{\min}} \tag{1-21}$$

按最高转速 $n_{\max}$ 和最低转速 $n_{\min}$ 设计调速系统时，需要强调的是，对于非弱磁调速系统，电动机的最高转速就是电动机的额定转速 $n_{N}$。对于一般的调速系统而言，希望调速范围愈大愈好。

2）静差率 $s$（负载变化时转速的稳定程度）

静差率 $s$ 是指电动机由理想空载增加到额定负载时，转速的变化程度，定义为

$$s = \frac{n_0 - n_{N}}{n_0} = \frac{\Delta n}{n_0} \times 100\% \tag{1-22}$$

式中，$n_{N}$ 为额定转速。

显然，静差率这个指标表述的是负载变化时转速的变化程度。需要指出的是，在调压调速系统中，$C_{e}$ 不变，在高速运行和低速运行时转速降是相同的，而其对应的理想空载转

速却不相同,如图1-8所示,其静差率也不相同,低速时的静差率大,高速时的静差率小,因此一般来说静差率 $s$ 是指最低转速时的静差率,只要低速时静差率满足要求,高速时也会满足要求。

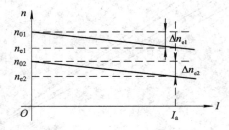

图1-8　调压调速时不同转速的转速降

事实上,调速范围和静差率这两个指标并不是相互孤立的,必须同时应用才有意义。一个系统的调速范围是指在最低转速时满足静差率要求的转速可调范围。脱离了静差率指标要求,任何系统都可以得到极高的调速范围;相反,脱离了调速范围,任何系统都可以得到极高的静差率。

3) 调速范围 $D$ 、静差率 $s$ 和转速降 $\Delta n$ 之间的关系

为了便于在设计过程中衡量电动机的机械特性是否满足所设计系统的静态指标要求,把调速范围 $D$ 、静差率 $s$ 和转速降 $\Delta n$ 之间的关系用数学式联系起来,有

$$D = \frac{n_{\max}}{n_{\min}} = \frac{n_{\max}}{n_0 - \Delta n} = \frac{n_{\max}}{\Delta n \left( \frac{1}{s} - 1 \right)} = \frac{n_{\max} s}{\Delta n (1 - s)}$$

由于最高转速就是电动机的额定转速,所以上式可以写为

$$D = \frac{n_N s}{\Delta n (1 - s)} \qquad\qquad (1 - 23)$$

由式(1-23)可见,当 $\Delta n$ 一定时,系统要求的静差率 $s$ 越小,调速范围就越小。三者相互制约,若要同时满足 $D$ 、 $s$ 要求,就必须设法使电动机在额定负载时的转速降 $\Delta n$ 减小。$s$ 与 $\Delta n$ 有关,机械特性越硬( $\Delta n$ 越小),$s$ 越小。

由于开环系统固有 $\Delta n$ 过大,系统不能同时满足大的 $D$ 和小的 $s$ 的要求,因而调速系统只有采用闭环控制,降低 $\Delta n$ ,才能满足要求。

**2. 动态指标**

动态指标包括跟随性指标和抗扰性指标两大类。

1) 跟随性指标(单位阶跃响应)

当给定信号不同时,输出的响应也不同,通常以输出量的初值为零、给定信号为阶跃信号的过渡过程为典型的跟随过程。

与一般控制系统一样,稳态误差、超调量和调节时间都是越小越好。具体的指标如下所述:

(1) 上升时间 $t_r$ 。输出量从零上升到第一次达到稳态值所需要的时间称为上升时间,用 $t_r$ 表示。它代表调速系统的快速性指标。需要指出的是,在一般控制系统中其定义与调速系统有差异。

（2）超调量 $\sigma$。输出量超出稳态时的最大偏离量与稳态输出量之比称为超调量，用 $\sigma$ 表示：

$$\sigma = \frac{c_{\max} - c_{\infty}}{c_{\infty}} \times 100\% \qquad (1-24)$$

式中：$c_{\max}$ 为最大输出量；$c_{\infty}$ 为稳态输出量。

（3）调节时间 $t_s$。调节时间又称过渡过程时间，它反映了调节过程的快慢，原则上应该是从给定输入阶跃变化开始到输出量完全稳定下来为止这段时间。实际应用中，一般在稳态值附近取 $\pm 2\%$ 至 $\pm 5\%$ 的范围作为误差带，输出响应曲线不超出此误差带所需的时间称为调节时间 $t_s$。

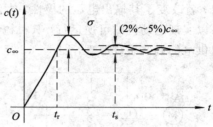

图 1-9 跟随性指标关系

上升时间 $t_r$、超调量 $\sigma$、调节时间 $t_s$ 三者的关系如图 1-9 所示。

2）抗扰性指标

在调速系统中，抗扰性指标一般用突加（卸）负载情况下系统的动态变化过程来表示，具体包括稳态降落或升高、恢复时间等。

（1）动态降落或升高。在系统稳态工作过程中，突加一定量的扰动，如突加负载或突卸负载，由此所引起的转速变化用输出量的原转速稳态值 $c_{\infty 1}$ 的百分数来表示。

输出量在动态降落后会逐渐恢复达到新的稳态 $c_{\infty 2}$，一般情况下原稳态和新稳态的转速值不相同，两者之差 $c_{\infty 1} - c_{\infty 2}$ 称为稳态降落或升高。

（2）恢复时间。从扰动（如突加负载或突卸负载）开始到输出量达新的稳态值的误差范围之内所需要的时间定义为恢复时间 $t_v$。

突加负载时的动态过程和抗扰性指标关系如图 1-10 所示。图中，$t_m$ 为最大降落时间，或称峰值时间。

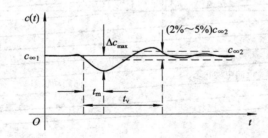

图 1-10 突加负载时的动态过程和抗扰性指标关系

一般在调速系统中要求抗扰性能要好，如连轧机等；在随动系统中要求跟随性能要高，如机械手、数控机床、高炮等。

## 1.5 开环调压调速系统

直流电动机调压调速方法有三种：旋转变流机组、晶闸管相控静止整流、直流脉宽调制。

## 1.5.1 旋转变流机组

旋转变流机组就是用交流电动机(同步电动机或异步电动机)作为原动机带动直流发电机从而为直流电动机调速提供可调电源。其调压原理为:调节直流发电机的励磁电压,即调节励磁电流的大小,从而实现可调直流电压,达到直流电动机调速的目的。

为了供给可调的励磁电压,还需要一台直流励磁发电机。改变直流发电机励磁电流的方向,就改变了其输出电压的极性,直流电动机的转向就发生改变,也就是说这种调速系统可以实现电动机的可逆运行。其机械特性为一组平行的直线,图1-11显示了旋转变流机组供电的调速系统原理,图1-12显示了其机械特性。

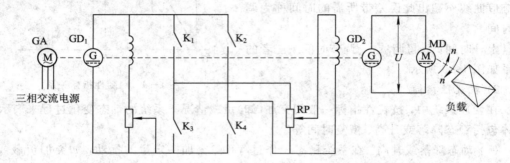

图 1-11   旋转变流机组供电的调速系统原理

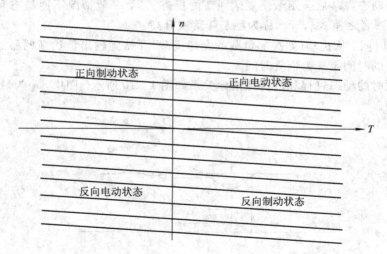

图 1-12   旋转变流机组调速系统的机械特性

图1-11中,GA为交流电动机,$GD_1$为直流励磁发电机,$GD_2$为直流发电机,MD为直流电动机;$K_1 \sim K_4$为接触器,$K_1$、$K_4$闭合或$K_2$、$K_3$闭合可以调节直流发电机励磁电压的正负,达到控制励磁电压极性的目的;RP为电位器,调节电位器即可调节直流发电机励磁电压的大小。

由图1-11可以看出,交流电动机带动直流励磁发电机和直流发电机工作,这种供电方案需要两台与调速电动机容量相当的电动机和一台较小的励磁直流发电机,所需设备多,占用场地大,费用高,噪声大。

在早期调速系统中一般应用这种方案,目前已较少应用,但旋转变流机组在大功率直流电源供电系统中仍有应用价值。

## 1.5.2  晶闸管相控静止整流

从 1960 年开始,晶闸管可控整流电源因克服了旋转交流机组供电的缺点,得到了广泛的应用。晶闸管变流技术通过控制晶闸管的导通角,从而控制其输出整流电压。图 1-13 为晶闸管静止变流装置供电的调速系统原理图。与旋转交流机组相比其噪声小,晶闸管可控整流电源无旋转部件,因此又称为晶闸管静止变流装置。晶闸管静止变流装置不仅在经济性和可靠性上有所提高,而且在技术性能上也显示出较大的优越性,如在快速性指标中,旋转交流机组是秒级,而晶闸管静止变流装置是毫秒级。晶闸管静止变流装置的主要缺点是功率因数低,谐波大,是造成电力公害的主要原因之一。晶闸管静止变流装置有多种类型。其中晶闸管相控静止整流装置给电动机供电,此电压为脉动电压,尽管大多数情况下在主电路中串有电感平波,但电枢电流和转速严格来说仍然是脉动的。电流波形的脉动存在电流连续和断续两种情况,当平波电感足够大,电动机的负载电流也足够大时,输出电流的波形是连续的;相反,电流是断续的。电流连续和断续的机械特性是不相同的,因此机械特性也分为两种情况。

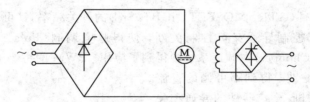

图 1-13  晶闸管静止变流装置供电的调速系统原理图

直流电动机稳态时的转速公式 $n = \dfrac{U - I_a r_a}{C_e}$,把晶闸管整流器的输出电压表达式代入,即可得到其电流连续时的机械特性。电流连续时晶闸管整流器的输出电压与电路结构有关,以全控整流为例,其输出电压

$$U = \frac{m}{\pi} U_m \sin\left(\frac{\pi}{m}\right) \cdot \cos\alpha \tag{1-25}$$

式中:$\alpha$ 为相控角;$U_m$ 为 $\alpha = 0$ 时的整流电压峰值;$m$ 为交流电源一周内整流电压的脉波数,不同的整流电路 $m$ 不同,如表 1-1 所示。

**表 1-1  不同整流电路的 $m$ 及 $U_m$**

| 整流电路形式 | 单相桥式、全波 | 三相半波 | 三相全波 |
|---|---|---|---|
| $U_m$ | $\sqrt{2}U_2$ | $\sqrt{2}U_2$ | $\sqrt{6}U_2$ |
| $m$ | 2 | 3 | 6 |

注:表中 $U_2$ 是整流变压器次级相电压的有效值。

晶闸管相控静止整流装置的机械特性为

$$n = \frac{\frac{m}{\pi} U_{\mathrm{m}} \sin\left(\frac{\pi}{m}\right) \cdot \cos\alpha - I_{\mathrm{a}} r_{\mathrm{a}}}{C_{\mathrm{e}}} \tag{1-26}$$

改变 $\alpha$ 得到一组平行的直线,与旋转交流机组相似,其差别在于当电流较小时,电流断续,其机械特性要根据电流断续时的电压表达式写出。电压断续时的电压表达式较为复杂,这里不再列出。图 1-14 画出了晶闸管整流供电的电动机系统完整的机械特性,包括连续和断续情况,虚线为分界线。

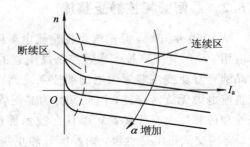

图 1-14 晶闸管相控静止整流供电的
电动机系统机械特性

由图 1-14 可见,电流连续时机械特性较硬,为一条直线;断续时机械特性呈非线性,理想空载转速升高,机械特性较软。连续和断续的分界线不是恒定的,与电路参数和相控角 $\alpha$ 有关。一般来说,相控角 $\alpha$ 越大,断续区越大。

### 1.5.3 直流脉宽调制

自关断/全控器件(GTR、MOSFET、IGBT、SiC)的开关频率高(可达上百千赫兹)。自关断/全控器件既可控制导通又可控制关断,使得脉宽调制(Pulse Width Modulation,PWM)或直流斩波(Chopper)在调速系统中得到了应用。PWM 的主要工作原理是:把交流电通过二极管整流滤波,得到不可调的直流电压,通过控制自关断/全控器件的导通和关断,把不可调的直流电压转换成周期恒定、脉冲宽度可调的脉冲,此脉冲作为直流电动机的电枢电压,调节脉冲宽度,就调节了电枢平均电压。直流 PWM 原理如图 1-15 所示,输出电压平均值的计算如下:

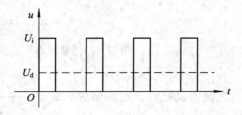

图 1-15 直流 PWM 原理

$$U_{\mathrm{d}} = \rho U_{\mathrm{i}} \tag{1-27}$$

式中:$U_{\mathrm{d}}$ 为直流电动机的平均电压;$\rho$ 为占空比,$\rho = \dfrac{t_{\mathrm{on}}}{T}$,$t_{\mathrm{on}}$ 为脉冲宽度,$T$ 为脉冲周期;$U_{\mathrm{i}}$ 为交流电源整流滤波后的电压。

直流脉宽调制电路的形式很多,一般分为不可逆 PWM 变换器、可逆 PWM 变换器等。可逆 PWM 变换器主电路有多种形式,最常用的是桥式(亦称 H 形)电路,详见第4章。

三种调压调速方法中,无论哪一种,只要调节电压,就可以调节转速。由于控制电压和输出转速之间只有正向联系而没有反向联系,因而控制是单向的,转速无法影响控制电压,控制电压直接给定产生。在控制电压不变时,随着负载的增加,电动机转速下降。

对于对转速稳定性要求不高的生产机械,可以采用开环调速。由于其结构简单,因而大多数拖动电动机都可以采用开环调速。但对于对转速稳定性要求较高的生产机械,则必须采用闭环调速。

# 1.6　转速单闭环调速系统

开环调速系统的输出转速与负载有关，在同样的电枢电压下，负载变化，输出转速会发生变化，要想获得在不同扰动下恒定的转速是不可能的。由控制原理可知，要想稳定哪个物理量，就负反馈该物理量，因此，要稳定转速就应该反馈电动机转速，构成转速反馈调速系统。

## 1.6.1　系统组成

在直流电动机轴上装一台测速发电机 TG，测量电动机转速，得到与电动机转速成正比的电压 $U_n$，将 $U_n$ 与给定电压 $U_n^*$ 比较后，得到偏差电压 $\Delta U$，经放大器放大，得到控制电压 $u_c$，该电压控制电力电子变换装置，使其输出电压 $U_d$ 与控制电压成正比，用以控制电动机的转速。

转速单闭环调速系统组成如图 1-16 所示。

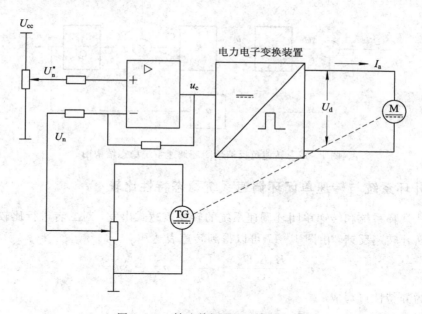

图 1-16　转速单闭环调速系统组成

图 1-16 中电力电子变换装置可以是三种调压调速方法中的任一种，晶闸管整流可以采用单相、三相或多相整流，可以是半波、全波、半控、全控等类型，通过控制电压产生移相控制脉冲，触发晶闸管。PWM 变换器可以是不可逆、可逆的，也可以是单极性、双极性等类型。

## 1.6.2　转速单闭环调速系统的稳态特性

为了表示闭环系统电动机转速和负载电流的稳态关系，假设控制电压 $u_c$ 与 $U_d$ 成正比，放大系数为 $K_s$，误差放大器放大系数为 $K_p$，测速发电机输出电压与转速成正比，比例系数为 $\alpha$，则误差放大器输出电压：$u_c = K_p \Delta U = K_p(U_n^* - U_n)$。

电力电子变流装置输出电压：$U_d = K_s u_c$。

测速发电机输出电压：$U_n = \alpha n$。

电动机转速：

$$n = \frac{U_d - I_a r_a}{C_e} = \frac{K_s u_c - I_a r_a}{C_e} = \frac{K_s K_p(U_n^* - U_n) - I_a r_a}{C_e} = \frac{K_s K_p(U_n^* - \alpha n) - I_a r_a}{C_e}$$

转速 $n$ 在式子两边，解得转速表达式为

$$n = \frac{K_s K_p U_n^*}{C_e + K_p K_s \alpha} - \frac{I_a r_a}{C_e + K_p K_s \alpha} \tag{1-28}$$

定义 $K = \dfrac{K_s K_p \alpha}{C_e}$ 为闭环系统的开环放大系数，上式可写为

$$n = \frac{K_s K_p U_n^*}{C_e(1+K)} - \frac{I_a r_a}{C_e(1+K)}$$

根据上述关系，可画出转速负反馈单闭环调速系统稳态结构图，如图 1-17 所示。

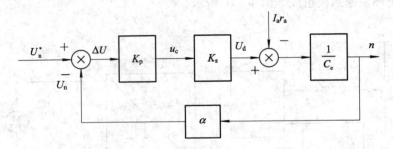

图 1-17　转速负反馈单闭环调速系统稳态结构图

### 1.6.3　开环系统与转速单闭环调速系统稳态特性比较

下面从开环系统和转速单闭环调速系统的转速表达式出发，对二者进行比较。

如果断开转速反馈，由图 1-17 可以得到转速表达式

$$n = \frac{K_p K_s U_n^*}{C_e} - \frac{I_a r_a}{C_e} = n_{0\text{op}} - \Delta n_{\text{op}} \tag{1-29}$$

而闭环时的静特性可写成

$$n = \frac{K_p K_s U_n^*}{C_e(1+K)} - \frac{I_a r_a}{C_e(1+K)} = n_{0\text{cl}} - \Delta n_{\text{cl}} \tag{1-30}$$

式(1-19)～式(1-30)中：$n_{0\text{op}}$ 和 $n_{0\text{cl}}$ 分别表示开环和闭环系统的理想空载转速；$\Delta n_{\text{op}}$ 和 $\Delta n_{\text{cl}}$ 分别代表开环和闭环系统的稳态转速降。比较式(1-29)和式(1-30)，不难得出以下结论：

（1）当放大系数 $K$ 较大时，闭环系统的转速降大大减小，在相同负载下，闭环系统的转速降只是开环系统的 $1/(1+K)$。

（2）当理想空载转速相同时，闭环系统的静差率要小得多，在相同负载条件下，闭环系统的静差率只是开环系统的 $1/(1+K)$。

（3）当静差率相同时，闭环系统的调速范围是开环系统的 $(1+K)$ 倍。

（4）当给定电压相同时，闭环系统的空载转速是开环系统的 $1/(1+K)$，也就是说闭环系统的理想空载转速大大降低。如果希望闭环系统和开环系统的理想空载转速相同，则闭环系统的给定电压必须是开环系统的 $(1+K)$ 倍；如果希望两者给定电压相同、理想空载转速相同，则闭环系统必须设置放大器。

（5）无论 $K$ 有多大，$\Delta n = \dfrac{I_a r_a}{C_e(1+K)}$ 总不等于 0，也就是说，只用放大器的转速单闭环系统是有稳态误差的。

（6）从控制理论可知，闭环系统具有较强的抗干扰性能，对于作用于被负反馈所包围的前向通道上的一切扰动都可以有效抑制，但对于前向通道以外的干扰则无能为力，即对于给定信号和转速测量所造成的误差无法自动调整。也就是说，闭环系统的精度依赖于反馈检测装置的精度。

上述比较显示，闭环系统的机械特性硬，在静差率相同的条件下，相比开环系统，闭环系统的调速范围大大提高，因此，闭环系统大大优于开环系统。

### 1.6.4　转速单闭环调速系统动态模型

#### 1. 直流电动机数学模型

在整个机电过渡过程中，电气过渡过程和机械过渡过程同时存在，又互相影响。

直流电动机的动态方程如下：

$$u = E + i_a r_a + L \frac{di_a}{dt} \tag{1-31}$$

$$E = C_e n \tag{1-32}$$

$$T_e = C_m i_a \tag{1-33}$$

$$T_e - T_L = \frac{GD^2}{375} \frac{dn}{dt} \tag{1-34}$$

式中：$u$、$i_a$、$E$、$T_e$ 分别为动态过程中电压（V）、电流（A）、感应电动势（V）、电磁转矩（N·m）的瞬时值；$L$ 为电枢电感（H）；$T_L$ 为负载转矩（N·m）；$GD^2$ 为电动机以及其他部件的飞轮力矩（N·m$^2$），其中 $G$ 为重力，$D$ 为惯性直径；$n$ 为转子转速（r/min）。

对式（1-31）～式（1-34）进行拉普拉斯变换，并令全部初始条件为零，可得

$$U_d(s) - E(s) = I_a(s)(Ls + r_a) \tag{1-35}$$

$$E(s) = C_e n(s) \tag{1-36}$$

$$T_e(s) = C_m I_a(s) \tag{1-37}$$

$$T_e(s) - T_L(s) = \frac{GD^2}{375} sn(s) \tag{1-38}$$

整理式（1-35）得电压和电流之间的传递函数：

$$\frac{I_a(s)}{U_d(s) - E(s)} = \frac{\dfrac{1}{r_a}}{\dfrac{L}{r_a}s + 1} = \frac{1/r_a}{T_1 s + 1} \tag{1-39}$$

把式（1-36）、式（1-37）代入式（1-38），整理得

$$\frac{E(s)}{I_a(s) - I_L(s)} = \frac{r_a}{\dfrac{GD^2 r_a}{375 C_e C_m} s} = \frac{r_a}{T_m s} \tag{1-40}$$

式中：$I_L = \dfrac{T_L}{C_m}$。

定义下列时间常数：

电枢回路电磁时间常数为

$$T_l = \frac{L}{r_a}$$

电力拖动系统机电时间常数为

$$T_m = \frac{GD^2 r_a}{375 C_e C_m}$$

由上述分析得直流电动机的数学模型，如图 1-18 所示。

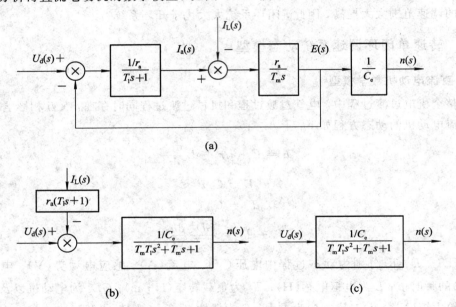

图 1-18 直流电动机的数学模型（电流连续）

（a）直流电动机的数学模型（电流连续）；（b）、（c）不考虑负载扰动的直流电动机模型

由图 1-18 可见，直流电动机有两个输入量：一个是理想的空载直流电压 $U_d$，另一个是负载电流 $I_L$。前者是控制输入量，后者是扰动输入量。如果不考虑扰动，把图（a）中的 $I_L(s)$ 提到环路之前，即得图（b），从而得到不考虑负载扰动的直流电动机的数学模型，见图（c）。

**2. 电力电子变换装置的数学模型**

调压调速通常采用晶闸管静止变流装置或 PWM 变换器，因此在建立系统数学模型时把它们作为电力电子变换装置，看作一个环节，其输入量为控制电压，输出量为电动机电枢电压。在进行静态特性分析时把该环节等效为一个比例放大环节。但当控制电压变化时，输出电压要到下一个脉冲周期才变化。从控制电压变化到输出电压变化这一时间称为失控时间。考虑系统的失控时间，事实上电力电子变换装置为纯滞后的放大环节。

对于晶闸管来说，它是一个半控器件，触发脉冲只能在晶闸管阳极承受正向电压时使晶闸管导通。晶闸管一旦导通，门极即失去控制作用，无法控制其关断。虽然触发脉冲可以控制移相角，但正处于导通的晶闸管在关断后输出电压才能发生变化，这一段时间为失控时间，显然失控时间是随机的，其最大值为整流电路两个自然换向点之间的时间，最小值为零，取决于电路结构和电源频率。一般来说，不同的整流电路有不同的失控时间，全波整流电路的失控时间小于半波整流电路，三相整流电路的失控时间小于单相整流电路。在实际应用中，一般取整流电路两个自然换向点之间的时间的一半作为平均失控时间 $T_s$。

对于全控器件，它既可以控制导通又可以控制关断。PWM波形的产生一般是由周期固定的三角波和控制电压进行比较而产生的。控制电压的变化只能在下一个比较点才起作用，这一段时间就是失控时间。最大失控时间为三角波的周期，最小失控时间为零。取周期的二分之一作为平均失控时间 $T_s$。全控器件的平均失控时间小于半控器件。因此，电力电子变换装置的数学模型可表示为

$$\frac{U_d(s)}{U_c(s)} = \frac{K_s}{T_s s + 1} \tag{1-41}$$

测速发电机和比例放大器仍作为一个比例环节来考虑。

把各个环节的传递函数按相互关系连接起来，就可以得到单闭环调速系统的动态结构图，如图 1-19 所示。

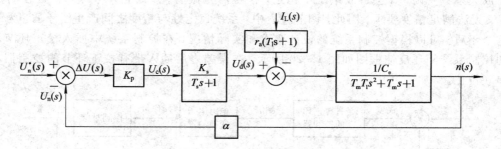

图 1-19　单闭环调速系统的动态结构图

令 $K = \dfrac{\alpha K_p K_s}{C_e}$，则单闭环调速系统的传递函数为

$$W(s) = \frac{K_p K_s / C_e}{(T_s s + 1)(T_m T_1 s^2 + T_m s + 1) + K} \tag{1-42}$$

上式还可写成

$$W(s) = \frac{\dfrac{K_p K_s}{C_e(1+K)}}{\dfrac{T_m T_1 T_s}{1+K}s^3 + \dfrac{T_m(T_1 + T_s)}{1+K}s^2 + \dfrac{T_m + T_s}{1+K}s + 1} \tag{1-43}$$

从式(1-43)可以看出，单闭环调速系统是一个三阶线性系统。

## 1.6.5　稳定性分析

由传递函数(式(1-43))可得特征方程

$$\frac{T_{\mathrm{m}}T_1T_{\mathrm{s}}}{1+K}s^3 + \frac{T_{\mathrm{m}}(T_1+T_{\mathrm{s}})}{1+K}s^2 + \frac{T_{\mathrm{m}}+T_{\mathrm{s}}}{1+K}s + 1 = 0 \qquad (1-44)$$

根据劳氏稳定判据，系统稳定的条件是

$$\frac{T_{\mathrm{m}}T_1T_{\mathrm{s}}}{1+K} < \frac{T_{\mathrm{m}}(T_1+T_{\mathrm{s}})}{1+K} \cdot \frac{T_{\mathrm{m}}+T_{\mathrm{s}}}{1+K}$$

整理得

$$K < \frac{T_{\mathrm{m}}}{T_{\mathrm{s}}} + \frac{T_{\mathrm{m}}+T_{\mathrm{s}}}{T_1} \qquad (1-45)$$

式(1-45)表示系统的临界放大系数。如果 $K$ 大于此值系统就不稳定，这说明系统的放大系数 $K$ 不是越大越好，系统必须首先满足稳定条件，在此前提下，再考虑精度。

为了满足系统稳定性和精度两个方面的要求，必须改变系统的闭环传递函数，即设计合适的校正环节。

# 1.7　无静差调速系统和基本调节电路

一个自动控制系统要能很好地完成任务，首先必须工作稳定，同时还必须满足调节过程的指标要求，即系统的响应速度、稳定性、最大偏差等。很明显，自动控制系统总希望在稳定工作状态下具有较高的控制质量。为了保证系统的精度，系统需有很高的放大系数，然而放大系数一高，又会造成系统不稳定，甚至产生振荡。反之，只考虑调节过程的稳定性，又无法满足精度要求。因此，调节过程中，系统稳定性与精度之间产生了矛盾。为了解决这个矛盾，可以根据控制系统的设计要求和实际情况，在控制系统中插入校正环节。常见的控制系统闭环反馈框图如图1-20所示，在误差之后插入带有校正环节的控制器，称为串联校正。

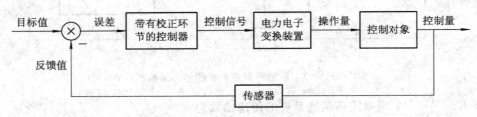

图1-20　闭环反馈框图

在只用偏差控制的系统中，偏差总是存在的，当偏差为零时，其控制作用也就消失了。也就是说在稳态时，转速只能接近给定值而不能完全等于给定值，此时系统属于有静差调速系统，它只能减小静差，无法从根本上消除静差。如何使输出与输入给定值相等，即系统实现完全无静差，是本节主要讨论的内容。

## 1.7.1　基本调节电路

### 1. 微分调节器

如图1-21所示，当脉冲信号通过 $RC$ 电路时，电容两端的电压不能突变，电流超前电压90°，输入电压通过电阻 $R$ 向电容充电，电流在脉冲前沿时刻瞬间达到最大值，电阻两端电压此刻也达到最大值。随着电容两端电压不断升高，充电电流逐渐减小，电阻两端电压也逐渐降低，最后为 0，在电阻两端形成一个锯齿波电压。这种电路称为微分电路，由于它对阶跃输入信号前沿"反应"迅速，故具有加速作用。

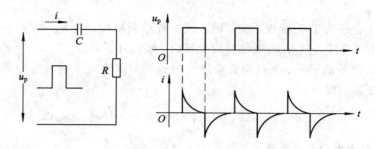

图 1 - 21　微分电路原理

图 1-22 所示为利用运算放大器所构成的微分调节器，由

$$\frac{u_{\text{in}}}{1/sC} = -\frac{u_{\text{out}}}{R_0} \qquad (1-46)$$

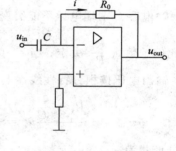

得

$$u_{\text{out}} = -R_0 C s u_{\text{in}} = -\tau \frac{\mathrm{d}u_{\text{in}}}{\mathrm{d}t} \qquad (1-47)$$

定义 $\tau = R_0 C$ 为微分时间常数。

**2. 积分调节器**

再来看图 1-23，脉冲信号出现时，通过电阻 $R$ 向电容充电，电容两端电压不能突变，电容两端电压随着

图 1 - 22　微分调节器

时间 $t$ 不断升高，充电电流 $i$ 逐渐减小，最后为 0，电容两端电压也达到最大值，这种电路称为积分电路。由于它对阶跃输入信号前沿"反应"迟缓，故具有"阻尼"缓冲作用。

图 1-24 为利用运算放大器构成的积分调节器，由

$$\frac{u_{\text{in}}}{R_0} = -\frac{u_{\text{out}}}{1/sC}$$

得

$$u_{\text{out}} = -\frac{1}{C}\int i\,\mathrm{d}t = -\frac{1}{R_0 C}\int u_{\text{in}}\,\mathrm{d}t = -\frac{1}{T_{\text{i}}}\int u_{\text{in}}\,\mathrm{d}t \qquad (1-48)$$

定义 $T_{\text{i}} = R_0 C$ 为积分时间常数。

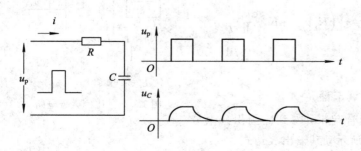

图 1 - 23　积分电路原理

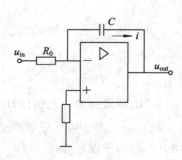

图 1 - 24　积分调节器

积分电路中，电容电压的上升速度取决于积分时间常数。只要输入 $u_{in} \neq 0$，积分电路的输出就不断变化，当 $u_{in} = 0$ 时，其输出保持在输入信号为零时的瞬时值，此时即使输入信号发生突变，其输出也不会发生突变。积分调节器的这种作用称为积累作用、迟缓作用或记忆作用。

此外，积分电路只要 $u_{in}$ 极性不变，输出就一直单调增加，当 $u_{in} = 0$ 时，输出才停止变化，但输出并不等于零，只有 $u_{in}$ 极性反向变换时，输出才减小。

因为积分是偏差的积累，所以只要前期有过偏差，即使现在偏差等于零，积分调节器的输出也不等于零，即

$$\int_0^t \Delta u \, dt = \int_0^{t_1} \Delta u_1 \, dt + \int_{t_1}^{t_2} \Delta u_2 \, dt + \cdots + \int_{t_n}^t \Delta u_n \, dt$$

### 3. 比例积分电路(PI 调节器)

比例积分电路(PI 调节器)如图 1-25 所示，当输入信号 $u_{in}$ 为阶跃信号时，初始时刻 $(t=0)$ 电容 $C$ 两端电压不能突变，相当于短路，PI 调节器的输出电压为 $-\dfrac{R_1}{R_0} u_{in}$，输出电压由比例系数 $-\dfrac{R_1}{R_0}$ 决定；当 $t>0$ 时，电容两端电压逐渐升高，输出电压按积分特性线性上升，输出电压公式可以写为

$$u_{out} = -\frac{R_1 + \dfrac{1}{sC}}{R_0} u_{in} = -\left(\frac{R_1}{R_0} + \frac{1}{R_0 C s}\right) u_{in}$$

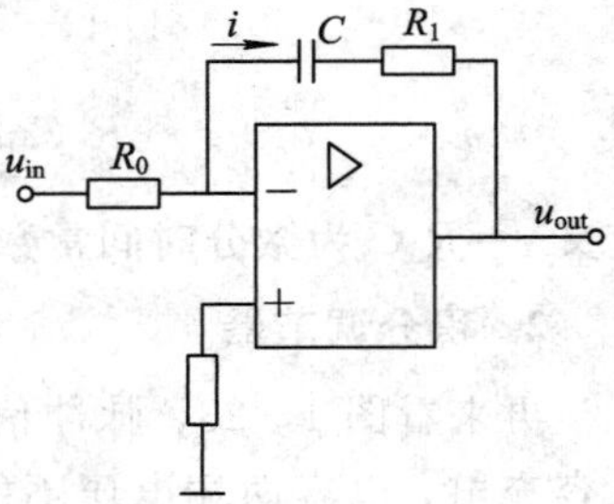

积分形式为

$$u_{out} = -\left(\frac{R_1}{R_0} + \frac{1}{R_0 C}\int u_{in} \, dt\right) = -\left(K_p + \frac{1}{T_i}\int u_{in} \, dt\right)$$

$$(1-49)$$

图 1-25　比例积分电路

式中：$K_p = \dfrac{R_1}{R_0}$ 称为比例放大系数；$T_i = R_0 C$ 称为积分时间常数。由此可见，PI 调节器的输出电压由比例和积分两部分组成，既可以实现快速控制，发挥比例控制的长处，也可以在稳态时发挥积分调节器的优点。

### 4. 比例微分电路(PD 调节器)

比例微分电路(PD 调节器)如图 1-26 所示，其输出表达式为

$$u_{out} = -\left(\frac{R_1}{R_0} + R_1 C s\right) u_{in} = -\left(K_p u_{in} + K_d \frac{du_{in}}{dt}\right)$$

$$(1-50)$$

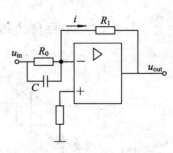

图 1-26　比例微分电路

式中：$K_d = R_1 C$。

### 5. 比例积分微分电路(PID 调节器)

把比例、积分和微分电路组合起来，得到比例积分微分电路(PID 调节器)，如图 1-27 所示，其输出表达式为

$$u_{out} = -\left(\frac{R_1}{R_0} + \frac{C_1}{C_2} + R_1 Cs + \frac{1}{R_0 C_2 s}\right) u_{in}$$

$$= -\left(K_p u_{in} + K_d \frac{du_{in}}{dt} + K_i \int u_{in} \, dt\right) \quad (1-51)$$

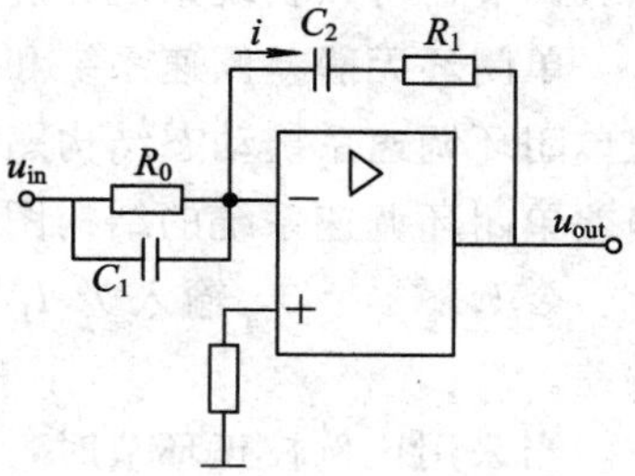

式中：

$$K_p = \frac{R_1}{R_0} + \frac{C_1}{C_2}$$

$$K_d = R_1 C$$

$$K_i = \frac{1}{R_0 C_2}$$

图 1 - 27　PID 调节器

在电动机调速中通常以抗扰性指标为主，采用 PI 调节器作为校正环节。由式（1 - 51）可见，$K_p$、$K_d$、$K_i$ 三个参数互相联系，用模拟电路调节十分不便，而采用计算机实现参数调节将十分方便。

## 1.7.2　单闭环无静差调速系统

从自动控制原理可以知道，系统的稳态误差计算公式 $e_{ss} = \lim_{t \to \infty} e(t) = \lim_{s \to 0} sE(s)$，式中 $e(t)$ 为误差，$E(s)$ 为复变量误差，$s$ 为复变量。定义一个闭环负反馈系统的输入为 $R(s)$，输出为 $C(s)$，控制对象的传递函数为 $G(s)$，反馈通道的传递函数为 $H(s)$，可以写出

$$E(s) = \frac{R(s)}{1 + G(s)H(s)} \quad (1-52)$$

$$e_{ss} = \lim_{s \to 0} sE(s) = \lim_{s \to 0} \frac{sR(s)}{1 + G(s)H(s)} \quad (1-53)$$

显然稳态误差与输入信号、控制对象的传递函数及反馈通道的传递函数有关。

定义

$$G(s)H(s) = \frac{K(1 + \tau_1 s)(1 + \tau_2 s) \cdots (1 + \tau_m s)}{s^r (1 + T_1 s)(1 + T_2 s) \cdots (1 + T_n s)} \quad (1-54)$$

$K$ 为前向通道和反馈通道的放大系数乘积。

当 $r = 0$ 时，系统为 0 型系统；当 $r = 1$ 时，系统为 Ⅰ 型系统；当 $r > 2$ 时，系统稳定相当困难。

当输入为阶跃信号时，输入信号为 $R(s) = R/s$，对于 0 型系统有

$$e_{ss} = \lim_{s \to 0} \frac{sR(s)}{1 + G(s)H(s)} = \frac{R}{1 + K} \quad (1-55)$$

对于 Ⅰ 型或高于 Ⅰ 型系统有

$$e_{ss} = \lim_{s \to 0} \frac{sR(s)}{1 + G(s)H(s)} = 0 \quad (1-56)$$

显然如果要求系统对阶跃输入的稳态误差为 0，系统必须为 Ⅰ 型或以上系统。

同理，对于斜坡函数输入，系统必须为 Ⅱ 型或以上系统。

从图 1 - 18(c) 可知，直流电动机的传递函数为 $G(s) = \dfrac{1/C_e}{T_m T_1 s^2 + T_m s + 1}$，反馈通道的传递函数一般为比例或惯性环节，$G(s)H(s)$ 为 0 型系统。如果要求系统对阶跃输入的稳态误差为 0，系统必须在前向通道增加一个积分环节，即 $G(s)H(s)$ 乘以 $1/s$，也就是说采用

积分调节器可以实现系统无静差。

单闭环无静差调速系统和图 1-19 的主要区别在于用 PI 调节器代替了比例调节器。把单闭环调速系统动态结构图(图 1-19)中的比例调节器 $K_p$ 用 PI 调节器代替,就得到无静差单闭环调速系统的结构图。

令 $U_n^*(s)=0$,输入为 $I_L(s)$,输出 $n(s)$ 用 $\Delta n(s)$ 代替,可得到负载扰动引起的转速偏差。

当采用比例校正环节时,有

$$\Delta n = \lim_{s \to 0} s\Delta n(s) = \frac{I_L r_a}{C_e(1+K)}$$

当采用比例积分(PI)校正环节时,有

$$\Delta n = \lim_{s \to 0} s\Delta n(s) = 0$$

读者可以自行推导。

## 1.8　其他反馈环节的直流调速系统

被调量的负反馈是闭环控制系统的基本反馈形式,对调速系统来说,就是转速负反馈。但是,要实现转速负反馈必须有转速检测装置,例如前述的测速发电机,以及数字测速用的光电编码盘、电磁脉冲测速器等,其安装和维护都比较麻烦。因此,人们自然会想到,对于调速指标要求不高的系统来说,能否采用其他物理量反馈代替转速反馈,从而简化系统,这是本节讨论的主要内容。

### 1.8.1　电压负反馈直流调速系统

在电动势、转速不很低时,电枢电阻压降比电枢端电压要小得多,因而可以认为直流电动机的反电动势与端电压近似相等,或者说,电动机转速近似与端电压成正比。在这种情况下,电压负反馈就能基本上代替转速负反馈了,而检测电压显然要比检测转速方便得多。电压负反馈直流调速系统仅仅是把测速发电机用一个测量电枢电压的电位器(或用其他电压检测装置)代替了,其原理如图 1-28 所示,电压反馈信号为

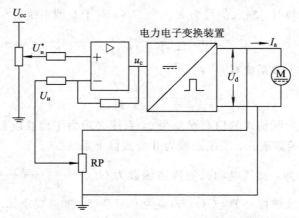

图 1-28　电压负反馈直流电动机调速系统原理图

$$U_u = \gamma U_d \tag{1-57}$$

式中：$\gamma$ 为电压反馈系数。

图 1-28 是比例控制的电压负反馈直流电动机调速系统原理图，它与转速反馈调速系统不同之处仅在于电压负反馈信号取自电枢电压的测量电位器 RP。设电枢回路电阻 $R$ 分为两部分，$R = r_d + r_a$，$r_d$ 为电力电子变换装置的内阻，$r_a$ 为电枢电阻，则电压负反馈直流调速系统的静态结构图如图 1-29 所示。

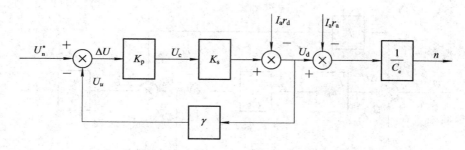

图 1-29　电压负反馈直流调速系统静态结构图

利用结构图运算规则，得电压负反馈直流调速系统的静特性方程式：

$$n = \frac{K_s K_p U_n^*}{C_e(1+K)} - \frac{I_a r_d}{C_e(1+K)} - \frac{r_a I_a}{C_e} \tag{1-58}$$

式中：$K = \gamma K_p K_s$。

由上述静态结构图和静特性方程式可以看出，电压负反馈直流调速系统实际上只是一个自动调压系统。只有被反馈环包围的电力电子变换装置内阻引起的稳态转速降减小，而电枢电阻转速降处于反馈环外，其大小仍和开环系统中一样。显然，电压负反馈直流调速系统的稳态性能比带同样放大器的转速负反馈直流调速系统要差一些。在实际系统中，为了减小静态转速降，电压负反馈信号的引出线应尽量靠近电动机电枢两端。

需要指出，电力电子变换装置的输出电压除了直流分量 $U_d$ 外，还含有交流分量。把交流分量引入运算放大器，非但不起调节作用，反而会产生干扰，严重时会造成放大器局部饱和，从而破坏了它的正常工作。为此，电压反馈信号必须经过滤波。此外，用电位器取出电动机电枢电压的反馈信号，这固然简单，但却把主电路和低压的控制电路串联起来了，从安全角度上看并不合适。对于小容量调速系统还可容许，对于电动机容量较大、电压较高的系统，最好改用电压隔离变换器，使主电路与控制电路之间没有直接的联系。

## 1.8.2　电动势反馈直流调速系统

仅采用电压负反馈的调速系统固然可以省去一台测速发电机，但是由于它不能弥补电枢电压降所造成的转速降，因而调速性能不如转速负反馈。根据电动势公式 $E = C_e n$ 可知，用电动势反馈代替转速反馈，可以反映转速的变化情况。电动机的电动势虽无法直接测量，但由直流电动机的电压平衡关系可知，通过测量电动机电枢电压和电流可以间接得到电动势：

$$E = U_d - I_a r_a \tag{1-59}$$

$$U_e = \gamma U_d - \beta I_a = \gamma \left( U_d - \frac{\beta}{\gamma} I_a \right) \tag{1-60}$$

式中：$U_e$ 为反电动势反馈信号；$\gamma$ 为电压反馈系数；$\beta$ 为电流反馈系数。如果 $\beta/\gamma$ 恰好等于 $r_a$，则利用电动势就可以代替转速反馈信号。图 1-30 为电动势负反馈调速系统静态结构图。图中电压负反馈部分与图 1-29 相同，除此之外，增加了电流正反馈。当负载增大使静态转速降增加时，电流正反馈信号也增大，通过运算放大器使电力电子变换装置电压随之增加，从而补偿了转速的降落。因此，电流正反馈的作用又称为电流补偿控制。具体的补偿作用有多少，由系统各环节的参数决定。

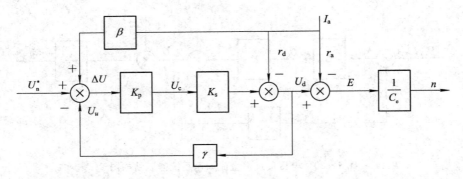

图 1-30　电动势负反馈调速系统静态结构图

系统的静特性方程式为

$$n = \frac{K_s K_p U_n^*}{C_e(1+K)} - \frac{I_a r_d}{C_e(1+K)} - \frac{r_a I_a}{C_e} + \frac{K_s K_p \beta I_a}{C_e(1+K)} \tag{1-61}$$

式中：$K=\gamma K_p K_s$。如果 $\beta/\gamma=r_a$，则利用电压负反馈和电流正反馈就可以得到电动机稳态的反电动势信号 $U_e$，从而构成电动势负反馈，这时式(1-61)可简化为

$$n = \frac{K_s K_p U_n^*}{C_e(1+K)} - \frac{I_a r_d}{C_e(1+K)} - \frac{r_a I_a}{C_e} + \frac{K_s K_p \gamma r_a I_a}{C_e(1+K)}$$
$$= \frac{K_s K_p U_n^*}{C_e(1+K)} - \frac{I_a R}{C_e(1+K)} \tag{1-62}$$

式中 $R=r_a+r_d$。

显然，式(1-62)与转速负反馈的表达式完全相同，因此，加大电流反馈系数 $\beta$ 可以减小静差。对式(1-61)，令 $-\dfrac{I_a r_d}{C_e(1+K)}-\dfrac{r_a I_a}{C_e}+\dfrac{K_s K_p \beta I_a}{C_e(1+K)}=0$，就做到了无静差，无静差的条件是

$$\beta = \frac{R+K r_a}{K_s K_p} \tag{1-63}$$

此时，电流反馈系数为临界电流反馈系数 $\beta_{cr}$。采用补偿控制的方法使静差为 0，叫作全补偿。全补偿时的机械特性是一条水平线；如果仍有一些静差，叫作欠补偿；如果 $\beta>\beta_{cr}$，则机械特性上翘，叫作过补偿。

如果取消电压负反馈，单纯采用电流正反馈，也可以得到静特性方程式：

$$n = \frac{K_s K_p U_n^*}{C_e} - \frac{r_a I_a}{C_e} + \frac{K_s K_p \beta I_a}{C_e} \tag{1-64}$$

同样，可得全补偿的临界电流反馈系数为

$$\beta = \frac{r_a}{K_s K_p} \qquad\qquad (1-65)$$

显然，只用电流补偿控制就足以把静差补偿到 0 了。

　　由被调量负反馈构成的反馈控制和由扰动量正反馈构成的补偿控制，是性质不同的两种控制规律。反馈控制只能使静差减小，补偿控制却能把静差消除，这似乎是补偿控制的优越性。但是，反馈控制采用自动调节的方式，无论环境如何变化，都能可靠地减小静差。而补偿控制则要靠参数的配合，当参数受温度等因素影响而发生变化时，补偿的条件就会受到破坏，消除静差的效果就会改变。再进一步看，反馈控制对一切被包在负反馈环内的前向通道上的扰动都有抑制，而补偿控制则只能针对某一种扰动有效。

　　电流正反馈只能补偿负载扰动，如果遇到电网电压波动这样的扰动，它反而会起负面作用。因此，在实际调速系统中很少单独使用电流正反馈补偿控制，只是在电压（或转速）负反馈系统的基础上加上电流正反馈补偿，作为减小静差的补充措施。此外，决不能采用全补偿这种临界状态，因为如果设计好全补偿后，万一参数变化，发生过补偿，则不仅系统的机械特性要上翘，还会出现系统工作不稳定的情况。

## 1.9　单闭环调速系统电流截止负反馈

### 1.9.1　问题的提出

　　直流电动机全电压启动时，如果没有采取专门的限流措施，会产生很大的冲击电流，这不仅对电动机换向不利，对于电力电子器件来说，更是不允许的。采用转速负反馈的单闭环调速系统（不管是比例控制的有静差调速系统，还是比例积分控制的无静差调速系统），当突然加载给定电压 $U_n^*$ 时，由于系统存在惯性，电动机不会立即转起来，转速反馈电压 $U_n$ 仍为 0。因此，加在调节器输入端的偏差电压 $\Delta U = U_n^*$，这时放大器和触发驱动装置的惯性都很小，使功率变换装置的输出电压迅速达到最大值 $U_{d\,max}$，对电动机来说相当于全电压启动，这通常是不被允许的。对于要求快速启/制动的生产机械，给定信号多采用突加方式。另外，有些生产机械的电动机可能会遇到堵转的情况，例如挖土机、轧钢机等，其闭环系统特性很硬，若无限流措施，电流会大大超过允许值。如果依靠过电流继电器或快速熔断器进行限流保护，则一过载就跳闸或烧断熔断器，系统将无法正常工作。

　　为了解决反馈控制单闭环调速系统启动和堵转时电流过大的问题，系统中必须设有自动限制电枢电流的环节。根据反馈控制的基本概念，要维持某个物理量基本不变，只要引入该物理量的负反馈就可以了。因此，引入电流负反馈能够保持电流不变，使它不超过允许值。但是，电流负反馈的引入会使系统的静特性变得很软，不能满足一般调速系统的要求。电流负反馈的限流作用只在启动和堵转时存在，在正常运行时不起作用，以使电流能自由地随着负载增减。这种当电流大到一定程度时才起作用的电流负反馈叫作电流截止负反馈。

### 1.9.2　电流截止负反馈环节

　　为了实现电流截止负反馈，必须在系统中引入电流截止负反馈环节。

电流截止负反馈环节的具体电路形式多种多样，无论采用哪种形式，其基本思想都是将电流信号转换成电压信号，然后去和一个比较电压 $U_{com}$（该电压大小代表电流参与负反馈的阈值）进行比较。电流负反馈信号可以用电阻取样，或者用霍尔电流传感器取样。对于小功率电动机，通常在电动机电枢回路串入一个小阻值的电阻 $R_s$，$I_d R_s$ 是正比于电流的电压信号，用它去和比较电压 $U_{com}$ 进行比较。对于大功率电动机，采用霍尔电流传感器取样，这是由于采用分流器（小电阻取样）所得到的电流信号信噪比小，电枢电路和控制电路不隔离，电路抗干扰能力差。

当 $I_d R_s > U_{com}$ 时，电流负反馈信号起作用；当 $I_d R_s \leqslant U_{com}$ 时，电流负反馈信号被截止，不参与反馈。可以利用稳压管的击穿电压作为比较电压 $U_{com}$，组成电流负反馈截止环节。小电阻取样和霍尔电流传感器取样如图 1-31(a)、(b) 所示。图 1-31(b) 中 $U_{cc}$ 和 $-U_{cc}$ 为霍尔电流传感器电源，$R$ 为测量电阻。

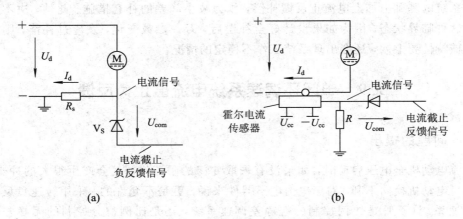

图 1-31　利用稳压管获得比较电压的电流截止负反馈环节
（a）小电阻取样；（b）霍尔电流传感器取样

## 1.9.3　带电流截止负反馈的单闭环转速负反馈调速系统

图 1-32 给出了带电流截止负反馈的单闭环转速负反馈调速系统的原理框图。图中控制器采用模拟 PI 调节器，电流反馈信号来自霍尔电流传感器，与主电路电流 $I_a$ 成正比，电流反馈系数为 $\beta$，临界截止电流为 $I_{dcr}$，对应稳压管的击穿电压为 $U_{com}$，于是有

$$\beta I_{dcr} = U_{com} \tag{1-66}$$

带电流截止负反馈的单闭环转速负反馈调速系统的静特性如图 1-33 所示。显然，当 $I_d \leqslant I_{dcr}$ 时，系统的转速是无静差的，静特性曲线是水平直线（图 1-36 中 $AB$ 段）；当 $I_d > I_{dcr}$ 时，对应 $BC$ 段，系统的静特性曲线很陡，静态转速降很大。这种两段式的特性常被称为下垂特性或挖土机特性，因为挖土机在运行中如果遇到坚硬的石块而过载时，电动机停下，这时的电流称为堵转电流 $I_{dbl}$。电动机堵转时，$n=0$，此时，电流信号和稳压管电压之和应等于给定电压，即

$$\beta I_{dbl} - U_{com} = U_n^*$$

整理得

$$I_{dbl} = \frac{U_{com} + U_n^*}{\beta} \tag{1-67}$$

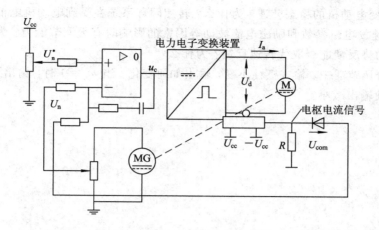

图 1-32　带电流截止负反馈的单闭环转速负反馈调速系统的原理框图

$I_{dbl}$ 应小于电动机所允许的最大电流的 1.5～2.5 倍。另一方面，从正常运行特性 $AB$ 这一段看，希望有足够的运行范围，$I_{dcr}$ 应大于电动机的额定电流，一般取 $I_{dcr}$ 为正常工作电流的 1.2 倍。这些就是设计电流截止负反馈环节参数的依据。

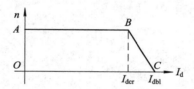

图 1-33　带电流截止负反馈的单闭环转速负反馈调速系统的静特性

# 习题与思考题

1.1　大功率直流电动机为什么不能直接启动？直流脉宽调制（PWM）能否实现降压启动？

1.2　他励直流电动机的调速方法有哪些？各有什么特点？

1.3　为什么只采用弱磁升速，而不采用增磁减速？

1.4　说明调速范围、静差率的概念及二者之间的关系。

1.5　某调速系统，直流电动机参数包括：功率为 10 kW，额定电压为 220 V，额定电流为 55 A，额定转速为 1000 r/min，电枢电阻为 0.1 Ω。若采用开环控制，计算：

（1）额定负载下的静态转速降 $\Delta n$；

（2）$s=0.1$ 时系统的调速范围 $D$；

（3）$D=5$，$s=0.1$ 时系统允许的 $\Delta n$。

1.6　某调速系统的最高转速为 1500 r/min，最低转速为 100 r/min，要求 $s=0.1$，那么系统允许的 $\Delta n$ 是多少？

1.7　为什么转速单闭环调速系统能够减小稳态转速降？改变给定电压或调整转速反

馈系数能否改变电动机的稳态转速？为什么？转速闭环系统在受到电动机电枢电阻、负载、供电电压、测速发电机参数和励磁电流波动等因素的影响时有无调节能力？为什么？

1.8　电动势反馈能否取代转速反馈？为什么？

1.9　积分调节器中，输入极性不变，输出如何变化？当 $u_{in}=0$ 时，输出还变化吗？是否为 0？如何使输出减小？

# 第 2 章　电流转速双闭环直流调速系统

所谓的多环控制，是指按照一环套一环的嵌套结构组成的两个或者两个以上的闭环控制，相当于控制系统中的串级控制。本章以电流转速双闭环调速系统为重点，阐明多环控制的特点、控制规律和工程设计方法，首先介绍了电流转速双闭环调速系统的组成及静特性；然后阐述了系统的动态分析和抗扰动能力，分析了转速和电流调节器的作用；接着给出了系统的工程设计方法；最后针对负载的扰动，给出了基于转速微分负反馈和状态观测器的扰动抑制方法。

## 2.1　最佳过渡过程的基本概念

转速闭环调速系统可以在保证系统稳定的前提下实现转速的无静差，但是对动态性能要求较高的系统，转速闭环调速系统很难对电流（转矩）进行控制。上一章介绍的带电流截止负反馈的单闭环转速负反馈调速系统，其电流负反馈仅仅在过流时起作用，在正常工作时不起作用，并且电流反馈信号和转速反馈信号加到同一个调节器的输入端，很难同时校正好电流环和转速环。电动机经常工作在启动、制动、反转等过渡过程中，启动和制动过程的时间在很大程度上决定了电动机的效率。如何缩短这一部分时间，以充分发挥电动机的效率，是转速闭环调速系统首先要解决的问题。为了达到调节电流（转矩）来调节转速的目的，通常的方法是在转速环的基础上增加电流（转矩）环，其目的是在电动机最大电流（转矩）受限制的条件下，充分发挥电动机的过载能力，使电动机在过渡过程中始终保持电流（转矩）最大，以便系统尽可能用最大的加速度启动；同时在电动机启动到稳态转速后，又让电流（转矩）立即降下来，使电磁转矩和负载转矩相平衡，从而转入稳态运行。这样的启动过程如图 2-1 所示，启动过程中，电流为方波，转速线性增加。这种在最大电流（转矩）受限制的条件下，调速系统能达到最快的启动过程称为最佳启动过程。

第 1 章分析的带电流截止负反馈的单闭环转速负反馈调速系统，其在启动过程中有限流作用，保证电流不超过最大允许值，但是并不能保证恒定电流启动。当电流从最大值降下来之后，电流（转矩）也随之减小，加速过程随之延长，启动过程如图 2-2 所示。为了实现最大转矩控制，关键是要获得一段使电流保持为最大 $I_{dm}$ 的恒流过程，如图 2-1 所示。按照反馈控制规律，采用某个物理量的负反馈可以保持该量恒定不变，因此采用电流负反馈应该能得到近似的恒流过程。采用两级串联校正的方法，把转速反馈和电流反馈调节器串联，希望系统在启动过程中只有电流反馈，没有转速反馈；进入稳态运行时，希望系统只有转速反馈，没有电流反馈。这样两个控制目标可以通过调节器各自分别完成。实际上，由于电枢电感的作用，电流不能突变，图 2-1 所示的最佳启动电流波形只能近似逼近，不能完全实现。

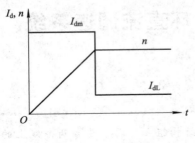

图 2-1　最佳启动过程

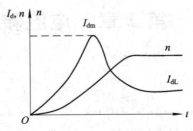

图 2-2　带电流截止负反馈的单闭环转速
负反馈调速系统的启动过程

## 2.2　电流转速双闭环调速系统

### 2.2.1　电流转速双闭环调速系统的组成及静特性

转速闭环系统不能随意控制电流（转矩）的动态过程。采用电流截止负反馈环节只能限制电流的冲击，并不能很好地控制电流的动态波形。电流转速双闭环反馈控制系统的结构如图 2-3 所示，该系统在转速调节器（ASR）的基础上增加电流调节器（ACR），两级调节器采用串联结构。转速调节器的输出作为电流调节器的输入，电流调节器的输出去控制电力电子变换装置（UPE）的占空比或者相位角，从而获得与电流调节器相对应的输出电压，以期获得需要的转速。双闭环调速系统的具体工作方式是：在启动过程中，只有电流负反馈，没有转速负反馈，以获得允许的最大电磁转矩；达到稳态后，转速负反馈起主导作用，电流负反馈仅起跟随作用，以获得希望的转速。这样，两个调节器在不同的时段分别起主导作用，以此来获得理想的性能。从系统结构上看，电流环在里面，称为内环；转速环在外面，称为外环。

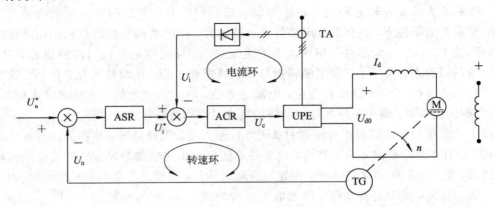

图 2-3　电流转速双闭环反馈控制系统的结构

为了获得良好的动态和静态特性，转速调节器和电流调节器都采用 PI 控制，并且转速和电流调节器都带有输出限幅调节器。转速调节器的输出为 $U_i^*$，其限幅值 $U_{im}^*$ 决定了电流调节器的给定最大值；电流调节器的输出为 $U_c$，其限幅值 $U_{cm}$ 决定了电力电子变换装置的最大输出电压 $U_{dm}$。当转速调节器 ASR 饱和时，输出限幅值 $U_{im}^*$，此时转速的增加不再影响 ASR 的输出，转速调节器可以看作转速开环，系统只有电流调节器起作用，相当于电流单闭环系统，可以实现电流恒定（实现电流无静差）。把电力电子变换装置 UPE 简化为一个放大环节，用 $K_s$ 表示，电流闭环系统的结构如图 2-4 所示。

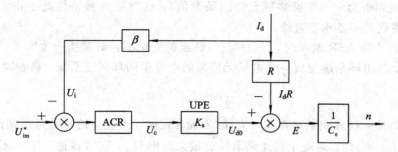

图 2-4　电流闭环系统结构

双闭环系统稳态运行时，电流调节器 ACR 永远不会达到饱和状态，系统只存在转速调节器 ASR 饱和与不饱和两种状态。当转速调节器 ASR 不饱和时，ASR 成为主导调节器，电流调节器只跟随转速调节器的变化而变化。当转速调节器 ASR 饱和时，转速调节器不起作用，电流调节器 ACR 成为主导调节器。双闭环直流调速系统的稳态结构如图 2-5 所示，转速的反馈系数为 $\alpha$，电流的反馈系数为 $\beta$。

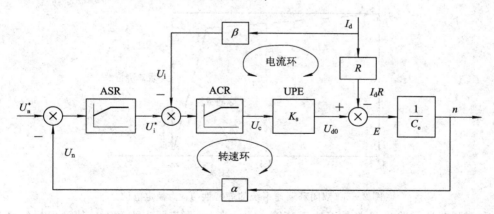

图 2-5　双闭环调速系统的稳态结构

稳态工作中，转速调节器 ASR 不饱和，电流调节器 ACR 也处于不饱和状态，输入电压偏差 $\Delta U_n = U_n^* - U_n = 0$，$\Delta U_i = U_i^* - U_i = 0$，各变量关系如下：

$$U_n^* = U_n = \alpha n \tag{2-1}$$
$$U_i^* = U_i = \beta I_d \tag{2-2}$$

由式（2-1）和式（2-2）可以得到

$$U_c = \frac{U_{d0}}{K_s} = \frac{C_e n + I_d R}{K_s} = \frac{C_e U_n^* / \alpha + I_d R}{K_s} \tag{2-3}$$

式（2-3）表明，在稳态工作点上，转速 $n$ 是由给定电压 $U_n^*$ 和反馈系数 $\alpha$ 决定的。转速调节器 ASR 的输出量 $U_i^*$ 是电流调节器的参考输入，其大小由 $\beta$ 和负载电流 $I_d$ 决定。由于转速调节器处于不饱和状态，因此由式(2-1)可以得到转速为

$$n = \frac{U_n^*}{\alpha} = n_0 \quad U_i^* < U_{im}^* \qquad (2-4)$$

$n_0$ 为空载转速，进而得到图 2-6 所示的静特性 $CA$ 段。此时电流调节器的给定电压 $U_i^*$ 小于转速调节器的饱和输出电压 $U_{im}^*$，所以负载电流 $I_d$ 小于其限幅值 $I_{dm}$($I_{dm}$ 由设计者给定，取决于电动机和电力电子变换装置允许的最大值)。这时系统静特性处于正常工作段，此时，静特性曲线是一条水平直线。

当转速调节器 ASR 饱和时，$U_i^* = U_{im}^*$，转速的变化不再对系统产生影响，相当于转速反馈环开环，双闭环系统变成一个电流无静差的电流单闭环调速系统。稳态时

$$I_d = \frac{U_{im}^*}{\beta} = I_{dm} \quad n < n_0 \qquad (2-5)$$

因此双闭环调速系统在负载电流 $I_d < I_{dm}$ 时表现为转速无静差，这时转速反馈起主导作用。当负载电流 $I_d = I_{dm}$ 时，对应于转速调节器的最大输出 $U_{im}^*$，这时转速的变化不再影响转速调节器的输出，电流反馈起主要调节作用，系统表现为电流无静差，对应于图 2-6 中的 $AB$ 段，此时静特性呈现很陡的下垂特性，实现了电流的自动保护。这就是采用带限幅 PI 调节器分别形成内、外两个闭环的效果，这样的静特性显然比带电流截止负反馈的效果要好得多。

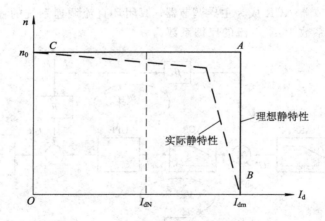

图 2-6  双闭环调速系统的静特性($I_{dN}$ 为额定电流)

比例调节器的输出量总是正比于其输入量。当 PI 调节器未饱和时，其输出量的稳态值是输入的积分，直到输入为零，才停止积分。这时，输出量与输入量无关，而是由它后面环节的需要决定，后面环节需要 PI 提供多大的输出量，它就能提供多大，直到饱和为止。

双闭环调速系统的参数计算和无静差系统的稳态计算相似，反馈系数可以由给定值与反馈值来计算。转速的反馈系数、电流的反馈系数分别由其最大值和调节器的输出限幅值计算：

$$\alpha = \frac{U_{nm}^*}{n_{max}} \qquad (2-6)$$

$$\beta = \frac{U_{im}^*}{I_{dm}} \qquad (2-7)$$

其中，$U_{nm}^*$ 是给定电压的最大值，而 $U_{im}^*$ 是转速调节器的输出限幅值。

## 2.2.2　电流转速双闭环调速系统的动态分析

直流电动机的电压平衡方程和机械平衡方程分别为

$$U_{d0} - E = R\left(I_d + T_l \frac{\mathrm{d}I_d}{\mathrm{d}t}\right) \tag{2-8}$$

$$I_d - \frac{T_L}{C_m} = \frac{T_m}{R} \cdot \frac{\mathrm{d}E}{\mathrm{d}t} \quad 即 \quad I_d - I_{dL} = \frac{T_m}{R} \cdot \frac{\mathrm{d}E}{\mathrm{d}t} \tag{2-9}$$

其中 $I_{dL} = \dfrac{T_L}{C_m}$，对式（2-8）和式（2-9）做拉普拉斯变换得

$$\frac{I_d(s)}{U_{d0}(s) - E(s)} = \frac{1}{R(T_l s + 1)} \tag{2-10}$$

$$\frac{E(s)}{I_d(s) - I_{dL}(s)} = \frac{R}{T_m s} \tag{2-11}$$

根据式（2-10）和式（2-11）可以得到额定励磁条件下直流电动机的结构如图2-7所示。

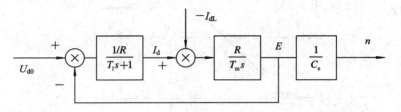

图 2-7　额定励磁条件直流电动机的结构

晶闸管整流装置输入控制电压为 $U_c$，输出量是空载整流电流 $U_{d0}$，设它的放大系数为 $K_s$。整流装置一旦导通，控制电压就不再起作用，直到该元件承受反压关断为止，输出电压要等到下一个周期才能变化，整流电压滞后于控制电压。因此，可以用单位阶跃函数来表示晶闸管的触发和输出的延迟：

$$U_{d0} = K_s U_c 1(t - T_s) \tag{2-12}$$

对式（2-12）做拉普拉斯变换得

$$\frac{U_{d0}(s)}{U_c(s)} = K_s \mathrm{e}^{-T_s s} \tag{2-13}$$

把式（2-13）中的指数部分按泰勒级数展开得

$$\frac{U_{d0}(s)}{U_c(s)} = K_s \mathrm{e}^{-T_s s} = \frac{K_s}{1 + T_s s + \dfrac{1}{2!} T_s^2 s^2 + \cdots} \tag{2-14}$$

若忽略高次项，则晶闸管整流装置可以看作一阶惯性环节，即

$$\frac{U_{d0}(s)}{U_c(s)} \approx \frac{K_s}{T_s s + 1} \tag{2-15}$$

由式（2-8）、式（2-9）和式（2-15）可以得到电流转速双闭环调速系统的结构，如图2-8 所示，其中虚线部分为直流电动机，$W_{ASR}(s)$ 和 $W_{ACR}(s)$ 分别为转速和电流调节器的传递函数，转速的反馈系数为 $\alpha$，电流的反馈系数为 $\beta$。

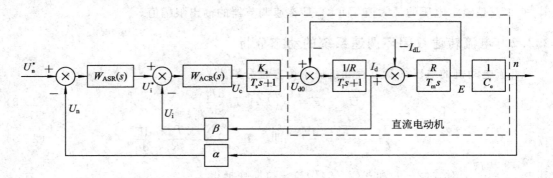

图 2-8　电流转速双闭环调速系统的结构

　　启动过程中,转速调节器 ASR 将经过不饱和、饱和、退饱和过程,依此可把启动过程分为电流上升、恒流升速和转速调节三个阶段。转速和电流波形如图 2-9 所示。

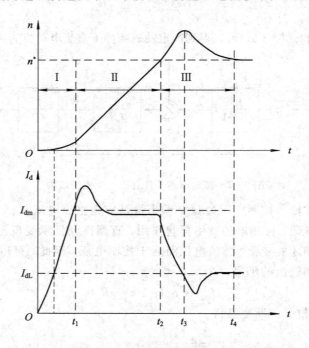

图 2-9　电流转速双闭环调速系统启动过程的转速和电流波形

## 1. 电流上升阶段

　　电流上升阶段对应图 2-9 中的 $0 \sim t_1$ 时间段,该阶段转速反馈电压 $U_n$ 为 0,只有转速给定电压 $U_n^*$,通过两个调节器 ASR 和 ACR 的控制作用,$I_d$ 开始上升,当 $I_d > I_{dL} = \dfrac{T_L}{C_m}$ 时,电动机开始转动。由于电动机系统的惯性作用,转速 $n$ 增长比较慢,因而转速调节器的输入偏差信号 $\Delta U_n = U_n^* - U_n$ 数值比较大,使 ASR 输出很快达到调节器的限幅值 $U_{im}^*$,$I_d$ 也快速增大。当 $I_d = I_{dm}$ 时,$U_i = U_{im}^*$,电流上升阶段结束。在这一阶段中,转速调节器 ASR 由不饱和很快变为饱和,在设计时应使 ACR 始终处于不饱和状态,保证电流环的调节作用。

**2. 恒流升速阶段**

恒流升速阶段对应图 2-9 中的 $t_1 \sim t_2$ 时间段,是启动的主要阶段。在此阶段,尽管转速反馈信号 $U_n$ 不断上升,但是只要小于 $U_n^*$,偏差信号 $\Delta U_n = U_n^* - U_n$ 就一直为正,使 ASR 一直处于饱和状态,其输出信号保持 $U_{im}^*$ 不再变化,转速反馈信号的变化不再影响 ASR 的输出,转速调节器失去调节作用,相当于转速环处于开环状态。电流调节器的给定信号保持最大值 $U_{im}^*$ 不变,此时电磁转矩 $T_{em} = C_m I_{dm}$ 保持恒定,由直流电动机的机械平衡方程 $T_{em} - T_L = \dfrac{GD^2}{375} \dfrac{dn}{dt}$ 可知,加速转矩恒定,因此转速 $n$ 呈线性增长,反电动势 $E = C_e n$ 也按线性增长。为了保持电枢电流 $I_d = I_{dm}$ 恒定,晶闸管整流装置输出电压 $U_{d0} = R I_d + L \dfrac{dI_d}{dt} + E$ 也必须保持线性增长。电流调节器 ACR 是 PI 调节器,要使它的输出线性增长,则输入的偏差电压 $\Delta U_i = U_{im}^* - U_i$ 必须保持恒定,也就是说 $I_d$ 略小于 $I_{dm}$。需要强调的是,在这一过程中,为了保持 ACR 的调节作用,应使其总处于不饱和状态,同时,$I_{dm}$ 应该限定在电动机允许的最大启动电流范围内,确保系统安全可靠运行。

**3. 转速调节阶段**

转速调节阶段对应图 2-9 中的 $t_2 \sim t_4$ 时段,该阶段转速反馈值达到给定值,偏差信号 $\Delta U_n = U_n^* - U_n = 0$。由于积分器的作用,ASR 的输出保持 $U_{im}^*$ 不变,电动机还在最大电流 $I_{dm}$ 作用下加速,只有出现转速超调的情况才能使反馈信号大于给定信号(即 $U_n > U_n^*$),也就是说只有偏差信号小于零,即 $\Delta U_n < 0$,才能使转速调节器 ASR 退出饱和状态,其输出电压 $U_i^*$ 开始从限幅值 $U_{im}^*$ 降下来,电枢电流 $I_d$ 也随之下降。在 $t_2 \sim t_3$ 区间内,由于 $I_d > I_{dL}$,电磁转矩$(T_e = C_m I_d)$大于负载转矩$(T_L = C_m I_{dL})$,因而转速继续上升。在 $t_3 \sim t_4$ 区间内,电动机在负载转矩的作用下开始减速,直到进入稳定运行状态。在 $t_2 \sim t_4$ 区间,ASR 和 ACR 都处于不饱和状态,ASR 起主导调节作用,ACR 只是一个电流随动系统。

从启动过程的三个阶段可以看到,电流转速双闭环调速系统启动过程的特点如下:

(1)饱和非线性控制。随着 ASR 的饱和与不饱和,系统运行于两个完全不同的状态。当 ASR 饱和时,转速环处于开环状态,系统表现为恒值电流调节的闭环系统。当 ASR 退出饱和时,转速环处于闭环状态,电流环为一个电流随动系统,整个系统表现为一个转速无静差系统。从控制的观点看,电流转速双闭环调速系统是一个典型的变结构的线性系统,对于这种系统的设计和分析,应采用分段线性化的方法来处理。

(2)转速超调。系统采用饱和非线性控制,启动过程进入第三阶段后,必须出现转速超调,才能使 ASR 退出饱和。按照 PI 调节器的特点,只有出现转速超调,ASR 的输入偏差 $\Delta U_n = U_n^* - U_n$ 才能为负值,进而使 ASR 退出饱和,这就是说,系统的动态响应必须出现超调。

(3)准时间最优控制(有限制条件的最短时间控制)。启动过程主要集中在第二阶段,它的特点是电流保持 $I_{dm}$ 恒定不变,充分发挥电动机的过载能力,尽可能缩短启动过程。这个阶段的控制属于电流受限制条件下的最短时间控制,称之为"时间最优控制"。由于电感电流不能突变,还达不到图 2-1 所示的最佳启动过程,但是从图 2-9 中可以看到,第 I 和第 III 两个阶段所占的时间比较小,比较接近最佳启动过程。

　　电流转速双闭环调速系统启动过程中电流和转速的波形接近最佳启动过程的波形。启动过程的三个阶段中，第二阶段是主要阶段，这一阶段基本实现了在最大电流条件下的加速启动，实现了准时间最优控制。然而该系统不足之处是存在 ASR 退饱和过程，转速必然出现超调。在某些高性能应用场合，转速超调是不允许的。

　　转速调节器和电流调节器的作用归纳如下。

　　1）转速调节器的作用

　　（1）转速调节器是调速系统的主导调节器，它使转速 $n$ 很快地跟随给定转速变化，稳态时可减小转速误差，如果采用 PI 调节器，则可实现无静差调速。

　　（2）对负载变化起抗扰作用。

　　（3）ASR 输出限幅值决定电动机允许的最大电流，启动时允许在最大电流条件下启动，加快了启动过程。

　　2）电流调节器的作用

　　（1）作为内环的调节器，在外环转速的调节过程中，它的作用是使电流紧紧跟随外环调节器的变化而变化。

　　（2）对电网电压波动起及时抗扰作用。

　　（3）在转速调节过程中，保证获得电动机允许的最大电流，从而加快动态过程。

　　（4）当电动机过载甚至堵转时，限制电枢电流的最大值，起快速自动保护作用，而一旦过载消失，系统立即自动恢复正常运行。

　　电流转速双闭环调速系统在启动过程中，能够在电动机电流过载能力约束条件下表现出良好的动态跟随性能。在减速过程中，由于电流不可逆，电流环的跟随性能变差。对电流环来说，其应该具有良好的跟随性能。

## 2.2.3　电流转速双闭环调速系统的动态抗干扰性能

　　与其他电力拖动系统一样，电流转速双闭环调速系统在运行时不可避免地会遇到各种扰动。负载扰动 $I_{dL}$ 和电网电压扰动 $\pm \Delta U_d$ 是系统的两个主要扰动源。电网电压扰动 $\pm \Delta U_d$ 在系统中的作用点如图 2-10 所示，它与负载扰动的作用点不同，系统对它的抑制效果也不一样。如果系统只存在转速调节器，则两种扰动源都被包围在反馈环内，负载扰动 $I_{dL}$ 比电网电压扰动 $\pm \Delta U_d$ 更靠近被控量，它的波动经过电动机惯性延迟后就可以影响转速，从而引起转速调节器变化。电网电压扰动 $\pm \Delta U_d$ 的作用点离被控量比较远，它的波动首先要受到电动机电磁环节 $T_l$ 的惯性延迟，再经过 $T_m$ 的惯性延迟，才能影响转速的变化，所以系统对负载的扰动抑制更直接一些。

　　如果系统增加了电流环，即构成电流转速双闭环调速系统，从图 2-10 中可以看到系统对两种扰动的抑制能力是不同的。电网电压扰动 $\pm \Delta U_d$ 被包围在电流环内，当电网电压波动时，可以通过电流反馈及时调节，不必等到转速反应后才进行调节。而负载扰动 $I_{dL}$ 出现在电流环之后，稳态运行时，转速 $n$ 等于给定转速 $n^*$，此时电磁转矩 $T_e$ 等于负载转矩 $T_L$，当负载转矩突然由 $T_{L1}$ 增加到 $T_{L2}$ 时，电动机开始减速，使 $n < n^*$，ASR 的输入偏差电压 $\Delta U_n$ 大于零，使 ACR 的给定电压 $U_i^*$ 增加，引起电枢电流 $I_d$ 增加，转速开始回升；经过一段时间后，$I_d$ 重新和负载电流相等，达到新的平衡点。因此，负载突然变化时，必然会引起转速的波动，负载扰动引起的转速波动的影响只能靠转速调节器 ASR 来消除。为了

减小由负载扰动引起的动态降落，在设计 ASR 调节器时，要求其具有良好的抗负载扰动能力。综上所述，在电流转速双闭环调速系统中，电网电压波动引起的动态变化比负载扰动要小得多，这时引入双闭环反馈环节使得系统对电网电压扰动的抑制比对负载扰动的抑制更直接。

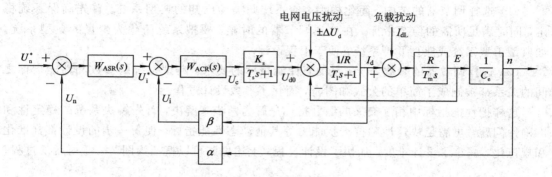

图 2-10　负载扰动和电网电压扰动

## 2.3　电流转速双闭环调速系统的工程设计方法

### 2.3.1　工程设计方法的基本思路

上一节介绍了电流转速双闭环调速系统的组成和特性，由于双闭环系统采用了两个调节器，因而它的性能比单闭环系统要好，但是需要确定两个调节器的结构和参数，增加了校正的复杂性。校正转速单闭环系统，采用经典的动态校正方法，借助系统的开环对数幅频特性设计调节器的结构和参数。图 2-8 所示的电流转速双闭环调速系统，由于存在电流和转速两个套在一起的反馈环节，因而要分别设计电流和转速调节器，设计原则一般是从内环开始，设计好电流调节器 ACR，然后把内环等效为外环中的一个环节，再设计外环调节器，这样一环一环地逐步向外扩大，直到所有的调节器都设计好为止。在设计每一个调节器时，都可以根据开环系统的对数幅频特性和期望的开环对数幅频特性，通过反复比较和试凑来得到调节器的结构和参数。但是，如果每个环节都这样做则会很烦琐，并且在设计每一个调节器时，为了同时解决动态、静态各方面相互矛盾的问题，涉及的理论太多，往往要求设计者具有扎实的理论基础、丰富的工程经验和设计技巧，因此，有必要建立简单实用的工程设计方法。

现代调速系统，除了电动机之外，都是由惯性很小的电力电子器件、集成运算放大器或者数字控制系统等组成的，可以精确地实现 PID 控制，这就有可能把多种多样的控制系统简化和近似为典型的低阶系统，把典型系统的开环对数幅频特性当作预期的特性。弄清楚这些典型系统参数和动态性能之间的关系，将它们编制成简单的公式和图表，利用这些公式和图表设计调节器，可大大简化设计过程，方便应用且便于工程实现。

目前工程界最流行的设计方法是西门子公司的"调节器最佳整定"设计方法（习惯上称为"二阶最佳"（模最佳）和"三阶最佳"（对称最佳）参数设计方法）和随动系统设计中常用的"振荡指标法"。这两种设计方法在二阶系统的设计中基本上是一致的。另外，我国发展起来的"模型系统法"用中频宽度、中衰宽度和控制信号滤波时间常数相对值三个参数来概括系统中各参数的变化，也得到了较为完整的结果。

工程设计方法的基本思路是要使问题简化，突出主要矛盾。概括地说，设计调节器可以分为以下两个步骤：

（1）选择调节器的结构，简化模型，使系统归类为已知的典型系统。首先确保系统稳定，同时满足所需的稳态指标。在选择调节器的时候，要把系统简化为少量的典型系统，如典型Ⅰ型系统或典型Ⅱ型系统，便于工程设计。

（2）选择调节器的参数，以满足动态性能指标的要求。典型系统的参数和性能指标之间的关系都被制成了简单的公式和图表，简化了参数设计过程。

这样把性能指标中相互交叉的综合指标分解为两步来解决，首先解决系统的稳定性和准确性问题，再满足快速性和抗干扰能力等其他动态性能指标，使每一步的设计都标准化和规范化，减小了设计难度，加快了设计过程。上述思路可以概括为图 2-11 所示的过程。

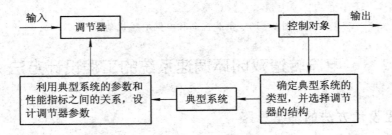

图 2-11　调节器的工程设计过程

## 2.3.2　典型Ⅰ型系统

由控制理论可知，一个系统的开环传递函数可以写为如下形式：

$$W(s) = \frac{K(\tau_1 s + 1)(\tau_2 s + 1)\cdots(\tau_m s + 1)}{s^r(T_1 s + 1)(T_2 s + 1)\cdots(T_n s + 1)} \tag{2-16}$$

其中分子和分母中含有复数零点和极点。分母中的 $s^r$ 表示系统在复平面原点处有 $r$ 重根，也就是说系统包含了 $r$ 个积分环节。通常根据 $r=0,1,2,\cdots$ 把系统分为 0 型，Ⅰ型，Ⅱ型等系统。系统的型别越高，则无静差度越高，准确度也越高，但是稳定性越差。Ⅲ型和Ⅲ型以上的系统很难稳定，在实际中很少用到。

Ⅰ型系统中，选择包含一个惯性环节的二阶系统作为典型Ⅰ型系统，其开环传递函数为

$$W(s) = \frac{K}{s(Ts + 1)} \tag{2-17}$$

其中 $K$ 为放大系数（或称开环增益），$T$ 为惯性环节的时间常数。典型Ⅰ型系统的结构如图 2-12 所示。由自动控制原理可知，典型Ⅰ型系统对阶跃输入是无静差的，但是对速度输入是有静差的，对加速度输入的稳态误差为无穷大，因此，该系统一般适用于只有阶跃信号输入的恒值调速系统。

典型Ⅰ型系统的开环传递函数有两个参数：开环增益 $K$ 和时间常数 $T$。时间常数 $T$ 是由控制对象决定的，开环增益 $K$ 待定。典型Ⅰ型系统的结构简单，其开环对数幅频特性如

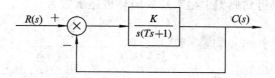

图 2-12　典型 I 型系统

图 2-13 所示，当开环对数幅频特性的中频段以 $-20$ dB/dec 的斜率穿越横坐标时，只要开环增益 $K$ 能保证足够的中频宽度 $h$，系统就一定是稳定的，而且有足够的相角裕度。从图 2-13 中可以看到其参数关系如下：

$$\omega_c < \frac{1}{T} \text{ 或者 } \omega_c T < 1$$

即

$$\arctan(\omega_c T) < 45° \tag{2-18}$$

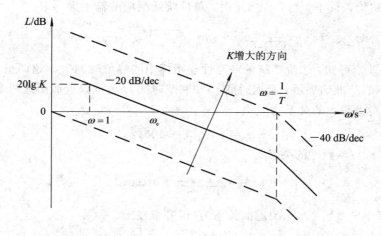

图 2-13　典型 I 型系统的开环对数幅频特性

在 $\omega=1$ 处，典型 I 型系统的开环增益 $K$ 按照如下方法确定：

$$L(\omega)\,|_{\omega=1} = 20\lg K - 20\lg\omega \tag{2-19}$$

即开环增益 $K$ 可以由下式计算：

$$20\lg K = L(1) \Rightarrow K = 10^{\frac{L(1)}{20}} \tag{2-20}$$

开环增益 $K$ 还可以利用截止频率 $\omega_c$ 来计算。当 $\omega=\omega_c$ 时，$L(\omega_c)=0$，则

$$L(\omega)\,|_{\omega=\omega_c} = 20\lg K - 20\lg\omega_c = 0 \Rightarrow K = \omega_c \tag{2-21}$$

显然应该使 $\omega_c < \frac{1}{T}$，否则，开环对数幅频特性将以斜率 $-40$ dB/dec 穿越横坐标，对系统的稳定性不利。系统的开环增益 $K$ 越大，则截止频率 $\omega_c$ 也越大，系统响应越快。典型 I 型系统的相角裕度为

$$\gamma = 180° - 90° - \arctan(\omega_c T) > 45° \tag{2-22}$$

由式（2-22）可以知道，当 $\omega_c$ 增大时，相角裕度 $\gamma$ 减小，不利于系统稳定。因此，快速性和稳定性是一对矛盾的特性，选择参数时，应根据控制对象的要求在稳定性和快速性之间进行折中考虑。

根据图 2-12 可以得到典型 I 型系统的闭环传递函数为

$$\Phi(s) = \frac{W(s)}{1+W(s)} = \frac{\dfrac{K}{T}}{s^2 + \dfrac{1}{T}s + \dfrac{K}{T}} \tag{2-23}$$

典型 I 型系统的闭环传递函数是一个标准的二阶系统，即

$$\Phi(s) = \frac{\omega_n^2}{s^2 + 2\zeta\omega_n s + \omega_n^2} \tag{2-24}$$

其中，无阻尼自然振荡频率 $\omega_n$、阻尼系数 $\zeta$ 与典型 I 型系统参数的关系如下：

$$\omega_n = \sqrt{\frac{K}{T}}, \quad \zeta = \frac{1}{2}\sqrt{\frac{1}{KT}}, \quad \zeta\omega_n = \frac{1}{2T}$$

在工程应用中，除了那些不容许产生振荡响应的系统外，通常希望控制系统具有适度的阻尼、较快的响应速度和较短的调节时间，因此，二阶控制系统的设计中，一般取 $0.4 < \zeta < 0.8$。在零初始条件下，当 $0 < \zeta < 1$ 时，单位阶跃响应的输出为

$$y(t) = 1 - \frac{1}{\sqrt{1-\zeta^2}} e^{-\zeta\omega_n t} \sin\left(\sqrt{1-\zeta^2}\,\omega_n t + \arctan\frac{\sqrt{1-\zeta^2}}{\zeta}\right) \tag{2-25}$$

根据控制理论可知，二阶系统的动态性能指标中的峰值时间 $t_m$、超调量 $\sigma$ 和上升时间 $t_r$ 都可以用 $\zeta$ 和 $\omega_n$ 准确表示，延迟时间 $t_d$ 和调节时间 $t_s$ 也可以近似用这两个参数表示。

超调量 $\sigma$ 与参数 $\zeta$ 的关系为

$$\sigma = e^{-\frac{\pi\zeta}{\sqrt{1-\zeta^2}}} \times 100\% \tag{2-26}$$

上升时间 $t_r$ 与参数 $\zeta$ 的关系为

$$t_r = \frac{2\zeta T}{\sqrt{1-\zeta^2}}\pi - \arccos\zeta \tag{2-27}$$

调节时间 $t_s$ 与参数 $\zeta$、$\omega_n$ 的近似关系为（误差带在 $\pm 5\%$）

$$t_s \approx \frac{3}{\zeta\omega_n} = 6T \tag{2-28}$$

峰值时间 $t_m$ 与参数 $\zeta$、$\omega_n$ 的近似关系为

$$t_m = \frac{\pi}{\omega_n\sqrt{1-\zeta^2}} \tag{2-29}$$

谐振峰值 $M_r$ 与参数 $\zeta$、$\omega_n$ 的关系为

$$M_r = M(\omega_r) = \frac{1}{2\zeta\sqrt{1-\zeta^2}} \quad 0 \leqslant \zeta \leqslant 0.707 \tag{2-30}$$

其中 $\omega_r = \omega_n\sqrt{1-2\zeta^2}$ 为闭环谐振频率。

截止频率 $\omega_c$ 与参数 $\zeta$、$\omega_n$ 的关系为

$$\omega_c = \omega_n\sqrt{\sqrt{4\zeta^4+1}-2\zeta^2} \tag{2-31}$$

相角裕度 $\gamma$ 与参数 $\zeta$、$\omega_n$ 的关系为

$$\gamma(\omega_c) = 180° - 90° - \arctan\left(\frac{\omega_c}{2\zeta\omega_n}\right) = \arctan\frac{2\zeta}{\sqrt{\sqrt{4\zeta^4+1}-2\zeta^2}} \tag{2-32}$$

根据式（2-26）～式（2-32）可以计算典型 I 型系统动态跟随性能指标和参数 $K$、

$T$(或 $\zeta$、$\omega_n$)之间的关系。对 $\zeta=0.5\sim1.0$ 范围的几个值进行计算，结果列于表 2-1 中。在工程应用中，可以根据给定的动态性能指标进行初选，不必利用公式进行精确计算。在初选的基础上，掌握参数变化时系统性能的变化趋势，在系统调试时根据实际系统的动态响应情况再改变参数。

表 2-1　典型 I 型系统参数与动态跟随性能指标的关系

| 参数关系 $KT$ | 0.25 | 0.39 | 0.5 | 0.69 | 1.0 |
|---|---|---|---|---|---|
| 阻尼比 $\zeta$ | 1.0 | 0.8 | 0.707 | 0.6 | 0.5 |
| 超调量 $\sigma$ | 0% | 1.5% | 4.3% | 9.5% | 16.3% |
| 上升时间 $t_r$ | $\infty$ | 6.6T | 4.7T | 3.3T | 2.4T |
| 峰值时间 $t_m$ | $\infty$ | 8.3T | 6.2T | 4.7T | 3.2T |
| 相角裕度 $\gamma$ | 76.3° | 69.6° | 65.6° | 59.2° | 51.8° |
| 截止频率 $\omega_c$ | $\dfrac{0.243}{T}$ | $\dfrac{0.367}{T}$ | $\dfrac{0.455}{T}$ | $\dfrac{0.596}{T}$ | $\dfrac{0.786}{T}$ |

典型 I 型系统的动态跟随性能指标可以用不同输入信号作用下的稳态误差来表示，控制系统的稳态误差与开环传递函数和输入信号的结构形式密切相关。常用典型的输入信号有阶跃信号、斜坡信号和加速度信号。在这些典型的输入信号作用下，典型 I 型系统的稳态误差如表 2-2 所示。

表 2-2　典型 I 型系统的稳态误差

| 输入信号 $R(t)$ | 阶跃信号 $R(t)=R\cdot\varepsilon(t)$ | 斜坡信号 $R(t)=Rt$ | 加速度信号 $R(t)=\dfrac{Rt^2}{2}$ |
|---|---|---|---|
| 稳态误差 $e_{ss}$ | 0 | $\dfrac{R}{K}$ | $\infty$ |

从表 2-2 中可以看到，典型 I 型系统在阶跃信号作用下是无差的；但在斜坡信号作用下则有恒值稳态误差，且稳态误差与开环增益 $K$ 成反比；在加速度信号作用下，稳态误差为 $\infty$。因此，典型 I 型系统不能用于具有加速度输入的随动系统。

控制系统除了承受输入信号作用之外，还经常受到各种扰动的作用，比如负载转矩变化、电源电压波动等。控制系统在扰动作用下的稳态误差反映了系统的抗干扰能力。系统抗扰性能与其结构及扰动作用点都有关系，图 2-14 示出了在扰动 $F(s)$ 作用下的典型 I 型系统及其等效结构。假设在扰动点作用之前的部分为 $W_1(s)$，在扰动作用点之后是 $W_2(s)$，取

$$\begin{cases} W_1(s)=\dfrac{K_1(T_2s+1)}{s(Ts+1)} \\ W_2(s)=\dfrac{K_2}{(T_2s+1)} \end{cases} \tag{2-33}$$

则扰动作用下的开环传递函数为

$$W_1(s)W_2(s) = W(s) = \frac{K}{s(Ts+1)} \qquad (2-34)$$

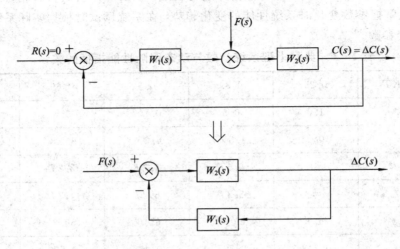

图 2-14 扰动作用下的典型 I 型系统及其等效结构

其中 $K = K_1 K_2$。令输入信号 $R(t) = 0$。此时输出 $C(s)$ 可以写为其变化量 $\Delta C(s)$。设阶跃扰动输入为 $F(s) = \dfrac{F}{s}$，输出变化量 $\Delta C(s)$ 为

$$\Delta C(s) = \frac{FK_2(Ts+1)}{(T_2 s+1)(Ts^2 + s + K)} \qquad (2-35)$$

当 $KT = 0.5$ 时，式 $(2-35)$ 的拉普拉斯反变换为

$$\Delta C(t) = \frac{2FK_2 m}{2m^2 - 2m + 1}\left[(1-m)\mathrm{e}^{-t/T_2} - (1-m)\mathrm{e}^{-t/(2T)}\cos\left(\frac{t}{2T}\right) + m\mathrm{e}^{-t/(2T)}\sin\left(\frac{t}{2T}\right)\right]$$
$$(2-36)$$

其中 $m = \dfrac{T}{T_2} < 1$。取不同的 $m$ 值，可以计算出相应的 $\Delta C(t) = f(t)$ 曲线，从而可以求出最大的动态降落 $\Delta C_{\max}$（用基准值 $C_b$ 的百分数来表示）和对应的峰值时间 $t_m$（用 $T$ 的倍数来表示）以及允许误差带为 $\pm 5\% C_b$ 时的恢复时间 $t_v$（用 $T$ 的倍数来表示），计算结果列于表 2-3 中。在计算中，为了使 $\dfrac{\Delta C_{\max}}{C_b}$ 和 $\dfrac{t_v}{T}$、$\dfrac{t_m}{T}$ 都处于合理的范围内，把基准值 $C_b$ 取为

$$C_b = \frac{1}{2}K_2 F \qquad (2-37)$$

表 2-3　典型 I 型系统的动态抗干扰性能指标与动态参数的关系（$KT=0.5$，$C_b = KF_2/2$）

| $m = \dfrac{T}{T_2}$ | $\dfrac{1}{5}$ | $\dfrac{1}{10}$ | $\dfrac{1}{20}$ | $\dfrac{1}{30}$ |
|---|---|---|---|---|
| $\dfrac{\Delta C_{\max}}{C_b} \times 100\%$ | 55.5% | 33.2% | 18.5% | 12.9% |
| $\dfrac{t_m}{T}$ | 2.8 | 3.4 | 3.8 | 4.0 |
| $\dfrac{t_v}{T}$ | 14.7 | 21.7 | 28.7 | 30.4 |

表 2-3 表明，当控制对象的两个时间常数相距较大时，动态降落减小，但是恢复时间却比较长。

### 2.3.3　典型 Ⅱ 型系统

**1. 典型 Ⅱ 型系统的定义和特点**

选择一种简单而稳定的结构作为典型 Ⅱ 型系统，其开环传递函数为

$$W(s) = \frac{K(\tau s + 1)}{s^2(Ts+1)} \tag{2-38}$$

典型 Ⅱ 型系统是一个三阶系统，结构如图 2-15 所示。开环传递函数有三个特征参数：开环传递函数的放大系数（开环增益）$K$、惯性环节的时间常数 $T$、一阶微分环节的时间常数 $\tau$。

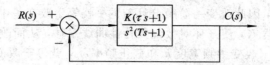

图 2-15　典型的 Ⅱ 型系统结构

典型 Ⅱ 型系统的开环对数幅频特性如图 2-16 所示。为了保证系统稳定，使其中频段以 $-20\ \mathrm{dB/dec}$ 的斜率穿越横坐标，其截止频率 $\omega_c$ 应该满足

$$\frac{1}{\tau} < \omega_c < \frac{1}{T} \tag{2-39}$$

其中时间常数 $T$ 是控制对象所固有的，而待定的参数有两个：开环增益 $K$ 和一阶微分环节的时间常数 $\tau$。由于存在两个参数待定，因而增加了参数选择的复杂性。定义两个转折频率（$\omega_1 = 1/\tau$，$\omega_2 = 1/T$）的比值为 $h$，$h$ 是斜率为 $-20\ \mathrm{dB/dec}$ 的中频段的宽度（称为中频宽度），且

$$h = \frac{\tau}{T} = \frac{\omega_2}{\omega_1} \tag{2-40}$$

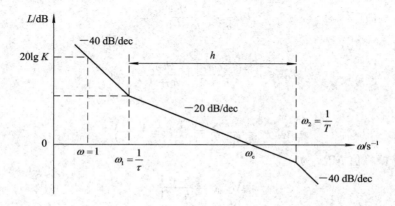

图 2-16　典型 Ⅱ 型系统的开环对数幅频特性

由于中频的状况对控制系统的动态品质起着决定性的作用，因而中频宽度 $h$ 是一个很重要的参数。

设 $\omega = 1$ 点位于典型 II 型系统的开环对数幅频特性上斜率为 $-40$ dB/dec 的低频段，则由图 2 – 16 可知

$$20 \lg K = 40 \lg\omega_1 + 20 \lg \frac{\omega_c}{\omega_1} = 20 \lg(\omega_1\omega_c) \tag{2-41}$$

因此开环增益 $K$ 可以用截止频率 $\omega_c$ 和 $\omega_1$ 来表示：

$$K = \omega_1\omega_c \tag{2-42}$$

相应的相角裕度为

$$\gamma = 180° - 180° + \arctan(\omega_c\tau) - \arctan(\omega_c T) = \arctan(\omega_c\tau) - \arctan(\omega_c T) \tag{2-43}$$

从中频宽度的定义 $h = \frac{\tau}{T} = \frac{\omega_2}{\omega_1}$ 可以看到，$T$ 是惯性环节的时间常数，由被控对象的参数决定，没有办法改变，因此改变一阶微分环节的 $\tau$ 就等于改变了中频宽度 $h$。当中频宽度 $h$ 一定时，改变开环增益 $K$，使开环对数幅频特性曲线平移，从而改变截止频率 $\omega_c$。因此，在设计典型 II 型系统时，改变中频宽度 $h$ 和截止频率 $\omega_c$，就等于改变开环增益 $K$ 和微分环节的时间常数 $\tau$，即改变 $h$ 和 $\omega_c$ 与改变 $K$ 和 $\tau$ 是相当的。

**2. 典型 II 型系统参数选择的 $M_{r\min}$ 准则**

由上述分析可知，典型 II 型系统中有两个参数 $h$ 和 $\omega_c$ 可改变。如果能在两个参数之间找到某种对动态性能有利的关系，根据该关系选择其中的一个参数就可以计算出另外一个参数，那么双参数的设计问题就会变为单参数的设计。目前工程上有两种方法选择 $h$ 和 $\omega_c$，即最大相角裕度 $\gamma_{\max}$ 准则和最小闭环幅频特性峰值 $M_{r\min}$（即最小谐振峰值）准则。本书采用最小谐振峰值 $M_{r\min}$ 准则来寻找 $K$ 和 $\tau$ 这两个参数之间的一种最佳配合。

对于一定的 $h$，只要有一个确定的 $\omega_c$，就可以得到最小谐振峰值 $M_{r\min}$，这时 $\omega_c$ 与 $\omega_1$、$\omega_2$ 之间的关系为

$$\frac{\omega_c}{\omega_1} = \frac{h+1}{2} \tag{2-44}$$

$$\frac{\omega_2}{\omega_c} = \frac{2h}{h+1} \tag{2-45}$$

而

$$\omega_1 + \omega_2 = \frac{2\omega_c}{h+1} + \frac{2h\omega_c}{h+1} = 2\omega_c$$

因此

$$\omega_c = \frac{\omega_1 + \omega_2}{2} = \frac{1}{2}\left(\frac{1}{T} + \frac{1}{\tau}\right) \tag{2-46}$$

对应的最小谐振峰值 $M_{r\min}$ 为

$$M_{r\min} = \frac{h+1}{h-1} \tag{2-47}$$

根据上述关系，取不同的 $h$ 值，计算最小谐振峰值 $M_{r\min}$ 和频率比变化，结果列于表 2 – 4 中。

表 2-4　不同中频宽度 $h$ 时的频率比和 $M_{r\,min}$

| $h$ | 3 | 4 | 5 | 6 | 7 | 8 | 9 | 10 |
|---|---|---|---|---|---|---|---|---|
| $M_{r\,min}$ | 2.00 | 1.67 | 1.50 | 1.40 | 1.33 | 1.29 | 1.25 | 1.22 |
| $\dfrac{\omega_2}{\omega_c}$ | 1.50 | 1.60 | 1.67 | 1.71 | 1.75 | 1.78 | 1.80 | 1.82 |
| $\dfrac{\omega_c}{\omega_1}$ | 2.00 | 2.50 | 3.00 | 3.50 | 4.00 | 4.50 | 5.00 | 5.50 |

试验结果表明，谐振峰值 $M_r$ 在 1.20～1.50 范围，系统的动态响应较好，如果 $M_r$ 扩大到 1.80～2.00 范围，则允许 $h$ 在 3～10 范围选择。据表 2-4，在 $M_{r\,min}$ 原则下，选择 $h$，随之截止频率 $\omega_c$ 也就确定了。

确定了中频宽度 $h$ 和截止频率 $\omega_c$ 后，根据式(2-40)和式(2-42)可以很容易计算出 $\tau$ 和 $K$ 即

$$\tau = hT \Rightarrow \omega_1 = \frac{1}{\tau} = \frac{1}{hT} \tag{2-48}$$

$$K = \omega_1 \omega_c = \omega_1^2 \cdot \frac{h+1}{2} = \left(\frac{1}{hT}\right)^2 \frac{h+1}{2} = \frac{h+1}{2h^2 T^2} \tag{2-49}$$

式(2-48)和式(2-49)是计算典型 Ⅱ 型系统参数 $\tau$ 和 $K$ 的公式，只要按照动态性能指标要求确定了中频宽度 $h$，就可以按照上述两式来计算其参数，从而确定系统。

**3. 典型 Ⅱ 型系统参数与性能指标的关系**

典型 Ⅱ 型系统动态跟随性能指标可以用不同输入信号下的稳态误差来表示，稳态误差与传递函数结构和输入信号的形式密切相关。在不同输入信号作用下，典型 Ⅱ 型系统的稳态误差如表 2-5 所示。

表 2-5　典型 Ⅱ 型系统在不同输入信号作用下的稳态误差

| 输入信号 | 阶跃信号 | 斜坡信号 | 加速度信号 |
|---|---|---|---|
| $R(t)$ | $R(t) = R_0$ | $R(t) = v_0 t$ | $R(t) = \dfrac{a_0 t^2}{2}$ |
| 稳态误差 | 0 | 0 | $\dfrac{a_0}{K}$ |

在阶跃和斜坡信号作用下，典型 Ⅱ 型系统稳态时均无差。加速度信号作用下稳态误差的大小与开环增益 $K$ 成反比，因此，从减小稳态误差的角度考虑，希望得到比较大的开环增益。

典型 Ⅱ 型系统的动态跟随性能指标与参数之间没有明确的解析关系。由于 $K = \dfrac{h+1}{2h^2 T^2}$，因而典型 Ⅱ 型系统开环传递函数可以表示为如下的形式：

$$W(s) = \frac{h+1}{2h^2 T^2} \cdot \frac{(hTs+1)}{s^2(Ts+1)} \tag{2-50}$$

相应地，典型 Ⅱ 型系统闭环传递函数为

$$\Phi(s) = \frac{C(s)}{R(s)} = \frac{W(s)}{1+W(s)} = \frac{hTs+1}{\dfrac{2h^2}{h+1}T^3 s^3 + \dfrac{2h^2}{h+1}T^2 s^2 + hTs + 1} \tag{2-51}$$

显然典型Ⅱ型系统为一个三阶系统，设单位阶跃输入信号 $R(s)=1/s$，则输出 $C(s)$ 为

$$C(s) = \frac{hTs+1}{s\left(\dfrac{2h^2}{h+1}T^3s^3 + \dfrac{2h^2}{h+1}T^2s^2 + hTs + 1\right)} \qquad (2-52)$$

以中频宽度 $h$ 为自变量，惯性环节时间常数 $T$ 为参变量，可以计算出超调量 $\sigma$、上升时间 $t_r/T$、调节时间 $t_s/T$，动态跟随性能指标计算结果列于表 2-6 中。其中 $k$ 为振荡次数。

表 2-6 典型Ⅱ型系统按 $M_{r\,min}$ 准则确定的参数关系

| $h$ | 3 | 4 | 5 | 6 | 7 | 8 | 9 | 10 |
|---|---|---|---|---|---|---|---|---|
| $\sigma$ | 56.2% | 43.6% | 37.6% | 33.2% | 29.8% | 27.2% | 25.0% | 23.3% |
| $t_r/T$ | 2.40 | 2.65 | 2.85 | 3.00 | 3.10 | 3.20 | 3.30 | 3.35 |
| $t_s/T$ | 12.15 | 11.65 | 9.55 | 10.45 | 11.30 | 12.25 | 13.25 | 14.20 |
| $k$ | 3 | 2 | 2 | 1 | 1 | 1 | 1 | 1 |

**4. 典型Ⅱ型系统抗干扰性指标和参数关系**

典型Ⅱ型系统的抗干扰性能指标因系统结构、扰动作用点和作用函数的不同而不同。针对典型Ⅱ型系统，其扰动作用点如图 2-17 所示，该扰动作用点与拖动系统中常见的负载扰动作用点相同。

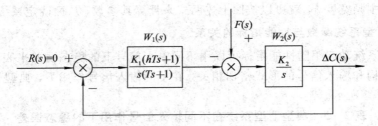

图 2-17 典型Ⅱ型系统在扰动作用下的结构图

典型Ⅱ型系统的开环传递函数为 $W(s)=K\dfrac{(hTs+1)}{s^2(Ts+1)}$，由图 2-17 可以知道，扰动作用点之前的部分为 $W_1(s)=\dfrac{K_1(hTs+1)}{s(Ts+1)}$，扰动作用点之后的部分为 $W_2(s)=\dfrac{K_2}{s}$，且 $K=K_1K_2=\dfrac{h+1}{2h^2T^2}$。设输入函数为 $R(s)=0$，则系统在扰动作用下的闭环传递函数为

$$\frac{\Delta C(s)}{F(s)} = \frac{\dfrac{2h^2T^2}{h+1}K_2(Ts+1)}{\dfrac{2h^2}{h+1}T^3s^3 + \dfrac{2h^2}{h+1}T^2s^2 + hTs + 1} \qquad (2-53)$$

在阶跃扰动下 $F(s)=F/s$，系统的输出函数为

$$\Delta C(s) = \frac{\dfrac{2h^2}{h+1}FK_2T^2(Ts+1)}{\dfrac{2h^2}{h+1}T^3s^4 + \dfrac{2h^2}{h+1}T^2s^3 + hTs^2 + s} \qquad (2-54)$$

对于阶跃扰动，可以在不同的中频宽度 $h$ 条件下，计算出系统的动态抗干扰过程曲线

$\Delta C(t)$，得到各项动态抗干扰性能指标。为了消除中频宽度 $h$ 的影响和便于比较，同时为了使指标落在合理的范围内，取输出量基准值 $C_b$ 为

$$C_b = 2FK_2T \tag{2-55}$$

计算结果列于表 2-7 中。上式的 $C_b$ 与典型 I 型系统中的 $C_b$ 表达式不同，这是因为两处的 $K_2$ 具有不同的量纲，同时也是为了让各项指标都落在合理的范围内。由表 2-7 可以看到，对于典型 II 型系统，当中频宽度 $h$ 很小时，系统的最大动态变化 $\Delta C_{max}/C_b$ 也比较小，$t_m/T$、$t_v/T$ 也比较短，表明系统的抗干扰性能好，这和动态跟随性能指标中的上升时间 $t_r$ 和调节时间 $t_s$ 基本一致，但是与超调量是相矛盾的。当 $h<5$ 时，由于振荡加剧，系统的恢复时间 $t_v/T$ 随着 $h$ 的减小反而增加了，因此就抗干扰性能指标中的恢复时间 $t_v/T$ 而言，以 $h=5$ 最好，这和跟随性能指标中的缩短调节时间 $t_s$ 是一致的。综合上述因素，在典型 II 型系统中，取中频宽度 $h=5$ 是一种比较好的选择。

表 2-7　典型 II 型系统动态抗扰性能指标与参数的关系

| $h$ | 3 | 4 | 5 | 6 | 7 | 8 | 9 | 10 |
|---|---|---|---|---|---|---|---|---|
| $\dfrac{\Delta C_{max}}{C_b}$ | 72.7% | 77.5% | 81.2% | 84.0% | 86.3% | 88.1% | 89.6% | 90.8% |
| $\dfrac{t_m}{T}$ | 2.45 | 2.70 | 2.85 | 3.0 | 3.15 | 3.25 | 3.30 | 3.40 |
| $\dfrac{t_v}{T}$ | 13.60 | 10.45 | 8.80 | 12.95 | 16.85 | 19.80 | 22.80 | 25.85 |

### 2.3.4　传递函数的近似处理

实际的控制系统是多种多样的，它们中的大多数不具有典型系统的形式。工程中采取的方法是把非典型系统变为典型系统，使其具有典型系统的形式；然后利用典型系统的结构形式和参数之间的关系，确定系统的参数。通常近似处理有以下几种：高频段小惯性环节的近似处理、高频段高阶系统的降阶处理、低频段大惯性环节的近似处理、纯滞后环节的近似处理等。

#### 1. 高频段小惯性环节的近似处理

在电力拖动自动控制系统中，电动机的时间常数、电力电子变换装置的滞后时间常数比较大，而转速和电流检测的滤波时间常数比较小，这些小惯性环节的转折频率处于开环对数幅频特性的高频段，对这些环节做近似处理，不会显著影响系统的动态性能。设系统的开环传递函数为

$$W(s) = \frac{K(\tau s + 1)}{s(T_1 s + 1)(T_2 s + 1)(T_3 s + 1)} \tag{2-56}$$

其中的小惯性环节为 $(T_2 s+1)$ 和 $(T_3 s+1)$，$T_2$、$T_3$ 都小于 $T_1$，则小惯性环节可以合并为

$$\frac{1}{(T_2 s + 1)(T_3 s + 1)} \approx \frac{1}{(T_2 + T_3)s + 1} = \frac{1}{T_\Sigma s + 1} \tag{2-57}$$

其中 $T_\Sigma = T_2 + T_3$，近似的条件是截止频率 $\omega_c$ 与小惯性环节的时间常数之间满足

$$\omega_c \leqslant \frac{1}{3} \sqrt{\frac{1}{T_2 T_3}} \tag{2-58}$$

如果开环传递函数包含了三个小惯性环节$(T_2s+1)$、$(T_3s+1)$和$(T_4s+1)$，即

$$W(s) = \frac{K(\tau s + 1)}{s(T_1s+1)(T_2s+1)(T_3s+1)(T_4s+1)} \qquad (2-59)$$

若满足 $T_2$、$T_3$、$T_4$ 小于 $T_1$，则这些小惯性环节同样可以近似为

$$\frac{1}{(T_2s+1)(T_3s+1)(T_4s+1)} \approx \frac{1}{(T_2+T_3+T_4)s+1} = \frac{1}{T_\Sigma s+1} \qquad (2-60)$$

其中 $T_\Sigma = T_2 + T_3 + T_4$，近似的条件是截止频率 $\omega_c$ 与小惯性环节的时间常数之间满足

$$\omega_c \leqslant \frac{1}{3\sqrt{T_2T_3+T_3T_4+T_2T_4}} \qquad (2-61)$$

当同时存在多个小惯性环节$(T_2S+1)$，$(T_3S+1)$，$(T_4S+1)$，$(T_5S+1)$…时，只要这些小惯性环节的时间常数均小于 $T_1$，就可以把它们等效为一个小惯性环节，其时间常数等于各个小惯性环节的时间常数之和，即

$$T_\Sigma = T_2 + T_3 + T_4 + T_5 + \cdots \qquad (2-62)$$

### 2. 高频段高阶系统的降阶处理

对于具有局部反馈内环的电力拖动自动控制系统，其前向通道中局部反馈等效环节往往是二阶振荡环节或者是具有振荡响应的三阶结构的环节，相应的时间常数很小，这使得高阶项的系数都很小。当系数小到一定程度时，就可以忽略高阶项，把高阶系统等效为一阶惯性环节。

假设系统具有二阶振荡环节，即

$$W(s) = \frac{1}{Ts^2 + 2\zeta Ts + 1} \qquad (2-63)$$

当满足条件 $\omega_c \leqslant \dfrac{1}{3T}$ 时，可以把二阶振荡环节简化为一阶惯性环节，即

$$\frac{1}{Ts^2 + 2\zeta Ts + 1} \approx \frac{1}{2\zeta Ts + 1} \qquad (2-64)$$

同理，假定系统中含有三阶结构的环节，即

$$W(s) = \frac{K}{as^3 + bs^2 + cs + 1} \qquad (2-65)$$

其中系数 $a$、$b$、$c$ 都是正数，且满足 $bc > a$ 关系（即该系统是一个稳定系统），则可以忽略高阶项，得到近似的一阶系统

$$W(s) = \frac{K}{as^3 + bs^2 + cs + 1} \approx \frac{K}{cs+1} \qquad (2-66)$$

近似的条件是截止频率 $\omega_c$ 与系数之间满足

$$\omega_c \leqslant \frac{1}{3}\min\left(\sqrt{\frac{1}{b}}, \sqrt{\frac{c}{a}}\right) \qquad (2-67)$$

### 3. 低频段大惯性环节的近似处理

采用工程设计方法时，为了按照典型系统选择校正装置，时间常数特别大的惯性环节可以近似为积分环节，即

$$\frac{1}{Ts+1} \approx \frac{1}{Ts} \qquad (2-68)$$

近似的条件是截止频率 $\omega_c$ 与大惯性环节的时间常数之间满足

$$\omega_c \geqslant \frac{3}{T} \tag{2-69}$$

系统近似为惯性环节后，相角 $\arctan(\omega T) = 90°$。而当 $\omega T = \sqrt{10}$ 时，相角 $\arctan(\omega T) = 72.45°$，误差比较大。实际上，把大惯性环节简化为积分环节后，相角滞后更大，相当于相角稳定裕度更小，因此按照近似处理设计系统，实际系统的稳定性会更好。

#### 4. 纯滞后环节的近似处理

晶闸管整流装置可以简化为一个纯滞后环节，其传递函数中包含指数函数 $e^{-\tau s}$。该环节的存在，使系统成为非最小相位系统。因此，经常把纯滞后环节简化为一阶惯性环节，即

$$e^{-\tau s} \approx \frac{1}{\tau s + 1} \tag{2-70}$$

近似的条件是截止频率 $\omega_c$ 与滞后时间常数之间满足

$$\omega_c < \frac{1}{3\tau} \tag{2-71}$$

### 2.3.5　系统的类型和调节器的选择

采用上述方法设计调节器时，应该首先根据控制系统的要求，确定需要把系统校正为哪一类型的典型系统。为此，需要清楚地掌握两类典型系统的主要特征和它们在性能上的主要差别。典型 I 型系统和典型 II 型系统分别适合不同的稳态精度的系统。典型 I 型系统在动态跟随性能上可以做到超调量小，但是抗干扰能力差。典型 II 型系统超调量相对大一些，但是抗干扰能力较好。因此，选用时要根据具体情况综合考虑。确定了采用哪一类型的系统后，选择调节器时可采用对消原理，把控制器和被控对象的传递函数做近似处理后，配成典型系统的形式。常用的调节器有 PI、PID、P、I 等形式。

设被控对象的传递函数为

$$W_2(s) = \frac{K_2}{(T_1 s + 1)(T_2 s + 1)} \tag{2-72}$$

其中 $T_1 > T_2$，$K_2$ 为开环增益。如果要把系统校正为典型 I 型系统，则选择 PI 调节器，其中积分器是典型 I 型系统所必需的，用来对消被控对象中两个惯性环节中较大的一个，以使校正后的系统响应较快。PI 调节器的传递函数为

$$W_1(s) = \frac{K_{PI}(\tau s + 1)}{\tau s} \tag{2-73}$$

采用对消原理，取 $\tau = T_1$，则校正后的系统为

$$W(s) = W_2(s) W_1(s) = \frac{K_{PI}(\tau s + 1)}{\tau s} \cdot \frac{K_2}{(T_1 s + 1)(T_2 s + 1)} = \frac{K_{PI}}{\tau s} \cdot \frac{K_2}{(T_2 s + 1)} = \frac{K}{s(T_2 s + 1)} \tag{2-74}$$

其中 $K = \dfrac{K_2 K_{PI}}{\tau}$。选择 PI 调节器，可把系统校正为典型 I 型系统。

如果需要把被控对象校正为典型 II 型系统，则首先对大惯性环节做近似处理。被控对象的开环传递函数近似为

$$W_2(s) = \frac{K_2}{(T_1s+1)(T_2s+1)} \approx \frac{K_2}{T_1s(T_2s+1)} \qquad (2-75)$$

近似条件为 $\omega_c \geqslant 3/T_1$。调节器仍然采用 PI 调节器，取 $\tau = hT_2$，则校正后的开环传递函数为

$$W(s) = W_2(s)W_1(s) = \frac{K_{PI}(\tau s+1)}{\tau s} \cdot \frac{K_2}{T_1s(T_2s+1)} = \frac{K_{PI}K_2(\tau s+1)}{\tau T_1 s^2(T_2s+1)} = \frac{K(\tau s+1)}{s^2(T_2s+1)}$$

$$(2-76)$$

其中 $K = \dfrac{K_{PI}K_I}{\tau T_1}$，这样就把系统校正为典型 II 型系统。实际中被控对象的传递函数是多种多样的，校正成典型系统的选择也不同。表 2-8 和表 2-9 给出了几种校正成典型系统的控制对象和调节器的选择及参数关系。

**表 2-8　校正为典型 I 型系统的几种调节器的选择和参数关系**

| 控　制　对　象 | 调　节　器 | 参　数　关　系 |
|---|---|---|
| $\dfrac{K_2}{(T_1s+1)(T_2s+1)}$ <br> $T_1 > T_2$ | $\dfrac{K_{PI}(\tau_1s+1)}{\tau_1s}$ | $\tau_1 > T_1$ |
| $\dfrac{K_2}{Ts+1}$ | $\dfrac{K_I}{s}$ | |
| $\dfrac{K_2}{s(Ts+1)}$ | $K_P$ | |
| $\dfrac{K_2}{(T_1s+1)(T_2s+1)(T_3s+1)}$ <br> $T_1, T_2 > T_3$ | $\dfrac{(\tau_1s+1)(\tau_2s+1)}{\tau s}$ | $\tau_1 = T_1,\ \tau_2 = T_2$ |
| $\dfrac{K_2}{(T_1s+1)(T_2s+1)(T_3s+1)}$ <br> $T_1 \gg T_2, T_3$ | $\dfrac{K_{PI}(\tau_1s+1)}{\tau_1s}$ | $\tau_1 = T_1$ <br> $T_\Sigma = T_2 + T_3$ |

**表 2-9　校正为典型 II 型系统的几种调节器的选择和参数关系**

| 控　制　对　象 | 调　节　器 | 参　数　关　系 |
|---|---|---|
| $\dfrac{K_2}{s(Ts+1)}$ <br> $T_1 > T_2$ | $\dfrac{K_{PI}(\tau_1s+1)}{\tau_1s}$ | $\tau_1 = hT$ |
| $\dfrac{K_2}{(T_1s+1)(T_2s+1)}$ <br> $T_1 \gg T_2$ | $\dfrac{K_{PI}(\tau_1s+1)}{\tau_1s}$ | $\tau_1 = hT$ <br> $\dfrac{1}{T_1s+1} \approx \dfrac{1}{T_1s}$ |
| $\dfrac{K_2}{s(T_1s+1)(T_2s+1)}$ <br> $T_1, T_2$ 相近 | $\dfrac{(\tau_1s+1)(\tau_2s+1)}{\tau s}$ | $\tau_1 = hT_1$ 或 $\tau_1 = hT_2$ <br> $\tau_2 = T_2$ 或 $\tau_2 = T_1$ |
| $\dfrac{K_2}{s(T_1s+1)(T_2s+1)}$ <br> $T_1, T_2$ 都比较小 | $\dfrac{K_{PI}(\tau_1s+1)}{\tau_1s}$ | $\tau_1 = h(T_1 + T_2)$ |
| $\dfrac{K_2}{(T_1s+1)(T_2s+1)(T_3s+1)}$ <br> $T_1 \gg T_2, T_3$ | $\dfrac{K_{PI}(\tau_1s+1)}{\tau_1s}$ | $\tau_1 = h(T_2 + T_3)$ <br> $\dfrac{1}{T_1s+1} \approx \dfrac{1}{T_1s}$ |

以上方法是基于串联校正的方法，对于更复杂的校正系统，如果结合状态变量反馈法，则可以取得更好的校正效果。

## 2.4 电流转速双闭环调速系统的工程设计

用工程设计方法设计电流转速双闭环调速系统的两个调节器的原则是，先内环后外环，即从内环开始，逐步向外扩展。具体说就是首先设计电流调节器，然后把校正后的电流环看作转速环中的一个环节，和其他环节一样，一起作为转速环的控制对象，再来确定转速调节器的结构和参数。

电流转速双闭环调速系统如图 2-18 所示，其中标出了电流环节和直流电动机环节，与前面的不同之处是这里增加了电流滤波和转速滤波环节，这是因为在电流和转速检测中，所获取的信号中经常含有交流分量，因此需要增加低通滤波环节消除其影响。滤波环节可以消除交流分量，但同时带来了信号上的传输延迟。为了平衡延迟，需要在给定环节上增加一个相同的滤波环节来平衡延迟作用。

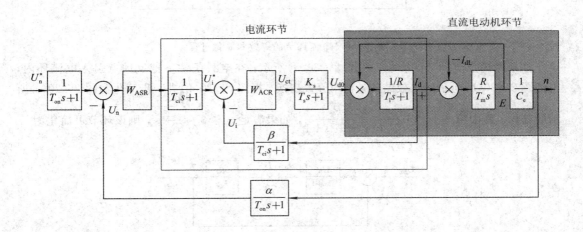

图 2-18 增加了滤波环节的电流转速双闭环调速系统

### 2.4.1 电流调节器的设计

从图 2-18 中可以看到，电流环内存在反电动势的交叉反馈作用，它表示反电动势对电流环的影响，由于转速环节尚未设计，要考虑反电动势的影响比较困难。在实际电路中，电枢回路的电磁时间常数 $\left(T_l = \dfrac{L}{r_a}\right)$ 比机电时间常数 $\left(T_m = \dfrac{GD^2 r_a}{375 C_e C_m}\right)$ 小得多，电流的变化比反电动势变化快得多，所以在电流调节器中，可以认为反电动势基本不变，反电动势扰动 $\Delta E \approx 0$，这样便解除了反电动势的交叉反馈影响。忽略反电动势影响后的电流环如图 2-19(a) 所示，把图(a)的两个滤波环节等效合并可得到图 2-19(b) 所示的等效图。假设 $T_l \gg T_s$ 和 $T_l \gg T_{ci}$，这两个环节 $(T_{ci}s+1)$ 和 $(T_s s+1)$ 当作小惯性环节处理，看成一个惯性环节，取等效后的时间常数为 $T_{\Sigma i}=T_s+T_{ci}$，进一步可以得到简化电流环，如图 2-19(c)所示。

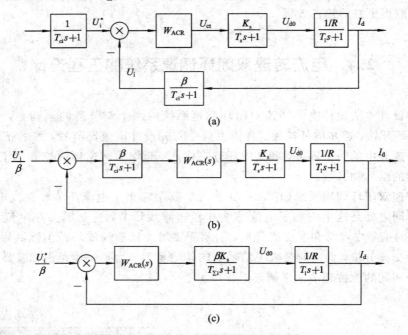

(a)

(b)

(c)

图 2-19　电流环节的等效和简化过程

如果考虑反电动势的影响，如图 2-20(a)所示，在空载条件下把反馈点引入电流环内，得到图 2-20(b)所示的等效结构。利用等效变换，把图 2-20(b)进一步简化为图 2-20(c)所示的结构。其中第一个环节 $\dfrac{T_m s/R}{T_l T_m s^2+T_m s+1}$，如果满足 $\omega_{ci}\geqslant 3\sqrt{\dfrac{1}{T_m T_l}}$，则该环节可简化为

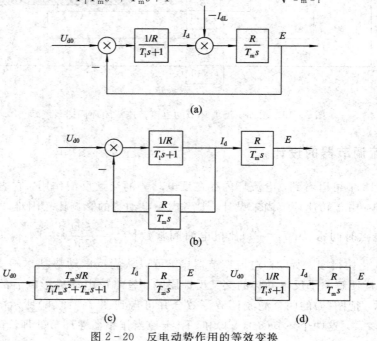

(a)

(b)

(c)　　　　　　　　　　　　　　　　(d)

图 2-20　反电动势作用的等效变换

$$\frac{T_\mathrm{m}s/R}{T_1 T_\mathrm{m}s^2 + T_\mathrm{m}s + 1} \approx \frac{T_\mathrm{m}s/R}{T_1 T_\mathrm{m}s^2 + T_\mathrm{m}s} = \frac{1/R}{T_1 s + 1} \tag{2-77}$$

　　根据式(2-77)的结论，可以得到忽略反电动势的等效结构，如图 2-20(d)所示，其与图 2-19(c)所示的结果是一致的。

　　为了选择电流调节器，首先决定把电流环节校正为哪种类型的典型系统。从稳态特性上看，希望做到电流的无静差以获得理性的堵转特性。从动态要求来看，电流环跟随给定电流，希望超调量小。由此出发，希望把系统校正为典型 I 型系统。电流环节包含了电网电压的波动，因此从系统的抗干扰能力出发，希望把系统校正为典型 II 型系统。在通常情况下，电流环节如图 2-19(c)所示，其中有两个惯性环节时间常数，当 $T_1/T_{\Sigma i} \leqslant 10$ 的时候，典型系统的恢复时间是可以接受的。因此在进行系统校正时，电流环节按典型 I 型系统设计。由图 2-19(c)得电流环节的被控对象为

$$G_\mathrm{i}(s) = \frac{\beta K_\mathrm{s}/R}{(T_1 s + 1)(T_{\Sigma i} s + 1)} \tag{2-78}$$

　　被控对象为两个惯性环节，为了把系统校正为典型 I 型系统，显然电流调节器选用 PI 调节器，其传递函数为

$$W_\mathrm{ACR}(s) = K_\mathrm{PI} \frac{\tau_\mathrm{i} s + 1}{\tau_\mathrm{i} s} \tag{2-79}$$

　　$K_\mathrm{PI}$ 为电流调节器的比例系数，$\tau_\mathrm{i}$ 为积分时间常数。采用零极点对消的原理，选择 $\tau_\mathrm{i} = T_1$，对消掉大惯性环节，则电流环节的等效开环传递函数为

$$G_\mathrm{i}(s)W_\mathrm{ACR}(s) \,\big|_{\tau_\mathrm{i}=T_1} = K_\mathrm{PI} \frac{\tau_\mathrm{i} s + 1}{\tau_\mathrm{i} s} \cdot \frac{\beta K_\mathrm{s}/R}{(T_1 s + 1)(T_{\Sigma i} s + 1)} \bigg|_{\tau_\mathrm{i}=T_1} = \frac{K_\mathrm{PI}\beta K_\mathrm{s}}{R\tau_\mathrm{i} s(T_{\Sigma i} s + 1)} \tag{2-80}$$

即

$$G_\mathrm{i}(s)W_\mathrm{ACR}(s) = \frac{\dfrac{K_\mathrm{PI}\beta K_\mathrm{s}}{R\tau_\mathrm{i}}}{s(T_{\Sigma i} s + 1)} = \frac{K_\mathrm{i}}{s(T_{\Sigma i} s + 1)} \tag{2-81}$$

其中 $K_\mathrm{i} = \dfrac{K_\mathrm{PI}\beta K_\mathrm{s}}{R\tau_\mathrm{i}}$ 为电流环节的开环增益，$T_{\Sigma i} = T_\mathrm{s} + T_\mathrm{ci}$ 为等效时间常数，式(2-81)电流环节的被控对象就等价于式(2-17)所示的典型 I 型系统，如图 2-21 所示。

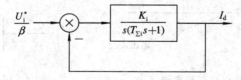

图 2-21　反电动势作用的等效变换

　　电流调节器的比例系数 $K_\mathrm{PI}$ 的选择取决于系统的动态性能指标和截止频率 $\omega_\mathrm{ci}$，通常希望超调量小一点，如果取 $\sigma \leqslant 5\%$，则由表 2-1 可以得到 $K_\mathrm{i}T_{\Sigma i} = 0.5$，故

$$K_\mathrm{i} = \omega_\mathrm{ci} = \frac{1}{2T_{\Sigma i}} \tag{2-82}$$

　　按照上述条件，PI 调节器的比例系数为

$$K_\mathrm{PI} = \frac{K_\mathrm{i} R\tau_\mathrm{i}}{\beta K_\mathrm{s}} = \frac{R\tau_\mathrm{i}}{2T_{\Sigma i}\beta K_\mathrm{s}} = \frac{RT_1}{2T_{\Sigma i}\beta K_\mathrm{s}} \tag{2-83}$$

如果实际系统不满足上述要求，则可以重复上述过程，直到得到满意的结果。需要说明的是，在设计完成后，应该校正系统的抗干扰性能。

通过选择电流调节器把电流反馈系统（内环）校正为一个典型的 Ⅰ 型系统，其开环对数幅频特性如图 2-22 所示。设截止频率为 $\omega_{ci}$，开环增益为 $K_i = \omega_{ci}$，则电流闭环传递函数为

$$\Phi(s) = \frac{G_i(s)W_{ACR}(s)}{1 + G_i(s)W_{ACR}(s)} = \frac{K_i/T_{\Sigma i}}{s^2 + \dfrac{1}{T_{\Sigma i}}s + \dfrac{T_{\Sigma i}}{K_i}} = \frac{1}{\dfrac{T_{\Sigma i}}{K_i}s^2 + \dfrac{1}{K_i}s + 1} \qquad (2-84)$$

其中，自然频率 $\omega_n = \sqrt{\dfrac{K}{T_{\Sigma i}}}$，阻尼系数 $\zeta = \dfrac{1}{2}\sqrt{\dfrac{1}{KT_{\Sigma i}}}$。把 $K_i = \omega_{ci} = \dfrac{1}{2T_{\Sigma i}}$ 代入闭环传递函数 $\Phi(s)$，并做近似简化得

$$\Phi(s) = \frac{1}{(T_{\Sigma i})^2 s^2 + 2T_{\Sigma i}s + 1} \approx \frac{1}{2T_{\Sigma i}s + 1} \qquad (2-85)$$

简化的条件为 $\omega_{ci} \leqslant \dfrac{1}{3T_{\Sigma i}}$。整理得电流闭环系统的传递函数为

$$\Phi(s) = \frac{\dfrac{I_d(s)}{U_i^*(s)}}{\beta} = \frac{1}{2T_{\Sigma i}s + 1} \Rightarrow \frac{I_d(s)}{U_i^*(s)} = \frac{1/\beta}{2T_{\Sigma i}s + 1} \qquad (2-86)$$

由式（2-86）可以得到电流环节的等效结构如图 2-23 所示。由此可知，电流开环包含一个惯性环节，电流闭环后，等效为二阶振荡环节或者一个惯性环节。引入电流负反馈后，改造了内环控制对象，这是多环控制系统中内环的重要功能。综上所述，电流调节器 ACR 的设计通常分为以下几个步骤：

（1）电流环节结构图的简化。

（2）电流调节器结构的选择。

（3）电流调节器参数的计算。

（4）电流调节器的实现。

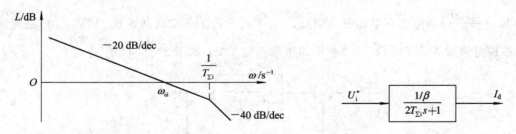

图 2-22　电流环节的对数幅频特性　　　　　　图 2-23　校正后的电流环节

## 2.4.2　转速调节器的设计

在上面提到，可以把设计好的电流环等效为转速环的一个环节，与其他环节一起构成转速控制对象。原来双惯性环节的电流环控制对象，经闭环控制后，近似地等效成只有较小时间常数的一阶惯性环节：

$$\frac{I_d(s)}{U_i^*(s)} = \frac{1/\beta}{2T_{\Sigma i}s + 1} \qquad (2-87)$$

电流闭环控制的意义在于电流闭环控制改造了控制对象,加大了电流的跟随作用,这是局部闭环(内环)控制的一个重要功能。用式(2-87)的惯性环节替代整个电流环节后,系统的结构如图 2-24 所示。

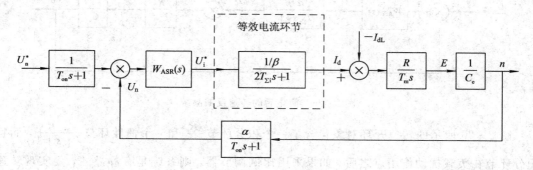

图 2-24  用惯性环节替代电流环节后的电流转速双闭环调速系统

和电流环节简化过程一样,把给定滤波和反馈滤波环节等效地移到环内,相应的给定信号为 $\dfrac{U_n^*}{\alpha}$。经过简化后的系统如图 2-25(a)所示。电压给定滤波环节和电流环节分别是时间常数为 $T_{on}$ 和 $2T_{\Sigma i}$ 的两个小惯性环节,把它们写在一起,构成了图 2-25(b)所示的等效结构。

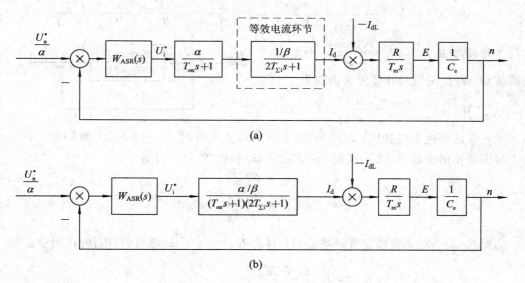

图 2-25  转速反馈环节的等效和简化过程

时间常数分别为 $T_{on}$ 和 $2T_{\Sigma i}$ 的两个小惯性环节等效为时间常数为 $T_{\Sigma n}$ 的一阶惯性环节,其中 $T_{\Sigma n}=T_{on}+2T_{\Sigma i}$,简化的条件为 $\omega_{cn}\leqslant\dfrac{1}{3}\dfrac{1}{\sqrt{T_{on}2T_{\Sigma i}}}$。简化后的转速反馈系统(外环)如图2-26所示。

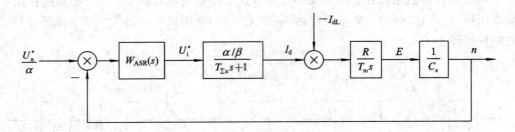

图 2-26　简化后的转速反馈系统

图 2-26 所示的转速开环对象包含了一个积分环节 $\dfrac{R}{T_m s}$ 和一个惯性环节 $\dfrac{\alpha/\beta}{T_{\Sigma n}s+1}$，而且积分环节在负载扰动作用点之后。如果采用比例调节器，则系统是有静差的，要实现转速无静差，应在负载扰动作用点之前设置一个积分环节，所以把转速环校正为典型Ⅱ型系统，从动态抗干扰性能来看典型Ⅱ型系统也能达到更高的要求。查表 2-9，选用 PI 调节器作为转速控制器，则

$$W_{ASR}(s) = \frac{K_{pn}(\tau_n s + 1)}{\tau_n s} \tag{2-88}$$

式(2-88)包含了比例放大系数 $K_{pn}$ 和积分常数 $\tau_n$ 两个参数，校正后的开环系统为

$$W_n(s) = \frac{K_{pn}(\tau_n s + 1)}{\tau_n s} \cdot \frac{\alpha/\beta}{(T_{\Sigma n}s + 1)} \cdot \frac{R}{T_m C_e s} = \frac{K_{pn}\alpha R(\tau_n s + 1)}{\tau_n T_m C_e \beta s^2 (T_{\Sigma n}s + 1)} \tag{2-89}$$

令开环增益为 $K_N = \dfrac{K_{pn}\alpha R}{\tau_n \beta C_e T_m}$，不考虑负载扰动，则校正后的开环传递函数为

$$W_n(s) = \frac{K_N(\tau_n s + 1)}{s^2 (T_{\Sigma n}s + 1)} \tag{2-90}$$

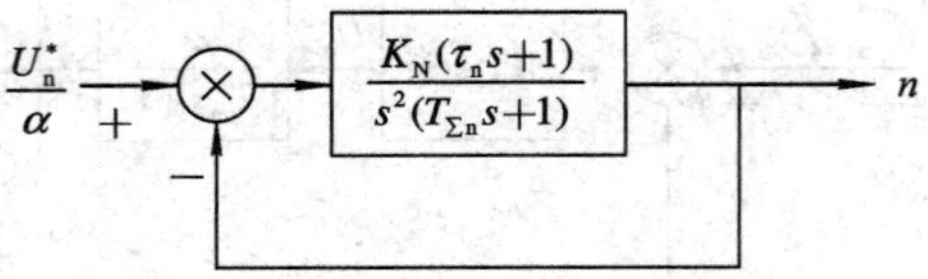

校正后的调速系统如图 2-27 所示。

图 2-27　校正后的调速系统

根据最小谐振峰值 $M_{r\,min}$ 准则，由式(2-48)和式(2-49)可得

$$\tau_n = hT_{\Sigma n} \tag{2-91}$$

$$K_N = \frac{h+1}{2h^2 T_{\Sigma n}^2} \tag{2-92}$$

依据式(2-92)确定转速开环增益后，再由 $K_N = \dfrac{K_{pn}\alpha R}{\tau_n \beta C_e T_m}$ 得到调节器的比例参数为

$$K_{pn} = K_N \frac{\tau_n \beta C_e T_m}{\alpha R} = \frac{(h+1)\beta C_e T_m}{2h\alpha R T_{\Sigma n}} \tag{2-93}$$

转速环与电流环在系统中所起的作用是不同的，转速外环其响应比内环慢，这是按工程设计方法设计多环控制系统的特点。这样做虽然不利于快速性，但每个控制环节本身都是稳定的，对系统的组成和调试工作非常有利。综上所述，转速调节器 ASR 的设计通常分为以下几个步骤：

(1) 电流环等效闭环传递函数的计算。

(2) 转速调节器结构的选择。

(3) 转速调节器参数的选择。

（4）转速调节器的实现。

### 2.4.3 转速退饱和超调量的计算

如果转速调节器没有饱和限幅，由于转速调节器是按照典型 Ⅱ 型系统确定参数关系的，因而启动过程中转速超调量大，往往难以满足设计要求。在调节器限幅输出条件下，在启动时突然加上给定电压 $U_n^*$ 以后，转速反馈 $U_n$ 很小，偏差信号 $\Delta U_n = U_n^* - U_n$ 很大，因此转速调节器很快进入饱和状态，使 ASR 输出饱和值 $U_{im}^*$，电动机在近乎恒流 $I_d \approx I_{dm}$ 的条件下启动，转速按线性规律增长。此时转速环处于断开状态。当转速上升到额定转速 $n^*$ 时，反馈电压 $U_n = -\alpha n^*$ 与给定电压 $U_n^*$ 平衡，转速进一步升高，反馈电压 $U_n$ 大于给定电压 $U_n^*$，转速偏差信号 $\Delta U_n = U_n^* - U_n < 0$，出现负值，使 ASR 的 PI 调节器退出饱和，且工作在线性区，转速控制系统恢复闭环工作。ASR 退饱和后，由于电流不能突变，此时 $I_d > I_{dL}$，电动机继续加速，直到 $I_d \leqslant I_{dL}$ 时，转速才开始降低，因此在启动过程中必然伴随着转速超调。突然加上给定电压 $U_n^*$ 启动时转速调节系统不服从典型系统的线性规律，因此该超调量不等于典型 Ⅱ 型系统跟随性能指标中的数值，而是经历了饱和非线性过程后的超调，称为非线性退饱和超调。非线性退饱和超调量可以利用典型 Ⅱ 型系统中负载由 $I_{dm}$ 突降到 $I_{dL}$ 的动态速升与恢复过程来计算。启动过程转速和电流波形如图 2-28 所示。

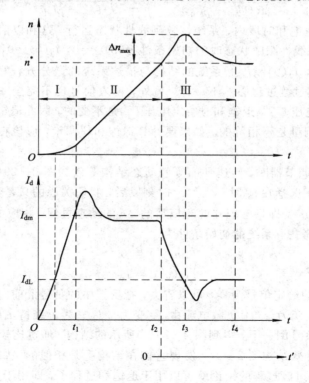

图 2-28 转速调节器饱和情况下的启动过程

如果忽略启动延迟时间 $t_1$，在转速调节器饱和时，由于电流调节器的作用，电枢电流恒等于其最大值，即 $I_d = I_{dm}$。如果负载恒定，则电动机在恒加速度条件下启动，即

$$\frac{\mathrm{d}n}{\mathrm{d}t} = (I_{\mathrm{dm}} - I_{\mathrm{dL}})\frac{R}{C_e T_m} \tag{2-94}$$

到了 $t_2$ 时刻，转速达到了额定转速，即 $n=n^*$，忽略启动延迟和电流上升时间，认为一开始就是按照恒定的加速度上升的，这一时段时间近似为

$$t_2 \approx \frac{C_e T_m n^*}{R(I_{\mathrm{dm}} - I_{\mathrm{dL}})} \tag{2-95}$$

当转速 $n=n^*$ 时，$U_n^* = \alpha n^*$，$U_{\mathrm{im}}^* = \beta I_{\mathrm{dm}}$，则式（2-95）变为

$$t_2 \approx \frac{C_e T_m n^*}{R(I_{\mathrm{dm}} - I_{\mathrm{dL}})} = \frac{\beta C_e T_m U_n^*}{\alpha R(U_{\mathrm{im}}^* - \beta I_{\mathrm{dL}})} \tag{2-96}$$

由式（2-93）可知转速调节器的比例放大系数可以表示为

$$K_{\mathrm{pn}} = \frac{(h+1)\beta C_e T_m}{2h\alpha R T_{\Sigma n}} = \frac{\beta C_e T_m}{\alpha R} \cdot \frac{(h+1)}{2h T_{\Sigma n}} \tag{2-97}$$

把式（2-97）分为两部分，则式（2-97）写为

$$\frac{\beta C_e T_m}{\alpha R} = \frac{K_{\mathrm{pn}} 2h T_{\Sigma n}}{h+1} \tag{2-98}$$

把式（2-98）代入式（2-96）中，得退饱和时间 $t_2$ 为

$$t_2 = \frac{\beta C_e T_m U_n^*}{\alpha R(U_{\mathrm{im}}^* - \beta I_{\mathrm{dL}})} = \left(\frac{2h}{h+1}\right)\frac{K_{\mathrm{pn}} U_n^*}{(U_{\mathrm{im}}^* - \beta I_{\mathrm{dL}})} T_{\Sigma n} \tag{2-99}$$

在转速调节器退饱和时段内，系统恢复到线性状态运行，这和以前描述系统的微分方程一样，只是在分析线性跟随状态时的初始条件为 $n(0)=0$，$I_d(0)=0$，而退饱和时的初始条件变为 $n(0)=n^*$，$I_d(0)=I_{\mathrm{dm}}$。系统的结构与描述系统的微分方程完全一样，但是由于初始条件的差异，其过渡过程必然不一样。另外，输入信号也不完全一样，分析线性跟随性能时是突加给定电压 $U_n^*$，退饱和时给定电压 $U_n^*$ 是不变的，因此退饱和时的超调量与典型 Ⅱ 型系统中的超调量是不相等的。如果要计算退饱和超调量，应该在新的初始条件下计算微分方程。

转速环选用 PI 调节器时，转速环的等效动态结构等效为图 2-29(a) 所示的结构。可以把新的坐标原点 0′ 选择在 $t_2$ 时刻，在 $t_2$ 时刻以后，我们关心的只是给定转速 $n^*$ 与实际转速的差值 $\Delta n = n - n^*$，即只考虑 0′ 时刻以后的 $\Delta n$ 的动态过程，相应的结构变为图 2-29(b) 所示。基于上述考虑，系统的初始条件为

$$\begin{cases} \Delta n(0') = 0 \\ I_d(0') = I_{\mathrm{dm}} \end{cases} \tag{2-100}$$

图 2-29(b) 中的给定信号为零，可以省去，把反馈中的负号沿前向通道平移到第一个环节之后，相应的 $I_d$ 变为 $-I_d$，负载电流由 $I_{\mathrm{dL}}$ 变为 $-I_{\mathrm{dL}}$。为了维持 $\Delta I_d = I_d - I_{\mathrm{dL}}$ 的关系，把扰动作用点的正负号倒一下，得到图 2-29(c) 所示的结构。通过比较图 2-29(c) 和系统的抗干扰性能中的等效结构图 2-17，发现它们在结构上是相似的，如果它们的初始条件相同，则图 2-28 的过渡过程的结论就可以用于退饱和过程了，即用于 $\Delta n(0') = f(t')$ 过渡过程特性分析。图 2-28 中，如果系统在负载 $I_d = I_{\mathrm{dm}}$ 条件下运行，突然把负载由 $I_d = I_{\mathrm{dm}}$ 降低到 $I_d = I_{\mathrm{dL}}$，转速会产生变化，描述这一过程的微分方程没有变化，而初始条件变为

$$\begin{cases} \Delta n(0) = 0 \\ I_d(0) = I_{\mathrm{dm}} \end{cases} \tag{2-101}$$

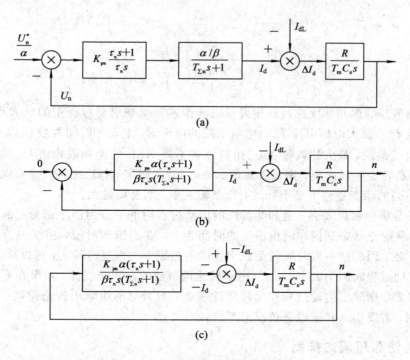

图 2 - 29　转速环的等效动态结构

式(2 - 101)的初始条件就和退饱和的初始条件式(2 - 100)完全一样了,那么负载突变的升速过程 $\Delta n(0) = f(t)$ 与退饱和的超调过程 $\Delta n(0) = f(t')$ 是一致的。

表 2 - 7 给出了典型 II 型系统动态抗扰性能指标与参数的关系,突然去掉负载的升速和突然增加相等负载($I_{dm} - I_{dL}$)的降速大小相等,符号相反,因此表 2 - 7 所示的数据完全适用于退饱和超调,只需要正确计算 $\Delta n$ 就行了。在典型的 II 型系统的抗干扰指标与参数的关系中,最大动态变化量是 $\Delta C_{max}$ 与基准值 $C_b$ 之比。基准值 $C_b$ 的表达式为

$$C_b = 2FK_2 T \tag{2-102}$$

对比图 2 - 29 和图 2 - 17 可以知道,对应于 $\Delta n$,基准值 $C_b$ 中的参数为

$$F = I_{dm} - I_{dL} \tag{2-103}$$

$$K_2 = \frac{R}{C_e T_m} \tag{2-104}$$

$$T = T_{\Sigma n} \tag{2-105}$$

则 $\Delta n$ 的基准值 $\Delta n_b = 2FK_2 T$ 为

$$\Delta n_b = \frac{2RT_{\Sigma n}(I_{dm} - I_{dL})}{C_e T_m} = 2(\lambda - z)\Delta n_N \frac{T_{\Sigma n}}{T_m} \tag{2-106}$$

其中:允许的过载为 $I_{dL} = z I_{dN}$,$z$ 为负载系数;电流允许的过载 $I_{dm} = \lambda I_{dN}$,$\lambda$ 为电动机的允许过载倍数;$\Delta n_N$ 为调速系统开环机械特性的额定稳态转速降且

$$\Delta n_N = \frac{I_{dN} R}{C_e}$$

转速超调量 $\sigma_n$ 的基准值应该是 $n^*$。因此要计算退饱和超调量,首先查表 2 - 7 中给出的 $\Delta C_{max}/C_b$ 数据,求出 $\Delta C_{max}$,然后再用基准值 $\Delta n_b$ 换算后得到 $\sigma_n$:

$$\sigma_n = \frac{\Delta n_{max}}{n^*} \times 100\% = \left(\frac{\Delta C_{max}}{C_b}\right)\frac{\Delta n_b}{n^*} = 2\left(\frac{\Delta C_{max}}{C_b}\right)\frac{RT_{\Sigma n}(I_{dm} - I_{dL})}{C_e T_m n^*} \quad (2-107)$$

或者表示为

$$\sigma_n = \left(\frac{\Delta C_{max}}{C_b}\right)\frac{\Delta n_b}{n^*} = 2\left(\frac{\Delta C_{max}}{C_b}\right)(\lambda - z)\frac{\Delta n_N}{n^*} \cdot \frac{T_{\Sigma n}}{T_m} \quad (2-108)$$

转速调节器的饱和非线性特点使得双闭环调速系统在启动过程中的最大超调量 $\Delta n_{max}$ 与负载电流 $I_{dL}$、最大电枢电流 $I_{dm}$、电枢回路的电阻 $R$、电动势时间常数 $C_e$ 以及常数 $T_{\Sigma n}$、$T_m$ 有关。也就是说，最大超调量 $\Delta n_{max}$ 由转速调节器 ASR 的饱和限幅值 $U_{im}^*$ 确定，如果控制对象、负载转矩一经确定，则最大超调量 $\Delta n_{max}$ 就已确定，与稳态转速没有关系。转速超调量 $\sigma_n$ 在不同的稳态条件下是不同的，稳态转速小，则超调量大。

从上述分析中可以看到，饱和非线性的启动过程时间 $t_s$ 分为两个部分：饱和时段与退饱和时段。从静止状态到饱和时段所用的时间为 $t_2$。在退饱和时段，由于退饱和超调与抗干扰性能一致，因而这一段时间就是抗干扰性能指标中的恢复时间 $t_v$，可以从表 2-7 中查到。总的启动过程时间为 $t_s = t_2 + t_v$。由于转速调节器的饱和非线性，如果在系统给定通道中增加滤波器，则除了启动过程初始瞬间转速有差异外，不能减小转速超调。减小和消除退饱和超调，需要引入转速微分负反馈系统。

### 2.4.4 退饱和超调的抑制

电流转速双闭环调速系统的缺点是转速必然出现退饱和超调，该系统只是在转速系统设计时把转速系统校正为典型的 II 型系统，以此来增加系统的抗干扰能力，而对动态干扰没有专门的措施。对于动态干扰，应当在转速调节器上引入转速负反馈，引入转速微分信号后，当转速发生变化时，转速信号和转速微分信号（相当于加速度信号）之和与转速给定信号相抵消，此系统会比电流转速双闭环调速系统提前达到平衡，从而使转速调节器的输入信号提前改变极性，同时也使得转速调节器的退饱和时间提前，从而达到抑制转速超调的目的，其原理如图 2-30 所示。普通电流转速双闭环调速系统在 $A$ 点退出饱和，对应的时间为 $t_2$，而增加了转速微分负反馈环节后，退饱和时间提前到了 $t_1$，对应的转速为 $n_1$，比稳态转速 $n^*$ 低，因而可能使系统进入线性工作区之后没有超调或者超调很小。

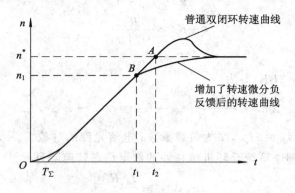

图 2-30 转速微分负反馈的作用

图 2-31 给出了一种转速微分负反馈调节器。和普通调节器相比，它增加了一个微分

电容 $C_d$ 和微分电阻 $R_d$，实际上是在转速负反馈的基础上增加了一个转速微分负反馈信号。这样在转速发生变化时，两个信号叠加在一起与给定信号 $u_n^*$ 抵消，使转速调节器的输入信号提前改变极性，从而比普通电流转速双闭环调速系统提前退出饱和，达到抑制退饱和超调的效果。图 2-31 所给出的转速微分负反馈调节器把两个电阻 $R_0$ 串联，通过一个滤波电容 $C_0$ 接地，构成 T 型滤波器。

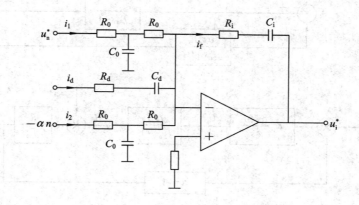

图 2-31　转速微分负反馈调节器

利用虚地点电流平衡方程，由电流平衡方程 $i_f = i_1 + i_2 + i_d$ 可以得到

$$\frac{u_n^*}{2R_0(T_{on}s+1)} - \frac{\alpha n}{2R_0(T_{on}s+1)} - \frac{\alpha n C_d s}{R_d C_d s + 1} = \frac{C_i s u_i^*}{R_i C_i s + 1} \qquad (2-109)$$

其中 $T_{on} = \dfrac{R_0 C_0}{2}$，把式（2-109）整理得

$$\frac{u_n^*}{T_{on}s+1} - \frac{\alpha n}{T_{on}s+1} - \frac{\alpha n \tau_d s}{T_d s + 1} = \frac{u_i^*}{\dfrac{R_i}{2R_0}\left(\dfrac{\tau_i s + 1}{\tau_i s}\right)} = \frac{u_i^*}{K_p\left(\dfrac{\tau_i s + 1}{\tau_i s}\right)} \qquad (2-110)$$

其中，$T_d = R_d C_d$，$\tau_i = R_i C_i$，$K_p = \dfrac{R_i}{2R_0}$，$\tau_d = 2R_0 C_d$ 为各个环节的时间常数。

根据公式（2-110）可以给出具有转速微分负反馈的转速环节结构，如图 2-32(a) 所示。为了分析方便，可以令 $T_d = T_1$，在进行等效变换时，把给定滤波和反馈滤波移到转速环内，按小惯性环节的处理方法令 $T_{\Sigma n} = T_{on} + 2T_{\Sigma i}$，等效结果如图 2-32(b) 所示。转速微分负反馈在系统中引入了加速度负反馈，但是加速度信号被引到转速调节器的输入端，也就是说微分负反馈环节没有成为一个独立的加速度环。由于负载电流 $I_{dL}$ 被包围在加速度环内，因而该环可以抑制负载转矩的扰动。此外，当转速调节器输出饱和时，如果 $dn/dt > 0$，则将使转速调节器提前退饱和。

在图 2-30 中，当 $t < t_1$ 时，转速开环，系统在电流 $I_{dm} - I_{dL}$ 的作用下加速，则

$$n = \frac{R}{C_e T_m}(I_{dm} - I_{dL})t$$

即

$$\frac{dn}{dt} = \frac{R}{C_e T_m}(I_{dm} - I_{dL}) \qquad (2-111)$$

当 $t = t_1$ 时，转速调节器 ASR 开始退饱和，这时输入信号之和应该为 0，由图 2-32

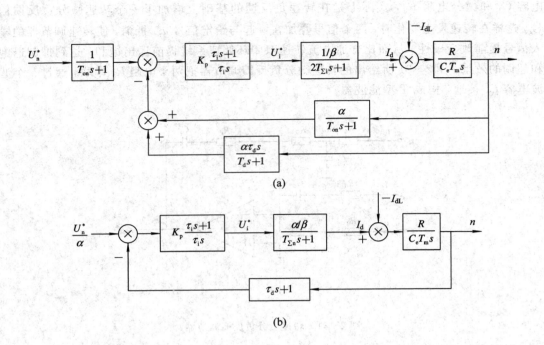

图 2-32 转速微分负反馈双闭环调速系统

可知

$$\frac{U_n^*}{\alpha} = n(\tau_d s + 1) \Rightarrow \frac{U_n^*}{\alpha} = \tau_d \frac{\mathrm{d}n}{\mathrm{d}t}\bigg|_{t=t_1} + n_1 \tag{2-112}$$

由式(2-111)得到转速 $n_1$ 为

$$n_1 = \frac{R}{C_e T_m}(I_{dm} - I_{dL})t_1 \tag{2-113}$$

于是给定转速为

$$n^* = \frac{U_n^*}{\alpha} = \frac{R}{C_e T_m}(I_{dm} - I_{dL})(t_1 + \tau_d) \tag{2-114}$$

转速微分负反馈系统的退饱和时间为

$$t_1 = \frac{C_e T_m n^*}{R(I_{dm} - I_{dL})} - \tau_d \tag{2-115}$$

将式(2-115)代入式(2-113)可以得到退饱和时的转速为

$$n_1 = \frac{R}{C_e T_m}(I_{dm} - I_{dL})t_1 = n^* - \frac{R}{C_e T_m}(I_{dm} - I_{dL})\tau_d \tag{2-116}$$

以上分析表明，与未加转速微分负反馈的情况相比，带转速微分负反馈的双闭环调速系统的退饱和的提前时间为 $\tau_d = 2R_0 C_d$。引入转速微分负反馈后，可以使突加给定启动时转速调节器提前退出饱和，从而有效地抑制甚至消除转速超调，同时增加了系统的抗干扰能力。需要注意的是，带转速微分负反馈的系统由于引入了微分电路，因而必须设置滤波电阻，否则会引入新的干扰。

## 2.5　弱磁控制的直流调速系统

调压调速是从额定转速往下调速的，输出转矩恒定，所以又称为恒转矩调速。此外，从公式

$$n = \frac{U_{d0} - RI_d}{C_e \Phi} \qquad\qquad (2-117)$$

可以看出，通过改变励磁电流来改变励磁磁通 $\Phi$ 也可以实现平滑调速，称为调磁调速。调磁调速是从基速往上调速，励磁电流变小，也称为弱磁升速，因在不同的转速下输出的功率基本相同，故又称为恒功率调速。在设计调速系统时，尽量使转矩特性与负载特性匹配，比如矿井的卷扬机属于恒转矩类型的负载，为了充分利用电动机，应该采用调压调速；对于机床的主传动轴，其具有恒功率负载的特性，为了充分利用电动机，应该采用弱磁升速。

弱磁升速的范围一般不超过 1∶2。为了扩大调速范围，可以采用调压和弱磁配合的控制方式，即额定转速以下采用调压调速，基速以上采用弱磁升速。为了在调速过程中获得最大的启动转矩，缩小过渡过程，调压、弱磁配合控制的调速系统不宜采用弱磁的方式，在额定励磁条件下，升压启动，电压达到额定值以后，再弱磁升速。减速时，首先增磁降速，然后再降压减速，其原理如图 2-33 所示。图 2-34 是非独立控制励磁的弱磁升速系统。励磁控制的调速系统的基本思路是在基速以下调压调速时，保持磁通为额定值不变；在基速以上弱磁升速时，保持电压为额定值不变。弱磁升速时由于转速升高，使转速反馈电压 $U_n$ 也随着升高，因此必须同时提高转速给定电压 $U_n^*$，否则转速不能上升。

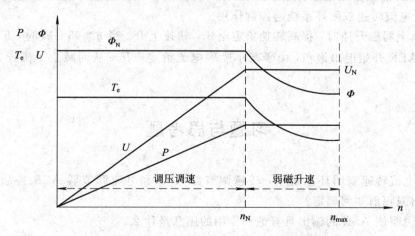

图 2-33　直流电动机的双域控制特性

根据反电动势计算公式 $E = K_e \Phi n$，假设反电动势 $E$ 不变，则转速 $n$ 上升时，$\Phi$ 减少。引入反电动势调节器 AER，利用电动势 $E$ 反馈，使励磁系统在弱磁升速过程中保持电动势 $E$ 基本不变。由于直接检测电动势比较困难，可采用间接的计算方法：

$$E = U_d - RL_d + L\frac{dI_d}{dt} \qquad\qquad (2-118)$$

由电动势运算器 AE 算出电动势 $E$ 的反馈信号 $U_e$，由 $R_e$ 提供电动势的给定电压 $U_e^*$，并使 $U_e = 95\% U_N$。

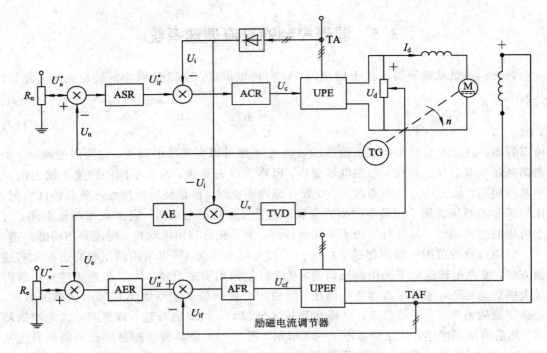

图 2-34　调压与弱磁配合的弱磁升速系统

基速以下调压调速时，$n<95\%n_N$，$E<95\%U_N$，$U_e^*>U_e$，AER 饱和，相当于电动势环开环。AER 的输出限幅值为额定励磁，由 AER 调节保持励磁磁通为额定值。用电阻器调节转速，电流转速双闭环系统起控制作用。

基速以上弱磁升速时，提高转速给定电压，转速上升。当 $n>95\%n_N$ 时，$E>95\%U_N$，$U_e^*<U_e$，AER 开始退出饱和，由于减小励磁电流给定电压，从而减少了磁通，系统进入弱磁升速区域。

# 习题与思考题

2.1　电流转速双闭环系统中，转速调节器 ASR 和电流调节器 ACR 各起什么作用？它们的输出限幅值如何确定？

2.2　说明使 ASR 的输出具有饱和作用的用意是什么。

2.3　试比较典型Ⅰ型系统和典型Ⅱ型系统的特点。

2.4　传递函数的近似处理有几种？近似处理的条件是什么？

2.5　什么是最佳的过渡过程？简述最佳启动过程中电流的特点。

2.6　电力拖动系统中的主要扰动源是什么？试分析双闭环和单闭环系统的抗干扰能力。

2.7　在电流转速双闭环系统中，启动过程分为哪几个阶段？各有什么特点？

2.8　什么是退饱和超调？退饱和超调和哪些因素有关？如何控制退饱和超调？

2.9　转速微分负反馈的目的是什么？为什么能消除转速饱和超调？

2.10　弱磁升速主要应用在什么条件下？

2.11　在电流转速双闭环系统中，转速调节器 ASR 和电流调节器 ACR 都采用 PI 控制器。若 $U_{nm}^* = 15$ V，$n_N = 1500$ r/min，$U_{im}^* = 10$ V，$I_N = 20$ A，$I_{dm} = 2I_N$，$R = 2$ Ω，$K_s = 20$，$C_e = 0.127$ V/(r/min)。当 $U_n^* = 5$ V，$I_{dL} = 10$ A 时，求稳态运行时的 $n$、$U_n$、$U_i^*$、$U_i$、$U_{ct}$ 和 $U_{d0}$。

2.12　有一闭环控制系统，控制对象的传递函数为

$$W(s) = \frac{K}{s(Ts+1)} = \frac{10}{s(0.02s+1)}$$

要求将其分别校正为典型 I 型系统和典型 II 型系统。在阶跃输入作用下系统的超调量 $\sigma < 30\%$（按照线性系统考虑），试分别确定调节器的结构和参数。

# 第 3 章   晶闸管-电动机可逆调速系统

根据整流装置的不同,直流可逆调速系统可分为晶闸管-电动机(V-M)可逆调速系统和 PWM 可逆调速系统。PWM 可逆调速系统将在本书第 4 章直流脉宽调速系统中详细介绍,因而本章在前两章的基础上,主要讨论晶闸管-电动机可逆调速系统。首先讨论晶闸管直流调速系统可逆运行方案,然后介绍两组晶闸管可逆线路中的环流及其处理原则,接着介绍 $\alpha=\beta$ 配合控制的有环流 V-M 可逆调速系统,最后分析无环流控制的 V-M 可逆调速系统。

## 3.1   晶闸管直流调速系统可逆运行方案

### 3.1.1   问题的提出

生产实际中,有许多生产机械要求电动机既能正转,又能反转,而且常常在减速和停车时还需要有制动功能,以缩短制动时间。例如可逆轧机的主传动和压下装置、电弧炉的提升机构、龙门刨床工作台的传动机构、矿井卷扬机、电梯等,都要求电动机频繁快速地正、反向运行。还有一类生产机械,虽然并不需要电动机可逆运行,但却需要电动机快速停车,例如薄板连轧机的卷取机传动机构。上述两类生产机械的拖动系统,都要求电动机能够较快地制动。由直流电动机的工作原理可知,要使电动机制动或改变旋转方向,就必须改变电动机产生的电磁转矩的方向,这时必须采用可逆自动调速系统。前面关于直流调速系统的静、动态性能的分析和设计中,并未涉及电动机的运行方向问题,所讨论的电动机系统都是朝着一个方向旋转的。本章专门研究直流电动机可逆调速系统。

改变电枢电压的极性,或者改变励磁磁通的方向,都能够改变直流电动机的旋转方向,这本来是很简单的事。然而当电动机采用电力电子变换装置供电时,由于电力电子器件具有单向导电性,问题就变得复杂起来了,系统就需要专用的可逆电力电子变换装置和自动控制系统。中、小功率的可逆直流调速系统多采用桥式可逆 PWM 变换器(见本书第 4章),功率较大的直流可逆调速系统多采用 V-M 电源。由于晶闸管具有不可控关断特性,因而其可逆调速系统相对较复杂。

### 3.1.2   可逆直流调速系统电路实现方式

在没有外力作用下,若要改变直流电动机转速,根据直流电动机转矩表达式 $T_e=$

$C_m\Phi I_a$ 可知，改变励磁磁通 $\Phi$ 或改变电枢电流 $I_a$ 均可改变电动机转矩方向，从而达到改变转矩的目的。因此，直流电动机可逆线路有两种方式：电枢反接可逆线路和励磁反接可逆线路。

### 1. 电枢反接可逆线路

电枢反接，可改变电枢电流方向，进而改变电磁转矩的方向。电枢反接可逆线路的形式有多种，这里介绍如下 4 种：接触器开关切换的可逆线路、晶闸管开关切换的可逆线路、两组晶闸管装置反并联可逆线路、H 桥式 PWM 可逆线路。

（1）接触器开关切换的可逆线路：接触器开关 $S_F$ 闭合，电动机正转；接触器开关 $S_R$ 闭合，电动机反转。

接触器开关切换的可逆线路(如图 3-1 所示)仅需四个切换开关，简单、经济，但是在转向切换时要求快速、准确、安全，否则容易造成短路或切换时间过长。这种切换方式还存在噪声大、寿命低等缺点，不适合正、反转频繁的应用场合。

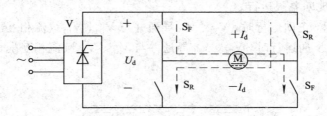

图 3-1 接触器开关切换的可逆线路

（2）晶闸管开关切换的可逆线路：为了避免有触点电器的上述缺点，可采用无触点的晶闸管开关($V_1 \sim V_4$)来代替有触点开关，如图 3-2 所示。$V_1$、$V_4$ 导通，电动机正转；$V_2$、$V_3$ 导通，电动机反转。

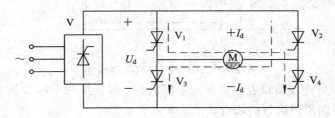

图 3-2 晶闸管开关切换的可逆线路

这种方案虽然克服了有触点电器的缺点，但是需要四个作为开关使用的晶闸管，在经济上没有明显优势，技术上也存在一定缺陷，只是在某些小容量可逆传动中才有使用价值。

（3）两组晶闸管装置反并联可逆线路：较大功率的可逆直流调速系统多采用晶闸管-电动机系统，由于晶闸管的单向导电性，故需要可逆运行时经常采用两组晶闸管可控整流装置反并联的可逆线路，如图 3-3 所示。

两组晶闸管分别由两套触发装置控制，都能灵活地控制电动机的启动、制动和升速、降速。但是，本系统不允许两组晶闸管同时处于整流状态，否则将造成电源短路，因此这种线路对控制电路提出了严格的要求。

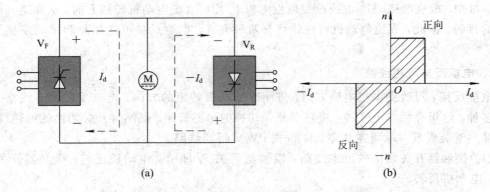

图 3-3    两组晶闸管装置反并联可逆线路
(a) 电路结构；(b) 运行范围

(4) H 桥式 PWM 可逆线路：在中小功率 PWM 直流调速系统中，功率器件为全控型器件，可方便地实现四象限运行。

如图 3-4 所示，正向运行时，$V_{T1}$、$V_{T4}$ 导通并与 $V_{D2}$、$V_{D3}$ 续流相互配合，电流 $i_d$ 分别沿回路 1、2 流通；反向运行时，$V_{T2}$、$V_{T3}$ 导通并与 $V_{D1}$、$V_{D4}$ 续流相互配合，电流 $i_d$ 分别沿回路 3、4 流通。

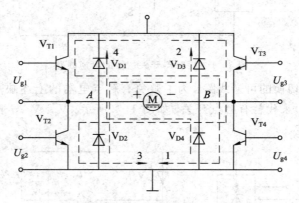

图 3-4    H 桥式 PWM 可逆线路

H 桥式 PWM 可逆线路很容易实现四象限运行，但所用功率器件较多，电路复杂，多用于中小功率且需四象限运行的场合，详见本书第 4 章。

**2. 励磁反接可逆线路**

对于励磁反接可逆线路，改变励磁电流的方向，可改变电磁转矩的方向，改变励磁电流的方向也能使电动机改变转向。与电枢反接可逆线路一样，可以采用接触器开关或晶闸管开关切换方式，也可采用两组晶闸管反并联供电方式来改变励磁方向。

励磁反接可逆线路见图 3-5，电动机电枢用一组晶闸管装置供电，励磁绕组由另外的两组晶闸管装置供电。

励磁反接具有供电装置功率小的优点。由于励磁功率仅占电动机额定功率的 1% ～ 5%，因而励磁反接可逆线路，所需晶闸管装置的容量小、投资少、效益高。但是励磁反接需要较长的时间来改变转向，且由于励磁绕组的电感大，因而励磁反向的过程较慢。又因电动机不允许在失磁的情况下运行，因此系统控制相对复杂一些。

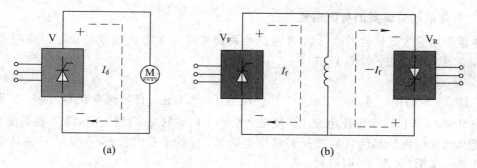

图 3 - 5　励磁反接可逆线路

（a）电动机电枢回路；（b）励磁绕组回路

**3. 电枢反接和励磁反接可逆线路的比较**

电枢反接可逆线路改变的是电枢电流的方向，由于电枢回路电感较小，反向过程进行很快，因而适用于频繁启、制动且要求过渡过程尽量短的生产机械。但是这种线路需要两套容量较大的晶闸管变流器，投资往往较大，特别是在大容量可逆系统中这种缺点尤为突出。与电枢反接可逆线路相比，励磁反接可逆线路所需的直流供电电源容量要小得多，只在电枢回路中用一套大容量的晶闸管变流器就够了。这样，对于大容量电动机，励磁反接可逆线路投资较小，在经济上是比较便宜的。但是，由于电动机励磁绕组的电感较大，因而励磁电流反向的过程要比电枢反接可逆线路慢得多。为了尽可能较快地反向，常采用"强迫励磁"的方法，当然这样设备容量要相应增加。此外，励磁反接可逆系统在反向过程中，在电动机励磁电流由额定值下降到零这段时间里，应保证电枢电流为零，以免产生原来方向的转矩，阻碍反向。如果电枢电流依然存在，电动机将会出现弱磁升速的现象，这在生产工艺上也是不允许的。这样就增加了反向过程的死区，也增加了控制系统的复杂性。因此，励磁反接可逆系统只适用于对快速性要求不高，正、反转不太频繁的大容量可逆传动中，如卷扬机、电力机车等。

# 3.2　两组晶闸管可逆线路中的环流及其处理原则

## 3.2.1　晶闸管装置的逆变状态与直流电动机的回馈制动

**1. 晶闸管装置的整流和逆变状态**

在 V－M 可逆调速系统中，晶闸管装置可以工作在整流或有源逆变状态。

在电流连续的条件下，晶闸管装置的平均理想空载输出电压为

$$U_{d0} = \frac{m}{\pi} U_m \sin\left(\frac{\pi}{m}\right) \cdot \cos\alpha = U_{d0max} \cos\alpha \qquad (3-1)$$

当控制角 $\alpha < 90°$ 时，晶闸管装置处于整流状态，$U_{d0}$ 为正值，由电网向电动机提供能量；当控制角 $\alpha > 90°$ 时，晶闸管装置处于逆变状态，$U_{d0}$ 为负值，能量由电动机回馈流向电网。为了方便起见，定义逆变角 $\beta = 180° - \alpha$，则逆变电压公式可改写为

$$U_{d0} = -U_{d0max} \cos\beta \qquad (3-2)$$

**2. 单组晶闸管装置的有源逆变**

单组晶闸管装置供电的 V－M 可逆调速系统在拖动起重机类型的负载时也可能出现整流和有源逆变状态，如图 3－6 所示。

1）整流状态

在图 3－6(a)中，当 $\alpha<90°$ 时，平均整流电压 $U_{d0}$ 为正，且理想空载 $U_{d0}>E$（$E$ 为电动机反电动势），所以输出整流电流 $I_d$，使电动机产生电磁转矩 $T_e$ 做电动运行，提升重物，这时电能从交流电网经晶闸管装置 V 传送给电动机，V 处于整流状态，V－M 可逆调速系统运行于第一象限（见图 3－6(c)）。

2）逆变状态

在图 3－6(b)中，当 $\alpha>90°$ 时，$U_{d0}$ 为负，晶闸管装置本身不能输出电流，电动机不能产生转矩提升重物，只有靠重物本身的重力下降，迫使电动机反转，感生反向的电动势 $-E$，图中标明了它的极性。当 $|E|>|U_{d0}|$ 时，系统可以产生与图 3－6(a)中同方向的电流，因而产生与提升重物同方向的转矩，起制动作用，阻止重物使它不要下降得太快。这时电动机处于带位势性负载反转制动状态，成为受重物拖动的发电机，将重物的势能转化成电能，通过晶闸管装置 V 回馈给电网，V 则工作于逆变状态，V－M 可逆调速系统运行于第四象限（见图 3－6(c)）。

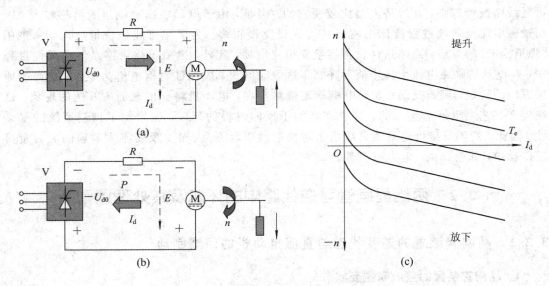

图 3－6　单组 V－M 系统带起重机类负载时的整流和逆变状态
（a）整流状态（提升）；（b）逆变状态（放下）；（c）机械特性

**3. 两组晶闸管装置反并联的整流和逆变**

两组晶闸管装置反并联可逆线路的整流和逆变状态原理与单组晶闸管线路相同，只是出现逆变状态的具体条件不一样。现以正组晶闸管装置整流和反组晶闸管装置逆变为例，说明两组晶闸管装置反并联可逆线路的工作原理。图 3－7(a)表示正组晶闸管装置 $V_F$ 给电动机供电，$V_F$ 处于整流状态，输出理想空载整流电压 $U_{d0f}$ 的极性如图所示，电动机从电路获取能量做电动运行，V－M 可逆调速系统工作在第一象限（见图 3－7(c)），和图 3－6(a)

的整流状态完全一样。当电动机需要回馈制动时，由于电动机反电动势的极性未变，要回馈电能必须产生反向电流，而反向电流是不可能通过 $V_F$ 流通的。这时，可以利用控制电路切换到反组晶闸管装置 $V_R$（见图 3-7(b)），并使它工作在逆变状态，产生图中所示极性的逆变电压 $U_{d0r}$，当 $E > |U_{d0r}|$ 时，反向电流 $-I_d$ 便通过 $V_R$，电动机输出电能实现回馈制动，V-M 可逆调速系统工作在第二象限（见图 3-7(c)），这与图 3-6(b)、(c)所示的逆变状态就不一样了。

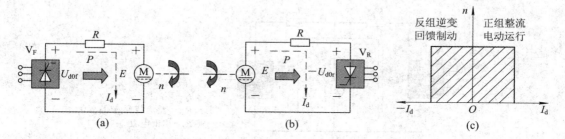

图 3-7　两组晶闸管反并联 V-M 可逆调速系统
(a) 正组整流电动运行；(b) 反组逆变回馈制动；(c) 机械特性运行范围

在可逆调速系统中，正转运行时可利用反组晶闸管实现回馈制动，反转运行时同样可以利用正组晶闸管实现回馈制动。可逆线路正、反转时晶闸管装置和电动机的工作状态归纳于表 3-1 中。

表 3-1　V-M 可逆调速系统反并联可逆线路的工作状态

| V-M 可逆调速系统的工作状态 | 正向运行 | 正向制动 | 反向运行 | 反向制动 |
|---|---|---|---|---|
| 电枢端电压极性 | + | + | − | − |
| 电枢电流极性 | + | − | − | + |
| 电动机旋转方向 | + | + | − | − |
| 电动机运行状态 | 电动 | 回馈发电 | 电动 | 回馈发电 |
| 晶闸管工作的组别和状态 | 正组、整流 | 反组、逆变 | 反组、整流 | 正组、逆变 |
| 机械特性所在象限 | 一 | 二 | 三 | 四 |

注：表中各量的极性均以正向电动运行时为"+"。

即使是不可逆的调速系统，若要快速地回馈制动，常常也采用两组反并联的晶闸管装置，由正组提供电动运行所需的整流供电，反组只提供逆变制动。这时，两组晶闸管装置的容量大小可以不同。反组只在短时间内给电动机提供制动电流，并不提供稳态运行的电流，实际采用的容量可以小一些。

### 3.2.2　可逆系统中的环流分析

#### 1. 环流及其种类

两组晶闸管反并联或交叉连接是 V-M 可逆调速系统中比较典型的线路，它解决了电动机频繁正、反转运行和回馈制动中电能的回馈通道问题。但是，如果两组晶闸管的整流电压同时出现，便会产生不流过负载而直接在两组晶闸管之间流通的短路电流，称为环流,如图3-8中的$I_c$。一般来说,这样的环流对负载无益,徒然加重晶闸管和变压器的负担,消耗功率,环流太大还会损坏晶闸管,因此应该予以抑制或消除。但环流也并非一无是处,只要控制得好,保证晶闸管安全工作,环流可作为保证电动机在空载或轻载时使晶闸管工作的最小连续电流,避免了电流断续引起的非线性现象对系统静、动态性能的影响。而且在可逆系统中存在少量环流,可以保证电流的无间断反向,加快反向时的过渡过程。在实际系统中,要充分利用环流的有利方面,避免其不利方面。

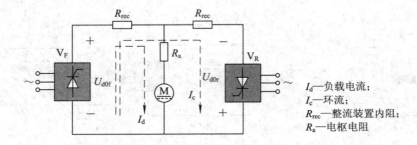

图3-8　反并联V-M可逆调速系统中的环流

$I_d$——负载电流;
$I_c$——环流;
$R_{rec}$——整流装置内阻;
$R_a$——电枢电阻

在不同情况下,反并联V-M可逆调速系统会出现下列不同性质的环流。

1)静态环流

静态环流为两组可逆线路在一定控制角下稳定工作时出现的环流,其又分为两类。

(1)直流平均环流。由晶闸管装置输出的直流平均电压差所产生的环流,称为直流平均环流。

(2)瞬时脉动环流。两组晶闸管输出的直流平均电压差虽为零,但因电压波形不同,瞬时电压差仍会产生脉动的环流,称为瞬时脉动环流。

2)动态环流

动态环流是仅在V-M可逆调速系统处于过渡过程中出现的环流。

这里只对系统影响较大的静态环流进行定性分析。下面以反并联线路为例来分析静态环流。

**2. 直流平均环流与配合控制**

由图3-8可以看出,如果让正组$V_F$和反组$V_R$都处于整流状态,两组的直流平均电压正负相连,则必然产生较大的直流平均环流。为了防止产生直流平均环流,反并联V-M可逆调速系统应该在正组处于整流状态、$U_{d0f}$为正值时,强迫让反组处于逆变状态,$U_{d0r}$为负值且幅值与$U_{d0f}$相等,使逆变电压$U_{d0r}$与整流电压$U_{d0f}$相抵消,则直流平均环流为零。于是

$$U_{d0r} = -U_{d0f}$$

由式(3-1),有

$$U_{d0f} = U_{d0max} \cos\alpha_f$$
$$U_{d0r} = U_{d0max} \cos\alpha_r$$

其中$\alpha_f$和$\alpha_r$分别为$V_F$和$V_R$的控制角。由于两组晶闸管装置相同,两组的最大输出电压$U_{d0max}$是一样的,因此,当直流平均环流为零时,应有

$$\cos\alpha_r = -\cos\alpha_f$$

或　　　　　　　　　　　　　　　　　$$\alpha_r + \alpha_f = 180° \qquad\qquad (3-3)$$

如果反组的控制角用逆变角 $\beta_r$ 表示，则

$$\alpha_f = \beta_r \tag{3-4}$$

由此可见，按照式(3-4)来控制就可以消除直流平均环流，这称为 $\alpha = \beta$ 配合控制。为了更可靠地消除直流平均环流，可采用

$$\alpha_f \geqslant \beta_r \tag{3-5}$$

为了实现 $\alpha = \beta$ 配合控制，可将两组晶闸管装置的触发脉冲零位都定在 $90°$，即当控制电压 $U_c = 0$ 时，使 $\alpha_{f0} = \beta_{r0} = \alpha_{r0} = 90°$，此时 $U_{d0f} = U_{d0r} = 0$，电动机处于停止状态。增大移相控制电压 $U_c$ 时，只要使这两组触发装置的控制电压大小相等符号相反就可以了，这样的触发控制电路示于图 3-9 中。用同一个控制电压 $U_c$ 去控制两组触发装置，正组触发装置 $GT_F$ 由 $U_c$ 直接控制，而反组触发装置 $GT_R$ 由 $\overline{U}_c = -U_c$ 控制，$\overline{U}_c$ 是经过反号器 AR 后获得的。

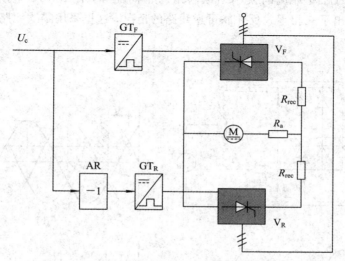

GT$_F$—正组触发装置；GT$_R$—反组触发装置；AR—反号器

图 3-9　$\alpha = \beta$ 配合控制电路

采用同步信号为锯齿波的触发电路时，移相控制特性是线性的，两组触发装置的控制特性都画在图 3-10 中。当控制电压 $U_c = 0$ 时，$\alpha_f$ 和 $\alpha_r$ 都调整在 $90°$。增大 $U_c$ 时，$\alpha_f$ 减小而 $\alpha_r$ 增大，或 $\beta_r$ 减小，使正组整流而反组逆变，在控制过程中始终保持 $\alpha_f = \beta_r$。反转时，则应保持 $\alpha_r = \beta_f$。为了防止晶闸管装置在逆变状态工作中逆变角 $\beta$ 太小而导致换流失败，出现

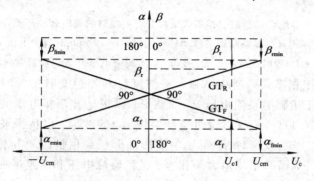

图 3-10　$\alpha = \beta$ 配合控制特性

"逆变颠覆"现象，必须在控制电路中进行限幅，形成最小逆变角 $\beta_{\min}$ 保护。与此同时，对 $\alpha$ 角也实施 $\alpha_{\min}$ 保护，以免出现 $\alpha < \beta$ 而产生直流平均环流。通常取 $\alpha_{\min} = \beta_{\min} = 30°$，其值视晶闸管器件的阻断时间而定。

**3. 瞬时脉动环流及其抑制**

1）瞬时脉动环流产生的原因

既然采用 $\alpha = \beta$ 配合控制已经消除了直流平均环流，为什么还存在"有环流"系统呢？这是因为 $\alpha_f = \beta_r$ 能使 $U_{d0f} = -U_{d0r}$。但这只是就电压的平均值而言，由于整流与逆变电压波形上的差异，因而仍会出现瞬时电压 $u_{d0f} > -u_{d0r}$ 的情况，从而仍能产生瞬时的脉动环流。这个瞬时脉动环流是自然存在的，因此 $\alpha = \beta$ 配合控制有环流可逆系统又称为自然环流系统。瞬时电压差和瞬时脉动环流的大小因控制角的不同而异，图 3-11 中以 $\alpha_f = \beta_r = 60°$（即 $\alpha_r = 120°$）为例绘出了三相零式反并联可逆线路的情况，这里采用零式线路的目的只是为了绘制波形简单。

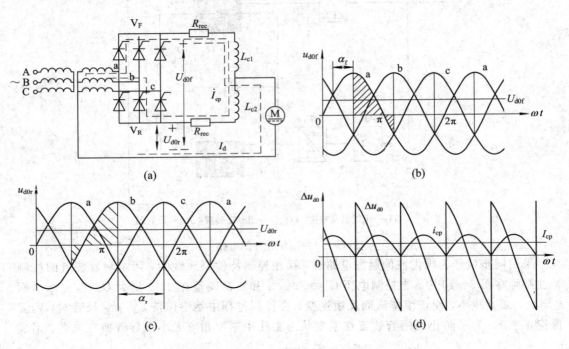

图 3-11    $\alpha = \beta$ 配合控制的三相零式反并联可逆线路的瞬时脉动环流（$\alpha_f = \beta_r = 60°$）

(a) 三相零式可逆线路和瞬时脉动环流回路；(b) $\alpha_f = 60°$ 时整流电压 $u_{d0f}$ 波形；

(c) $\beta_r = 60°$（$\alpha_r = 120°$）时逆变电压 $u_{d0r}$ 波形；(d) 瞬时电压差 $\Delta u_{d0}$ 和瞬时脉动环流 $i_{cp}$ 波形

图 3-11(a) 是三相零式可逆线路和 a 相整流与 b 相逆变时的瞬时脉动环流流通的回路。图 3-11(b) 是正组瞬时整流电压 $u_{d0f}$ 的波形，以正半波两相电压波形的交点为自然换向点，$\alpha_f = 60°$。图 3-11(c) 是反组瞬时逆变电压 $u_{d0r}$ 的波形，以负半波两相电压波形的交点为自然换向点，$\beta_r = 60°$ 或 $\alpha_r = 120°$。图中阴影部分是 a 相整流和 b 相逆变时的电压，显然其瞬时值并不相等，而其平均值大小相等。正组整流电压和反组逆变电压之间的瞬时电压差 $\Delta u_{d0} = u_{d0f} - u_{d0r}$，其波形绘于图 3-11(d) 中。由于这个瞬时电压差的存在，两组晶闸

管之间便产生了瞬时脉动环流 $i_{cp}$，其波形也绘在图 3 - 11(d)中。由于晶闸管的内阻 $R_{rec}$ 很小，环流回路的阻抗主要是电感，所以 $i_{cp}$ 不能突变，并且落后于 $\Delta u_{d0}$；又由于晶闸管的单向导电性，$i_{cp}$ 只能在一个方向脉动，所以瞬时脉动环流也有直流分量 $I_{cp}$（见图 3 - 11(d)），但 $I_{cp}$ 与平均电压差所产生的直流平均环流在性质上是根本不同的。

　　2）瞬时脉动环流的抑制

　　直流平均环流可以用 $\alpha = \beta$ 配合控制消除，而瞬时脉动环流却是自然存在的。为了抑制瞬时脉动环流，可在环流回路中串入电抗器，这个电抗器叫作环流电抗器，或称均衡电抗器，如图3 - 11(a)中的 $L_{c1}$ 和 $L_{c2}$。环流电抗的大小可以按照把瞬时环流的直流分量 $I_{cp}$ 限制在负载额定电流的 5%～10% 来设计。

　　环流电抗器的电感量及其接法因整流电路而异，可参考有关晶闸管电路的书籍或手册。环流电抗器并不是在任何时刻都能起作用的，所以在三相零式可逆线路中，正、反两个回路各设一个环流电抗器，它们在环流回路中是串联的，但是其中总有一个电抗器因流过负载电流而饱和。如图 3 - 11(a)所示正组整流时，$L_{c1}$ 因流过负载电流 $I_d$ 而使铁芯饱和，失去了限制环流的作用，只能依靠在逆变回路中没有负载电流流过的 $L_{c2}$ 限制瞬时脉动环流。在三相零式反并联可逆线路运行时总有一组晶闸管装置处于整流状态，因此必须设置两个环流电抗器。

# 3.3　V - M 可逆调速系统

## 3.3.1　$\alpha = \beta$ 配合控制的有环流 V - M 可逆调速系统

　　在 $\alpha = \beta$ 配合控制下，电枢可逆系统中虽然可以消除直流平均环流，但是有瞬时脉动环流存在，所以这样的系统称为有（脉动）环流可逆系统。如果这种系统不施加其他控制，则这个瞬时脉动环流是自然存在的，因此又称为自然环流系统。

### 1. 系统的组成

　　$\alpha = \beta$ 配合控制的有环流 V - M 可逆调速系统原理框图如图 3 - 12 所示，主电路采用两组三相桥式晶闸管装置反并联的线路，有两条并联的环流通路，要用四个环流电抗器 $L_{c1}$、$L_{c2}$、$L_{c3}$ 和 $L_{c4}$。由于环流电抗器流过较大的负载电流时会饱和，因而在电枢回路中还要另外设置了一个体积较大的平波电抗器 $L_d$。控制线路采用典型的电流转速双闭环调速系统，电流调节器和转速调节器都设置双向输出限幅，以限制最大动态电流、最小控制角 $\alpha_{min}$ 与最小逆变角 $\beta_{min}$。为了在任何控制角时都保持 $\alpha_f - \alpha_r = 180°$ 的配合关系，应始终保持 $U_c = -U_c$。在 $GT_R$ 之前加放大倍数为 1 的反相器 AR，可以满足这一要求。根据可逆系统正、反运行的需要，给定电压 $U_n^*$ 应有正负极性（可由继电器 $K_F$ 和 $K_R$ 来切换），调节器输出电压对此能做出相应的极性变化。为了保证转速和电流的负反馈，必须使反馈信号也能反映出相应的极性。测速发电机产生的反馈电压极性随电动机转向改变而改变（值得注意的是，简单地采用一套交流互感器或直流互感器的电流反馈都不能反映极性，反映极性的方案有多种）。图 3 - 12 中绘出的是采用霍尔电流变换器直接检测直流电流的方法。

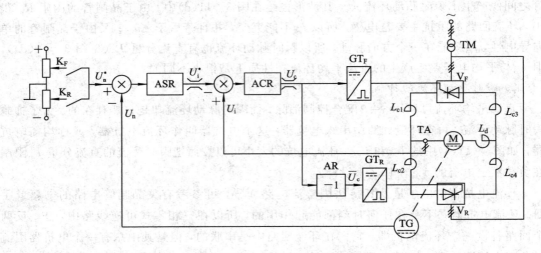

图 3-12　$\alpha=\beta$ 配合控制的有环流 V-M 可逆调速系统原理框图

**2. 系统工作原理**

电动机正向电动工作时，由 $V_F$ 供电。在系统获得停车指令后，电动机电流先要从当前电流降低到零。在电流未反向之前，它只能在 $V_F$ 与电动机组成的回路中流通，$V_F$ 组工作在逆变状态，为电流提供衰减的通路。当电流过零开始反向时，$V_R$ 组应投入工作以提供反向电枢电流的通路。反向制动电流从零增大到所规定的制动电流值。通过电流环的控制作用维持电流不变以获得理想的制动过程，使得电动机减速直到停车或者进一步地反向升速到指定的反向转速。

系统制动过程如图 3-13 所示，它分为三个阶段：

（1）本组逆变阶段：电动机正向电流衰减阶段，$V_F$ 组工作；

（2）它组建流阶段：电动机反向电流建立阶段，$V_R$ 组工作；

（3）它组逆变阶段：电动机恒值电流制动阶段，$V_R$ 组工作。

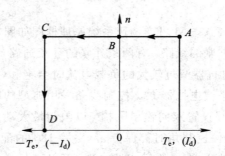

图 3-13　在 $T_e$-$n$ 坐标系上表示的电动机制动轨迹

**3. 制动过程分析**

1）本组逆变阶段

在正向制动过程以前，电动机处于正向电动稳定工作状态。对照图 3-12，由于 ASR、ACR 调节器的倒相作用，所以图中参数的极性为：$U_n^*(+) \rightarrow U_i^*(-) \rightarrow U_c(+)$。$V_F$ 组工作在整流状态，称其为本组；$V_R$ 组工作在待逆变状态，称其为它组。

系统获得停车指令后，进入电动机制动过程中的正向电流衰减阶段：

$$U_n^*(=0) \rightarrow \Delta U_n(-) \rightarrow U_i^*(=U_{lm}^*) \rightarrow U_c(=-U_{cm})$$

结果是本组 $V_F$ 组由整流状态很快变成 $\beta_f = \beta_{min}$ 的逆变状态，同时反组 $V_R$ 由待逆变状态转变成待整流状态。在 V-M 回路中，由于本组变成逆变状态，$U_{d0f}$ 的极性变负，而电动机反电动势 $E$ 极性未变，迫使 $I_d$ 迅速下降，主电路电感迅速释放储能，以维持正向电流，这时有

$$L\frac{dI_d}{dt} - E > |U_{d0f}| = |U_{d0r}| \tag{3-6}$$

大部分能量通过本组回馈电网，所以称作"本组逆变阶段"。

由于电感储能有限，电流下降迅速，这一阶段所占时间很短，转速来不及产生明显的变化，其波形图见图 3-14 中的阶段 I。

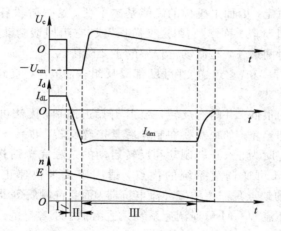

图 3-14　$\alpha = \beta$ 配合控制有环流 V-M 可逆直流调速系统正向制动过渡过程波形

2）它组制动阶段

当主电路电流 $I_d$ 下降过零时，本组逆变终止，第 I 阶段结束，转到反组 $V_R$ 工作，通过反组开始制动。在图 3-13 的制动轨迹图中，它是电动机反向电流建立阶段，目的是让反向电流快速地增长。

此时 ACR 仍处于饱和状态，其输出电压 $U_c$ 仍为 $-U_{cm}$。主要变化是感生电动势 $L\frac{dI_d}{dt}$

减小，使其输出值为 $L\frac{dI_d}{dt} = E$ 时，$I_d = 0$，意味着反向电流建立阶段开始，$U_{d0f}$ 和 $U_{d0r}$ 的大小都和本组逆变阶段一样，使得

$$L\frac{dI_d}{dt} - E < |U_{d0f}| = |U_{d0r}| \tag{3-7}$$

由于晶闸管的单向导电性，反组 $V_R$ 由"待整流"进入整流，向主电路提供 $-I_d$。正组 $V_F$ 由"逆变"进入待逆变。在反组整流电压 $U_{d0r}$ 和反电动势 $E$ 的极性相同的情况下，反向电流 $-I_d$ 很快增长，电动机处于反接制动状态，转速明显降低。而正组 $V_F$ 则处于待逆变状态。波形见图 3-14 中的阶段 II，该阶段可称作"它组建流状态"或"它组反接制动阶段"。

在这个阶段中，$V_R$ 将交流电能转变为直流电能，同时电动机也将机械能转变为电能，除去电阻上消耗的电能以外，大部分能量转变为磁能存储在电感 $L$ 中。

  3）它组逆变阶段

  ACR 调节器退饱和的唯一途径是反向电流 $I_{dm}$ 的超调，此超调表示制动轨迹图中的电动机恒值电流制动阶段开始；ACR 输出电压 $U_c$ 退出饱和，进入闭环工作状态，其控制目标是维持 $I_d = I_{dm}$。由于 ACR 是典型 Ⅰ 型系统，电流调节系统的扰动是电动机的反电动势，在 ACR 的调节作用下，力图维持接近最大的反向电流 $-I_{dm}$，所以系统做不到无静差，$I_d$ 是一个线性渐减的扰动量，接近于 $-I_{dm}$，因而

$$\begin{cases} L \dfrac{\mathrm{d}I_d}{\mathrm{d}t} \approx 0 \\ E > |U_{dof}| = |U_{d0r}| \end{cases} \qquad (3-8)$$

  电动机在恒减速条件下回馈制动，把动能转换成电能，其中大部分能量通过 $V_R$ 逆变回馈电网。由于电流恒定，因而电感中的磁能基本不变。这一阶段各处电位极性和能量流向如图 3-14 中的第 Ⅲ 阶段，称作"它组逆变阶段"或"它组回馈制动阶段"。由图 3-14 可知，这个阶段所占的时间最长，是制动过程中的主要阶段。

  由于"它组制动阶段"和"它组逆变阶段"都是反组 $V_R$ 工作，直到制动结束，往往通称它们为"它组制动阶段"。

  最后，转速下降的很低，并略有反转，ACR 开始退饱和，无法再维持 $-I_{dm}$，电流和转速都减小，电动机随即停止。如果需要在制动后紧接着反转，$I_d = -I_{dm}$ 的过程就会延续下去，直到反向转速稳定时为止。正转制动和反转启动的过程完全衔接起来，没有间断或死区，这是有环流 V-M 可逆调速系统的优点，适用于要求快速正反转的系统。有环流 V-M 可逆调速系统的缺点是需要添置环流电抗器，而且晶闸管等器件都需要负担负载电流加上环流，因此有环流 V-M 可逆调速系统只适用于中小容量的系统。对于大容量的系统，这些缺点比较明显，往往须采用下面讨论的无环流 V-M 可逆调速系统。

## 3.3.2  无环流控制的 V-M 可逆调速系统

  在有环流系统中，系统的过渡特性平滑，且由于两组晶闸管装置同时工作，两组变流装置在切换时也不存在控制死区。因而，除系统过渡特性更加平滑之外，有环流系统还有快速性能好的优点。但是在有环流系统中设置笨重而昂贵的限制环流的均衡电抗器，将会造成额外的有功和无功损耗。因此，当工艺过程对系统过渡特性的平滑性要求不高时，特别是对于大容量系统，从生产可靠性要求出发，常采用既没有直流平均环流又没有瞬时脉动环流的无环流可逆调速系统。按照实现无环流控制原理的不同，无环流可逆系统又有两大类：逻辑控制无环流系统和错位控制无环流系统。逻辑控制无环流系统的控制思路是，当一组晶闸管装置工作时（不论是整流还是逆变），用逻辑装置封锁另一组晶闸管变流装置的触发脉冲，使其完全处于阻断状态，从而根本上切断了环流通路；错位控制无环流系统的基本控制思路借用了 $\alpha = \beta$ 配合控制的有环流系统的控制思路，即当一组晶闸管整流时，让另一组晶闸管处于待逆变状态，但是两组触发脉冲的零位错开得比较远，彻底杜绝了脉动环流的产生。这两种不同的控制思路引出了两类不同的无环流可逆调速系统。下面主要介绍逻辑控制无环流可逆调速系统。

### 1. 逻辑控制无环流可逆调速系统的组成和工作原理

当一组晶闸管工作时，用逻辑电路(硬件)或逻辑算法(软件)去封锁另一组晶闸管的触发脉冲，使它完全处于阻断状态，以确保两组晶闸管不同时工作，从根本上切断了环流的通路，这就是逻辑控制无环流可逆调速系统的控制思路，该系统的原理框图示于图 3-15。主电路采用两组晶闸管装置反并联线路，由于没有环流，因而不用设置环流电抗器，但为了保证稳定运行时电流波形连续，仍应保留平波电抗器 $L_d$。控制系统采用典型的电流转速双闭环调速系统，为了便于采用不反映极性的电流检测方法，如图 3-15 中所画的交流互感器和整流器，可以为正反向电流环分别设置一个电流调节器，ACR1 用来控制正组触发装置 $GT_F$，ACR2 控制反组触发装置 $GT_R$，ACR1 的给定信号 $U_i^*$ 经反号器 AR 后作为 ACR2 的给定信号 $\overline{U_i^*}$。为了保证不出现环流，设置了无环逻辑控制环节 DLC，这是系统中的关键环节，它按照系统的工作状态指挥系统进行正、反组的自动切换，其输出信号 $U_{blf}$ 用来控制正组触发脉冲的封锁或开放，$U_{blr}$ 用来控制反组触发脉冲的封锁或开放，在任何情况下，两个信号必须是相反的，决不允许两组晶闸管同时开放脉冲，以确保主电路没有出现环流的可能。但是，和自然环流系统一样，触发脉冲的零位仍定在 $\alpha_{f0}=\alpha_{r0}=90°$，移相方法仍采用 $\alpha=\beta$ 配合控制。

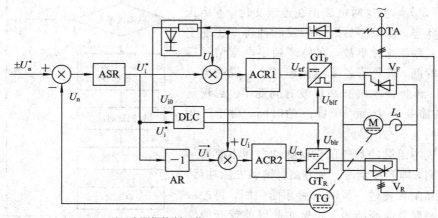

DLC—无环流逻辑控制环节

图 3-15　逻辑控制无环流可逆调速系统原理框图

### 2. 无环流逻辑控制环节

无环流逻辑控制环节是逻辑控制无环流可逆调速系统的关键环节，它的任务是：当需要切换到正组晶闸管 $V_F$ 工作时，封锁反组触发脉冲而开放正组触发脉冲；当需要切换到反组晶闸管 $V_R$ 工作时，封锁正组触发脉冲而开放反组触发脉冲。无环流逻辑控制环节通常采用数字控制，如数字逻辑电路、PLC、计算机控制等，用以实现同样的逻辑控制关系。

应该根据什么信息来指挥无环流逻辑控制环节的切换动作呢？粗看起来，似乎转速给定信号 $U_n^*$ 的极性可以决定正组或反组工作，但是仔细分析一下，就知道这是不行的。当电动机反转时固然需要开放反组，但在正转运行中要制动或减速时，也要利用反组逆变来实现回馈制动，可是这时 $U_n^*$ 并未改变极性。由图 3-15 所示的系统可以发现，ASR 的输出信号 $U_i^*$ 能够胜任这项工作，反转运行和正转制动都需要电动机产生负的转矩，反之，正转运行和反转制动都需要电动机产生正的转矩，$U_i^*$ 的极性恰好反映了电动机电磁转矩方向的变化。因此，在图 3-15 中采用 $U_i^*$ 作为无环流逻辑控制环节的一个输入信号，称为"转矩极性鉴别信号"。

$U_i^*$ 极性的变化只是逻辑切换的必要条件，还不是充分条件。从有环流可逆系统制动过程的分析中可以看出这个问题。例如，当正向制动开始时，$U_i^*$ 的极性由负变正，但在实际电流方向未变以前，仍须保持正组开放，以便进行本组逆变，只有在实际电流降到零的时候，才应该给 DLC 发出命令，封锁正组，开放反组，转入反组制动。因此，在 $U_i^*$ 改变极性以后，还需要等到电流真正到零时，再发出"零电流检测"信号 $U_{i0}$，才能发出正、反组切换的指令，这就是无环流逻辑控制环节的第二个输入信号。

逻辑切换指令发出后并不能马上执行，还须经过两段延时时间，以确保系统的可靠工作，这两段延时时间是封锁延时 $t_{dbl}$ 和开放延时 $t_{dt}$。

从发出切换指令到真正封锁原来工作的那组晶闸管之间应该留出来一段等待时间，叫作封锁延时。由于主电流的实际波形是脉动的，而电流检测电路发出零电流数字信号 $U_{i0}$ 时总有一个最小动作电流 $I_0$，如果脉动的主电流瞬时低于 $I_0$ 就立即发出 $U_{i0}$ 信号。实际上这时电流仍在连续变化，本组正处在逆变状态，如果突然封锁触发脉冲将产生逆变颠覆。为了避免这种事故，在检测到零电流信号后等待一段时间，若仍不见主电流超过 $I_0$，说明电流确已终止，再封锁本组脉冲就没有问题了。封锁延时 $t_{dbl}$ 大约需要半个到一个脉波的时间，对于三相桥式电路约为 $2\sim3$ ms。

从封锁本组脉冲到开放它组脉冲之间也要留一段等待时间，即开放延时。因为在封锁触发脉冲后，已导通的晶闸管要过一段时间后才能关断，再过一段时间才能恢复阻断能力。如果在此以前就开放它组脉冲，则仍有可能造成两组晶闸管同时导通，产生环流。为了防止这种事故，必须再设置一段开放延时 $t_{dt}$ 时间，一般应大于一个波头时间，对于三相桥式电路常取 $5\sim7$ ms。

最后，在无环流逻辑控制环节的两个输出信号 $U_{blf}$ 和 $U_{blr}$ 之间必须有互锁保护，决不允许出现两组脉冲同时开放的状态。图 3-16 绘出了逻辑控制切换程序的流程图。

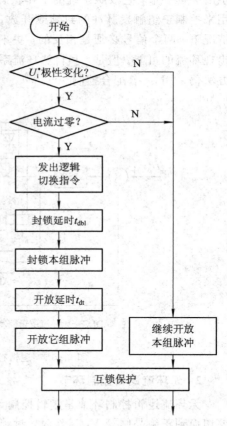

图 3-16 逻辑控制切换程序流程图

在逻辑控制无环流可逆调速系统中，采用了两个电流调节器和两套触发装置分别控制正、反组晶闸管。实际上任何时刻都只有一组晶闸管在工作，另一组由于脉冲被封锁而处于阻断状态，这时它的电流调节器和触发装置都处于等待状态。采用模拟控制时，可以利用电子模拟开关选择一套电流调节器和触发装置工作，另一套装置就可以节省下来了。这样的系统称为逻辑选触无环流可逆调速系统,其原理框图示于图 3-17,其中 $S_F$、$S_R$ 分别是正、反组电子模拟开关。采用数字控制时,电子开关的任务可以用条件选择程序来完成,实际系统都是逻辑选触系统。此外,触发装置可采用由定时器进行移相控制的数字触发器,或采用集成触发电路。

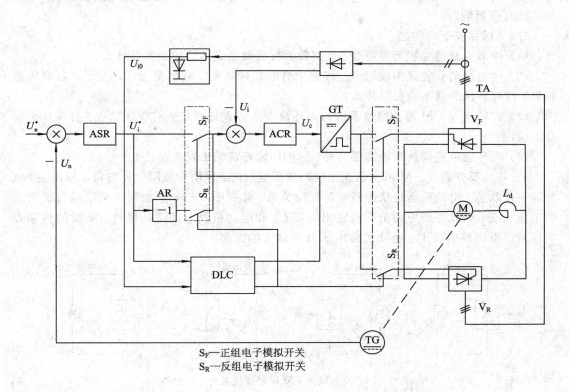

$S_F$—正组电子模拟开关
$S_R$—反组电子模拟开关

图 3-17　逻辑选触无环流可逆调速系统的原理框图

与有环流可逆调速系统相比,逻辑控制无环流可逆调速系统的主要优点是:不需要设置环流电抗器,没有附加的环流损耗和减小了变压器和晶闸管装置的设备容量。如果逻辑装置动作可靠,因换流失败而造成的事故比有环流系统要低。该系统的不足之处是由于延时造成了换向死区,影响过渡过程的快速性。

# 习题与思考题

3.1　V-M 调速系统需要快速回馈制动时,为什么必须采用可逆线路?

3.2　试分析提升机构在提升重物和放下重物时,晶闸管、电动机的工作状态及 $\alpha$ 角的控制范围。

3.3　简述环流的定义及分类,环流的危害和利用。

3.4　在 $\alpha=\beta$ 配合控制的有环流 V-M 可逆调速系统中,为什么要控制最小逆变角和最小整流角?系统如何实现?

3.5　解释待逆变、本组逆变和他组逆变,并说明这三种状态各出现在何种场合下。

3.6　逻辑控制无环流可逆调速系统消除环流的出发点是什么？

3.7　为什么逻辑控制无环流可逆调速系统的切换过程比 $\alpha = \beta$ 配合控制的有环流 V - M 可逆调速系统的切换过程长？这是由哪些因素造成的？

3.8　无环流逻辑控制环节中为什么必须设置封锁延时和开放延时？延时过大或过小对系统有何影响？

3.9　试回答下列问题：

（1）何谓有源逆变和无源逆变？晶闸管装置实现逆变运行的条件是什么？

（2）两组晶闸管装置构成的可逆线路中有哪几种环流？它们是怎样产生的？各有哪些利弊？控制环流的基本途径是什么？

（3）有环流 V - M 可逆调速系统与无环流 V - M 调速系统各有何优缺点？各在什么场合下应用？

（4）无环流可逆调速系统有哪几种？它们消除环流的出发点是什么？

3 - 10　反并联 V - M 可逆调速系统四象限运行时，说明各象限中控制角 $\alpha$ 相位、变流装置工作状态、电动机运行状态及能量转换关系，并在图 3 - 18 中指明四象限运行所对应的工作状态，同时在图中画出整流输出电压 $U_d$ 和电动机及电动势的极性、能量的传递方向以及电枢回路电流 $I_d$、电动机转矩 $T$ 和转速 $n$ 的方向。

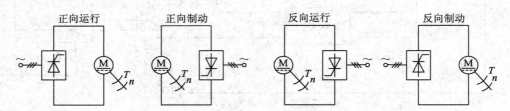

图 3 - 18　反并联 V - M 可逆调速系统工作状态

# 第 4 章　直流脉宽调速系统

直流电动机除了由晶闸管组成的相控直流电源供电外，还可以采用全控器件（IGBT、MOSFET、GTR 等）组成的 PWM 变换器供电。PWM 变换器把恒定的直流电变为大小和极性均可调的直流电，从而可以方便地实现直流电动机的平滑调速以及正反转运行。PWM 变换器的特点是开关频率明显高于可控硅，因而由 PWM 组成的直流调速系统有较高的动态性能和较宽的调速范围。全控器件构成的 PWM 变换器，由于具有开关特性，因而由 PWM 变换器供电的直流电动机的电枢电压和电流都是脉动的，转速和转矩必然也是脉动的。

## 4.1　脉宽调制变换器

对于晶闸管-电动机调速系统，由于晶闸管的开关频率低，因而输出电流存在谐波分量，转矩脉动大，限制了调速范围；当深度调速时，功率因数低，调速范围窄。在轻载条件下，串联在电枢回路中的平波电抗器已经难以维系电流的连续，容易出现电流断续，此时直流电动机的机械特性变软，即随着负载转矩的降低，转速增加很快，容易造成实际电动机的理想空载转速比平滑直流电源供电时的理想空载转速高。要克服上述困难，需要增加平波电抗器的电感，但电感增大的同时，又限制了系统的快速性。由于晶闸管的单向导电性，直流电动机的电流只能是单方向的，无法获得反向电磁转矩。为了获得反向电磁转矩，就必须采用两组反并联的相控变流器来完成电动机的四象限运行。目前在大中功率系统中，晶闸管-电动机调速系统还在应用。在中、小功率系统中，随着全控器件的工业化应用，全控器件已经完全取代了晶闸管。

自关断器件（MOSFET、SiC MOSFET、IBGB、GTR、GTO）的开关频率高，和相控变换器供电的直流调速系统相比，PWM 变换器供电的直流调速系统有较高的动态性能和较宽的调速范围，其综合性能明显优于相控方式，且主电路结构简单，需要的功率器件减少；电枢电流容易连续，谐波减少，电动机的损耗和发热都大大减少；低速性能得到改善，稳速精度得以提高，因而调速范围得以增大；系统的频带宽，快速性能好，动态抗干扰能力增强；主电路元件工作在开关状态，导通损耗小；直流电源采用三相不控整流，电网的功率因数提高。为了便于设计和计算开关损耗，PWM 变换器通常采用恒频率变脉宽的控制方式实现直流电动机的调压调速。PWM 变换器可以方便地实现直流电动机的平滑调速以及正反转运行，因而可以方便地实现直流电动机的四象限运行。由于 PWM 变换器的开关特性，电动机的电枢电压和电流都是脉动的，转速和转矩必然也是脉动的。PWM 变换器供电下的直流电动机的机械特性与相控方式下的特性类似，都会出现电流断续区间，造成机械特性变软和空载转速提高，在实际的应用中应尽量避免变换器运行在电流断续区间。自关断器件只用一组变换器就可以实现电动机的多象限运行，提高了变换效率。PWM 变换器有不可逆和可逆两类，可逆变换器按控制方式又可以分为双极性、单极性和受限单极性等几种。

### 4.1.1　不可逆调速系统

图 4-1(a)是简单的不可逆 PWM 调速系统的主电路原理图，该系统采用全控式开关器件代替必须进行强迫关断的晶闸管，开关频率可达 20 kHz，甚至更高，比晶闸管提高了一个数量级。电源电压 $U_s$ 一般由不可控整流电源提供，采用大电容 $C$ 滤波，二极管 $V_D$ 在晶体管 $V_T$ 关断时为电枢回路提供释放电感储能的续流回路，下面分析其运行特点。

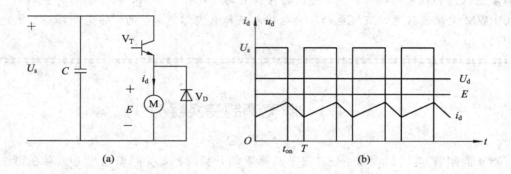

图 4-1　不可逆 PWM 调速系统

在 $0 \leqslant t < t_{on}$ 期间，晶闸管 $V_T$ 导通，电枢电压方程为

$$U_s = Ri_d + L\frac{di_d}{dt} + E \tag{4-1}$$

在 $t_{on} \leqslant t < T$ 期间，晶闸管 $V_T$ 关断，电流通过反并联二极管 $V_D$ 续流，电枢电压方程为

$$0 = Ri_d + L\frac{di_d}{dt} + E \tag{4-2}$$

图 4-1 所示的电流 $i_d$ 不能反向流动，即 $V_T$ 关断时不能产生电磁制动，系统只能运行在第 Ⅰ 象限。这种不可逆 PWM 调速系统的特点是电路结构简单，运行可靠。

### 4.1.2　电流反向的不可逆 PWM 调速系统

具有电流反向通路的不可逆 PWM 调速系统(也称电流反向的不可逆 PWM 调速系统)如图 4-2(a)和(b)所示。两个晶体管 $V_{T1}$ 和 $V_{T2}$ 互补导通，该系统可以在第 Ⅰ 和第 Ⅱ 象限运行，可以运行在电流连续的电动状态(第 Ⅰ 象限)和能耗制动(第 Ⅱ 象限)状态。图 4-2 所示的两种具有电流反向通路的不可逆调速系统的拓扑结构类似，在运行中电流均可以反向，产生制动电磁转矩，但是电压不能反向，即系统不能运行在第 Ⅲ 和第 Ⅳ 象限。这类系统的优点是所用的开关器件较少，可应用于中、小功率场合。下面以图 4-2(a)所示的电路为例，分析该电路的两象限运行。

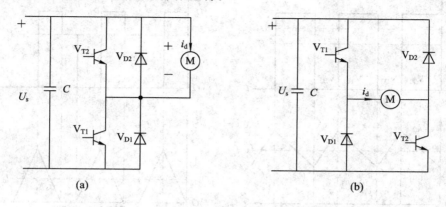

图 4-2 电流反向的不可逆 PWM 调速系统

## 1. 第 I 象限运行

在第 I 象限，具有电流反向通路的不可逆 PWM 调速系统运行在电流连续的电动状态下。在 $0 \leqslant t < t_{on}$ 期间（对应 $V_{T1}$ 导通，$V_{D2}$ 关断），电源电压 $U_s$ 加到电枢的两端，电流 $i_d$ 沿着图 4-3(a)中粗实线所示的回路流通并从其初始值 $i_{d1}$ 上升到 $i_{d2}$。

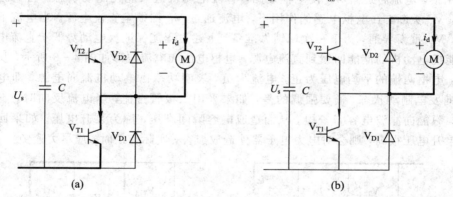

图 4-3 第 I 象限运行等效电路

在 $t_{on} \leqslant t < T$ 期间（对应 $V_{T1}$ 关断，$V_{D2}$ 导通），电路 $i_d$ 沿着图 4-3(b)中粗实线所示的回路经过二极管 $V_{D2}$ 续流，电流从 $i_{d2}$ 下降到 $i_{d1}$。$V_{T1}$ 和 $V_{D2}$ 轮流导通，电枢电流和电压波形如图 4-4(a)所示。在轻载电动运行状态下，负载电流 $i_d$ 很小，在 $V_{T1}$ 关断后，$i_d$ 通过 $V_{D2}$ 很快续流到零。在电流断续区间，电枢两端的电压等于反电动势，断续时的电枢电压和电流如图 4-4(b)所示。

## 2. 第 II 象限运行

电动机在第 II 象限运行于发电制动状态，此时转速方向保持正向不变，而电枢电流反向，转子存储的磁能和机械能通过变流器回馈到直流电源。当电动机运行在正向电动状态时（此时对应 $V_{T1}$ 导通），一旦发出制动信号，$V_{T1}$ 关断，电枢电流通过 $V_{D1}$ 流向直流电源并迅速降到零，如图 4-5(a)所示。为了使电流反向，$V_{T2}$ 导通，如图 4-5(b)所示，在反电动

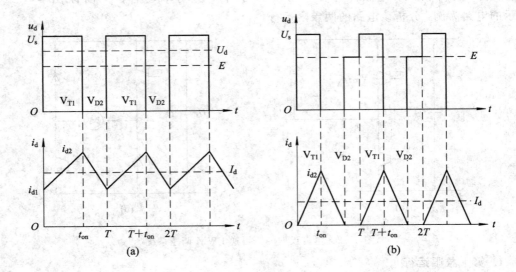

图 4-4 运行于第 Ⅰ 象限时的电枢电压和电枢电流波形

(a) 续流时；(b) 断续时

势的作用下，电流将通过 $V_{T2}$ 使电枢短路，直流电动机进入能耗制动状态。当电流达到上限值时，$V_{T2}$ 关断，在电枢电感的作用下，电流通过 $V_{D1}$ 回馈至直流电源。当电流下降至下限值时，$V_{T2}$ 重新导通，为下一次回馈做准备。上述过程能保证反电动势低于直流电源电压时，仍能把电动机的储能回馈到直流电源。电枢电压和电流波形如图 4-6 所示，从图中可以看到，电枢两端的平均电压为正，电流为负，表明功率由电动机流向电源，即电动机运行在正向发电制动状态。需要强调的是，如果采用二极管整流，当电流反向时，不能回馈到电网，只能向滤波电容 $C$ 充电，从而造成电容瞬间高压，称为泵升电压。如果回馈能量过大，泵升电压很高，则会对电力电子器件造成损害，实际应用时，应尽力避免。

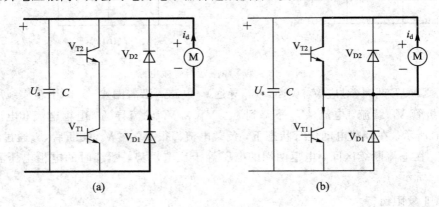

图 4-5 第 Ⅱ 象限运行等效电路

在电动状态下的输出电压为

$$U_d = \frac{t_{on}}{T_s} U_s = \rho U_s \tag{4-3}$$

式中：$\rho = \dfrac{T_{on}}{T_s}$ 定义为占空比，且 $0 < \rho < 1$。

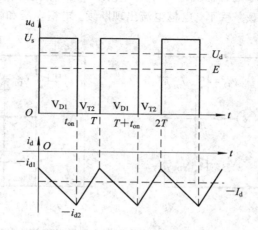

图 4-6 运行于第 II 象限时的电枢电压和电枢电流波形

### 4.1.3 四象限可逆 PWM 变换器

图 4-7 示出了可以四象限运行的可逆 PWM 变换器（称为四象限可逆 PWM 变换器）。由于电枢电压的极性和电枢电流方向都可以通过开关来改变，因此该变换器可以方便地实现直流电动机的正、反转，以及启、制动等四象限运行。四象限可逆 PWM 变换器的控制可以采用单极性控制和双极性控制两种方式，分别叙述如下。

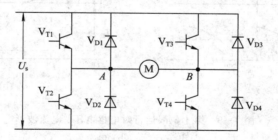

图 4-7 四象限运行的可逆 PWM 变换器

**1. 单极性控制方式**

在单极性控制方式中，左边桥臂两个三极管的驱动信号具有正负交替的脉冲波形，使 $V_{T1}$ 和 $V_{T2}$ 交替导通。右边两个三极管 $V_{T3}$ 和 $V_{T4}$ 的驱动信号是根据电动机的转向而施加的不同直流控制信号，$V_{T3}$ 和 $V_{T4}$ 的导通规律如下：电动机正转时，$V_{T3}$ 截止而 $V_{T4}$ 常通；电动机反转时，$V_{T3}$ 常通而 $V_{T4}$ 截止。在单极性控制方式下，当电动机朝一个方向旋转时，变换器在某一时刻输出单极性波形，因此称其为单极性控制。

1）第 I 象限运行

电动机在第 I 象限运行于电动状态，此时电枢电流和反电动势的方向均为正，$V_{T1}$ 和 $V_{T4}$ 同时导通，$V_{T2}$ 和 $V_{T3}$ 截止，电枢电流回路如图 4-8(a) 中粗实线所示。一旦希望电枢电流为零，可以关断 $V_{T1}$（或者 $V_{T4}$），同时保持 $V_{T2}$ 和 $V_{T3}$ 截止。在电枢电感的作用下，电流

将通过二极管 $V_{D2}$ 和 $V_{T4}$ 续流，如图 4-8(b)中粗实线所示。当 $V_{T4}$ 关断时，$V_{D3}$ 和 $V_{T1}$ 续流如图 4-8(b)中粗虚线所示。通常情况下，$V_{D2}$、$V_{T4}$ 和 $V_{D3}$、$V_{T1}$ 交替续流，电枢电压和电流波形如图 4-9(a)所示。在轻载条件下，电枢电流出现断续，电枢电压和电流如图 4-9(b)所示。

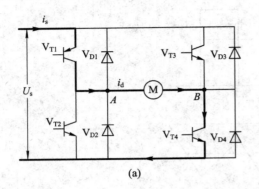 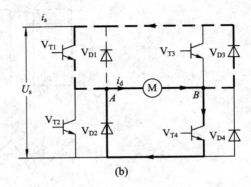

(a)　　　　　　　　　　　　　　　　　(b)

图 4-8　可逆 PWM 变换器第 I 象限运行等效电路

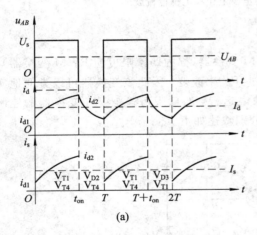 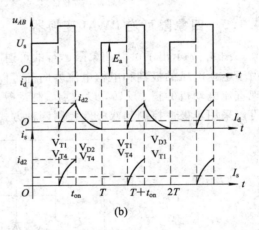

(a)　　　　　　　　　　　　　　　　　(b)

图 4-9　第 I 象限运行时电枢电压、电流波形

（a）电流连续；（b）电流断续

2）第 II 象限运行

电动机在第 II 象限运行于发电制动状态，此时转速方向保持正向不变，而电枢电流反向，转子存储的动能通过变流器回馈到直流电源。当电动机运行在正向电动状态时（此时对应 $V_{T1}$、$V_{T4}$ 导通），一旦发出制动信号，$V_{T1}$、$V_{T4}$ 关断，首先 $V_{D1}$ 和 $V_{D4}$ 续流，电流流向直流电源并迅速降到零。为了使电流反向，可以控制 $V_{T2}$ 导通（或者 $V_{T3}$ 导通），如图 4-10(b)所示。在反电动势的作用下，电流将通过 $V_{T2}$ 和 $V_{D4}$ 构成回路，使电枢短路，直流电动机进入能耗制动状态。当电流达到上限值时，$V_{T2}$ 关断（或者 $V_{T3}$ 关断），在电枢电感的作用下，电流通过 $V_{D4}$ 和 $V_{D1}$ 回馈至直流电源，如图 4-10(a)所示。当电流下降至下限值时，$V_{T2}$ 重新导通（或者 $V_{T3}$ 导通），为下一次回馈做准备。上述过程能保证反电动势低于直流电源电压时，仍能把电动机的储能回馈到直流电源。在电枢短路时有两种控制方式，如图 4-10(b)中的粗实线和粗虚线所示，在实际电路中两种控制方式轮流导通，使开关器件交替工作，

来保证热平衡。第 II 象限运行时的电枢电压、电流波形如图 4-11 所示。从图中可以看到，电枢两端的平均电压为正，而电枢电流为负，表明功率由电动机流向电源，即电动机运行在正向发电制动状态。

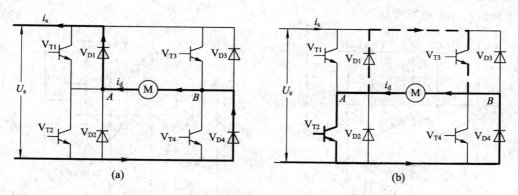

图 4-10　可逆 PWM 变换器第 II 象限运行等效电路

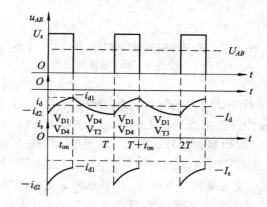

图 4-11　第 II 象限运行时电枢电压、电流波形

3）第 III 象限运行

电动机在第 III 象限运行于反向电动状态，与正向电动状态类似。此时电流及反电动势均反向，对应的电枢电流回路如图 4-12（a）和（b）所示。图 4-12（a）中，$V_{T3}$ 和 $V_{T2}$ 同时导通，电流增加。如果希望电枢电压为零，可以关断 $V_{T2}$（或者 $V_{T3}$），电枢回路的电流将减小，电流通过 $V_{T3}$ 和 $V_{D1}$（或者 $V_{T2}$ 和 $V_{D4}$）续流，如图 4-12（b）所示，电枢回路处于短路状态。

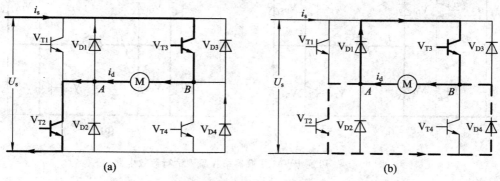

图 4-12　可逆 PWM 变换器第 III 象限运行等效电路

电枢电压和电枢电流波形如图 4-13(a)所示，电枢电压和电枢电流均反向，其乘积即功率为正，表明能量由电源流向电动机。在轻载条件下，会出现电流断续状态，此时电枢两端的电压和电流波形如图 4-13(b)所示，与正向电动状态类似。在实际电路中，应该避免电路运行在电流断续状态下。

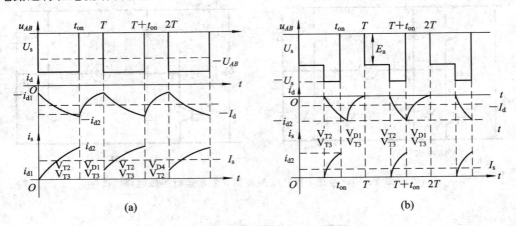

图 4-13 第Ⅲ象限运行时电枢电压、电流波形
(a) 电流连续；(b) 电流断续

4) 第Ⅳ象限运行

电动机在第Ⅳ象限运行于反向发电制动状态，此时转速方向保持不变，而电枢电流反向，转子存储的动能通过变流器回馈到直流电源。当电动机运行在反向电动状态时(此时对应 $V_{T2}$、$V_{T3}$ 导通)，一旦发出制动信号，$V_{T2}$、$V_{T3}$ 关断，首先 $V_{D2}$ 和 $V_{D3}$ 续流，电流流向直流电源并迅速降到零。为了使电流反向，控制 $V_{T1}$ 导通(或者 $V_{T3}$ 导通)，如图4-14(b)所示。在反电动势的作用下，电流通过 $V_{T1}$ 和 $V_{D3}$ 构成回路，使电枢短路，当电流达到上限值时，控制 $V_{T1}$ 关断(或者 $V_{T3}$ 关断)，在电枢电感的作用下，电流通过 $V_{D2}$ 和 $V_{D3}$ 回馈至电源，如图 4-14(a)所示。当电流下降至下限值时，控制 $V_{T1}$ 重新导通(或者 $V_{T4}$ 导通)，为下一次回馈做准备。电枢电压和电流波形如图 4-15 所示，电流为正，电压反向，能量回馈到电源。

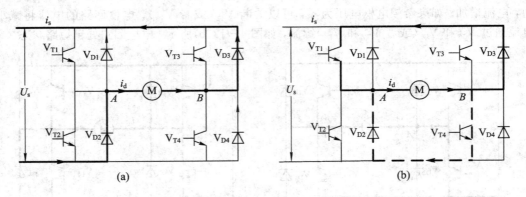

图 4-14 可逆 PWM 变换器第Ⅳ象限运行等效电路

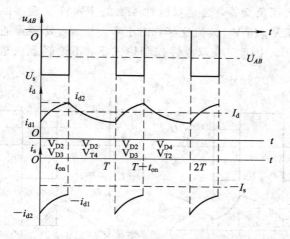

图 4-15　第Ⅳ象限运行时电枢电压、电流波形

单极性控制方式下，变换器的输出电压为

$$U_d = \frac{t_{on}}{T} U_s = \rho U_s \qquad (4-4)$$

其中，$\rho = \dfrac{T_{on}}{T}$ 定义为占空比，且 $0 < \rho < 1$。

### 2. 双极性控制方式

双极性控制的可逆 PWM 变换器的电路如图 4-7 所示，与单极性控制方式相比，双极性控制方式更为常用。与单极性控制方式不同的是，$V_{T1}$ 和 $V_{T4}$ 同时通断；$V_{T2}$ 和 $V_{T3}$ 同时通断，第Ⅱ象限和第Ⅳ象限运行与单极性控制方式相同。下面仅给出第Ⅰ象限和第Ⅲ象限运行模式分析。

1）第Ⅰ象限运行

在一个开关周期内，$0 \leqslant t < t_{on}$ 时，晶体管 $V_{T1}$ 和 $V_{T4}$ 饱和导通，$V_{T2}$ 和 $V_{T3}$ 截止。$+U_s$ 加在电枢 $AB$ 两端，即 $U_{AB} = U_s$，电枢电流 $i_d$ 沿 $V_{T1}$→电动机→$V_{T4}$ 回路流通，如图 4-16(a) 所示。当 $t_{on} \leqslant t < T$ 时，$V_{T1}$ 和 $V_{T4}$ 截止，$V_{T2}$ 和 $V_{T3}$ 导通，电流通过 $V_{D2}$ 和 $V_{D3}$ 续流，在电感释放储能作用下，$i_d$ 沿 $V_{D2}$→电动机→$V_{D3}$ 续流，如图 4-16(b) 所示，在 $V_{D2}$、$V_{D3}$ 上的压降使 $V_{T2}$ 和 $V_{T3}$ 承受反压而没有电流流过，这时 $U_{AB} = -U_s$。

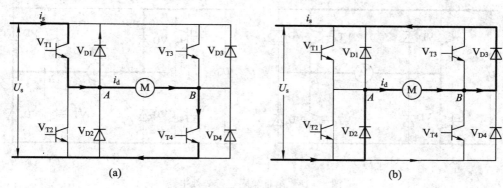

图 4-16　第Ⅰ象限运行等效电路

$U_{AB}$在一个周期内正负交替，这是双极性控制的 PWM 变换器的特征波形如图 4-17 所示。在轻载条件下，$V_{D2}$ 和 $V_{D3}$ 续流完毕，由于 $V_{T2}$ 和 $V_{T3}$ 处于导通状态，电流会反向流动，如图 4-17(b)所示。因此，在双极性控制模式下，不论轻载或重载，都不会出现电流断续现象。

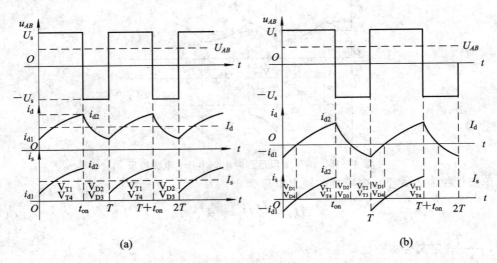

(a)                                       (b)

图 4-17   第 I 象限运行电枢电压和电流波形

2）第 III 象限运行

在一个开关周期内，$0 \leqslant t < t_{on}$ 时，晶体管 $V_{T2}$ 和 $V_{T3}$ 饱和导通，$V_{T1}$ 和 $V_{T4}$ 截止，$+U_s$ 加在电枢 $BA$ 两端，即 $U_{AB} = -U_s$，电枢电流 $i_d$ 沿 $V_{T3} \rightarrow$ 电动机 $\rightarrow V_{T2}$ 回路流通，如图 4-18(a)所示。当 $t_{on} \leqslant t < T$ 时，$V_{T2}$ 和 $V_{T3}$ 截止，$V_{T1}$ 和 $V_{T4}$ 导通，电流通过 $V_{D1}$ 和 $V_{D4}$ 续流，在电枢电感释放储能作用下，$i_d$ 沿 $V_{D4} \rightarrow$ 电动机 $\rightarrow V_{D1}$ 回路续流，如图 4-18(b)所示，在 $V_{D1}$、$V_{D4}$ 上的压降使 $V_{T1}$ 和 $V_{T4}$ 承受着反压而没有电流流过，这时 $U_{AB} = U_s$。$U_{AB}$ 在一个周期内正负交替，其电枢电压和电流波形如图 4-19(a)所示。电枢电流连续条件下，导通顺序为 $(V_{T2}, V_{T3})$、$(V_{D1}, V_{D4})$。同理，在轻载条件下，$V_{D1}$ 和 $V_{D4}$ 续流完毕，由于 $V_{T1}$ 和 $V_{T4}$ 处于导通状态，电流会反向流动，其电枢电流和电压波形如图 4-19(b)所示。断续条件下的导通顺序为 $(V_{T2}, V_{T3})$、$(V_{D1}, V_{D4})$、$(V_{T1}, V_{T4})$、$(V_{D2}, V_{D3})$。

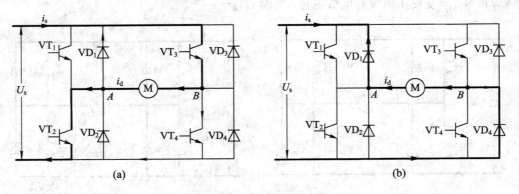

(a)                                       (b)

图 4-18   第 III 象限运行等效电路

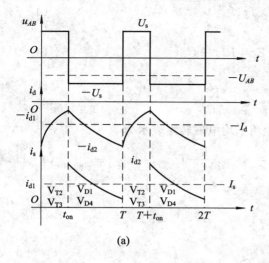 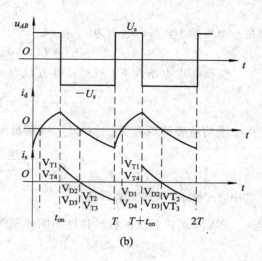

|(a)|(b)|

图 4-19　第Ⅲ象限运行电枢电压和电流波形

双极性控制的 PWM 变换器的电枢电压平均值为

$$U_\mathrm{d} = \frac{t_\mathrm{on}}{T_\mathrm{s}}U_\mathrm{s} - \frac{T_\mathrm{s} - t_\mathrm{on}}{T_\mathrm{s}}U_\mathrm{s} = \left(\frac{2T_\mathrm{on}}{T_\mathrm{s}} - 1\right)U_\mathrm{s} = (2\rho - 1)U_\mathrm{s} \tag{4-5}$$

当 $0<\rho<0.5$ 时，平均电压为负值，电动机运行于第Ⅲ象限，此时电磁转矩 $T_\mathrm{e}<0$，转速 $n<0$，反向电动运行；当 $0.5<\rho<1$ 时，平均电压为正值，电动机运行于第Ⅰ象限，此时电磁转矩 $T_\mathrm{e}>0$，转速 $n>0$，正向电动运行；当 $\rho=0.5$ 时，电动机停止，此时电动机两端的瞬时电压和瞬时电流不为零，电流的平均值为零，不产生电磁转矩，电动机产生微小振动。

和单极性控制方式不同，双极性控制方式的特点是电枢电流一定连续，可使电动机在四象限中运行；电动机停止时有微振电流，能消除静摩擦死区；低速时每个晶体管的驱动脉冲仍较宽，有利于保证晶体管可靠导通；低速平稳性好，调速范围可达 20 000 左右。其不足之处是在工作过程中，4 个电力晶体管都处于开关状态，开关损耗大，而且容易发生上、下两管直通的现象，降低了装置的可靠性。

## 4.2　脉宽调制系统的开环机械特性

PWM 调速系统中电动机所承受的电压仍为脉冲电压，尽管有高频电感的滤波作用，但电枢电流和转速还是脉动的。因此 PWM 调速系统中所谓的稳态，是指电动机的平均电磁转矩和负载转矩的平衡，而电枢电流实际上是周期变化的，只能算作“准稳态”，其机械特性是指平均转速和平均转矩（电流）的关系。对单极性控制方式，在 $0 \leqslant t < t_\mathrm{on}$ 期间，电源电压加在电枢两端，电压方程为

$$U_\mathrm{s} = Ri_\mathrm{d} + L\frac{\mathrm{d}i_\mathrm{d}}{\mathrm{d}t} + E \tag{4-6}$$

在 $t_\mathrm{on} \leqslant t < T$ 期间，电枢两端电压为零，电压方程为

$$0 = Ri_\mathrm{d} + L\frac{\mathrm{d}i_\mathrm{d}}{\mathrm{d}t} + E \tag{4-7}$$

一个周期内电枢的平均电压为 $U_\mathrm{d}=\rho U_\mathrm{s}$，平均电流用 $I_\mathrm{d}$ 表示，则平均电磁转矩为

$$T_{\text{eav}} = C_{\text{m}} I_{\text{d}} \qquad\qquad (4-8)$$

在一个周期中，平均电压为

$$\rho U_{\text{s}} = U_{\text{d}} = R I_{\text{d}} + E = R I_{\text{d}} + C_{\text{e}} n \qquad\qquad (4-9)$$

变换器供电条件下，机械特性方程为

$$n = \frac{\rho U_{\text{s}}}{C_{\text{e}}} - \frac{R I_{\text{d}}}{C_{\text{e}}} = n_0 - \frac{R I_{\text{d}}}{C_{\text{e}}} \qquad\qquad (4-10)$$

由于平均电磁转矩为 $T_{\text{eav}} = C_{\text{m}} I_{\text{d}}$，因而机械特性用平均电磁转矩表示为

$$n = \frac{\rho U_{\text{s}}}{C_{\text{e}}} - \frac{R}{C_{\text{e}} C_{\text{m}}} T_{\text{eav}} = n_0 - \frac{R}{C_{\text{e}} C_{\text{m}}} T_{\text{eav}} \qquad\qquad (4-11)$$

其中，$n_0 = \dfrac{\rho U_{\text{s}}}{C_{\text{e}}}$ 为理想空载转速。

PWM 调速系统的机械特性如图 4-20(a)所示。

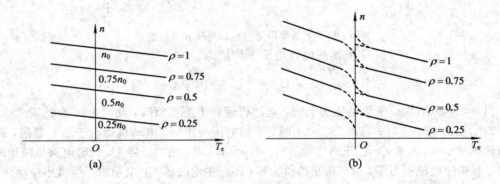

图 4-20　PWM 调速系统的机械特性

(a) 变换器供电时的机械特性；(b) 轻载时的机械特性

需要说明的是，PWM 调速系统采用单极性控制方式，在轻载条件下，会出现电流断续的现象，式(4-11)所述的机械特性方程不再成立，其机械特性如图 4-20(b)所示。实际的机械特性变得很复杂，在此不展开叙述。对双极性控制的可逆 PWM 调速系统，电压方程如下：

在 $0 \leqslant t < t_{\text{on}}$ 期间

$$U_{\text{s}} = R i_{\text{d}} + L \frac{\text{d} i_{\text{d}}}{\text{d} t} + E \qquad\qquad (4-12)$$

在 $t_{\text{on}} \leqslant t < T$ 期间

$$-U_{\text{s}} = R i_{\text{d}} + L \frac{\text{d} i_{\text{d}}}{\text{d} t} + E \qquad\qquad (4-13)$$

平均输出电压为 $U_{\text{d}} = (2\rho - 1) U_{\text{s}}$，则平均电压方程为

$$U_{\text{d}} = (2\rho - 1) U_{\text{s}} = R I_{\text{d}} + E = R I_{\text{d}} + C_{\text{e}} n \qquad\qquad (4-14)$$

机械特性表示为

$$n = \frac{(2\rho - 1) U_{\text{s}}}{C_{\text{e}}} - \frac{R I_{\text{d}}}{C_{\text{e}}} = n_0 - \frac{R}{C_{\text{e}}} I_{\text{d}} \qquad\qquad (4-15)$$

或者用平均电磁转矩表示为

$$n = \frac{(2\rho - 1) U_{\text{s}}}{C_{\text{e}}} - \frac{R I_{\text{d}}}{C_{\text{e}}} = n_0 - \frac{R}{C_{\text{m}} C_{\text{e}}} T_{\text{eav}} \qquad\qquad (4-16)$$

其中，空载转速为 $n_0 = \dfrac{(2\rho - 1)U_s}{C_e}$。双极性控制方式下的调速系统的机械特性与单极性控制方式下调速系统的机械特性类似，可以参照图 4 – 20。

## 4.3 PWM 变换器的控制电路

由 PWM 变换器组成的电流转速双闭环调速系统如图 4 – 21 所示。与相控方式不同的是，该系统中增加了脉宽调制器 UPW、调制波发生器 GM、逻辑延迟环节 DLD、门极驱动电路 GD 等。脉宽调制器是一个电压/脉冲变换装置，由电流调节器 ACR 输出的控制电压 $U_c$ 进行控制，为 PWM 装置提供所需的脉冲信号。

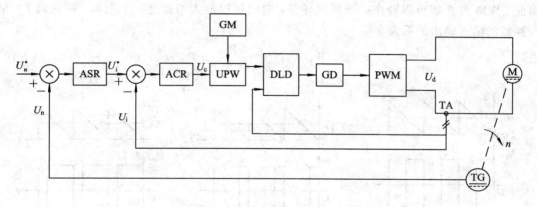

图 4 – 21 电流转速双闭环的 PWM 调速系统原理图

常用的脉宽调制器有以下几种：

（1）用锯齿波作调制信号的脉宽调制器；

（2）用三角波作调制信号的脉宽调制器；

（3）由多谐振荡器和单稳态触发器组成的脉宽调制器；

（4）数字式脉宽调制器。

常用的脉宽调制器是一个由运算放大器和几个输入信号组成的电压比较器，如图 4 – 22 所示。

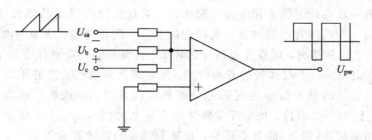

图 4 – 22 锯齿波脉宽调制器（UPW）

当输入电压极性改变时，输出电压就在正、负饱和值之间变化，把连续电压变成脉冲电压。加在反相输入端上的锯齿波调制信号 $U_{sa}$ 的频率是主电路所需的开关调制频率。控制电压 $U_c$ 的极性与大小随时可变，$U_c$ 与 $U_{sa}$ 相减可在运算放大器的输出端得到周期不变、脉冲宽度可变的调制输出电压 $U_{\text{pw}}$。

不同控制方式的 PWM 变换器对调制脉冲电压 $U_{\text{pw}}$ 的要求不一样。双极性控制的可逆变换器要求输出平均电压 $U_{\text{d}} = 0$ 时，$U_{\text{pw}}$ 的正负脉冲宽度相等，希望控制电压 $U_{\text{c}}$ 也恰好是零。负偏移电压为 $U_{\text{b}}$，其值为

$$U_{\text{b}} = -\frac{1}{2}U_{\text{sa max}} \qquad\qquad (4-17)$$

这时 $U_{\text{pw}}$ 的波形示于图 4-23(a)。当 $U_{\text{c}} > 0$ 时，$+U_{\text{c}}$ 的作用和 $-U_{\text{b}}$ 相减（即与 $U_{\text{sa}}$ 相加），则在运算放大器输入端三个信号合成电压为正的宽度增大，经运算放大器倒相后，输出脉冲电压 $U_{\text{pw}}$ 的正半波变窄。当 $U_{\text{c}} < 0$ 时，$-U_{\text{c}}$ 与 $-U_{\text{b}}$ 的作用相加，则情况相反，输出 $U_{\text{pw}}$ 的正半波增宽。当控制电压 $U_{\text{c}}$ 改变时，PWM 变换器的输出电压要等到下一个周期才能改变，因此 PWM 变换器可以看作一个延迟环节，它的延迟最大不超过一个周期。简化后 PWM 变换器的输入输出关系为

$$W_{\text{PWM}}(s) = \frac{K}{Ts+1} \qquad\qquad (4-18)$$

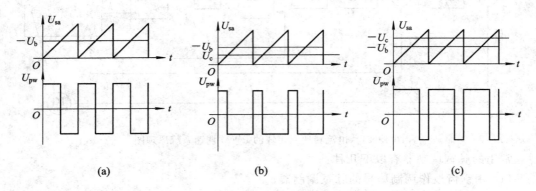

图 4-23　锯齿波脉宽调制器的输入输出波形
(a) $U_{\text{c}} = 0$；(b) $U_{\text{c}} > 0$；(c) $U_{\text{c}} < 0$

### 4.3.1　门极驱动器

在 PWM 变换器中，跨接在电源两端的上、下两个晶体管经常交替工作。由于晶体管的关断过程中有一段存储时间 $t_{\text{s}}$ 和电流下降时间 $t_{\text{f}}$，在这段时间内晶体管并未完全关断，如果在此期间另一个晶体管已经导通，则将造成上、下两管直通，从而使电源正、负极短路。为了避免发生这种情况，可设置逻辑延迟环节，保证在对一个晶体管发出关闭脉冲后，延迟 $t_{\text{delay}}$ 后再发出对另一个晶体管的开通脉冲。经过延迟后的驱动波形如图 4-24 所示。

脉宽调制器输出的脉冲信号经过信号分配和逻辑延迟后，送给门极驱动器，经过放大，以驱动主电路的开关器件。每个开关器件应有独立的门极驱动器。驱动器是连接控制信号（弱电）和功率信号（强电）的重要环节，对整个装置的性能影响很大。驱动器还要提供主电路和控制电路之间的电气隔离，其目的是强电不能影响弱电信号，保证系统正常工作。常用的隔离方法有磁隔离（变压器）和光电隔离（光耦合器）。另外，电力电子器件或者电力电子变换装置中的一些保护性措施（比如过流、过压、欠压保护）应包含在驱动器中，或者利用驱动器来实现，这使得驱动器的设计特别重要。

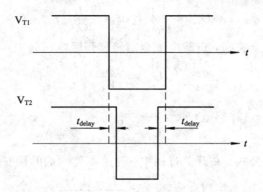

图 4 - 24　延迟后的驱动波形

## 4.3.2　缓冲与吸收电路

为了保证开关器件的安全工作，通常设置缓冲电路。缓冲电路又称为吸收电路，其作用是抑制开关器件过高的 $\mathrm{d}u/\mathrm{d}t$、$\mathrm{d}i/\mathrm{d}t$，减少开关器件的损耗。缓冲电路可以分为关断缓冲和开通缓冲电路。关断缓冲又叫作 $\mathrm{d}u/\mathrm{d}t$ 抑制电路，开通缓冲又叫作 $\mathrm{d}i/\mathrm{d}t$ 抑制电路。图 4 - 25 给出了一种缓冲电路，缓冲电路由电感 $L_\mathrm{s}$、电容 $C_\mathrm{s}$、吸收电阻 $R_\mathrm{s}$、二极管 $V_\mathrm{Ds}$ 组成。其中电感 $L_\mathrm{s}$ 用于在开关器件开通时限制负载电流 $I_\mathrm{L}$ 的上升率。电容 $C_\mathrm{s}$、电阻 $R_\mathrm{s}$、二极管 $V_\mathrm{Ds}$ 形成关断缓冲，在关断时限制电压 $U_\mathrm{ce}$ 的上升率，使开关器件工作在安全范围内。

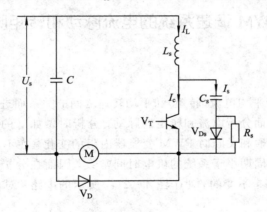

图 4 - 25　缓冲电路

当 $V_\mathrm{T}$ 关断时，集电极电流 $I_\mathrm{c}$ 下降，电流 $I_\mathrm{s}$ 给缓冲电容 $C_\mathrm{s}$ 充电，充电电流经过二极管 $V_\mathrm{Ds}$，以加快充电时间和减少吸收损耗。假定负载电流 $I_\mathrm{L}$ 不变，而集电极电流 $I_\mathrm{c}$ 线性下降，则

$$I_\mathrm{c} = I_\mathrm{L}\left(1 - \frac{t}{t_\mathrm{off}}\right) \qquad (4 - 19)$$

吸收电容 $C_\mathrm{s}$ 的电流为

$$I_\mathrm{s} = I_\mathrm{L} - I_\mathrm{c} = I_\mathrm{L}\frac{t}{t_\mathrm{off}} \qquad (4 - 20)$$

吸收电容 $C_\mathrm{s}$ 上的电压为

$$U_{cs} = \frac{1}{C_s}\int_0^t I_s \, dt = \frac{I_L}{2C_s t_{off}} t^2 \qquad (4-21)$$

当 $t = t_{off}$ 时，$V_T$ 完全关断，负载电流全部转移到吸收回路中，此时 $U_{cs} = U_s$，因此

$$U_s = \frac{I_L t_{off}}{2C_s} \qquad (4-22)$$

吸收电容 $C_s$ 的大小为

$$C_s = \frac{I_L t_{off}}{2U_s} \qquad (4-23)$$

这就是吸收电容的计算公式。在开关过程中，开关器件两端的伏安特性为

$$U_{ce} \approx U_{cs} = \frac{(I_L - I_c) t_{off}}{2C_s I_L} \qquad (4-24)$$

图 4-25 所示的缓冲电路在 $V_T$ 关断后，由于电感 $L_s$ 和电容 $C_s$ 容易产生振荡，使开关器件两端的电压升高，最高可以达到电源电压 $U_s$ 的数倍，因此在选择开关器件时，一定要留有足够的电压余量。

工程应用中更常用的是 $RC$ 吸收电路，即不需要二极管 $V_{Ds}$。当 $V_T$ 导通时，$RC$ 上的电压等于 $V_T$ 的饱和导通电压，几乎为零；当 $V_T$ 关断时，原流过 $V_T$ 的电流 $I_c$ 沿 $RC$ 流过，由于此时 $C$ 两端电压几乎为零，因此 $C$ 的充电电流 $I_s$ 最大。由于 $V_T$ 关断时，$I_c$ 减小，从而减小了 $V_T$ 的 C、E 之间的电压 $L_s \dfrac{\Delta i_C}{dt}$，因此称这种吸收电路为关断吸收电路。

## 4.4 PWM 调速系统的电流脉动和转矩脉动分析

### 4.4.1 电流脉动

前面的分析是基于平均电流（转矩）和平均转速之间的关系而进行的，实际上电流和转矩都是脉动变化的。下面分析电流和转矩的脉动，分析时做如下的假定：认为开关器件是无惯性元件，即忽略开通和关断时 PWM 变换器内阻的变化，在不同的开关模式下开关频率足够高，以保证开关周期小于系统的机电时间常数，因而在分析电流和转矩脉动时，可以认为转速和反电动势是不变的。对于图 4-2(a) 所示的电路，对应的电枢电流波形如图 4-26 所示。

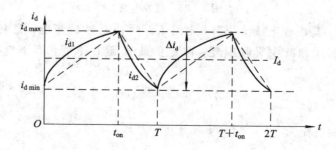

图 4-26 电枢电流波形

在正向电动状态时，

$$U_s = R i_{d1} + L \frac{\mathrm{d} i_{d1}}{\mathrm{d} t} + E \qquad 0 \leqslant t < t_{on} \tag{4-25}$$

$$0 = R i_{d2} + L \frac{\mathrm{d} i_{d2}}{\mathrm{d} t} + E \qquad t_{on} \leqslant t < T \tag{4-26}$$

方程式(4-25)和方程式(4-26)的边值条件为

$$i_{d1}(t_{on}) = i_{d2}(t_{on}) \tag{4-27}$$

$$i_{d2}(T) = i_{d1}(0) \tag{4-28}$$

在式(4-27)、式(4-28)的边值条件下，解微分方程式(4-25)和方程式(4-26)得

$$i_{d1}(t) = I_1 - I_s \left( \frac{1 - \mathrm{e}^{-(T-t_{on})/T_1}}{1 - \mathrm{e}^{T/T_1}} \right) \mathrm{e}^{-t/T_1} \qquad 0 \leqslant t < t_{on} \tag{4-29}$$

$$i_{d2}(t - t_{on}) = I_s \left( \frac{1 - \mathrm{e}^{-t_{on}/T_1}}{1 - \mathrm{e}^{-T/T_1}} \right) \mathrm{e}^{-(T-t_{on})/T_1} - I_2 \qquad t_{on} \leqslant t < T \tag{4-30}$$

其中，$I_1 = \dfrac{U_s - E}{R}$，$I_2 = \dfrac{E}{R}$，$I_s = \dfrac{U_s}{R} = I_1 + I_2$，$T_1 = \dfrac{L}{R}$。

电流脉动的最大和最小值的时刻分别为

$$i_{d\,max} = i_{d1}(t_{on}) = i_{d2}(t_{on}) \tag{4-31}$$

$$i_{d\,min} = i_{d1}(0) = i_{d2}(T) \tag{4-32}$$

将它们代入式(4-29)和式(4-30)得电流脉动的最大值 $i_{d\,max}$ 和最小值 $i_{d\,min}$ 分别为

$$i_{d\,max} = I_s \left( \frac{1 - \mathrm{e}^{-t_{on}/T_1}}{1 - \mathrm{e}^{-T/T_1}} \right) - I_2 \tag{4-33}$$

$$i_{d\,min} = I_s \frac{(1 - \mathrm{e}^{-t_{on}/T_1}) \mathrm{e}^{-(T-t_{on})/T_1}}{1 - \mathrm{e}^{-T/T_1}} - I_2 \tag{4-34}$$

将式(4-33)和式(4-34)相减，得一个周期中电流的变化 $\Delta i_d$ 为

$$\Delta i_d = i_{d\,max} - i_{d\,min} = I_s \frac{(1 - \mathrm{e}^{-t_{on}/T_1})(1 - \mathrm{e}^{-(T-t_{on})/T_1})}{1 - \mathrm{e}^{-T/T_1}} \tag{4-35}$$

指数的幂级数为

$$\mathrm{e}^{-x} = 1 - x + \frac{1}{2!}x^2 - \frac{1}{3!}x^3 + \cdots \approx 1 - x \qquad \text{当 } x \text{ 很小时} \tag{4-36}$$

把式(4-36)代入式(4-35)，则式(4-35)所示的电流脉动近似表示为

$$\Delta i_d \approx I_s \frac{\dfrac{t_{on}}{T_1} \dfrac{(T - t_{on})}{T_1}}{\dfrac{T}{T_1}} = I_s \frac{t_{on}(T - t_{on})}{T_1 T} = \frac{U_s}{Lf} \rho (1 - \rho) \tag{4-37}$$

式(4-37)表明，电流脉动和频率成反比，即开关频率越高，电流脉动越小。当占空比为 $\rho = 0.5$ 时，电流脉动 $\Delta i_d$ 达到最大值 $\Delta i_{d\,max}$，即

$$\Delta i_{d\,max} = \frac{U_s}{4Lf} \tag{4-38}$$

式(4-38)表明，电流的脉动与电源电压成正比，与电感和开关频率成反比。为了减小电流脉动，最常用的方法是增加开关频率。对于图 4-7 所示的的四象限运行的可逆 PWM 变换器，可以得到

$$U_s = R i_d + L \frac{\mathrm{d} i_d}{\mathrm{d} t} + E \qquad 0 \leqslant t < t_{on} \tag{4-39}$$

$$- U_\mathrm{s} = R i_\mathrm{d} + L \frac{\mathrm{d} i_\mathrm{d}}{\mathrm{d} t} + E \qquad t_\mathrm{on} \leqslant t < T \qquad (4-40)$$

与单极性控制类似，电流脉动 $\Delta i_\mathrm{d}$ 表示为

$$\Delta i_\mathrm{d} = 2 I_\mathrm{s} \frac{(1 - \mathrm{e}^{-t_\mathrm{on}/T_1})(1 - \mathrm{e}^{-(T-t_\mathrm{on})/T_1})}{1 - \mathrm{e}^{-T/T_1}} \qquad (4-41)$$

利用式(4-36)的结果，双极性控制电路的电流脉动可简化为

$$\Delta i_\mathrm{d} \approx 2 I_\mathrm{s} \frac{t_\mathrm{on}(T - t_\mathrm{on})}{T_1 T} = \frac{2 U_\mathrm{s}}{L f} \rho (1 - \rho) \qquad (4-42)$$

当占空比 $\rho = 0.5$ 时，电流脉动最大，即

$$\Delta i_\mathrm{d\,max} = \frac{U_\mathrm{s}}{2 L f} \qquad (4-43)$$

可见，双极性控制电路的电流脉动比单极性控制电路的电流脉动大一倍。

### 4.4.2　转矩脉动

首先考虑单极性控制电路，假设电流仍然呈线性变化，则上升阶段的电流表达式为

$$L \frac{\mathrm{d} i_\mathrm{d1}}{\mathrm{d} t} = U_\mathrm{s} - (R i_\mathrm{d1} + E) \qquad 0 \leqslant t < t_\mathrm{on} \qquad (4-44)$$

$$L \frac{\mathrm{d} i_\mathrm{d2}}{\mathrm{d} t} = - (R i_\mathrm{d2} + E) \qquad t_\mathrm{on} \leqslant t < T \qquad (4-45)$$

解式(4-44)和式(4-45)的方程，可以得到上升阶段的电流 $i_\mathrm{d1}$ 和下降阶段的电流 $i_\mathrm{d2}$ 分别为

$$i_\mathrm{d1} = i_\mathrm{d\,min} + \frac{(1 - \rho) U_\mathrm{s}}{L} t \qquad 0 \leqslant t < t_\mathrm{on} \qquad (4-46)$$

$$i_\mathrm{d2} = i_\mathrm{d\,max} - \frac{\rho}{L}(t - t_\mathrm{on}) \qquad t_\mathrm{on} \leqslant t < T \qquad (4-47)$$

把电流脉动公式 $\Delta i_\mathrm{d} = \dfrac{U_\mathrm{s}}{L f} \rho (1 - \rho)$ 代入式(4-46)、式(4-47)得

$$i_\mathrm{d1}(t) = i_\mathrm{d\,min} + \frac{\Delta i_\mathrm{d}}{t_\mathrm{on}} t \qquad (4-48)$$

$$i_\mathrm{d2}(t - t_\mathrm{on}) = i_\mathrm{d\,max} - \frac{\Delta i_\mathrm{d}}{T - t_\mathrm{on}}(t - t_\mathrm{on}) \qquad (4-49)$$

设上升阶段的转速为 $\omega_1$，下降阶段的转速为 $\omega_2$，根据牛顿第二定律，转矩平衡方程为

$$J \frac{\mathrm{d} \omega_1}{\mathrm{d} t} = C_\mathrm{m} i_\mathrm{d1}(t) - T_\mathrm{L} \qquad 0 \leqslant t < t_\mathrm{on} \qquad (4-50)$$

$$J \frac{\mathrm{d} \omega_2}{\mathrm{d} t} = C_\mathrm{m} i_\mathrm{d2}(t - t_\mathrm{on}) - T_\mathrm{L} \qquad t_\mathrm{on} \leqslant t < T \qquad (4-51)$$

式中 $C_\mathrm{m}$ 为转矩时间常数。

把式(4-48)和式(4-49)代入式(4-50)和式(4-51)，得

$$J \frac{\mathrm{d} \omega_1}{\mathrm{d} t} = C_\mathrm{m} i_\mathrm{d\,min} + C_\mathrm{m} \frac{\Delta i_\mathrm{d}}{t_\mathrm{on}} t - T_\mathrm{L} \qquad 0 \leqslant t < t_\mathrm{on} \qquad (4-52)$$

$$J \frac{\mathrm{d} \omega_2}{\mathrm{d} t} = C_\mathrm{m} i_\mathrm{d\,max} - C_\mathrm{m} \frac{\Delta i_\mathrm{d}}{T - t_\mathrm{on}}(t - t_\mathrm{on}) - T_\mathrm{L} \qquad t_\mathrm{on} \leqslant t < T \qquad (4-53)$$

因为 $T_L = C_m I_d$，$i_{d\,min} = I_d - \frac{1}{2}\Delta i_d$，$i_{d\,max} = I_d + \frac{1}{2}\Delta i_d$，所以，式(4-52)和式(4-53)分别表示为

$$\frac{d\omega_1}{dt} = \frac{C_m}{J}\left(\frac{t}{t_{on}} - \frac{1}{2}\right)\Delta i_d \qquad 0 \leqslant t < t_{on} \tag{4-54}$$

$$\frac{d\omega_2}{dt} = \frac{C_m}{J}\left(\frac{1}{2} - \frac{t - t_{on}}{T - t_{on}}\right)\Delta i_d \qquad t_{on} \leqslant t < T \tag{4-55}$$

解方程式(4-54)和方程式(4-53)得上升阶段的转速 $\omega_1$ 和下降阶段的转速 $\omega_2$ 分别为

$$\omega_1(t) = \frac{C_m}{2J}\left(\frac{t^2}{t_{on}} - t\right)\Delta i_d + C_1 \qquad 0 \leqslant t < t_{on} \tag{4-56}$$

$$\omega_2(t) = \frac{C_m}{2J}\left[(t - t_{on}) - \frac{(t - t_{on})^2}{T - t_{on}}\right]\Delta i_d + C_2 \qquad t_{on} \leqslant t < T \tag{4-57}$$

其中，$C_1$ 和 $C_2$ 为积分常数。

由式(4-54)和式(4-55)可知，在稳态时，转速是周期性变化的，因此

$$\omega_1(t_{on}) = \omega_2(t_{on}) \tag{4-58}$$

$$\omega_2(T) = \omega_1(0) \tag{4-59}$$

由式(4-56)和式(4-57)可知

$$\omega_1(0) = \omega_1(t_{on}) = C_1 \tag{4-60}$$

$$\omega_2(t_{on}) = \omega_2(T) = C_2 \tag{4-61}$$

积分常数 $C_1 = C_2$，因此，式(4-54)和式(4-55)所描述的转速波形如图 4-27 所示。

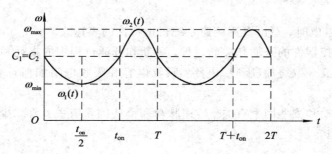

图 4-27　电枢电流变化时转速波形

对式(4-54)和式(4-55)求导

$$\frac{d\omega_1(t)}{dt} = \frac{d}{dt}\left[\frac{C_m}{2J}\left(\frac{t^2}{t_{on}} - t\right)\Delta i_d + C_1\right] = 0 \tag{4-62}$$

$$\frac{d\omega_2(t)}{dt} = \frac{d}{dt}\left[\frac{C_m}{2J}(t - t_{on}) - \left(\frac{(t - t_{on})^2}{T - t_{on}}\right)\Delta i_d + C_2\right] = 0 \tag{4-63}$$

即得转速达到最大时刻 $t_{\omega\,max}$ 和最小时刻 $t_{\omega\,min}$ 时刻分别为

$$t_{\omega\,min} = \frac{1}{2}t_{on} \tag{4-64}$$

$$t_{\omega\,max} = \frac{1}{2}(T + t_{on}) \tag{4-65}$$

将式(4-64)和式(4-65)代入式(4-62)和式(4-63)，得

$$\omega_{min} = -\frac{C_m}{8J}\Delta i_d t_{on} + C_1 \qquad\qquad (4-66)$$

$$\omega_{max} = \frac{C_m}{8J}\Delta i_d (T - t_{on}) + C_1 \qquad\qquad (4-67)$$

式(4-66)和式(4-67)相减得转速波动 $\Delta\omega$ 为

$$\Delta\omega = \omega_{max} - \omega_{min} = \frac{C_m}{8J}\Delta i_d T \qquad\qquad (4-68)$$

把电流变化的最大值 $\Delta i_{d\,max} = \dfrac{U_s}{4Lf}$ 代入式(4-68)，得最大的转速脉动 $\Delta\omega_{max}$ 为

$$\Delta\omega_{max} = \frac{C_m}{32JLf^2}U_s \qquad\qquad (4-69)$$

由式(4-69)可知，在电源电压一定的条件下，最大转速脉动与转动惯量、电枢电感、开关频率以及转矩系数有关。

# 习题与思考题

4.1　PWM 变换器和相控变换器的不同之处有哪些？PWM 变换器有什么优点？

4.2　PWM 变换器有哪些拓扑结构？各有什么特点？

4.3　简述桥式变换器的四象限运行。试分析双极性和单极性控制方式的不同之处和相同之处。

4.4　PWM 供电时，写出直流调速系统机械特性的表达式。

4.5　简述全控器件的开通和关断过程。关断和开通过程中的损耗和哪些因素有关？

4.6　为什么要采取缓冲(吸收)电路？吸收电容和吸收电阻如何计算？其大小和哪些因素有关？

4.7　电流脉动和哪些因素有关？转速脉动和哪些因素有关？要减少电流和转速脉动，应该采取哪些措施？

# 第 5 章　交流调速系统基础

本章从交流调速系统的发展历史出发，比较直流调速与交流调速的特点。为了使读者更好地理解和掌握交流调速，本章首先分析异步电动机的工作原理，给出异步电动机的等效电路图，功率、转矩等表达式；其次介绍交流调速的基本方法，包括变极对数调速、变频调速、变转差率调速等；最后给出逆变器的分类及指标。

## 5.1　概　　述

直流传动和交流传动在 19 世纪中期先后诞生，其后的大部分时间，交流传动主要应用于不变速传动系统。不变速传动占整个电气传动的 80%，其余约 20% 的调速传动一般采用直流调速系统。

之所以形成这样的格局，是由于直流电动机比交流电动机更容易控制。从第 1 章可以看出，调节直流电动机的主磁通和电枢电流可调节转速，这既可以通过调节电枢电压调节电枢电流，又可以通过调节励磁电压调节主磁通，两者相互独立，互不影响，可以分别控制，容易得到满意的控制效果。与此相反，交流电动机虽然结构较直流电动机简单得多，但调速控制复杂，实现高精度调速控制较为困难。

20 世纪 70 年代的能源危机标志着廉价能源时代的结束，迫使人们用更多的精力考虑节约能源的问题。此时交流电动机成了重要的研究对象。这时由于交流电动机主要应用于拖动风机、水泵、压缩机等风机泵类负载，当需要调节流量时，只能采用挡板、闸阀、回流、放空等措施，造成了大量的能源浪费，而这类交流电动机应用所占比重又非常大。

与此同时，计算机技术和电力电子技术取得了日新月异的发展，现代控制理论和智能控制方法也日益成熟，这些为研究交流调速系统提供了技术支持。

矢量控制、直接转矩控制及智能控制等先进控制方法的应用，使交流电动机调速控制逐步实现了在调速范围、稳态误差、响应时间等方面与直流电动机调速相媲美的调速结果。

目前交流调速系统已从当初只用于风机、水泵、压缩机等的软启动和开环控制，扩展到各类高精度的调速应用领域，而且交流调速的性价比已优于直流调速，交流调速系统取代直流调速系统已成为不可逆转的趋势，传动系统的新格局已经形成。

## 5.1.1　交流调速系统的发展历史

### 1. 电力电子器件的发展

1956 年，美国贝尔（BELL）电话公司发明了 PNPN 可触发晶体管，1957 年，美国通用电气公司（GE）对其进行了商业化开发，并命名为晶体闸流管，简称为晶闸管（Thyristor）或可控硅（Silicon Controlled Rectifier，SCR）。经过 60 年代的完善和发展，晶闸管已经形成了从低压小电流到高压大电流的系列产品。在这一期间，其他科学家同时还研制了一系列晶闸管派生器件，如不对称晶闸管（Asymmetrical Thyristor，AST）、逆导晶闸管（Reverse Conducting Thyristor，RCT）等。20 世纪 80 年代又研制开发了可关断晶闸管（Gate Turn Off Thyristor，GTOT）。由于晶闸管类器件基本上是换流型器件，其工作频率比较低，因而由其组成的频率变换装置在电网侧谐波成分高，功率因素低。

20 世纪 70 年代，大功率晶体管（三极管）已进入工业应用阶段，它被广泛应用于数百千瓦以下的功率电路中。大功率晶体管的工作频率比晶闸管高，达林顿功率晶体管的工作频率可达 10 kHz，非达林顿功率晶体管的工作频率可达 20 kHz。大功率晶体管的缺点在于存在二次击穿、不易并联以及开关频率仍然偏低等问题，使其应用受到了限制。

20 世纪 70 年代后期，功率场效应管（Power MOSFET）开始进入实用阶段，这标志着电力半导体器件进入高频化阶段。20 世纪 80 年代又研制了电流垂直流动结构器件（VDMOS），它具有工作频率高（可达 MHz）、开关损耗小、安全工作区宽、几乎不存在二次击穿、输入阻抗高、易并联（漏源电阻为正温度特性）等特点，是目前高频化的主要器件。尽管 VDMOS 器件的开关频率高，但导通电阻大这一缺点限制了它在高频大中功率领域的应用。

20 世纪 80 年代电力电子器件较为引人注目的成就之一就是开发了双极型复合器件。研制复合器件的主要目的就是实现器件在高电压、大电流及开关频率之间的合理折中。由于 MOS 器件为电压驱动型器件，且开关频率高，而双极型器件又具有电流容量大、耐高压的特点，故将上述两种器件复合从而生产出高频、高压、大电流器件。目前最有发展前途的复合器件有绝缘栅双极型晶体管 IGBT（Insulated Gate Bipolar Transistor）和 MOS 栅控晶闸管（MCT）（MOS Controlled Thyristor）。IGBT 于 1982 年在美国研制成功并于 1985 年投入市场，MCT 于 80 年代后期投入市场，这两种器件均为场控器件，其工作频率都超过 20 kHz。同期发展的另一种器件是静电感应晶体管 SIT（Static Induction Transistor）和静电感应晶闸管 SITH（Static Induction Thyristor），两者都是利用门极电场改变空间电荷区宽度来开关电流通道的原理制成的器件。20 世纪 80 年代另一重要的发明是功率集成电路（HVIC）和智能化功率集成电路（Smart Power IC）的研制成功，它们是在制造过程中，将功率电子电路和信息电子电路一起集成在一个芯片上或是封装在一个模块内产生的。前者较后者简单，后者具有信号测试及处理、系统保护及故障诊断等功能，实际上是一种微型化的功率变换装置。

目前碳化硅（Silicon Carbide，SiC）MOSFET 这种新一代功率器件引起了人们的广泛关注。碳化硅自 1824 年被瑞典科学家发现，直到 20 世纪 90 年代，碳化硅技术才得到了迅速发展。在 SiC MOSFET 的开发与应用方面，与相同功率等级的 Si MOSFET 相比，SiC MOSFET 所能达到的最大工作温度为 175℃；SiC 器件的阻断电压比 Si 器件高很多，在相似的功率等级下，SiC 器件的导通损耗比 Si 器件小很多，且 SiC 器件导通损耗对温度的依存度很小，SiC 器件的导通损耗随温度的变化很小，这与传统的 Si 器件也有很大差别。另外 SiC 器件能在更高的频率(可达 MHz)下工作。因此，在相同的功率等级下，利用 SiC MOSFET，设备中功率器件的数量、散热器的体积、滤波元件体积都能大大减小，同时效率也得到大幅度的提升。

**2. 模拟控制到数字控制的发展**

交流电动机控制经历了从模拟控制到数字控制的发展。数字控制器与模拟控制器相比较，具有可靠性高、参数调整方便、更改控制策略灵活、控制精度高、对环境因素不敏感等优点。由于功率器件工作在开关方式，所以特别适合采用数字控制和数字驱动。

用专用集成电路模块(Application Specific Integrated Circuit，ASIC)、单片机、高性能的数字信号处理器(Digital Signal Processor，DSP)来解决电动机控制器不断增加的计算量和速度需求是目前最为普遍的做法。将一系列外围设备，如模/数转换器(A/D)、脉宽调制发生器(PWM)和数字信号处理器(DSP)集成在一起，就获得一个功能强大又非常经济的电动机控制专用的 DSP 芯片。近年来，各种集成化的单片 DSP 的性能得到很大的提高，软件和开发工具越来越多、越来越好，价格却大幅度降低，低端产品的价格已接近单片机的价格水平，但却比单片机具有更高的性能价格比。越来越多的单片机用户开始选用 DSP 器件来提高产品性能，DSP 器件取代高档单片机的时机已成熟。

**3. 电动机控制理论的发展**

1964 年 A. Schonung 和 H. Stemmler 提出把通信系统调制技术应用到逆变技术中，1975 年 Bristol 大学的 S. R. Bowes 将其应用于逆变器之中，使交流调速技术达到了一个新的高度。此后，不同的调制方法如三次谐波 PWM 调制、随机 PWM、空间向量 SVPWM、电流环 PWM 等相继问世，成为高速逆变器的主要控制方式。

20 世纪 70 年代，德国学者提出了矢量控制原理，针对交流电动机强耦合的特点，采用现代控制理论解耦，进行矢量变换，仿照直流调速原理，使调速系统的静、动态特性达到了直流调速水平。80 年代中期，针对矢量调速的不足，德国学者又提出了直接转矩控制原理，对交流电动机的转矩直接进行控制，它避免了矢量控制繁杂的坐标变换。利用电压型逆变器的工作过程，通过控制磁链的走走停停，调整了定子磁链和转子磁链的夹角，从而实现了对电动机转矩的直接控制。近年来，智能控制，如自适应控制、模糊控制、神经网络控制等也逐渐应用于交流调速中。

从 20 世纪 70 年代的调压调速、串极调速等，到 20 世纪 80 年代的变频调速，各种技术已经发展到成熟阶段。特别是矢量控制、直接转矩控制、智能控制的应用，使交流调速系统可以与直流调速系统相媲美，可靠性和价格也越来越被人们所接受，交流传动取代直流传动的趋势已经形成。

交流调速的主要难点来自交流电动机的数学模型。由于其强耦合特性，也造成了转矩控制困难。

## 5.1.2　交流调速与直流调速的比较

在实际应用中，交流调速在以下系统应用方面优于直流调速：

（1）大功率应用；

（2）高速应用；

（3）易燃、易爆、多尘环境；

（4）高压（6～10 kV）环境。

目前交流调速技术的应用主要分为三大类：

（1）节能，改恒速为交流调速；

（2）减少维护，改直流调速为交流调速；

（3）应用直流调速实现困难的场合，如大容量、高速电动机车等。

## 5.2　异步电动机基础

### 5.2.1　异步电动机的工作原理

如图 5-1 所示，在恒定磁场内，安放一个能够自由转动的圆柱形铁芯转子，在转子上镶有若干导条（导体），导条两端用导电环短接，形成电气回路，这种转子称为鼠笼转子。用外力旋转磁铁可以看到，和恒定磁场没有机械连接的鼠笼转子也一起转动。

我们知道，当导体和磁场之间有相对运动时，在导体中就产生感应电动势。鼠笼转子导条两端用导电环短接，形成了电气回路，导体中产生了电流，感应电动势和感应电流的方向按右手定则确定。流过电流的导条在磁场中将受到电磁力的作用，其受力方向按左手定则确定。因此，在图 5-1 中，N 极和 S 极下的导条都受到同一方向的电磁力作用，产生电磁转矩，使转子随外力旋转方向转动，即转子的旋转方向与磁场的旋转方向相同。

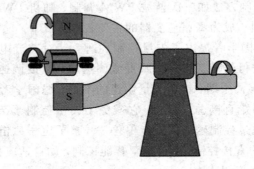

图 5-1　异步电动机工作原理

转子导体在旋转磁场中产生感应电流，而流过电流的转子导体在磁场中又受到电磁力的作用，从而使转子转动起来，这就是异步电动机的工作原理。

当转子转速等于旋转磁场转速时，由于导体和磁场之间没有相对运动，转子导体中无电流流动，导条在磁场中没有受到电磁力的作用，所以转子不会受力而运动；当转子转速小于旋转磁场转速时，由于导体和磁场之间有相对运动，转子导体中有电流流动，导条在磁场中受到电磁力的作用，所以转子受力而运动。

显然，转子的转速低于旋转磁场的转速，这就是异步电动机"异步"名称的由来。转速差 $\Delta n = n_0 - n$ 是表示异步电动机工作状态的重要参数，常用转差率 $s$ 表示异步的程度：

$$s = \frac{n_0 - n}{n_0} \qquad\qquad\qquad (5-1)$$

式中，$n_0$ 为旋转磁场转速，$n$ 为转子转速。

由异步电动机工作原理可知，转子转速的工作范围是 $0 < n < n_0$，即 $0 < s < 1$。

由于转子不需要外接电源，转子导条中的电动势和电流均是由旋转磁场感应产生，因此又称异步电动机为感应电动机。

### 5.2.2　异步电动机的组成

异步电动机主要由两部分组成：静止的定子组件和转动的转子组件。三相异步电动机的种类很多，但各类三相电动机的基本结构是相同的，它们都由定子和转子这两大基本部分组成，在定子和转子之间具有一定的气隙，此外，还有端盖、轴承盖、接线盒、吊环等其他附件，如图 5-2 所示。

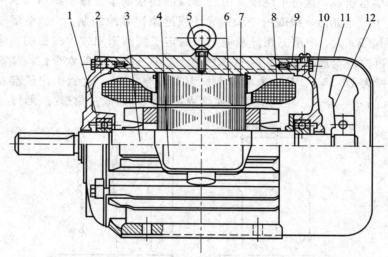

1—轴承；2—前端盖；3—转轴；4—接线盒；5—吊环；6—定子铁芯；
7—转子；8—定子绕组；9—机座；10—后端盖；11—风罩；12—风扇

图 5-2　封闭式三相鼠笼形异步电动机结构图

机座的作用是保护和固定三相异步电动机的定子绕组。中、小型三相异步电动机的机座还有两个端盖支承着转子，它是三相异步电动机机械结构的重要组成部分。通常，机座的外表要求散热性能好，所以一般都铸有散热片。端盖的作用是把转子固定在定子内腔中心，使转子能够在定子中均匀地旋转。轴承盖的作用是固定转子，使转子不能轴向移动，另外起存放润滑油和保护轴承的作用。接线盒的作用是保护和固定绕组的引出线端子。吊环安装在机座的上端，用来起吊、搬抬三相电动机。

异步电动机定子铁芯是电动机磁路的一部分，由 $0.35 \sim 0.5$ mm 厚、表面涂有绝缘漆的薄硅钢片叠压而成，如图 5-3 所示。由于硅钢片较薄而且片与片之间是绝缘的，所以减少了由于交变磁通通过而引起的铁芯涡流损耗。铁芯内圆有均匀分布的槽口，用来嵌放定子绕组。

定子绕组是三相异步电动机的电路部分。三相异步电动机有三相绕组，三相绕组由三

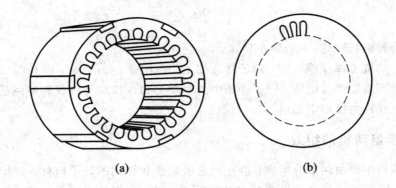

图 5-3　定子铁芯及冲片示意图
(a) 定子铁芯；(b) 定子冲片

个彼此独立的绕组组成，且每个绕组又由若干线圈连接而成。每个绕组即为一相，每个绕组在空间相差 $120°$ 电角度。线圈由绝缘铜导线或绝缘铝导线绕制。中、小型三相异步电动机多采用圆漆包线；大、中型三相异步电动机的定子线圈则用较大截面的绝缘扁铜线或扁铝线绕制后，再按一定规律嵌入定子铁芯槽内。定子三相绕组的六个出线端都引至接线盒上，首端分别标为 $U_1$、$V_1$、$W_1$，末端分别标为 $U_2$、$V_2$、$W_2$。这六个出线端在接线盒里的排列如图 5-4 所示，定子三相绕组可以连接成星形（Y 形）或三角形（△形）。

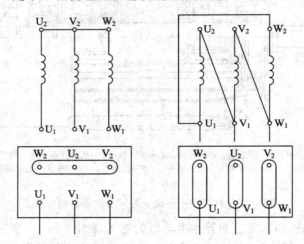

图 5-4　定子三相绕组的连接
(a) 星形连接；(b) 三角形连接

　　转子铁芯是用 0.5 mm 厚的硅钢片叠压而成的，且套在转轴上。转子铁芯的作用和定子铁芯相同，一方面作为电动机磁路的一部分，一方面用来安放转子绕组。

　　异步电动机的转子绕组分为绕线形与笼形绕组两种，由此异步电动机分为绕线转子异步电动机与笼形异步电动机。

　　绕线形绕组也是三相绕组（u，v，w），一般接成星形，三相引出线分别接到转轴上三个与转轴绝缘的集电环上，通过电刷装置与外电路相连，这就有可能在转子电路中串接电阻或电动势以改善电动机的运行性能，见图 5-5。

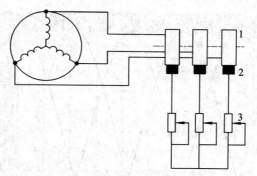

1—集电环；2—电刷；3—变阻器

图 5-5　绕线形转子与外加变阻器的连接

笼形绕组在转子铁芯的每一个槽中插入一根铜条，在铜条两端各用一个铜环(称为端环)把导条连接起来，称为铜排转子，如图 5-6(a)所示，也可用铸铝的方法，把转子导条和端环风扇叶片用铝液一次浇铸而成，称为铸铝转子，如图 5-6(b)所示。100 kW 以下的异步电动机一般采用铸铝转子。

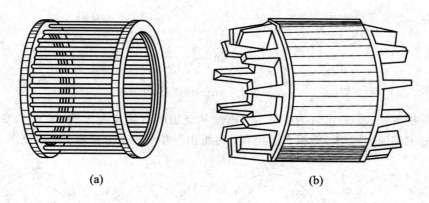

(a)　　　　　　　　　　　(b)

图 5-6　笼形绕组

(a) 铜排转子；(b) 铸铝转子

风扇则用来通风冷却电动机。三相异步电动机的定子与转子之间的空气隙一般仅为 $0.2 \sim 1.5$ mm。气隙太大，电动机运行时的功率因数降低；气隙太小，装配困难，运行不可靠，高次谐波磁场增强，从而使附加损耗增加，启动性能变差。

## 5.2.3　旋转磁场

三相异步电动机转子之所以会旋转，实现能量转换，是因为转子气隙内有一个旋转磁场。下面来讨论旋转磁场的产生。$U_1$、$U_2$、$V_1$、$V_2$、$W_1$、$W_2$ 为定子三相绕组的出线端，在空间彼此相隔 $120°$，接成 Y 形。三相绕组的首端 $U_1$、$V_1$、$W_1$ 接在三相对称电源上，有三相对称电流通过三相绕组，三相电流波形如图 5-7 所示。

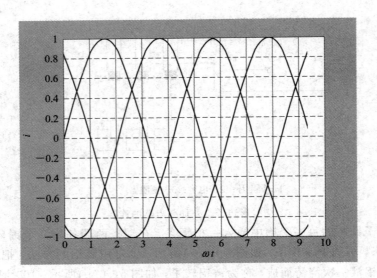

图 5-7　三相电流波形

设

$$\begin{cases} i_U = I_m \sin(\omega t) \\ i_V = I_m \sin\left(\omega t - \dfrac{2}{3}\pi\right) \\ i_W = I_m \sin\left(\omega t + \dfrac{2}{3}\pi\right) \end{cases} \qquad (5-2)$$

为了分析方便，假设电流为正值时，电流从绕组的首端流向末端；电流为负值时，电流从绕组的末端流向首端。根据右手定则，可画出三相绕组的合成磁势，参见图 5-8。

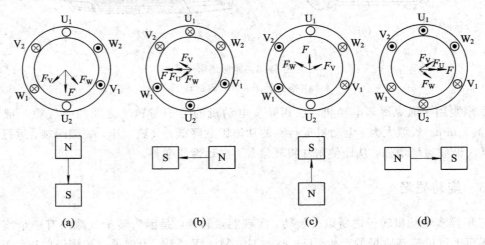

图 5-8　旋转磁场的产生

(a) $\omega t = 0$；(b) $\omega t = \pi/2$；(c) $\omega t = \pi$；(d) $\omega t = \dfrac{3\pi}{2}$

当 $\omega t = 0$ 时，有

$$i_{\mathrm{U}} = 0, \quad i_{\mathrm{V}} = -\frac{\sqrt{3}}{2}I_{\mathrm{m}}, \quad i_{\mathrm{w}} = \frac{\sqrt{3}}{2}I_{\mathrm{m}}$$

若每相绕组的匝数为 $W$，则各相绕组的磁势大小为

$$F_{\mathrm{U}} = |i_{\mathrm{U}}|\,W = 0$$

$$F_{\mathrm{V}} = |i_{\mathrm{V}}|\,W = \frac{\sqrt{3}}{2}I_{\mathrm{m}}W$$

$$F_{\mathrm{w}} = |i_{\mathrm{w}}|\,W = \frac{\sqrt{3}}{2}I_{\mathrm{m}}W$$

各相绕组磁势的方向根据右手螺旋定则确定，由图 5-8 中所示的几何关系可知，$\omega t = 0$ 时合成磁势的方向是向下的，合成磁势的大小为

$$F = F_{\mathrm{V}}\cos30° + F_{\mathrm{w}}\cos30° = \frac{\sqrt{3}}{2}I_{\mathrm{m}}W \times \frac{\sqrt{3}}{2} + \frac{\sqrt{3}}{2}I_{\mathrm{m}}W \times \frac{\sqrt{3}}{2} = \frac{3}{2}I_{\mathrm{m}}W = \frac{3}{2}F_{\mathrm{m}}$$

$$(5-3)$$

合成磁势的方向如图 5-8(a)所示。

当 $\omega t = \pi/2$ 时，有

$$i_{\mathrm{U}} = I_{\mathrm{m}}, \quad i_{\mathrm{V}} = -\frac{1}{2}I_{\mathrm{m}}, \quad i_{\mathrm{w}} = -\frac{1}{2}I_{\mathrm{m}}$$

各相绕组的磁势大小为

$$F_{\mathrm{U}} = |i_{\mathrm{U}}|\,W = I_{\mathrm{m}}W$$

$$F_{\mathrm{V}} = |i_{\mathrm{V}}|\,W = \frac{1}{2}I_{\mathrm{m}}W$$

$$F_{\mathrm{w}} = |i_{\mathrm{w}}|\,W = \frac{1}{2}I_{\mathrm{m}}W$$

合成磁势的方向指向左方，示于图 5-8(b)中，其合成磁势的大小为

$$F = F_{\mathrm{U}}\cos0° + F_{\mathrm{V}}\cos60° + F_{\mathrm{w}}\cos60° = \frac{3}{2}F_{\mathrm{m}} \qquad (5-4)$$

此时较前一个瞬时沿顺时针转过了 $\pi/2$ 角度，但合成磁势的大小不变。

当 $\omega t = \pi$ 时，$i_{\mathrm{U}} = 0$，$i_{\mathrm{V}} = \frac{\sqrt{3}}{2}I_{\mathrm{m}}$，$i_{\mathrm{w}} = -\frac{\sqrt{3}}{2}I_{\mathrm{m}}$，各相绕组的磁势大小为

$$F_{\mathrm{U}} = 0, \quad F_{\mathrm{V}} = \frac{\sqrt{3}}{2}I_{\mathrm{m}}W, \quad F_{\mathrm{w}} = \frac{\sqrt{3}}{2}I_{\mathrm{m}}W$$

合成磁势的方向垂直向上，示于图 5-8(c)中。合成磁势的大小为

$$F = 0 + F_{\mathrm{V}}\cos30° + F_{\mathrm{w}}\cos30° = \frac{3}{2}F_{\mathrm{m}} \qquad (5-5)$$

此时又较前一个瞬时沿顺时针转过 $\pi/2$ 角度，合成磁势的大小仍不变。

当 $\omega t = 3\pi/2$ 时，可以用同样的方法得到合成磁势的大小仍为 $\frac{3}{2}F_{\mathrm{m}}$，方向较前一个瞬时沿顺时针又转过 $\pi/2$ 角度。

当 $\omega t = 2\pi$ 时，合成磁势与 $\omega t = 0$ 时相同。

用数学表达式可以写出在任意时刻的合成磁势：

$$F(\theta, t) = F_{\mathrm{U}}(\theta, t) + F_{\mathrm{V}}(\theta, t) + F_{\mathrm{W}}(\theta, t)$$

$$= WI_{\mathrm{m}}\left(\sin(\omega t)\cos\theta + \sin\left(\omega t - \frac{3}{2}\pi\right)\cos\left(\theta - \frac{3}{2}\pi\right)+\right.$$

$$\left.\sin\left(\omega t + \frac{3}{2}\pi\right)\cos\left(\theta + \frac{3}{2}\pi\right)\right)$$

$$= WI_{\mathrm{m}}\frac{3}{2}\sin(\omega t - \theta)$$

$$= \frac{3}{2}F_{\mathrm{m}}\sin(\omega t - \theta) \tag{5-6}$$

式中 $\theta$ 为定子绕组 U 与转子绕组 u 的夹角。

根据上述分析可得如下结论：

(1) 对称三相电流分别通入对称三相绕组，所形成的合成磁势大小不变，都是一相磁势的 1.5 倍，其矢端的轨迹是一个随时间变化的圆，该旋转磁场称为圆旋转磁场。

(2) 由图 5-8 可以看出，当对称的三相电流按 $i_{\mathrm{U}} \to i_{\mathrm{V}} \to i_{\mathrm{W}}$ 的顺序加在对应的三相绕组上时，旋转磁场的转向为顺时针方向，即旋转磁场的转向总是由通入超前电流的一相绕组顺次转向通入滞后电流的一相绕组。因此，如果三相绕组（U，W，V）通入电流的相序为 $i_{\mathrm{U}} \to i_{\mathrm{W}} \to i_{\mathrm{V}}$，则旋转磁场的转向就变为 U → W → V 的逆时针方向了。因此，要想改变电动机的转子旋转方向，只要改变三相对称电流的相序就可以了。

以上分析的是电动机产生一对磁极时的情况。当定子绕组连接形成的是两对磁极时，运用相同的方法可以分析出此时电流变化一个周期，磁场只转动了半圈，即转速减慢了一半。依此类推，当旋转磁场具有 $n_{\mathrm{p}}$ 对磁极时（即磁极数为 $2n_{\mathrm{p}}$），交流电每变化一个周期，其旋转磁场就在空间转动 $1/n_{\mathrm{p}}$ 转。因此，三相异步电动机定子旋转磁场每分钟的转速 $n_0$、定子电流频率 $f_1$ 及磁极对数（简称极对数）$n_{\mathrm{p}}$ 之间的关系是

$$n_0 = \frac{60f_1}{n_{\mathrm{p}}} \tag{5-7}$$

## 5.2.4　旋转磁场对定子绕组的作用

异步电动机定子绕组是静止不动的，定子绕组产生的磁势以 $n_0 = 60f_1/n_{\mathrm{p}}$ 的速度相对定子绕组旋转，其中穿过气隙与转子绕组交链的叫主磁通 $\Phi$，只与定子绕组交链的叫定子漏磁通 $\Phi_{\mathrm{ls}}$。定子绕组的磁通如图 5-9 所示。

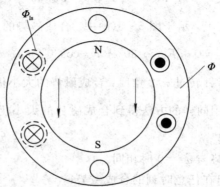

图 5-9　主磁通 $\Phi$ 和定子漏磁通 $\Phi_{\mathrm{ls}}$

由于旋转磁场和定子绕组之间有相对运动，旋转磁场在定子的每相绕组中产生反电动势。

由于 $F(t) = \dfrac{3}{2} F_{\mathrm{m}} \sin(\omega t)$，即旋转磁场沿空间正弦分布，因而穿过定子绕组的磁通也随时间按正弦规律变化，即 $\Phi = \Phi_{\mathrm{m}} \sin(\omega t)$。根据电磁感应定律，这个交变的磁通在定子每相绕组中所产生的感应电动势为

$$e_{\mathrm{g}} = -\frac{\mathrm{d}\Phi}{\mathrm{d}t} = -W_1 \frac{\mathrm{d}\Phi}{\mathrm{d}t} = -W_1 \Phi_{\mathrm{m}} \omega \cos(\omega t) = W_1 \Phi_{\mathrm{m}} \omega \sin\left(\omega t - \frac{\pi}{2}\right) = E_{1\mathrm{m}} \sin\left(\omega t - \frac{\pi}{2}\right)$$

定子每相绕组中所产生的感应电动势有效值为

$$E_{\mathrm{g}} = \frac{E_{1\mathrm{m}}}{\sqrt{2}} = \frac{W_1 \Phi_{\mathrm{m}} \omega}{\sqrt{2}} = \frac{2\pi f_1 W_1 \Phi_{\mathrm{m}}}{\sqrt{2}} = 4.44 f_1 W_1 \Phi_{\mathrm{m}} \tag{5-8}$$

由于在异步电动机中，定子绕组的线圈是沿定子圆周均匀分布的，因此任意瞬间与不同线圈交链的磁通并不相等，这样在每相绕组中所产生的感应电动势（等于各个线圈中感应电动势之和）小于集中绕组的感应电动势，因此要乘以小于 1 的系数 $K_{\mathrm{w1}}$，即

$$E_{\mathrm{g}} = 4.44 K_{\mathrm{w1}} f_1 W_1 \Phi_{\mathrm{m}}$$

式中：$K_{\mathrm{w1}}$ 为定子绕组电动势基波的绕组系数，取决于定子绕组的结构，$K_{\mathrm{w1}} < 1$；$f_1$ 为定子绕组感应电动势的频率，等于电源频率；$W_1$ 为定子每相绕组串联的线圈匝数；$\Phi_{\mathrm{m}}$ 为主磁通的最大值。

设 $R_{\mathrm{m}}$ 为一相定子绕组铁损的等效电阻，$L_{\mathrm{m}}$ 为一相定子绕组对主磁通的感抗，则定子绕组感应电动势 $E_{\mathrm{g}}$ 可以用复变量表示为

$$E_{\mathrm{g}}(s) = I_{\mathrm{s}}(s)(R_{\mathrm{m}} + sL_{\mathrm{m}}) \tag{5-9}$$

式中：$s$ 为复变量，令 $s = \mathrm{j}\omega$；$I_{\mathrm{s}}$ 为定子电流。

现在再来看看定子漏磁通 $\Phi_{\mathrm{ls}}$ 的作用。定子漏磁通和主磁通一样也是交变的，其交变频率就是电源频率 $f_1$，由于 $\Phi_{\mathrm{ls}}$ 只交链定子绕组，因此它只在定子绕组中产生感应电动势 $E_{\mathrm{lsg}}$，把定子漏磁通 $\Phi_{\mathrm{ls}}$ 等效为定子漏电抗 $X_{\mathrm{ls}}$，其值为

$$X_{\mathrm{ls}} = \omega L_{\mathrm{ls}} = 2\pi f_1 L_{\mathrm{ls}} \tag{5-10}$$

式中：$L_{\mathrm{ls}}$ 为定子一相绕组的漏电感。

设定子绕组的导线电阻为 $R_{\mathrm{s}}$，则定子绕组的电压降为定子电流与定子电阻的乘积 $u_{\mathrm{ls}} = I_{\mathrm{s}} R_{\mathrm{s}}$，根据上述分析可得异步电动机定子一相绕组的等效电路，如图 5-10 所示。由图可以写出电压平衡方程

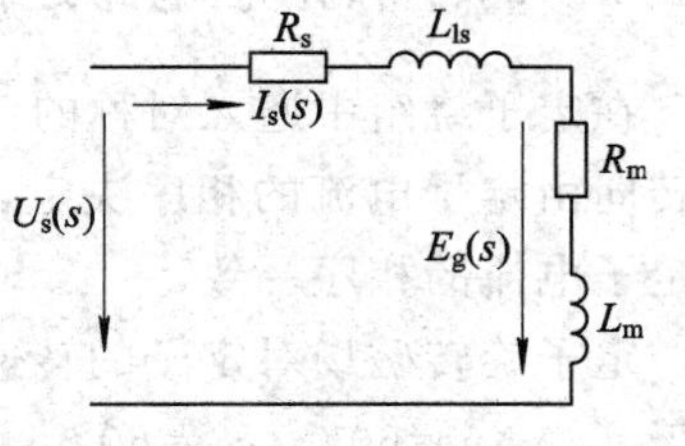

图 5-10 一相定子绕组的等效电路

$$U_{\mathrm{s}}(s) = I_{\mathrm{s}}(s)(R_{\mathrm{s}} + sL_{\mathrm{ls}} + R_{\mathrm{m}} + sL_{\mathrm{m}}) \tag{5-11}$$

由于定子一相绕组的导线电阻 $R_{\mathrm{s}}$ 和漏电抗 $L_{\mathrm{ls}}$ 都是较小的值，这两部分的电压和定子绕组感应电动势 $E_{\mathrm{g}}$ 相比可以略去不计，所以异步电动机定子一相绕组的电压平衡方程可写为

$$U_{\mathrm{s}}(s) = I_{\mathrm{s}}(s)(R_{\mathrm{m}} + sL_{\mathrm{m}}) = E_{\mathrm{g}}(s)$$

在数值上

$$U_{\mathrm{s}} \approx E_{\mathrm{g}} = 4.44 K_{\mathrm{w1}} f_1 W_1 \Phi_{\mathrm{m}} \tag{5-12}$$

即在 $U_1$ 恒定的情况下，感应电动势 $E_1$ 和产生感应电动势的磁通 $\Phi_{\mathrm{m}}$ 是基本不变的，即磁

通 $\Phi_\mathrm{m}$ 的大小取决于外加电压。

## 5.2.5　旋转磁场对转子绕组的作用

异步电动机正常运行时，转子绕组和旋转磁场之间的相对转速是

$$\Delta n = n_0 - n \tag{5-13}$$

式中，$n_0$ 为旋转磁场的转速，也称为同步转速；$n$ 为转子转速，也称为电动机转速，它小于 $n_0$，并且和 $n_0$ 转向相同。旋转磁场切割转子绕组的速度为 $\Delta n = n_0 - n = 60 f_2 / n_\mathrm{p}$，转子绕组感应电动势的频率为

$$f_2 = \frac{n_\mathrm{p} \Delta n}{60} = \frac{n_\mathrm{p}(n_0 - n)}{60} = \frac{n_\mathrm{p} n_0 (1 - n/n_0)}{60} = \frac{n_\mathrm{p} n_0}{60} \cdot \frac{n_0 - n}{n_0} = f_1 \cdot s \tag{5-14}$$

式中，$s$ 为转差率，异步电动机正常运行时，转子的速度与旋转磁场的速度十分接近，即转差率 $s$ 很小。转子绕组所产生的感应电动势有效值为

$$E_\mathrm{r} = 4.44 f_2 W_2 K_{\mathrm{w}2} \Phi_\mathrm{m} = 4.44 s f_1 W_2 K_{\mathrm{w}2} \Phi_\mathrm{m} \tag{5-15}$$

式中，$W_2$ 为转子一相绕组匝数；$K_{\mathrm{w}2}$ 为转子绕组电动势的绕组系数，$K_{\mathrm{w}2} < 1$。

从式(5-15)中可以看出，当电源频率和电压不变时，转子的感应电动势随转差率 $s$ 而变化。

设 $R_\mathrm{r}$ 为一相转子绕组的等效电阻，$L_\mathrm{lr}$ 为一相转子绕组的漏感抗，则转子绕组感应电动势 $E_\mathrm{r}$ 可以用复变量表示为

$$E_\mathrm{r}(s) = I_\mathrm{s}(s)(R_\mathrm{r} + s L_\mathrm{lr}) \tag{5-16}$$

式中，$s$ 为复变量，$s = \mathrm{j}\omega$。

异步电动机一相转子绕组的等效电路如图 5-11 所示。

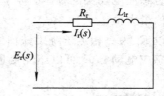

图 5-11　一相转子绕组的等效电路

## 5.2.6　转子和定子电路之间的关系

在定子绕组中通入对称的三相交流电，就在空间产生了定子旋转磁场。定子旋转磁场的转向由定子电流的相序决定，转子电流的相序由定子旋转磁场的转向决定，即转子电流与定子电流的相序一致。

定子旋转磁场对定子的转速由 $f_1$ 决定：$n_0 = 60 f_1 / n_\mathrm{p}$。转子旋转磁场对转子的转速取决于 $f_2$，$\Delta n = 60 f_2 / n_\mathrm{p} = 60 f_1 s / n_\mathrm{p} = s n_0$，转子以转速 $n$ 在空间旋转，所以转子旋转磁场对定子的转速为

$$n = n_0 - \Delta n \tag{5-17}$$

即转子旋转磁场对定子的转速也是同步转速。

转子电流频率 $f_2$ 的大小仅影响转子旋转磁场对转子的转速，而转子旋转磁场对定子的转速永远是同步转速 $n_0$，与 $f_2$ 的大小无关。

也就是说，在电动机中，定子绕组产生一个旋转磁场，转子绕组也产生一个旋转磁场，这两个旋转磁场都相对定子以同步转速旋转，因此，异步电动机定子和转子气隙中的旋转磁场是这两个旋转磁场的叠加。

把电动机作为次级绕组短路的变压器，把变压器次级绕组折合到初级，首先必须把转

子绕组感应电动势 $E_r$ 的频率 $f_2$ 折合为频率 $f_1$：

$$I_r(s) = \frac{E_r(s)}{R_r + j\omega_2 L_{1r}} = \frac{E_r(s)}{R_r + js\omega_1 L_{1r}} = \frac{E_r(s)/s}{R_r/s + j\omega_1 L_{1r}} \tag{5-18}$$

由式(5-8)和式(5-15)可得有效值之比(假定定子绕组电动势基波的绕组系数和转子绕组电动势基波的绕组系数相等)：

$$\frac{E_r}{E_g} = s\frac{W_2}{W_1}\frac{K_{w2}}{K_{w1}} = s\frac{W_2}{W_1} = sN$$

式中，$N$ 为变压器次级与初级线圈匝数之比。电动机的等效电路如图 5-12 所示。图中 $I_s$ 为定子电流，$I_0$ 为铁损电流，$I_r'$ 为折算后的转子电流。

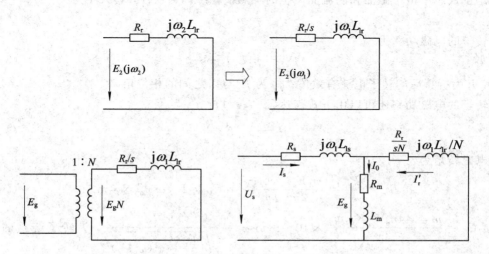

图 5-12　异步电动机一相绕组等效电路

考虑到铁损 $R_m$ 较小，可忽略不计。令 $R_r'/s = R_r/sN$，$L_{1r}' = j\omega_1 L_{1r}/N$，可得图 5-13 异步电动机一相绕组等效电路的等值电路。

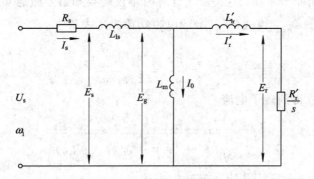

$E_g$—气隙(或互感)磁通在定子每相绕组中的感应电动势；

$E_s$—定子全磁通在定子每相绕组中的感应电动势；

$E_r$—转子全磁通在转子绕组中的感应电动势(折合到定子边)

图 5-13　异步电动机一相绕组等效电路的等值电路

### 5.2.7 异步电动机的功率及转矩表达式

异步电动机的输入功率为

$$P_1 = m_1 U_1 I_1 \cos\varphi_1 \tag{5-19}$$

式中，$m_1$ 为相数；$U_1$ 为相电压的有效值；$I_1$ 为相电流的有效值；$\varphi_1$ 为相电压和相电流的相位角。

定子铜耗（定子绕组的铜损）为

$$P_{Cu1} = m_1 I_1^2 R_s \tag{5-20}$$

定子铁芯中由于磁滞和涡流而产生的发热损耗统称为铁损，其大小为

$$P_{Fe1} = m_1 I_0^2 R_m \tag{5-21}$$

转子的电磁功率为

$$P_e = m_1 E_g I_r' \cos\varphi_2 \tag{5-22}$$

式中，$I_r'$ 为折算后的转子电流有效值；$\varphi_2$ 为 $E_g$ 与 $I_r'$ 之间的相位角。

转子的电磁功率还可以用下式表达（设 $N=1$）：

$$P_e = m_2 I_r'^2 \frac{R_r'}{s} \tag{5-23}$$

电磁转矩为

$$T_e = \frac{P_e}{\omega_1} = \frac{m_1 E_g I_r' \cos\varphi_2}{2\pi f_1/n_p} = C_M \Phi_m I_r' \cos\varphi_2 \,(\text{N} \cdot \text{m}) \tag{5-24}$$

式中：$C_M = \dfrac{m_1 4.44 n_p W_1 K_{w1} \Phi_m}{2\pi} \times 10^{-8}$；$\cos\varphi_2 = \dfrac{R_r'/s}{\sqrt{\left(\dfrac{R_r'}{s}\right)^2 + (\omega_1 L_{lr})^2}}$，为转子绕组的功率因数。

由式（5-24）可知，电磁转矩的大小与主磁通 $\Phi_m$ 及转子电流的有功分量 $I_r' \cos\varphi_2$ 成正比。这个表达式使用非常不便，这是由于计算时不仅需要知道主磁通 $\Phi_m$，而且要知道转子电流的有功分量 $I_r' \cos\varphi_2$。由式（5-23）的电磁功率表达式得

$$T_e = \frac{P_e}{\omega_1} = \frac{m_1 I_r'^2 \dfrac{R_r'}{s}}{2\pi f_1/n_p} \tag{5-25}$$

由图 5-13 可以得到转子电流

$$I_r' = \frac{U_s}{\sqrt{\left(R_s + \dfrac{R_r'}{s}\right)^2 + \omega_1^2 (L_{ls} + L_{lr}')^2}} \tag{5-26}$$

将式（5-26）代入式（5-25），得电磁转矩的表达式

$$T_e = \frac{n_p m_1 U_s^2 \dfrac{R_r'}{s}}{\omega_1 \left[\left(R_s + \dfrac{R_r'}{s}\right)^2 + \omega_1^2 (L_{ls} + L_{lr}')^2\right]} \tag{5-27}$$

从式（5-27）可以看出，当电源一定时，即外加电压 $U_s$ 和电源频率不变时，电动机电磁转矩是转差率 $s$ 的函数。

## 5.3　交流调速的基本方法

由式(5-1)和式(5-7)可得三相异步电动机转速公式为

$$n = \frac{60f_1}{n_p}(1-s) = n_0(1-s) \tag{5-28}$$

式中：$f_1$ 为定子供电频率；$s$ 为转差率。

由式(5-28)可知，异步电动机的调速方法有：改变电动机的极对数 $n_p$（变极对数调速）、改变供电频率 $f_1$（变频调速）及改变转差率 $s$（变转差调速）。从调速的本质来看，不同的调速方式无非是改变交流电动机的同步转速或不改变同步转速两种。

在生产机械中广泛使用的不改变同步转速的调速方法有绕线式电动机的转子串电阻调速、斩波调速、串级调速，以及应用电磁转差离合器、液力耦合器、油膜离合器等调速。改变同步转速的调速方法有改变定子极对数，改变定子电压、频率的变频调速等。

从调速时的能耗观点来看，有高效调速方法与低效调速方法两种。高效调速时转差率不变，因此无转差损耗，多速电动机调速、变频调速以及能将转差损耗回收的调速方法等均属高效调速。有转差损耗的调速方法属低效调速，如转子串电阻调速方法，能量就损耗在转子回路中；电磁离合器的调速方法，能量损耗在离合器线圈中；液力耦合器调速，能量损耗在液力耦合器的油中。一般来说，转差损耗随调速范围扩大而增加，如果调速范围不大，则能量损耗是很小的。

### 5.3.1　变极对数调速方法

变极对数调速方法用改变定子绕组的接线方式来改变笼形电动机定子极对数，以达到调速目的。这种调速方法的特点如下：

(1) 具有较硬的机械特性，稳定性良好。

(2) 无转差损耗，效率高。

(3) 接线简单，控制方便，价格低。

(4) 有级调速，级差较大，不能获得平滑调速。

(5) 可以与调压调速、电磁转差离合器配合使用，获得较高效率的平滑调速特性。

此方法适用于不需要无级调速的生产机械，如金属切削机床、升降机、起重设备、风机、水泵等。

### 5.3.2　变频调速方法

变频调速是改变电动机定子电源的频率，从而改变其同步转速的。变频调速系统的主要设备是提供变频电源的变频器。变频器可分成交流—直流—交流变频器和交流—交流变频器两大类，目前国内大都使用交流—直流—交流变频器，其控制方法可分为标量控制、矢量控制和直接转矩控制。变频调速的特点如下：

(1) 效率高，调速过程中没有附加损耗。

(2) 应用范围广，可用于笼形异步电动机。

（3）调速范围大，机械特性硬，精度高。

（4）技术复杂，造价高，维护检修困难。

变频调速方法适用于要求精度高、调速性能较好的场合。

变频调速是目前应用较为广泛的调速方法，详见后面相关章节的介绍。

### 5.3.3 变转差率调速的主要方法

变转差率调速的主要方法有串级调速、绕线式电动机转子串电阻调速和定子调［变］压调速。

#### 1. 串级调速

串级调速是指在绕线式电动机转子回路中串入可调节的附加电动势来改变电动机的转差，达到调速的目的。大部分转差功率被串入的附加电动势所吸收，吸收的转差功率也可以返回电网或转换成能量加以利用。根据转差功率吸收利用方式，串级调速可分为电动机串级调速、机械串级调速及晶闸管串级调速。串级调速方法适合于风机、水泵、轧钢机、矿井提升机、挤压机等机械。串级调速在第 8 章将详细讲述。

#### 2. 绕线式电动机转子串电阻调速

绕线式异步电动机转子串入附加电阻，使电动机的转差率加大，电动机在较低的转速下运行。串入的电阻越大，电动机的转速越低。此方法设备简单，控制方便，但转差功率以发热的形式消耗在电阻上，属于有级调速，机械特性较软。

#### 3. 定子调压调速

当改变电动机的定子电压时，可以得到一组不同的机械特性曲线，从而获得不同转速。由于电动机的转矩与电压平方成正比，因此低速时最大转矩下降很多。定子调压调速的调速范围较小，一般笼形电动机难以应用。为了扩大调速范围，调压调速应采用转子电阻值较大的笼形电动机，如专供调压调速用的力矩电动机，或者在绕线式电动机上串联频敏电阻。为了扩大稳定运行范围，调速范围在 2∶1 以上的场合应采用反馈控制以达到自动调节转速的目的。

调压调速的主要装置是一个能提供电压变化的电源，目前常用的调压装置有串联饱和电抗器、自耦变压器以及晶闸管等。调压调速的特点如下：

（1）调压调速线路简单，易实现自动控制。

（2）调压过程中转差功率以发热形式消耗在转子电阻中，效率较低。

（3）调压调速一般适用于 100 kW 以下的生产机械。

变压调速是异步电动机调速方法中比较简便的一种。由式（5-27）可知，电磁转矩 $T_{em}$ 与定子电压 $U_s$ 的平方成正比，因此，改变定子外加电压就可以改变机械特性的函数关系，从而改变电动机在一定负载转矩下的转速。

目前，交流调压一般有两种方法：其一是用三对晶闸管反并联或三个双向晶闸管分别串接在三相电路中，主电路接法有多种方案，用相位控制改变输出电压；其二是周期控制，即在电压零点时控制电源导通和关断，用不同的电源周期调节平均电压。两种调压方法的波形示于图 5-14 中。控制晶闸管相位调整电压的方法应用较为广泛。

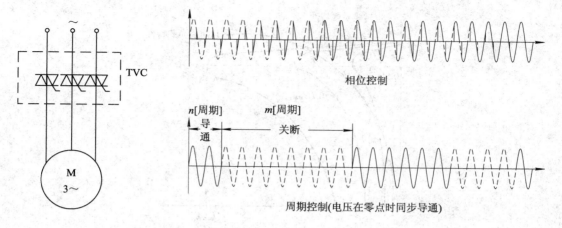

图 5-14　晶闸管交流调压调速（TVC）及其控制方式

　　图 5-15 为采用晶闸管反并联的异步电动机调压控制电路。其中，晶闸管 1～6 控制电动机正转运行；反转时，可由晶闸管 1、4 和 7～10 提供逆相序电源，同时也可用于反接制动。当需要能耗制动时，可以根据制动电路的要求选择某几个晶闸管不对称地工作，例如让 1、2、6 三个器件导通，其余均关断，就可使定子绕组中流过半波直流电流，对旋转的电动机转子产生制动作用。必要时，还可以在制动电路中串入电阻以限制制动电流。

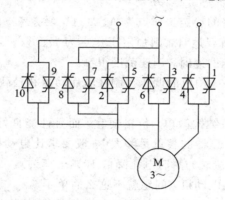

图 5-15　异步电动机调压控制电路

　　再次写出电磁转矩表达式（5-27），令 $m_1 = 3$，则

$$T_e = \frac{n_p}{\omega_1} \cdot \frac{3U_s^2 \dfrac{R_r'}{s}}{\left(R_s + \dfrac{R_r'}{s}\right)^2 + \omega_1^2 (L_{ls} + L_{lr}')^2} \tag{5-29}$$

式（5-29）就是异步电动机的机械特性方程式。它表明，当转速或转差率一定时，电磁转矩与定子电压的平方成正比。这样，不同定子电压下的机械特性如图 5-16 所示，图中，$U_{sN}$ 表示额定定子电压。

　　将式（5-29）对 $s$ 求导，并令 $\mathrm{d}T_e/\mathrm{d}s = 0$，可求出对应于最大转矩时的静差率为

$$s_m = \frac{R_r'}{\sqrt{R_s^2 + \omega_1^2 (L_{ls} + L_{lr}')^2}} \tag{5-30}$$

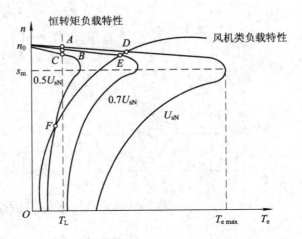

图 5-16　不同定子电压下的机械特性

最大转矩为

$$T_{e\,max} = \frac{3n_p \cdot U_s^2}{2\omega_1 [R_s + \sqrt{R_s^2 + \omega_1^2(L_{ls} + L'_{lr})^2}]} \qquad (5-31)$$

根据电动机稳定运行条件 $\frac{\partial T_e}{\partial n} < \frac{\partial T_L}{\partial n}$ 可知，在图 5-16 中，带恒转矩负载 $T_L$ 工作时，普通笼形异步电动机变电压时的稳定工作点为 $A$、$B$、$C$，转差率 $s$ 的变化范围为 $0 \sim s_m$，调速范围有限。如果带风机类负载运行，则稳定工作点为 $D$、$E$、$F$，调速范围可以稍大一些。采用普通异步电动机的变压调速时，调速范围很窄。

除了调压调速外，异步电动机的调压控制在软启动器和轻载降压节能运行中也得到了广泛的应用。

常用的三相异步电动机结构简单，价格便宜，而且性能良好，运行可靠。对于小容量电动机，只要供电网络和变压器的容量足够大（一般要求比电动机容量大 4 倍以上），而供电线路并不太长（启动电流造成的瞬时电压降低 10%～15%），可以直接通电启动，操作也很简便。对于容量大一些的电动机，问题就不这么简单了。

在式（5-26）和式（5-29）中已导出异步电动机的电流和电磁转矩方程，启动时，$s=1$，因此启动电流和启动转矩分别为

$$I'_r = \frac{U_s}{\sqrt{\left(R_s + \dfrac{R'_r}{s}\right)^2 + \omega_1^2(L_{ls} + L'_{lr})^2}} \qquad (5-32)$$

$$T_e = \frac{n_p}{\omega_1} \frac{m_1 U_s^2 \dfrac{R'_r}{s}}{\left(R_s + \dfrac{R'_r}{s}\right)^2 + \omega_1^2(L_{ls} + L'_{lr})^2} \qquad (5-33)$$

由以上两式不难看出，在一般情况下，三相异步电动机的启动电流比较大，而启动转矩并不大。中、大容量电动机的启动电流大，会使电网压降过大，影响其他用电设备的正常运行，甚至使该电动机本身根本启动不起来。这时，必须采取措施来降低其启动电流，常用的办法是降压启动。

　　由式(5-32)可知,当电压降低时,启动电流将随电压成正比地降低,从而可以避开启动电流的冲击。

　　但是,式(5-33)又表明,启动转矩与电压的平方成正比,启动转矩的减小将比启动电流的降低更快,降压启动时又会出现启动转矩不够的问题。为了避免出现此问题,降压启动只适用于中、大容量电动机空载(或轻载)启动的场合。

　　传统的降压启动方法有:星-三角(Y-△)启动、定子串电阻或电抗启动、自耦变压器(又称启动补偿器)降压启动等。它们都是一级降压启动,启动过程中电流有两次冲击,其幅值都比直接启动电流低,而启动过程时间略长,如图 5-17 所示,纵坐标 $I_1/I_{1N}$ 为最大电流和额定电流之比。

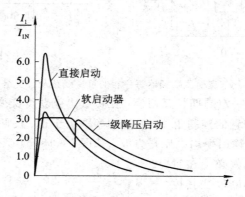

图 5-17　异步电动机的启动过程与电流冲击

　　带电流闭环的电子控制软启动器可以限制启动电流并保持恒值,直到转速升高后电流自动衰减下来,启动时间也比一级降压启动时间短。主电路采用晶闸管交流调压器,连续改变其输出电压来保证恒流启动,稳定运行时可用接触器使晶闸管旁路,以免晶闸管长期工作。

　　根据启动时所带负载的大小,可以调整启动电流以获得最佳的启动效果,但无论如何调整,都不宜满载启动。负载略重或静摩擦转矩较大时,可在启动时突加短时的脉冲电流,以缩短启动时间。软启动的功能同样也可以用于制动,以实现软停车。

## 5.4　逆变器的分类及指标

　　实际应用中有许多不同的电源,为了满足要求,需要对电源进行变换,电源之间的变换称为电源变换。电源变换有四种:AC/DC 变换、DC/AC 变换、DC/DC 变换和 AC/AC 变换。AC/AC 变换又称为逆变,逆变器就是利用 DC/AC 变换实现直流到交流的变换。此外,电源变换又可分为直接变换和间接变换。

### 5.4.1　直接变换器

　　所谓直接变换器,就是交流输入通过开关器件与输出连接,由开关器件的通断控制,得到同频率或不同频率的输出交流波形的装置。不改变输出频率的直接变换器称为交流控制器;改变输出频率的直接变换器称为周波变换器(Cycloconverter),又称为交/交变换(或

AC/AC 变换)。周波变换器的输出频率远低于输入频率,一般取输入频率的 $1/n$,$n$ 一般取整数。周波变换器一般采用晶闸管反并联的结构,或采用双向晶闸管,通过自然换相关断晶闸管。直接变换通常应用于大功率(大于 100 kW)工业设备。

常用的交/交变压变频器输出的每一相都是一个正、反两组晶闸管可控整流装置反并联的可逆线路。也就是说,每一相都相当于一套直流可逆调速系统的反并联可逆线路,如图 5-18(a) 所示。

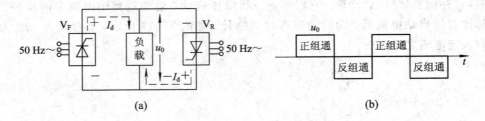

图 5-18    交/交变压变频器每一相的可逆线路及正反组工作顺序

正、反两组晶闸管按一定周期相互切换,在负载上就获得交变的输出电压 $u_0$。$u_0$ 的幅值取决于各组可控整流装置的控制角 $\alpha$,$u_0$ 的频率取决于正、反两组整流装置的切换频率。如果控制角一直不变,则输出平均电压是方波,如图 5-18(b) 所示。

要获得正弦波输出,就必须在每一组整流装置导通期间不断改变其控制角。例如,在正组导通的半个周期中,使控制角 $\alpha$ 由 $\pi/2$(对应于平均电压 $u_0=0$)逐渐减小到 0(对应于 $u_0$ 最大),然后再逐渐增加到 $\pi/2$($u_0$ 再变为 0),如图 5-19 所示。当 $\alpha$ 角按正弦规律变化时,半周中的平均输出电压即为图中虚线所示的正弦波。对反组负半周的控制类同。

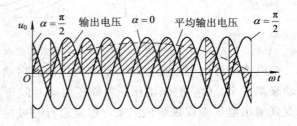

图 5-19    单相正弦波输出电压波形

图 5-20 是单相交/交变频电路输出电压和电流的波形图。

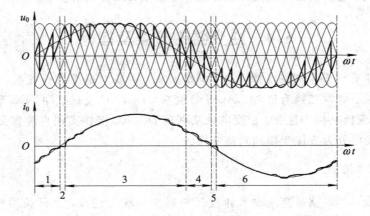

图 5-20    单相交/交变频电路输出电压和电流波形

　　交/交变频电路主要应用于大功率交流电动机调速系统，使用的是三相交/交变频电路，由三组输出电压相位各差 120° 的单相交/交变频电路组成，因此前面的许多分析和结论对三相交/交变频电路也适用。

　　三相交/交变频电路可以由三个单相交/交变频电路组成，如果每组可控整流装置都用桥式电路，含 6 个晶闸管(当每一桥臂都是单管时)，则三相可逆线路共需 36 个晶闸管，即使采用零式电路也需 18 个晶闸管。因此，这样的交/交变压变频器虽然在结构上只有一个变换环节，省去了中间直流环节，看似简单，但所用的器件数量却很多，总体设备相当庞大。不过这些设备都是直流调速系统中常用的可逆整流装置，其技术和制造工艺都很成熟。

　　这类交/交变频器的缺点是输入功率因数较低，谐波电流含量大，频谱复杂，因此须配置谐波滤波和无功补偿设备。交/交变频器的最高输出频率不超过电网频率的 $1/3 \sim 1/2$，一般主要用于轧机主传动、球磨机、水泥回转窑等大容量、低转速的调速系统，供电给低速电动机直接传动时可以省去庞大的齿轮减速箱。

　　近年来又出现了一种采用全控型开关器件的矩阵式交/交变压变频器，其控制方式类似于 PWM 控制方式，输出电压和输入电流的低次谐波都较小，输入功率因数可调，能量可双向流动，可四象限运行。但当输出电压必须为正弦波时，矩阵式交/交变压变频器的最大输出输入电压比只有 0.866。

## 5.4.2　间接变换器

　　间接变换器需要有中间环节，即采用 AC/DC/AC 变换。中间环节一般为电容 $C$、电感 $L$ 与电容 $C$ 串联、谐振槽路等。中间环节将输入的交流整流为直流后，再把直流变换成所需的交流，即要进行 AC/DC 变换和 DC/AC 变换。开关器件一般采用可关断器件，如 PMOSFET 和 IGBT 等。间接变换器输出频率可以大于或小于输入频率，最小频率可接近于零，最大频率只受开关器件工作频率的限制。

　　DC/AC 变换分为单相和三相两大类。这两大类按不同的特点有不同的分类方法。

### 1. 按输入电源特点分类

　　输入电压为恒压源的逆变器称为电压源逆变器(Voltage Source Inverter，VSI)或电压型逆变器，如图 5-21 所示。电压源逆变器的特点是其输入具有理想电压源性质。输入为恒流源的逆变器称为电流源逆变器(Current Source Inverter，CSI)或电流型逆变器，如图 5-22 所示。电流源逆变器的输入为理想电流源，在实际应用中使用较少。

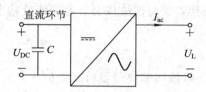

图 5-21　电压源逆变器

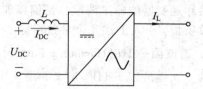

图 5-22　电流源逆变器

　　电压源逆变器又可分为以下两类。

　　(1) 具有可变直流电压环节(Variable DC Link)的电压源逆变器，其方块图如图

5-23(a)所示。在这种逆变器中，由 DC/DC 变换器或可控整流获得可变的直流电压，输出电压幅度取决于直流电压，输出电压频率由逆变器决定。一般情况下，该逆变器输出电压为方波。

（2）具有恒定直流电压环节（Fixed DC Link）的电压源逆变器，其方框图如图 5-23(b)所示。该逆变器的直流电压恒定，输出电压幅度和频率利用 PWM 技术可同步调整。

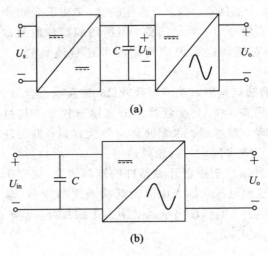

图 5-23　不同输入的逆变器

（a）具有可变直流电压环节的电压源逆变器；（b）具有恒定直流电压环节的电压源逆变器

**2. 按电路结构特点分类**

按电路的结构特点，逆变器分为半桥式、全桥式、推挽式和单管式。

**3. 按器件的换流特点分类**

按器件的换流特点，逆变器分为强迫换流式逆变器和自然换流式逆变器。

**4. 按负载特点分类**

按负载特点，逆变器分为谐振式逆变器和非谐振式逆变器。

**5. 按输出波形分类**

按输出波形，逆变器分为正弦式逆变器和非正弦式逆变器。

### 5.4.3　逆变器波形指标

实际逆变器的输出波形总是偏离理想的正弦波形，含有谐波成分。为了评价输出波形的品质质量，引入下述几个参数指标。

**1. 谐波因子 HF(Harmonic Factor)**

第 $n$ 次谐波因子 $HF_n$ 定义为第 $n$ 次谐波分量有效值同基波分量有效之值比，即

$$HF_n = \frac{U_n}{U_1} \qquad\qquad (5-34)$$

**2. 总谐波(畸变)因子 THD(Total Harmonic Distortion Factor)**

THD 的定义为

$$\text{THD} = \frac{1}{U_1} \Big( \sum_{n=2,\,3}^{\infty} U_n^2 \Big)^{\frac{1}{2}} \tag{5-35}$$

该参数表征了一个实际波形同基波分量的接近程度。理想正弦波输出的 THD 为零。

总谐波因子 THD 指示了总的谐波分量，但它并不能告诉我们每一个谐波分量的影响程度。

**3. 畸变因子 DF(Distortion Factor)**

畸变因子定义为

$$\text{DF} = \frac{1}{U_1} \Big[ \sum_{n=2,\,3}^{\infty} \Big( \frac{U_n}{n^2} \Big)^2 \Big]^{\frac{1}{2}} \tag{5-36}$$

第 $n$ 次谐波的畸变因子 $\text{DF}_n$ 定义如下：

$$\text{DF}_n = \frac{U_n}{U_1 n^2} \tag{5-37}$$

**4. 最低次谐波 LOH(Lowest Order Harmonic)**

最低次谐波定义为与基波频率最接近的谐波。

对逆变器来讲，性能指标除波形参数外，还有如逆变器效率、比功率等。

# 习题与思考题

5.1　为什么说交流调速取代直流调速只是时间问题？

5.2　交流异步电动机中的"异步"是何含义？

5.3　转速差 $\Delta n = n_0 - n$ 是表示异步电动机工作状态的重要参数，写出转差率 $s$ 的表达式。

5.4　三相异步电动机的调速方法有哪些？说明各自的特点。

5.5　三相异步电动机调压调速属于哪一种调速方法？为什么说降压启动只适用于中、大容量电动机空载（或轻载）启动的场合？

5.6　何谓"交/交变换"？说明交/交变换输出频率与输入频率的关系。

5.7　变频调速的变频指什么？

5.8　何谓"AC/DC/AC 变换"？

# 第6章 基于异步电动机稳态模型的调速系统

异步电动机的变压变频调速系统一般简称为变频调速系统。由于在调速时转差功率不随转速而变化，因而变频调速系统的调速范围宽、效率高。根据调速系统电动机模型种类的不同，可将其分为基于稳态模型的调速系统（又称标量控制系统）和基于动态模型的调速系统。本章主要介绍基于稳态模型的恒压频比控制和转差频率控制这两类系统，首先介绍变压变频调速的基本控制方式，分析按不同规律进行电压与频率协调控制时的稳态机械特性；然后讨论目前发展较快并受到普遍重视的交流脉宽调制（PWM）技术，以及基于交流异步电动机稳态模型的调速系统——转速开环恒压频比控制调速系统；接着介绍另一种基于交流异步电动机稳态模型的调速系统——转速闭环转差频率控制的变压变频调速系统；最后分析 PWM 变频调速系统的几个问题。

## 6.1 变压变频调速的基本控制方式

变压变频调速是改变同步转速的一种调速方法。同步转速 $n_0$ 随电源频率而变化，即 $n_0 = \dfrac{60 f_1}{n_p} = \dfrac{60 \omega_1}{2\pi n_p}$，异步电动机转速为 $n = n_0(1-s) = n_0 - s n_0 = n_0 - \Delta n$，而 $\Delta n = s n_0$ 与负载有关。

为了达到良好的控制效果，在进行电动机调速时，应保持电动机中每极磁通量 $\Phi_m$ 为额定值不变。如果磁通太弱，没有充分利用电动机的铁芯磁通，这是一种浪费；如果过分增大磁通，使铁芯磁通饱和，导致过大的励磁电流，严重时则会因绕组过热而损坏电动机。对于直流电动机，励磁系统是独立的，$\Phi_m$ 保持不变是很容易做到的。

在交流异步电动机中，磁通 $\Phi_m$ 由定子磁势和转子磁势合成产生，要保持磁通恒定就需要费一些周折。由第5章可知，三相异步电动机定子每相电动势的有效值是

$$E_g = 4.44 f_1 W_1 K_{w1} \Phi_m \qquad (6-1)$$

由式(6-1)可知，只要控制好 $E_g$ 和 $f_1$，便可达到控制磁通 $\Phi_m$ 的目的，对此，需要考虑基频（额定频率）以下和基频以上两种情况。

### 6.1.1 基频以下调速

由式(6-1)可知，保持 $\Phi_m$ 不变，当频率 $f_1$ 从额定值 $f_{1N}$ 向下调节时，可使

$$\frac{E_g}{f_1} = 常数 \tag{6-2}$$

即采用电动势频率比为恒值的控制方式。然而，绕组中的感应电动势是难以直接控制的，当电动势值较高时，忽略定子绕组的漏磁阻抗压降，而认为定子相电压 $U_s \approx E_g$，则得

$$\frac{U_s}{f_1} = 常数 \tag{6-3}$$

这就是恒压频比的控制方式。

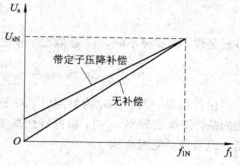

图 6-1　恒压频比控制特性

低频时，$U_s$ 和 $E_g$ 都较小，定子漏磁阻抗压降所占的比重较大，不能再忽略。这时，可以人为地把电压 $U_s$ 抬高一些，以便近似地补偿定子压降。带定子压降补偿和无补偿的恒压频比控制特性示于图 6-1 中。

在实际应用中，由于负载大小不同，需要补偿的定子压降值也不一样。在控制软件中，须备有不同斜率的补偿特性，以供用户选择。

### 6.1.2　基频以上调速

在基频以上调速时，频率从 $f_{1N}$ 向上升高，由于定子电压 $U_s$ 绝不可能超过额定电压 $U_{sN}$，最多只能保持 $U_s = U_{sN}$，这将迫使磁通与频率成反比降低，相当于直流电动机弱磁升速的情况。

把基频以下和基频以上两种情况的控制特性画在一起，如图 6-2 所示。如果电动机在不同转速时所带的负载都能使电流达到额定值，即都能在允许温升下长期运行，则转矩基本上随磁通变化。按照电力拖动原理，在基频以下，磁通恒定时转矩也恒定，属于"恒转矩调速"；而在基频以上，转速升高时磁通与转矩降低，基本上属于"恒功率调速"。

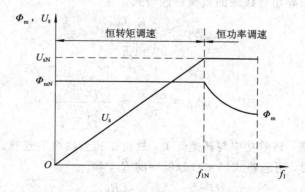

图 6-2　异步电动机变压变频调速的控制特性

## 6.2　异步电动机电压-频率协调控制时的机械特性

### 6.2.1　恒压恒频正弦波供电时异步电动机的机械特性

当定子电压 $U_s$ 和电源角频率 $\omega_1$ 恒定时，可将异步电动机的电磁转矩改写为

$$T_e = 3n_p \left(\frac{U_s}{\omega_1}\right)^2 \frac{s\omega_1 R_r'}{(sR_s + R_r')^2 + s^2\omega_1^2(L_{ls} + L_{lr}')^2} \qquad (6-4)$$

当 $s$ 很小时，忽略分母中含 $s$ 各项，则

$$T_e \approx 3n_p \left(\frac{U_s}{\omega_1}\right)^2 \frac{s\omega_1}{R_r'} \propto s \qquad (6-5)$$

也就是说，当 $s$ 很小时，$T_e$ 近似与 $s$ 成正比。带负载时的转速降 $\Delta n$ 为

$$\Delta n = sn_0 = \frac{60s\omega_1}{2\pi n_p} \approx \frac{10T_e R_r'}{\pi n_p^2}\left(\frac{\omega_1}{U_s}\right)^2 \propto T_e \qquad (6-6)$$

由此可见，当 $U_s/\omega_1$ 为恒定时，对于同一转矩 $T_e$，$\Delta n$ 基本不变。这就是说，在恒压频比的条件下改变频率 $\omega_1$ 时，机械特性基本上是平行下移的近似直线，即机械特性 $T_e = f(s)$ 是一段直线，见图 6-3。

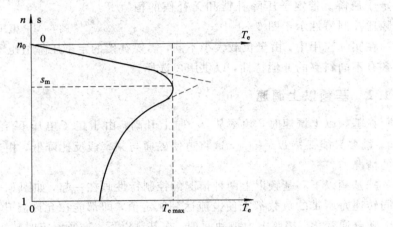

图 6-3　恒压恒频时异步电动机的机械特性

由式（6-5）可以导出直线段的机械特性公式：

$$s\omega_1 \approx \frac{R_r' T_e}{3n_p \left(\frac{U_s}{\omega_1}\right)^2} \qquad (6-7)$$

转差功率为

$$P_s = sP_m = \frac{s\omega_1 T_e}{n_p} \approx \frac{R_r' T_e^2}{3n_p^2 \left(\frac{U_s}{\omega_1}\right)^2} \qquad (6-8)$$

对于恒转矩负载，转差功率与转速无关，故称作转差功率不变型。

当 $s$ 接近于 1 时，可忽略式（6-4）分母中的 $R_r'$，则

$$T_e \approx 3n_p \left(\frac{U_s}{\omega_1}\right)^2 \frac{\omega_1 R_r'}{s[R_s^2 + \omega_1^2(L_{ls} + L_{lr}')^2]} \propto \frac{1}{s} \qquad (6-9)$$

即 $s$ 接近于 1 时转矩近似与 $s$ 成反比，这时，$T_s = f(s)$ 是对称于原点的一段双曲线。当 $s$ 为以上两段的中间数值时，机械特性从直线段逐渐过渡到双曲线段，如图 6-3 所示。

## 6.2.2　基频以下电压-频率协调控制时的机械特性

图 6-4 再次绘出异步电动机的稳态等效电路。由式（6-4）机械特性方程式和图 6-4

可以看出，对于同一组转矩 $T_e$ 和转速 $n$（或转差率 $s$）的要求，电压 $U_s$ 和频率 $\omega_1$ 可以有多种配合。在 $U_s$ 和 $\omega_1$ 的不同配合下，机械特性也是不一样的，因此可以有不同方式的电压-频率协调控制。

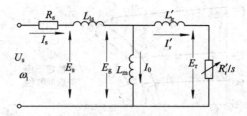

$E_g$—气隙(或互感)磁通在定子每相绕组中的感应电动势；
$E_s$—定子全磁通在定子每相绕组中的感应电动势；
$E_r$—转子全磁通在转子绕组中的感应电动势(折合到定子边)

图 6-4　异步电动机的稳态等效电路和感应电动势

**1. 恒压频比 ($U_s/\omega_1$) 控制**

6.1 节中已经指出，为了近似地保持气隙磁通不变，以便充分利用电动机铁芯，发挥电动机产生转矩的能力，在基频以下须采用恒压频比控制。这时，同步转速随频率变化 $n_0 = \dfrac{60\omega_1}{2\pi n_p}$，带负载时的转速降 $\Delta n = s n_0 = \dfrac{60}{2\pi n_p} s \omega_1$。由前文可知，当机械特性近似直线时，有

$$s\omega_1 \approx \frac{R_r' T_e}{3 n_p \left(\dfrac{U_s}{\omega_1}\right)^2} \tag{6-10}$$

由此可见，当 $U_s/\omega_1$ 为常数时，对于同一转矩 $T_e$，$s\omega_1$ 是基本不变的，因而 $\Delta n$ 也是基本不变的。在恒压频比的条件下改变频率 $\omega_1$ 时，机械特性基本上平行下移，如图 6-5 所示。它们和直流他励电动机变压调速时的情况基本相似，所不同的是，当转矩增大到最大值以后，转速再降低，特性就折回来了。而且频率越低时最大转矩值越小，可参看第 5 章式（5-30）和式（5-31），稍加整理后可得

$$T_{e\,max} = \frac{3 n_p}{2}\left(\frac{U_s}{\omega_1}\right)^2 \frac{1}{\dfrac{R_s}{\omega_1} + \sqrt{\left(\dfrac{R_s}{\omega_1}\right)^2 + (L_{ls} + L_{lr}')^2}} \tag{6-11}$$

可见频率越低时最大转矩值越小，最大转矩 $T_{e\,max}$ 是随着 $\omega_1$ 的降低而减小的。频率很低时，$T_{e\,max}$ 太小将限制电动机的带载能力。采用定子压降补偿，适当地提高电压 $U_s$，可以增强带载能力，由于气隙磁通不变且通常会采取定子电压补偿措施，故允许输出转矩也基本不变，表现为恒转矩调速，见图 6-5。

**2. 恒 $E_s/\omega_1$ 控制**

保持定子磁通恒定 $E_s/f_1 =$ 常数，定子电动势不好直接控制，能够直接控制的只有定子电压，按 $\dot{U}_s = R_s \dot{I}_1 + \dot{I}_s$，补偿定子电阻压降，就能够得到恒定子磁通。

忽略励磁电流，转子电流为

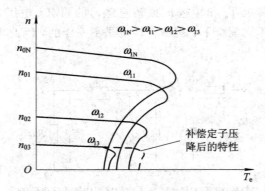

图 6-5　恒压频比控制时变频调速的机械特性

$$I_r' = \frac{E_s}{\sqrt{\left(\dfrac{R_r'}{s}\right)^2 + \omega_1^2 (L_{1s} + L_{1r}')^2}} \tag{6-12}$$

将式(6-12)代入电磁转矩关系式,得电磁转矩为

$$T_e = \frac{3n_p}{\omega_1} \cdot \frac{E_s^2}{\left(\dfrac{R_r'}{s}\right)^2 + \omega_1^2 (L_{1s} + L_{1s}')^2} \cdot \frac{R_r'}{s} = 3n_p \left(\frac{E_s}{\omega_1}\right)^2 \frac{s\omega_1 R_r'}{R_r'^2 + s^2 \omega_1^2 (L_{1s} + L_{1s}')^2} \tag{6-13}$$

对比恒压频比控制时的转矩式(6-4)可知,恒定子磁通 $\Phi_{ms}$ 控制时转矩表达式的分母小于恒压频比控制特性中的同类项。

当转差率 $s$ 相同时,采用恒定子磁通 $\Phi_{ms}$ 控制方式的电磁转矩大于恒压频比控制方式。对式(6-13)微分,求得临界转差率 $s_m$ 和临界转矩 $T_{e\,max}$ 分别为

$$s_m = \frac{R_r'}{\omega_1 (L_{1s} + L_{1s}')} \tag{6-14}$$

$$T_{e\,max} = \frac{3n_p}{2} \left(\frac{E_s}{\omega_1}\right)^2 \frac{1}{(L_{1s} + L_{1r}')} \tag{6-15}$$

对比式(5-30)和式(6-14),恒 $E_s/\omega_1$ 控制方式的临界转差率和临界转矩都增加了,临界转矩不受频率变化的影响。

**3. 恒 $E_g/\omega_1$ 控制**

如果在电压-频率协调控制中,恰当地提高电压 $U_s$,克服定子阻抗压降以后,能维持 $E_g/\omega_1$ 为恒值(基频以下),则由式(6-1)可知,则无论频率高低,每极磁通 $\Phi_m$ 均为常数,由等效电路得转子电流为

$$I_r' = \frac{E_g}{\sqrt{\left(\dfrac{R_r'}{s}\right)^2 + \omega_1^2 L_{1r}'^2}} \tag{6-16}$$

将式(6-16)代入电磁转矩关系式,得

$$T_e = \frac{3n_p}{\omega_1} \cdot \frac{E_g^2}{\left(\dfrac{R_r'}{s}\right)^2 + \omega_1^2 L_{1r}'^2} \cdot \frac{R_r'}{s} = 3n_p \left(\frac{E_g}{\omega_1}\right)^2 \frac{s\omega_1 R_r'}{R_r'^2 + s^2 \omega_1^2 L_{1r}'^2} \tag{6-17}$$

式(6-17)就是恒 $E_g/\omega_1$ 控制时的机械特性方程式。

利用与前面相似的分析方法，当 $s$ 很小时，忽略分母中含 $s$ 项，则

$$T_e \approx 3n_p\left(\frac{E_g}{\omega_1}\right)^2 \frac{s\omega_1}{R_r'} \propto s \qquad (6-18)$$

这表明机械特性的这一段近似为一条直线。当 $s$ 接近于 1 时，可忽略分母中的 $R_r'^2$ 项，则

$$T_e \approx 3n_p\left(\frac{E_g}{\omega_1}\right)^2 \frac{R_r'}{s\omega_1 L_{lr}'^2} \propto \frac{1}{s} \qquad (6-19)$$

这是一段双曲线。

$s$ 值为上述两段的中间值时，机械特性在直线和双曲线之间逐渐过渡，整条特性曲线与恒压频比特性曲线相似。但是，对比式(6-4)和式(6-17)可以看出，恒 $E_g/\omega_1$ 控制时，机械特性分母中含 $s$ 项的参数要小于恒 $U_s/\omega_1$ 控制中的同类项，也就是说，$s$ 值要更大一些才能使该项占有显著的分量，从而不能被忽略，因此恒 $E_g/\omega_1$ 控制时，机械特性的线性段范围更宽。图 6-6 给出了不同电压-频率协调控制方式时的机械特性。

将式(6-17)对 $s$ 求导，并令 $dT_e/ds = 0$，可得恒 $E_g/\omega_1$ 控制时机械特性在最大转矩时的转差率为

$$s_m = \frac{R_r'}{\omega_1 L_{lr}'} \qquad (6-20)$$

最大转矩为

$$T_{e\,max} = \frac{3}{2}n_p\left(\frac{E_g}{\omega_1}\right)^2 \frac{1}{L_{lr}'} \qquad (6-21)$$

在式(6-21)中，当 $E_g/\omega_1$ 为常数时，$T_{e\,max}$ 恒定不变。可见恒 $E_g/\omega_1$ 控制的稳态性能是优于恒 $U_s/\omega_1$ 控制的，它正是恒 $U_s/\omega_1$ 控制中补偿定子压降所追求的目标。

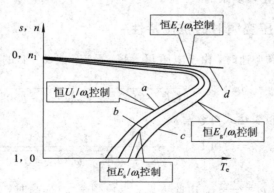

图 6-6　不同电压-频率协调控制方式时的机械特性

**4. 恒 $E_r/\omega_1$ 控制**

如果把电压-频率协调控制中的电压 $U_s$ 再进一步提高，把转子漏抗的压降也抵消掉，得到恒 $E_r/\omega_1$ 控制，那么，机械特性会怎样呢？由图 6-4 可写出

$$I_r' = \frac{E_r}{R_r'/s} \qquad (6-22)$$

将式(6-22)代入电磁转矩基本关系式，得电磁转矩：

$$T_e = \frac{3n_p}{\omega_1} \cdot \frac{E_r^2}{\left(\dfrac{R_r'}{s}\right)^2} \cdot \frac{R_r'}{s} = 3n_p \left(\frac{E_r}{\omega_1}\right)^2 \cdot \frac{s\omega_1}{R_r'} \tag{6-23}$$

现在,不必再做任何近似就可知道,这时的机械特性 $T_e = f(s)$ 完全是一条直线,也把它画在图 6-6 上。显然,恒 $E_r/\omega_1$ 控制的稳态性能最好,可以获得和直流电动机一样的线性机械特性。这正是高性能交流变频调速所要求的性能。

现在的问题是,怎样控制变频装置的电压和频率才能获得恒定的 $E_r/\omega_1$ 呢? 按照式 (6-1) 电动势和磁通的关系,可以看出,当频率恒定时,电动势与磁通成正比。在式 (6-1) 中,气隙磁通的感应电动势 $E_g$ 对应于气隙磁通幅值 $\Phi_m$,转子全磁通的感应电动势 $E_r$ 对应于转子全磁通幅值 $\Phi_{rm}$,则有

$$E_r = 4.44 f_1 W_1 K_{w1} \Phi_{rm} \tag{6-24}$$

由此可见,只要能够按照转子全磁通幅值 "$\Phi_m$＝恒值" 进行控制,就可以获得恒定的 $E_r/\omega_1$。这正是矢量控制系统所遵循的原则,有关内容将在第 7 章详细讨论。

综上所述,在正弦波供电时,按不同规律实现电压-频率协调控制可得不同类型的机械特性。

恒压频比 ($U_s/\omega_1$) 控制最容易实现,变频机械特性基本上是平行下移,硬度也较好,能够满足一般的调速要求,但低速带载能力有些不尽如人意,须对定子压降实行补偿。

恒 $E_s/\omega_1$ 控制、恒 $E_g/\omega_1$ 控制是通常对恒压频比控制实行电压补偿的标准,可以在稳态时达到 "$\Phi_m$＝恒值",从而改善低速性能,但其机械特性还是非线性的,产生转矩的能力仍受到限制。

恒 $E_r/\omega_1$ 控制可以得到和直流他励电动机一样的线性机械特性,按照转子全磁通 $\Phi_{rm}$ 恒定进行控制即得恒定的 $E_r/\omega_1$,在动态中尽可能保持 $\Phi_{rm}$ 恒定是矢量控制系统所追求的目标,当然实现起来是比较复杂的。

### 6.2.3 基频以上恒压变频时的机械特性

在基频 $f_{1N}$ 以上变频调速时,由于电压 $U_s = U_{sN}$ 不变,式 (6-4) 的机械特性方程式可写成

$$T_e = 3n_p U_{sN}^2 \frac{sR_r'}{\omega_1 \left[ (sR_s + R_r')^2 + s^2 \omega_1^2 (L_{ls} + L_{lr}')^2 \right]} \tag{6-25}$$

而式 (6-11) 的最大转矩表达式可改写成

$$T_{e\max} = \frac{3}{2} n_p U_{sN}^2 \frac{1}{\omega_1 \left[ R_s + \sqrt{R_s^2 + \omega_1^2 (L_{ls} + L_{lr}')^2} \right]} \tag{6-26}$$

同步转速的表达式仍为 $n_0 = \dfrac{60\omega_1}{2\pi n_p}$。由此可见,当角频率 $\omega_1$ 提高时,同步转速随之提高,最大转矩减小,机械特性上移,而形状基本不变,如图 6-7 所示。由于频率提高而电压不变,气隙磁通势必减弱,导致转矩减小,但转速却升高了,可以认为输出功率基本不变,所以基频以上变频调速属于弱磁恒功率调速。

由异步电动机弱磁恒功率运行原理可知,其最大电磁转矩 $T_{e\max}$ 随着频率的增加呈二次方减小,可用下式表示:

$$T_{e\max} = \frac{T_{eN\max}}{(\omega_{s\max}/\omega_{sN})^2} \tag{6-27}$$

式中，$T_{\text{eN max}}$ 为额定频率时的最大电磁转矩；$\omega_{\text{sN}}$ 为定子额定角频率；$\omega_{\text{s max}}$ 为定子最高角频率。

由式(6-27)可以看出，当弱磁倍数达到 $\omega_{\text{s max}}/\omega_{\text{sN}}=3$，或 $\omega_{\text{s max}}=3\omega_{\text{sN}}$ 时，异步电动机最大电磁转矩为额定电磁转矩的 $1/9$，即为 $T_{\text{e max}}=T_{\text{eN max}}/9$。可见，弱磁范围较大时，异步电动机的最大电磁转矩大大减小。在工程设计中，通常按弱磁倍数要求来选择电动机的容量，以提高带载能力。

所以基频以上变频调速属于弱磁恒功率调速，转差功率为

$$P_{\text{s}} = sP_{\text{m}} = s\omega_1 T_{\text{e}} \approx \frac{R_{\text{r}}' T_{\text{e}}^2 \omega_1^2}{3n_{\text{p}}^2 U_{\text{sN}}^2} \tag{6-28}$$

带恒功率负载运行时，由于 $T_{\text{e}}^2\omega_1^2\approx$ 常数，所以此时转差功率基本不变。

最后，应该指出，以上所分析的机械特性都是正弦波电压供电，如果电压源含有谐波，则将使机械特性扭曲，并增加电动机中的损耗。因此，在设计变频装置时，应尽量减少输出电压中的谐波。

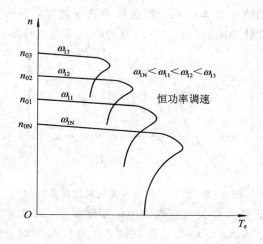

图 6-7　基频以上恒压变频调速的机械特性

# 6.3　交流脉宽调制(PWM)技术

异步电动机调速需要电压与频率均可调的交流可调电源，常用的交流可调电源是由电力电子装置构成的静止式变换器，一般称为变频器。在大多数应用场合中，变频器都采用交/直/交(AC/DC/AC)型间接变换器，如图 6-8 所示。

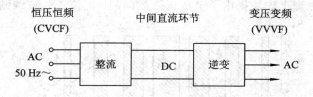

图 6-8　交/直/交变压变频器

在交/直/交变压变频器中，为了保持电网功率因数不变，减小直流侧谐波，通常都采用二极管整流与全控器件"逆变"结构。

## 6.3.1   PWM 波形生成原理

早期的交/直/交变压变频器所输出的交流波形都是六拍阶梯波(对应电压型逆变器)或矩形波(对应电流型逆变器),这是因为当时逆变器只能采用半控型的晶闸管,其关断的不可控性和较低的开关频率导致逆变器的输出波形不可能近似按正弦波变化,从而会有较大的低次谐波,使电动机输出转矩存在脉动分量,影响其稳态工作性能,在低速运行时这种影响更为明显。为了改善交流电动机变压变频调速系统的性能,在出现了全控式电力电子开关器件之后,人们开发了应用脉宽调制技术的逆变器。

PWM 技术的理论基础是采样控制理论,即冲量相等而形状不同的脉冲加在具有惯性的环节上时,其效果基本相同。冲量指窄脉冲的面积。这里所说的效果相同,是指环节的输出响应波形基本相同。如果将其输出波形用傅氏变换分析,其中低频特性基本相同,仅高频段略有差异。例如,图 6-9 中所示的三个面积相等但形状不同的窄脉冲,当它们分别加在惯性环节上时,输出响应基本相同,并且脉冲宽度越窄,其输出的差异越小。当脉冲变为图 6-9(d)中的单位脉冲函数时,惯性环节的响应即为该环节的脉冲响应。

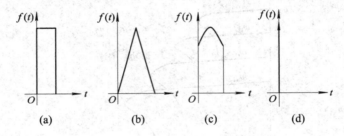

图 6-9   形状不同而冲量相同的各种脉冲

传统的交流变频以正弦波作为逆变器输出的期望波形,以频率比期望波高得多的等腰三角波作为载波(Carrier Wave),称为三角载波,并用频率与期望波相同的正弦波作为调制波(Modulation Wave),称为正弦调制波,当调制波与载波相交时,由它们的交点确定逆变器开关器件的通断时刻,可获得在正弦调制波的半个周期内呈两边窄中间宽的一系列等幅不等宽的矩形波(如图 6-10 所示),从而用一系列幅度相等、宽度不等的脉冲序列代替一个正弦波。改变三角载波频率即可改变半个周期内矩形波的数量,改变正弦调制波幅值即可改变矩形波宽度。这种主电路只有一套可控功率器件,具有结构简单、控制方便的优点,逆变器采用 PWM 技术,输出谐波含量小,因此,PWM 技术一直是电力电子学研究的热点。在技术实现上,从模拟电路发展到全数字化方案,为了适应交流异步电动机变频调速的应用,在调制原理上先后提出了电压正弦波调制、电流正弦波调制和磁链跟踪调制等

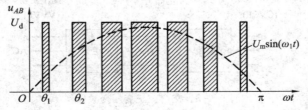

图 6-10   PWM 型交/直/交变频器输出电压波形图

技术。为了获得优良的输出波形,人们提出了选择谐波消除算法、效率最优的和转矩脉动最小的 PWM 算法。为了消除音频噪声、消除低次谐波以及提高系统稳定性,人们又提出了各种随机 PWM 技术。到目前为止,对这一技术仍有新的方案不断提出,这充分体现了 PWM 强大的生命力。

## 6.3.2　正弦 PWM 控制技术

### 1. 自然采样法(Natural Sampling)

按照正弦 PWM 控制的基本理论,在正弦波和三角波的自然交点时刻控制功率器件的通断,这种生成正弦 PWM 波形的方法称为自然采样法。正弦波在不同的相位角时其值不同,因而与三角波相交所得的脉冲宽度也不同。另外,当正弦波频率变化或者幅值变化时,各脉冲的宽度也相应变化,要准确生成正弦 PWM 波形,就应准确地计算出正弦波和三角波的交点。

从图 6-11 中取三角波的相邻两个正峰值之间为一个周期,为了简化计算,可三角波峰值进行归一化,正弦调制波为

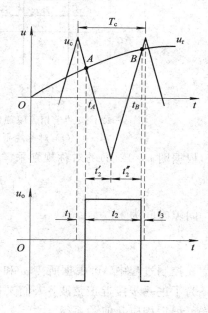

图 6-11　自然采样法

$$u_r = m_a \sin(\omega_r t) \qquad (6-29)$$

式中:$m_a$ 为调制度(即调制波幅值与载波幅值之比),$0 \leqslant m_a \leqslant 1$;$\omega_r$ 为正弦调制波的角频率。

由图 6-11 可以看出,在三角波载波的一个周期 $T_c$ 内,其下降段和上升段各与正弦调制波有一个交点,分别为 $A$ 点和 $B$ 点。由于 $A$、$B$ 点对于三角波中心线是不对称性的,因此必须把脉宽时间 $t_2$ 分成 $t_2'$ 与 $t_2''$ 两部分分别求解。由相似直角三角形的几何关系可知

$$\begin{cases} \dfrac{2}{T_c/2} = \dfrac{1 + m_a \sin(\omega_r t_A)}{t_2'} \\[3mm] \dfrac{2}{T_c/2} = \dfrac{1 + m_a \sin(\omega_r t_B)}{t_2''} \end{cases} \qquad (6-30)$$

经整理得

$$t_2 = t_2' + t_2'' = \frac{T_c}{2}\left[1 + \frac{m_a}{2}(\sin(\omega_r t_A) + \sin(\omega_r t_B))\right] \qquad (6-31)$$

式中 $T_c$ 和 $m_a$ 是给定的,$t_A$ 和 $t_B$ 均是未知数,求解式(6-31)这个超越方程是非常困难的,这是由正弦调制波和三角波的交点的任意性造成的。由于求解需要花费较多的计算时间,难以在实时控制中在线计算,因而自然采样法在实际工程中的应用不多。

### 2. 规则采样法(Regular Sampling)

为了避免自然采样法复杂的计算,又使采样效果尽量接近自然采样法,人们提出了规则采样法。规则采样法利用三角载波的正、负峰值点所对应的正弦函数值来代替自然采样法交点的计算值。

根据脉冲的中点是否关于三角载波峰值点对称，规则采样法可分为不对称规则采样法（Asymmetric Regular Sampling）和对称规则采样法（Symmetric Regular Sampling）两种。规则采样法的脉冲宽度关系如图 6-12 所示，在对称规则采样法中 $t_2' = t_2''$；而不对称规则采样法中 $t_2' \neq t_2''$。

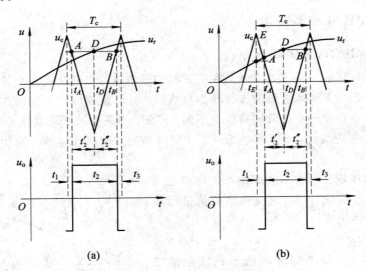

**(a)**               **(b)**

图 6-12　按冲量相等原理计算双极性第 $k$ 个 PWM 脉冲的导通和关断角
(a) 对称规则采样法；(b) 不对称规则采样法

根据图 6-12(a)的对称规则采样法，利用对应几何关系可得脉冲宽度

$$t_2 = t_2' + t_2'' = \frac{T_c}{2}(1 + m_a \sin(\omega_r t_D)) \tag{6-32}$$

间隙时间为

$$t_1 = t_3 = \frac{1}{2}(T_c - t_2) \tag{6-33}$$

在控制过程中，可根据所需 $\omega_r$ 和 $m_a$ 值实时计算出相应脉冲宽度及间隙时间。

为了进一步接近正弦波，人们又提出了不对称规则采样法。在不对称规则采样法中，同样可根据相应几何关系得

$$\begin{cases} t_2' = \dfrac{T_c}{4}(1 + m_a \sin(\omega_r t_E)) \\[2mm] t_2'' = \dfrac{T_c}{4}(1 + m_a \sin(\omega_r t_D)) \end{cases} \tag{6-34}$$

相应的间隙时间为

$$t_1 = \frac{T_c}{2} - t_2' = \frac{T_c}{4}(1 - m_a \sin(\omega_r t_E)) \tag{6-35}$$

$$t_3 = \frac{T_c}{2} - t_2'' = \frac{T_c}{4}(1 - m_a \sin(\omega_r t_D)) \tag{6-36}$$

在实际控制中，多采用不对称规则采样法，以减少谐波。

### 6.3.3 选择谐波消除 PWM 控制技术

选择谐波消除 PWM(Selective Harmonics Elimination and Pulse Width Modulation, SHEPWM)就是消除输出波形中不希望的谐波频谱的 PWM,PWM 控制逆变器的输出由不等宽的脉冲波形构成,由傅里叶级数的频谱分析原理可知,显然它包含了基波和许多高次谐波。谐波的幅值和控制策略、开关频率、滤波电路等有关。谐波的存在将会对电网、电气设备、通信系统等造成一定危害。

下面以单相 SHEPWM 为例进行介绍。图 6-13 为已知开关角的双极性 PWM 波形图,其电压波形的傅里叶级数可表示为

$$\begin{cases} U_o(t) = \sum [a_n \cos(n\omega t) + b_n \sin(n\omega t)] \\ a_n = \dfrac{1}{\pi} \int_0^{2\pi} U_o(t) \cos(n\omega t) \mathrm{d}(\omega t) \\ b_n = \dfrac{1}{\pi} \int_0^{2\pi} U_o(t) \sin(n\omega t) \mathrm{d}(\omega t) \end{cases} \tag{6-37}$$

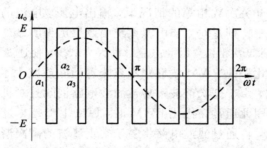

图 6-13 逆变器输出的双极性 PWM 波形

对已知开关角的 PWM 波的谐波进行分析可知,该傅里叶级数的余弦分量、直流分量和偶次正弦分量为零,即得到

$$\begin{cases} a_n = 0 & n = 0, 1, 2, 3, \cdots \\ b_n = 0 & n = 0, 2, 4, 6, \cdots \\ b_n = \dfrac{4E}{n\pi}\Big[1 + 2\sum_{k=1}^{n}(-1)^k \cos(n\alpha_k)\Big] & n = 1, 3, 5, 7, \cdots \end{cases} \tag{6-38}$$

式中,$\alpha_k$ 为 $[0, \pi/2]$ 区间内 $N$ 个开关角中的第 $k$ 个开关角;$n$ 为基波和各次谐波的次数。基波幅值为

$$b_1 = \frac{4E}{\pi}\Big[1 + 2\sum_{k=1}^{n}(-1)^k \cos(n\alpha_k)\Big] \qquad n = 1, 3, 5, 7, \cdots \tag{6-39}$$

令 $q$ 为选定的基波幅值,则有 $b_1 = q$。
令其他 $(N-1)$ 个低阶的高次谐波的幅值为零,则有

$$b_n = 0 \qquad n = 3, 5, 7, \cdots \tag{6-40}$$

由 $b_1 = q$ 和式(6-39)共同构成了一个具有 $N$ 个未知数($\alpha_1$, $\alpha_2$, $\alpha_3$, $\cdots$, $\alpha_n$)的 $N$ 维方程组,解此方程组,得到一组在 $[0, \pi/2]$ 区间内的脉冲波开关角,进而可以得到整个周期内的开关角。采用这组开关角的 PWM 波形,保证了基波幅值为规定的数值,同时 $N-1$ 个指定阶次的谐波幅值为零。这就是 SHEPWM 的数学模型。

对于三相对称系统，3 的整数倍次谐波因同相而被自动消除，所以有

$$b_n = 0 \qquad n = 5, 7, 11, \cdots \tag{6-41}$$

该方程组是一组非线性超越方程组，不可能求出它的解析解，因此实时求解非线性超越方程组是 SHEPWM 技术的关键。

SHEPWM 技术直接利用输出电压的数字模型来求解开关角（方波电压波形的开关转换点），从而达到消除指定次谐波的目的。通过合理地选择开关转换点位置，可以达到既能控制输出基波电压分量，又能有选择地消除某些较低次谐波的目的。在这种技术中，已经不用比较载波和正弦调制波，而是以保证所需的基波，同时消去 PWM 波形中某些主要的低次谐波为目的，通过计算来确定各脉冲的开关时刻，即以开关角为参考变量寻求最优的 $\alpha_k$，以实现谐波的选择性消除。

与正弦 PWM 控制技术相比，SHEPWM 技术具有以下优点：

（1）功率开关管的开关频率下降约三分之一，这使得功率开关管和吸收电路的开关损耗降低，逆变器的效率提高，电磁干扰减少，并使得在采用普通主电路的大功率逆变器上使用 GTO 作为功率开关管成为可能。

（2）在功率开关管开关次数相等的情况下，输出电压、电流的质量提高，可降低对输入和输出滤波器的要求，特别是在三相电源系统中效果更为明显。

（3）可以有效地消除低次谐波，因此电流脉动大大减少，使逆变器的性能得到较大提高。

应当指出的是，优化后的 PWM 波形并不意味着消除或减少了总的谐波能量，而只是改变了各次谐波的组成，由于低次谐波不易被滤波电路消除且对机电设备及外部线路造成的影响高于高次谐波，因此通常在优化 PWM 时，原则上都是尽量削弱低次谐波而由高次谐波承担总的谐波能量，再通过滤波电路将易于实现滤波的高次谐波消除。

基于 SHEPWM 技术的逆变器，求解脉冲开关角的数学模型为非线性方程组，而且是超越方程组，逆变器的最关键技术就在于能获得一种快速而且全局收敛的算法来求解该方程组，但是受求解非线性方程组的限制，一般认为这种方法难以实现在线求解、实时控制。目前几乎所有逆变器，都是在计算机中采用离线计算的方法来确定开关角，然后将这些开关角预先存储在微处理器的程序存储器里（EPROM），在实时控制时在线读取或进行简单函数变换后来产生 PWM 波。这种方法只能实现输出电压及频率的有级调节，且随着电压调节分辨率增高，或者是在同时要调整电压和频率的情况下，其需要的存储空间也随之增大。事实上，由于存储空间的限制，系统的灵活性及应用场合有限。

## 6.3.4 电流滞环 PWM 控制技术

传统的正弦 PWM 主要着眼于使变频器输出电压波形接近正弦波，并未顾及输出电流的波形。对于交流电动机，实际需要保证的是正弦电流，因为只有在交流电动机绕组中通入三相平衡正弦电流，才能使合成的电磁转矩恒定，不含脉动分量。

如果控制系统的给定信号为电流，反馈信号也为电流，则这个系统就控制了输出电流，输出电流将跟随给定电流而变化。电流滞环（Hysteresis-Band）PWM 控制即基于此原理工作，由给定电路（或微控制器）产生给定频率和幅值的正弦电流信号，与实际电流检测信号相比较（通过滞环比较器 HBC 完成），控制逆变器该相上桥臂的电力电子开关的通断，其原理框图如图 6-14 所示。

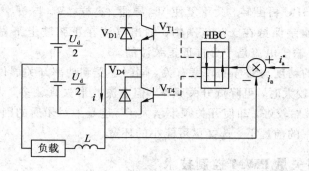

图 6 - 14　电流滞环 PWM 原理框图

图 6 - 14 中，电流控制器是带滞环的比较器，环宽为 $2h$，且

$$| i_a - i_a^* | = | \Delta i_a | \leqslant h \tag{6-42}$$

将给定电流 $i_a^*$ 与输出电流 $i_a$ 进行比较，电流偏差 $\Delta i_a$ 超过 $\pm h$ 时，经滞环比较器 HBC 控制逆变器 A 相上（或下）桥臂的功率器件动作。B、C 二相的原理图均与此相同。

采用电流滞环跟踪控制时，变压变频器的电流波形与 PWM 电压波形示于图 6 - 15 中。

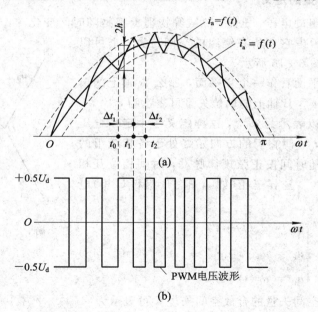

图 6 - 15　电流滞环控制的输出电压和电流波形
（a）电流波形；（b）电压波形

如果 $i_a < i_a^*$，且 $i_a^* - i_a \geqslant h$，滞环比较器 HBC 输出正电平，驱动上桥臂功率开关器件 $V_{T1}$ 导通，变压变频器输出正电压，使 $i_a$ 增大。当正电压 $i_a$ 增加到与 $i_a^*$ 相等时，虽然 $\Delta i_a = 0$，但 HBC 仍保持正电平输出，$V_{T1}$ 保持导通，使电流 $i_a$ 继续增大，直到 $i_a = i_a^* + h$，$\Delta i_a = -h$，使滞环翻转，HBC 输出负电平，关断 $V_{T1}$，并经延时后驱动 $V_{T4}$。但此时 $V_{T4}$ 未必能够导通，由于电动机绕组电感的作用，电流不会反向，而是通过二极管续流 $V_{D4}$，使 $V_{T4}$ 受到反向钳位而不能导通。此后，电流逐渐减小，直到 $t = t_2$ 时，$i_a = i_a^* - h$，到达滞环

偏差的下限值，使 HBC 再翻转，又重复使 $V_{T1}$ 导通。这样，$V_{T1}$ 与 $V_{D4}$ 交替工作，使输出电流与给定值之间的偏差保持在 $\pm h$ 范围内，输出电流在正弦波上下做锯齿状变化。从图 6-15 中可以看到，输出电流是十分接近正弦波的。

电流跟踪控制的精度与滞环的环宽有关，同时还受到功率开关器件允许开关频率的制约。当环宽 $2h$ 选得较大时，可降低开关频率，但电流波形失真较多，谐波分量高；如果环宽太小，电流波形虽然较好，却使开关频率增大了。这是一对矛盾的因素，实用中，应在充分利用器件开关频率的前提下，选择尽可能小的环宽。

### 6.3.5　电压空间矢量 PWM 控制技术

从前述分析可知，交流电动机输入三相正弦电流的最终目的是在电动机空间形成圆形旋转磁场，从而产生恒定的电磁转矩。如果针对这一目的，把逆变器和交流电动机视为一体，按照跟踪圆形旋转磁场的方式来控制逆变器的工作，其效果更好。这种控制方法称为"磁链跟踪控制"，磁链的轨迹是交替使用不同的电压空间矢量得到的，所以又称"电压空间矢量 PWM(Space Vector PWM，SVPWM)控制"。

#### 1. 电压空间矢量的定义

交流电动机绕组的电压、电流、磁链等物理量都是随时间变化的，分析时常用时间相量来表示，但如果考虑它们所在绕组的空间位置，也可以定义空间矢量，如图 6-16 所示。

把图 6-16 的平面看作一个复平面，那么 A 轴上的单位矢量可以表示为 $e^{j0}$，B 轴上的单位矢量可表示为 $e^{j2\pi/3}$，C 轴上的单位矢量可以表示为 $e^{j4\pi/3}$，这样定义三个定子电压空间矢量 $u_A$、$u_B$、$u_C$，使它们的方向始终处于各相绕组的轴线上，而大小则随时间按正弦规律脉动，时间相位互相错开的角度也是 120°。这样三相(如 A 相、B 相和 C 相)电压空间矢量可表示为

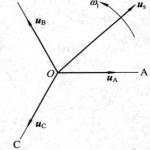

图 6-16　电压空间矢量

$$\begin{cases} \boldsymbol{u}_A = u_A(t) \cdot \boldsymbol{e}^{j0} \\ \boldsymbol{u}_B = u_B(t) \cdot \boldsymbol{e}^{j2\pi/3} \\ \boldsymbol{u}_C = u_C(t) \cdot \boldsymbol{e}^{j4\pi/3} \end{cases} \qquad (6-43)$$

三相定子电压空间矢量的合成空间矢量 $\boldsymbol{u}_s$ 可表示为

$$\boldsymbol{u}_s = \boldsymbol{u}_A + \boldsymbol{u}_B + \boldsymbol{u}_C = u_A(t) \cdot \boldsymbol{e}^{j0} + u_B(t) \cdot \boldsymbol{e}^{j2\pi/3} + u_C(t) \cdot \boldsymbol{e}^{j4\pi/3} \qquad (6-44)$$

考虑到 $u_A(t)$、$u_B(t)$、$u_C(t)$ 都是正弦量，利用欧拉公式可以得到

$$\begin{cases} u_A(t) = U\sin(\omega t) = \dfrac{1}{2j}(e^{j\omega_1 t} - e^{-j\omega_1 t}) \\[2mm] u_B(t) = U\sin(\omega t - 2\pi/3) = \dfrac{1}{2j}(e^{j(\omega_1 t - 2\pi/3)} - e^{-j(\omega_1 t - 2\pi/3)}) \\[2mm] u_C(t) = U\sin(\omega t + 2\pi/3) = \dfrac{1}{2j}(e^{j(\omega_1 t + 2\pi/3)} - e^{-j(\omega_1 t + 2\pi/3)}) \end{cases} \qquad (6-45)$$

经整理可得

$$| \boldsymbol{u}_s | = \frac{3}{2} U e^{j(\omega_1 t + \pi/2)} \tag{6-46}$$

从式(6-44)中可看出，$\boldsymbol{u}_s$ 是一个旋转的空间矢量，它的幅值不变，是每相电压值的 3/2 倍；当电源频率不变时，合成空间矢量 $\boldsymbol{u}_s$ 以电源角频率 $\omega_1$ 为电气角速度做恒速旋转。当某一相电压为最大值时，合成电压矢量 $\boldsymbol{u}_s$ 就落在该相的轴线上。与定子电压空间矢量类似，可以定义定子电流和磁链的空间矢量 $\boldsymbol{i}_s$ 和 $\boldsymbol{\psi}_s$。

### 2. 电压与磁链空间矢量的关系

当电动机的三相对称定子绕组由三相平衡正弦电压供电时，对于每一相都可写出一个电压平衡方程式，三相的电压平衡方程式相加，即得用合成空间矢量表示的定子电压方程式：

$$\boldsymbol{u}_s = R_s \boldsymbol{i}_s + \frac{d\boldsymbol{\psi}_s}{dt} \tag{6-47}$$

当电动机转速不是很低时，定子电阻压降所占的成分很小，可忽略不计，则定子合成电压与合成磁链空间矢量的近似关系为

$$\boldsymbol{u}_s \approx \frac{d\boldsymbol{\psi}_s}{dt} \tag{6-48}$$

或

$$\boldsymbol{\psi}_s \approx \int \boldsymbol{u}_s \, dt \tag{6-49}$$

当电动机由三相平衡正弦电压供电时，电动机定子磁链幅值恒定，其空间矢量以恒速旋转，磁链矢量顶端的运动轨迹呈圆形（称为磁链圆）。这样的定子磁链旋转矢量可表示为

$$\boldsymbol{\psi}_s \approx \psi_m e^{j\omega_1 t} \tag{6-50}$$

由式(6-48)和式(6-50)可得

$$\boldsymbol{u}_s \approx \frac{d}{dt}(\psi_m e^{j\omega_1 t}) = j\omega_1 \psi_m e^{j\omega_1 t} = \omega_1 \psi_m e^{j\left(\omega_1 t + \frac{\pi}{2}\right)} \tag{6-51}$$

式(6-51)表明，当磁链幅值 $\psi_m$ 一定时，$\boldsymbol{u}_s$ 的大小与 $\omega_1$（或供电电压频率 $f_1$）成正比，其方向则与磁链空间矢量 $\boldsymbol{\psi}_s$ 正交，即磁链圆的切线方向，如图 6-17 所示。当磁链空间矢量在空间旋转一周时，电压空间矢量也连续地按磁链圆的切线方向运动 $2\pi$ 弧度，其轨迹与磁链圆重合。这样，电动机旋转磁场的轨迹问题就可转化为电压空间矢量的运动轨迹问题。

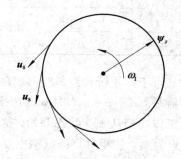

图 6-17　旋转磁场与电压空间矢量的运动轨迹

### 3. 正六边形空间旋转磁场的形成

在变压变频调速系统中，异步电动机由三相 PWM 逆变器供电，这时，供电电压和三相正弦电压有所不同。图 6-18 为三相 PWM 逆变器供电给异步电动机的原理图，为了使电动机对称工作，必须三相同时工作，即在任何时刻一定有处于不同桥臂的三个器件同时导通，而相应桥臂的另外三个器件则处于关断状态，即"上管导通，下管关断"和"下管导通，上管关断"，器件导通用"1"表示，关断用"0"表示。用 $S_A$ 表示 A 相开关状态，用 $S_B$ 表

示 B 相开关状态，用 $S_C$ 表示 C 相开关状态。如果图中的逆变器采用 180°导通型，则从逆变器的拓扑结构上看，三组开关共有 $2^3 = 8$ 种可能的开关组合，这 8 种可能的开关组合状态见表 6-1。上述 8 种工作状态按照 ABC 相序依次排列时可分别表示为 100、110、010、011、001、101、000 和 111。8 种可能的开关状态可以分为两类：一类为 6 种所谓的工作状态，即表中的状态"1"到状态"6"，它们的特点是三相负载并不都接到相同的电位上；另一类开关状态是零开关状态，如表中的状态"0"和状态"7"，它们的特点是三相负载都被接到相同的电位上。当三相负载都与"+"极接通时，得到的状态是"111"，三相都有相同的正电位，所得到的负载电压为零。当三相负载都与"-"极接通时，得到的状态是"000"，负载电压也是零。

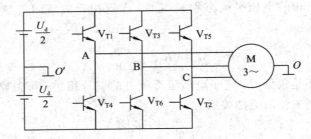

图 6-18　三相 PWM 逆变器供电异步电动机的原理图

**表 6-1　逆变器的 8 种开关组合状态**

| 状态 | 1 | 2 | 3 | 4 | 5 | 6 | 0 | 7 |
|---|---|---|---|---|---|---|---|---|
| $S_A$ | 1 | 1 | 0 | 0 | 0 | 1 | 0 | 1 |
| $S_B$ | 0 | 1 | 1 | 1 | 0 | 0 | 0 | 1 |
| $S_C$ | 0 | 0 | 0 | 1 | 1 | 1 | 0 | 1 |

对于六拍阶梯波逆变器，在其输出的每个周期中 6 种有效的工作状态各出现一次。逆变器每隔 $2\pi/6 = \pi/3$ 时刻就切换一次工作状态（即换相），而在这 $\pi/3$ 时刻内则保持不变。设工作周期从 100 状态开始，这时 $V_{T1}$、$V_{T6}$、$V_{T2}$ 导通，电动机定子 A 点电位为正，B 点和 C 点为负，各相对直流电源中点的电压幅值都为 $|U_d/2|$，而三相电压空间矢量的相位分别处于 A、B、C 三根轴线上。由图 6-19(a) 可知，三相的合成空间矢量为 $u_1$，其幅值等于 $U_d$，方向沿 A 轴（即 $X$ 轴）。$u_1$ 存在的时间为 $\pi/3$，在这段时间以后，工作状态转为 110，和上面的分析相似，合成空间矢量变成图 6-19(b) 中的 $u_2$，它在空间上滞后于 $u_1$ 的相位为 $\pi/3$ 弧度，存在的时间也是 $\pi/3$。依此类推，空间矢量 $u_3$、$u_4$、$u_5$、$u_6$ 分别表示工作状态 010、011、001 和 101。随着逆变器工作状态的切换，电压空间矢量的幅值不变，而相位每次旋转 $\pi/3$，直到一个周期结束，$u_6$ 的顶端恰好与 $u_1$ 的尾端衔接，这样，在一个周期中 6 个电压空间矢量共转过 $2\pi$ 弧度，形成一个封闭的正六边形，如图 6-19(c) 所示。至于 111 和 000 这两个无效的工作状态，可分别冠以 $u_7$ 和 $u_0$，称之为"零矢量"，它们的幅值均为零，也无相位，可以认为它们在六边形的中心点上。

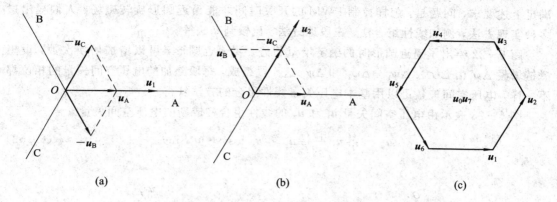

图 6-19　无零状态输出时相电压波形及所对应的开关状态和电压波形

（a）工作状态 100；（b）工作状态 110；（c）一个周期合成电压空间矢量

这样一个由电压空间矢量运动所形成的正六边形轨迹也可以看作异步电动机定子磁链矢量端点的运动轨迹。进一步说明如下：设定子磁链空间矢量为 $\boldsymbol{\psi}_1$，在第一个 $\pi/3$ 期间，施加的电压空间矢量为 $\boldsymbol{u}_1$，在 $\pi/3$ 所对应的时间 $\Delta t$ 内，产生一个增量 $\Delta\boldsymbol{\psi}_1 = \boldsymbol{u}_1\Delta t$，也就是说，在 $\pi/3$ 所对应的时间 $\Delta t$ 内，施加 $\boldsymbol{u}_1$ 的结果是使定子磁链 $\boldsymbol{\psi}_1$ 产生一个增量 $\Delta\boldsymbol{\psi}$，其幅值与 $|\boldsymbol{u}_1|$ 成正比，方向与 $\boldsymbol{u}_1$ 一致，最后得到图 6-20 所示的新的磁链 $\boldsymbol{\psi}_2$，新的磁链 $\boldsymbol{\psi}_2 = \boldsymbol{\psi}_1 + \Delta\boldsymbol{\psi}$。依此类推，可以写出 $\Delta\boldsymbol{\psi}$ 的通式：

$$\boldsymbol{u}_i\Delta t = \Delta\boldsymbol{\psi}_i, \quad \boldsymbol{\psi}_{i+1} = \boldsymbol{\psi}_i + \Delta\boldsymbol{\psi}_i \quad i = 1, 2, \cdots, 6$$

磁链增量 $\Delta\boldsymbol{\psi}_i$ 的方向取决于所施加的电压 $\boldsymbol{u}_i$，其幅值则正比于施加电压的时间 $\Delta t$。总之，在一个周期内，6 个磁链空间矢量呈放射状，矢量的尾部都在 $O$ 点，其顶端的运动轨迹也就是 6 个电压空间矢量所围成的正六边形。

如果 $\boldsymbol{u}_1$ 的作用时间 $\Delta t$ 小于 $\pi/3$，则 $\Delta\boldsymbol{\psi}_i$ 的幅值也按比例减小，如图 6-21 中的矢量 $\boldsymbol{AB}$。可见，在任何时刻，所产生的磁链增量 $\Delta\boldsymbol{\psi}_i$ 的方向取决于所施加的电压 $\boldsymbol{u}_i$，其幅值则正比于施加电压的时间。

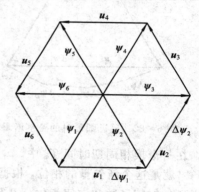

图 6-20　六拍阶梯波逆变器供电时电动机电压空间矢量与磁链矢量的关系

**4. 电压空间矢量的线性组合与 SVPWM 控制**

如果交流电动机由六拍阶梯波逆变器供电，磁链轨迹便是六边形的旋转磁场，这显然不像在正弦波供电时所产生的圆形旋转磁场那样能使电动机匀速运行。

想获得更多边形或逼近圆形的旋转磁场，就必须在每一个 $\pi/3$ 期间内出现多个工作状态，以形成更多的相位不同的电压空间矢量。PWM 控制可以

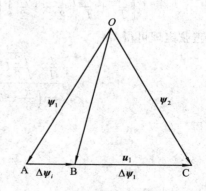

图 6-21　磁链增量 $\Delta\boldsymbol{\psi}$ 与电压矢量、时间增量 $\Delta t$ 的关系

满足上述要求，问题是，怎样控制 PWM 的开关时间才能逼近圆形旋转磁场？人们提出过多种实现方法，例如线性组合法、三段逼近法、比较判断法等。

图 6-22 绘出了逼近圆形时的磁链增量轨迹。要逼近圆形，可以增加切换次数，设想磁链增量 $\Delta\boldsymbol{\psi}_1$ 由 $\Delta\boldsymbol{\psi}_{11}$、$\Delta\boldsymbol{\psi}_{12}$、$\Delta\boldsymbol{\psi}_{13}$ 和 $\Delta\boldsymbol{\psi}_{14}$ 这 4 段组成，每段施加的电压空间矢量的相位都不一样，电压空间矢量可以用基本电压矢量线性组合的方法获得。

图 6-23 表示由电压空间矢量 $\boldsymbol{u}_1$ 和 $\boldsymbol{u}_2$ 的线性组合构成新的电压空间矢量 $\boldsymbol{u}_s$：

$$\boldsymbol{u}_s = \frac{t_1}{T_0}\boldsymbol{u}_1 + \frac{t_2}{T_0}\boldsymbol{u}_2 = \boldsymbol{u}_s\cos\theta + \mathrm{j}\boldsymbol{u}_s\sin\theta \tag{6-52}$$

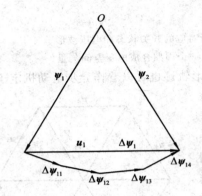

图 6-22　逼近圆形时的磁链增量轨迹　　　　图 6-23　电压空间矢量的线性组合

在一个换相周期时间 $T_0$ 中，$\boldsymbol{u}_1$ 的作用时间为 $t_1$，$\boldsymbol{u}_2$ 的作用时间为 $t_2$。$\boldsymbol{u}_s$ 与矢量 $\boldsymbol{u}_1$ 的夹角 $\theta$ 就是这个新矢量的相位。根据式(6-52)用相电压表示合成电压空间矢量的定义，把相电压的时间函数和空间相位分开写，得 $\boldsymbol{u}_s = u_A(t) + u_B(t)e^{\mathrm{j}\gamma} + u_C(t)e^{\mathrm{j}2\gamma}$，$\gamma = 120°$。用线电压表示 $\boldsymbol{u}_s = u_{AB}(t) - u_{BC}(t)e^{-\mathrm{j}\gamma}$，当各功率开关处于不同状态时，线电压可取值为 $U_d$、0 或 $-U_d$，得

$$\boldsymbol{u}_s = \frac{t_1}{T_0}U_d + \frac{t_2}{T_0}U_d e^{\mathrm{j}\pi/3} = U_d\left(\frac{t_1}{T_0} + \frac{t_2}{T_0}e^{\mathrm{j}\pi/3}\right) = U_d\left[\frac{t_1}{T_0} + \frac{t_2}{T_0}\left(\cos\frac{\pi}{3} + \mathrm{j}\sin\frac{\pi}{3}\right)\right]$$

$$= U_d\left[\frac{t_1}{T_0} + \frac{t_2}{T_0}\left(\frac{1}{2} + \mathrm{j}\frac{\sqrt{3}}{2}\right)\right] = U_d\left[\left(\frac{t_1}{T_0} + \frac{t_2}{2T_0}\right) + \mathrm{j}\frac{\sqrt{3}t_2}{2T_0}\right] \tag{6-53}$$

由正弦定理可得

$$\frac{\dfrac{t_1}{T_0}\sqrt{\dfrac{2}{3}}U_d}{\sin\left(\dfrac{\pi}{3} - \theta\right)} = \frac{\dfrac{t_2}{T_0}\sqrt{\dfrac{2}{3}}U_d}{\sin\theta} = \frac{u_s}{\sin\dfrac{2\pi}{3}}$$

解得

$$t_1 = \frac{\sqrt{2}u_s T_0}{U_d}\sin\left(\frac{\pi}{3} - \theta\right) \tag{6-54}$$

$$t_2 = \frac{\sqrt{2}u_s T_0}{U_d}\sin\theta \tag{6-55}$$

$T_0$ 由旋转磁场所需的频率决定，$T_0$ 与 $t_1 + t_2$ 未必相等，其间隙时间可用零矢量 $\boldsymbol{u}_7$ 或

$u_0$ 来填补。为了减少功率器件的开关次数，使 $u_7$ 和 $u_0$ 各占一半时间，即

$$t_7 = t_0 = \frac{1}{2}(T_0 - t_1 - t_2) \geqslant 0 \qquad (6-56)$$

把逆变器的一个工作周期用 6 个电压空间矢量划分成 6 个区域（见图 6-24），称为扇区(Sector)，图 6-24 所示的 I ～ VI 每个扇区对应的时间均为 π/3。在六拍阶梯波逆变器中，一个扇区仅包含两个开关工作状态，实现 SVPWM 控制就是要把每一扇区再分成若干个对应于时间 $T_0$ 的小区间。按照上述方法插入若干个线性组合的新电压空间矢量 $u_s$，以获得优于正六边形的多边形（逼近圆形）旋转磁场。

以第 I 扇区为例，每一个 $T_0$ 相当于 PWM 电压波形中的一个脉冲波，包含 $t_1$、$t_2$、$t_7$ 和 $t_0$ 段，相应的电压空间矢量为 $u_1$、$u_2$、$u_7$ 和 $u_0$，共 4 种开关状态。为了使电压波形对称，把每种状态的作用时间都一分为二，因而形成电压空间矢量的作用序列为 1 2 7 0 0 7 2 1，其中 1 表示作用 $u_1$，2 表示作用 $u_2$，依此类推。这样，在这一个时间内，逆变器三相的开关状态序列为 100，110，111，000，000，111，110，100。在实际系统中，应该尽量减少开关状态变化时引起的开关损耗，每次切换开关状态时，只切换一个功率开关器

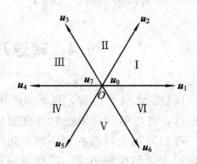

图 6-24 电压空间矢量的放射形式和 6 个扇区

件，以满足最小开关损耗。按照此原则进行检查，发现上述 1270 的顺序是不合适的。为此，应该把切换顺序改为 0 1 2 7 7 2 1 0，即开关状态序列为 000，100，110，111，111，110，100，000，这样就能满足每次只切换一个开关的要求了。图 6-25 给出了在这个小区间 $T_0$ 中按修改后开关序列工作的逆变器输出三相电压波形，图中虚线间的每一小段表示一种工作状态，其时间长短可以是不同的。

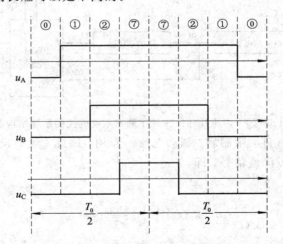

图 6-25 第 I 扇区内一段 $T_0$ 区间的开关序列与逆变器三相电压波形

一个扇区内所分的小区间越多，就越能逼近圆形旋转磁场。

归纳起来，SVPWM 控制模式有以下特点：

(1) 逆变器的一个工作周期分成 6 个扇区，每个扇区相当于常规六拍阶梯波逆变器的

一拍。为了使电动机旋转磁场逼近圆形，每个扇区再分成若干个小区间 $T_0$，$T_0$ 越短，旋转磁场越接近圆形，但 $T_0$ 的缩短受到功率开关器件允许开关频率的制约。

（2）在每个小区间内虽有多次开关状态的切换，但每次切换都只涉及一个功率开关器件，因而开关损耗较小。

（3）每个小区间均以零矢量开始，又以零矢量结束。

（4）利用电压空间矢量直接生成三相 PWM 波，计算简便。

（5）采用 SVPWM 控制时，逆变器输出线电压基波最大值为直流侧电压，这比一般的 SPWM 逆变器输出电压提高了 15%。

# 6.4　转速开环恒压频比控制调速系统

风机、水泵类负载，并不需要很高的动态性能，只要在一定范围内能实现高效率的调速即可，因此可以只根据电动机的稳态模型，采用转速开环电压-频率协调控制方案，这就是一般的通用变频器控制系统。此外转速开环恒压频比带低频电压补偿的控制方案是常用的通用变频器控制方案。若对调速范围和启制动性能要求高一些，还可以采用转速闭环转差频率控制方案。

## 6.4.1　系统结构

转速开环恒压频比控制调速系统的基本原理在 6.1、6.2 节已详细论述了，图 6-26 为其控制系统结构图，PWM 控制可采用 6.3 节介绍的正弦 PWM 控制或 SVPWM 控制。

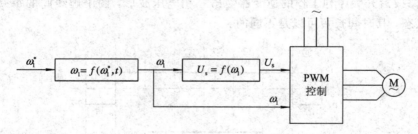

图 6-26　转速开环恒压频比调速系统的控制系统结构图

由于系统本身没有自动限制启、制动电流的作用，因此，频率设定必须通过给定积分算法产生平缓的升速或降速信号，即

$$
\omega_1(t) = \begin{cases} \omega_1^* & \omega_1 = \omega_1^* \\[2mm] \omega_1(t_0) + \displaystyle\int_{t_0}^{t} \frac{\omega_{1\mathrm{N}}}{\tau_{\mathrm{up}}}\,\mathrm{d}t & \omega_1 < \omega_1^* \\[4mm] \omega_1(t_0) - \displaystyle\int_{t_0}^{t} \frac{\omega_{1\mathrm{N}}}{\tau_{\mathrm{down}}}\,\mathrm{d}t & \omega_1 > \omega_1^* \end{cases} \tag{6-57}
$$

其中，$\tau_{\mathrm{up}}$ 为从 0 上升到额定频率的 $\omega_{1\mathrm{N}}$ 时间，$\tau_{\mathrm{down}}$ 为从额定频率 $\omega_{1\mathrm{N}}$ 降到 0 的时间，可根据负载需要分别进行选择。

电压-频率特性为

$$U_s = f(\omega_1) = \begin{cases} U_N & \omega_1 \geqslant \omega_{1N} \\ f'(\omega_1) & \omega_1 < \omega_{1N} \end{cases} \qquad (6-58)$$

当实际频率 $\omega_1$ 大于或等于额定频率 $\omega_{1N}$ 时,只能保持额定电压 $U_N$ 不变。而当实际频率 $\omega_1$ 小于额定频率 $\omega_{1N}$ 时, $U_s = f'(\omega_1)$ ,系统控制一般是带低频补偿的恒压频比控制。

转速开环恒压频比控制调速系统的机械特性如图 6-5、图 6-7 所示,在负载扰动下,转速开环恒压频比控制调速系统存在转速降,属于有静差调速系统,故调速范围有限,只能用于调速性能要求不高的场合。

### 6.4.2　系统实现

图 6-27 为一种典型的基于计算机控制的数字控制通用变频器-异步电动机调速系统硬件原理图。它包括主电路、驱动电路、计算机控制电路、信号采集与故障检测电路,图中未绘出开关器件的吸收电路和其他辅助电路。

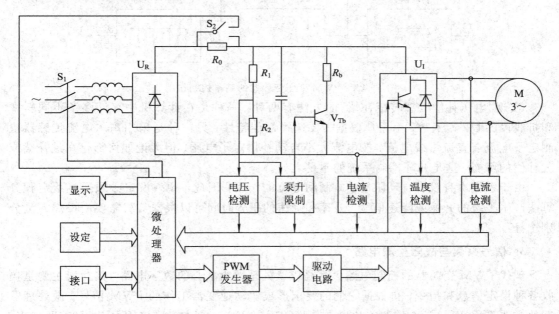

图 6-27　数字控制通用变频器-异步电动机调速系统原理图

#### 1. 主回路与驱动电路

现代通用变频器大都是采用二极管整流器和由全控开关器件 IGBT 或功率模块 IPM 组成的 PWM 逆变器,构成交/直/交电压源型变压变频器。 $V_{Tb}$ 和 $R_b$ 为泵升限制电路("泵升电压产生"详见 6.6.3 节)。为了便于散热,制动电阻器常作为附件单独装在变频器机箱外边。

为了避免大电容在合上电源开关 $S_1$ 后通电的瞬间产生过大的充电电流,在整流器和滤波电容间的直流回路上串入限流电阻 $R_0$(或电抗)。刚通上电源时,由 $R_0$ 限制充电电流,然后延迟开关 $S_2$ 将 $R_0$ 短路,以免长期接入 $R_0$ 时影响变频器的正常工作,并产生附加损耗。

驱动电路的作用是将微处理器产生的 PWM 信号经功率放大后,控制电力电子器件的导通或关断,起到弱电控制强电的作用。

**2. 计算机控制电路**

控制软件是系统的核心,除了 PWM 生成、给定积分和压频控制等主要功能软件外,还包括信号采集、故障检测,以及给定电位器输入、显示和通信等辅助功能软件。现代通用变频器功能强大,可设定或修改的参数达数百个。有多组压频曲线可供选择,除了常用的带低频补偿的恒压频比控制外,还带有 S 形和二次形曲线,具有多段加速或减速功能,每段的上升或下降斜率均可分别设定,还具有摆频、频率跟踪以及逻辑控制和 PI 控制等功能,以满足不同用户的需求。

现代 PWM 变频器的控制电路中,需要设定的控制信息主要有 $U$-$f$ 特性、工作频率、频率升高时间、频率下降时间等,还可以有一系列特殊功能的设定,见图 6-28。

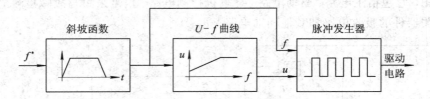

图 6-28　PWM 变压变频器的基本控制作用

实现"电压补偿"或"转矩补偿"的方法有两种:一种是在计算机中存储多条不同斜率和折线段的 $U$-$f$ 函数,由用户根据需要选择最佳特性;另一种是采用霍尔电流传感器检测定子电流或直流母线电流,按电流大小自动补偿定子电压。但无论如何都存在过补偿或欠补偿的可能,这是开环控制系统的不足之处。

由于系统本身没有自动限制启、制动电流的作用,因此,频率设定必须通过给定积分算法产生平缓的升速或降速信号,升速和降速的积分时间可以根据负载需要由操作人员分别选择。

**3. 信号采集与故障检测电路**

现代 PWM 变频器的控制电路大都是以微处理器为核心的数字电路,其功能主要是接收各种设定信息和指令,再根据它们的要求形成驱动逆变器工作的 PWM 信号。微处理器芯片主要采用 8 位或 16 位的单片机,或用 32 位的 DSP,现在已有应用 RISC 的产品出现。PWM 信号可以由计算机本身的软件产生,由 PWM 端口输出,也可采用专用的 PWM 生成电路芯片。

## 6.4.3　动态特性与静态特性

采用变压变频调速的目的在于"动态"地调节电动机的转速,但本节所述的控制方法基于电动机的稳态数学模型。如果施加于电动机的同步频率 $f_1$ 和电压发生突变,那么该突变必然导致产生较大的转差频率。如果转差频率太大,将使系统不再工作在机械特性的线性段(对于大多数负载为稳定工作区),从而引起系统的非正常运行。那么,如何合理地"动态"地调节电动机的转速呢?

事实上,本节所说的动态,不是控制理论所讲的动态,而是使系统由一个静态缓慢地变化到另一个静态。所以只要缓慢地实施加速或减速控制就可以避开动态问题,而这种调速性能已经可以满足现实中的许多需求。用图 6 - 29 对这一调速过程进行说明。该图是将图 6 - 5 的 $n$ 作为自变量后的一组机械特性曲线。设电动机在 $t=0$ 时刻稳定运行在工作点"1"，此时 $T_e = T_L$。当需要加速时，变频器随时间从左到右提供了点 2 和点 3 之间的一组"$E_g/f_1 =$ 常数"的曲线。由于点 2 处的电动机输出电磁转矩 $T_e > T_L$，电动机开始加速并随变频器提供的这组曲线加速至点 3 处。最终沿点 3 的机械特性曲线稳定工作在点 4。同样方法，也可完成减速过程，如图中工作点"1→5→6→7"所示。

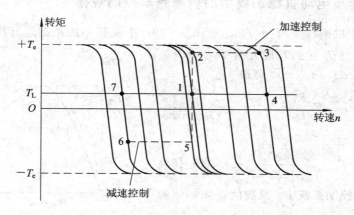

图 6 - 29　恒压频比控制的加、减速过程

此外，稳态时对于电动运行状态，转子转速 $n$ 小于同步转速 $n_0$，所以这种调速方法是有静差的，并且转速误差为电动机的转速降 $sn_0$。

## 6.5　转速闭环转差频率控制的变压变频调速系统

转速开环变频调速系统可以满足平滑调速的要求，但静、动态性能都有限，要提高静、动态性能，需要使用转速反馈闭环控制。

### 6.5.1　转差频率控制的基本概念

恒 $E_g/\omega_1$ 控制（即恒 $\Phi_m$ 控制）时的电磁转矩公式为

$$T_e = 3n_p \left(\frac{E_g}{\omega_1}\right)^2 \frac{s\omega_1 R_r^{'}}{R_r^{'2} + s^2 \omega_1^2 L_{lr}^{'2}}$$

将 $E_g = 4.44 f_1 W_1 K_{w1} \Phi_m = 4.44 \dfrac{\omega_1}{2\pi} W_1 K_{w1} \Phi_m = \dfrac{1}{\sqrt{2}} \omega_1 W_1 K_{w1} \Phi_m$ 代入上式，得

$$T_e = \frac{3}{2} n_p W_1^2 K_{w1}^2 \Phi_m^2 \frac{s\omega_1 R_r^{'}}{R_r^{'2} + s^2 \omega_1^2 L_{lr}^{'2}} \qquad (6-59)$$

令转差角频率 $\omega_s = s\omega_1$，$K_m = \dfrac{3}{2} n_p W_1^2 K_{w1}^2$，则

$$T_e = K_m \Phi_m^2 \frac{\omega_s R_r^{'}}{R_r^{'2} + (\omega_s L_{lr}^{'})^2} \qquad (6-60)$$

当电动机稳态运行时，$s$ 值很小，$\omega_s$ 也很小，可以认为 $\omega_s L_{lr}^{'} \ll R_r^{'}$，则转矩可近似表示为

$$T_e \approx K_m \Phi_m^2 \frac{\omega_s}{R_r'} \qquad\qquad (6-61)$$

式(6-61)表明,在 $s$ 值很小的稳态运行范围内,如果能够保持气隙磁通 $\Phi_m$ 不变,异步电动机的转矩就近似与转差角频率 $\omega_s$ 成正比。

控制转差频率就代表控制转矩,这就是转差频率控制的基本概念。

### 6.5.2　基于异步电动机稳态模型的转差频率控制规律

转矩特性(即机械特性)$T_e = f(\omega_s)$ 见图 6-30,在 $\omega_s$ 较小的稳态运行段,转矩 $T_e$ 基本上与 $\omega_s$ 成正比。当 $T_e$ 达到其最大值 $T_{e\,max}$ 时,$\omega_s$ 达到 $\omega_{s\,max}$ 值。取 $\mathrm{d}T_e/\mathrm{d}\omega_s = 0$,可得

$$\omega_{s\,max} = \frac{R_r'}{L_{lr}'} = \frac{R_r}{L_{lr}} \qquad (6-62)$$

而

$$T_{e\,max} = \frac{K_m \Phi_m^2}{2L_{lr}'} \qquad (6-63)$$

在转差频率控制系统中,只要使 $\omega_s$ 限幅值为

$$\omega_{sm} < \omega_{s\,max} = \frac{R_r}{L_{lr}} \qquad (6-64)$$

就可以基本保持 $T_e$ 与 $\omega_s$ 的正比关系,也就可以

用转差频率来控制转矩,这是转差频率控制的基本规律之一。

上述规律是在保持 $\Phi_m$ 恒定的前提下才成立的,按恒 $E_g/\omega_1$ 控制时可保持 $\Phi_m$ 恒定。在等效电路中可得 $\dot{U}_s = \dot{I}_s(R_s + j\omega_1 L_{ls}) + \dot{E}_g = \dot{I}_s(R_s + j\omega_1 L_{ls}) + \left(\dfrac{\dot{E}_g}{\omega_1}\right)\omega_1$,由此可见,要实现恒 $E_g/\omega_1$ 控制,须在 $U_s/\omega_1 = $ 恒值的基础上再提高电压 $U_s$ 以补偿定子电流压降。如果忽略电流相位变化的影响,不同定子电流时恒 $E_g/\omega_1$ 控制所需的电压频率特性 $U_s = f(\omega_1, I_s)$ 如图 6-31 所示。保持 $E_g/\omega_1$ 恒定,也就是保持 $\Phi_m$ 恒定,这是转差频率控制的基本规律之二。

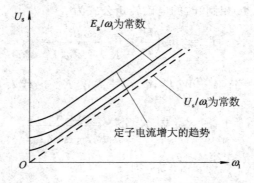

图 6-31　不同定子电流时恒 $E_g/\omega$ 控制所需的电压频率特性

总结起来,转差频率控制的规律如下:

(1) 在 $\omega_s \leqslant \omega_{sm}$ 的范围内,转矩 $T_e$ 基本上与 $\omega_s$ 成正比,条件是气隙磁通不变。

（2）在不同的定子电流值时，按图 6-31 的 $U_s=f(\omega_1,I_s)$ 函数关系控制定子电压和频率，就能保持气隙磁通 $\Phi_m$ 恒定。

### 6.5.3　转差频率控制的变压变频调速系统

转差频率控制的变压变频调速系统结构原理图如图 6-32 所示，转速调节器 ASR 的输出信号是给定转差频率 $\omega_s^*$，$\omega_s^*$ 与实测转速信号 $\omega$ 相加，即得定子频率给定信号 $\omega_1^*$，即 $\omega_1^*=\omega_s^*+\omega$。由 $\omega_1^*$ 和定子电流反馈信号 $I_s$，从 $U_s=f(\omega_1,I_s)$ 函数中查得定子电压给定信号 $U_s^*$，用 $U_s^*$ 和 $\omega_1^*$ 控制 PWM 进而控制电压源型逆变器。

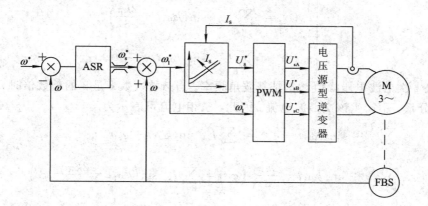

图 6-32　转差频率控制的变压变频调速系统结构原理图

转差角频率 $\omega_s^*$ 与实测转速信号 $\omega$ 相加后得到定子频率输入信号 $\omega_1^*$，这是转差频率控制系统突出的特点或优点。在调速过程中，频率 $\omega_1$ 随着实际转速 $\omega$ 同步地上升或下降，加、减速平滑而且稳定。在动态过程中转速调节器 ASR 饱和，系统能用对应于 $\omega_{sm}$ 的限幅转矩 $T_{em}$ 进行控制，保证了在允许条件下的快速性。

转差频率控制的变压变频调速系统的转速控制精度还不能完全达到直流双闭环系统的水平，存在差距的原因有以下几个方面：

（1）在分析转差频率控制规律时，是从异步电动机稳态等效电路和稳态转矩公式出发的，所谓的"保持磁通 $\Phi_m$ 恒定"的结论也只在稳态情况下才能成立。

（2）$U_s=f(\omega_1,I_s)$ 函数关系中只抓住了定子电流的幅值，没有控制到电流的相位，而在动态中电流的相位也是影响转矩变化的因素。

（3）在频率控制环节中，取 $\omega_1^*=\omega_s^*+\omega$，使频率 $\omega_1$ 得以与转速 $\omega$ 同步升降，这本是转差频率控制的优点。然而，如果转速检测信号不准确或存在干扰，也就会直接给频率造成误差，因为所有这些偏差和干扰都以正反馈的形式毫无衰减地传递到频率控制信号上来了。

## 6.6　PWM 变频调速系统的几个问题

由电力电子器件构成的 PWM 变频器具有结构紧凑、体积小、动态响应快、功率损耗小等优点，被广泛应用于交流电动机调速。PWM 变频器的输出电压为等高不等宽的脉冲序列，该脉冲序列可分解为基波和一系列谐波分量，基波产生恒定的电磁转矩，而谐波分量则带来一些负面效应。

## 6.6.1　转动脉动

为了减少谐波并简化控制，一般使 PWM 波正负半波镜对称和 1/4 周期对称，则三相对称的电压 PWM 波可用傅里叶级数表示：

$$
\begin{cases}
u_\mathrm{A}(t) = \sum_{k=奇数}^{\infty} U_{km} \sin(k\omega_1 t) \\
u_\mathrm{B}(t) = \sum_{k=奇数}^{\infty} U_{km} \sin\left(k\omega_1 t - \dfrac{2k\pi}{3}\right) \\
u_\mathrm{C}(t) = \sum_{k=奇数}^{\infty} U_{km} \sin\left(k\omega_1 t + \dfrac{2k\pi}{3}\right)
\end{cases}
\tag{6-65}
$$

$U_{km}$ 是 $k$ 次谐波电压幅值，$\omega_1$ 是基波角频率。当谐波次数 $k$ 是 3 的整数倍时，则三相电压为零序分量，不产生该次谐波电流。因此，三相电流可表示为

$$
\begin{cases}
i_\mathrm{A}(t) = \sum_{k>0}^{\infty} \dfrac{U_{km}}{z_k} \sin(k\omega_1 t - \varphi_k) = \sum_{k>0}^{\infty} I_{km} \sin(k\omega_1 t - \varphi_k) \\
i_\mathrm{B}(t) = \sum_{k>0}^{\infty} \dfrac{U_{km}}{z_k} \sin\left(k\omega_1 t - \dfrac{2k\pi}{3} - \varphi_k\right) = \sum_{k>0}^{\infty} I_{km} \sin\left(k\omega_1 t - \dfrac{2k\pi}{3} - \varphi_k\right) \\
i_\mathrm{C}(t) = \sum_{k>0}^{\infty} \dfrac{U_{km}}{z_k} \sin\left(k\omega_1 t + \dfrac{2k\pi}{3} - \varphi_k\right) = \sum_{k>0}^{\infty} I_{km} \sin\left(k\omega_1 t + \dfrac{2k\pi}{3} - \varphi_k\right)
\end{cases}
\tag{6-66}
$$

其中，谐波的阻抗 $z_k = \sqrt{R^2 + (k\omega_1 L)^2}$，谐波的功率因数角 $\varphi_k = \arctan \dfrac{k\omega_1 L}{R}$，$k = 6k' \pm 1$。$k'$ 为非负整数，取"＋"时为正序分量，产生正向旋转磁场，如 7、13 次谐波；取"－"时为负序分量，产生逆向旋转磁场，如 5、11 次谐波。

考虑到高次谐波的阻抗 $z_k$ 较大，故高次谐波电压主要降落在 $z_k$ 上，因此，三相感应电动势近似为正弦波，忽略基波阻抗压降，其幅值约等于基波电压幅值 $U_{1m}$，由图 6-33 所示的单相等效电路得

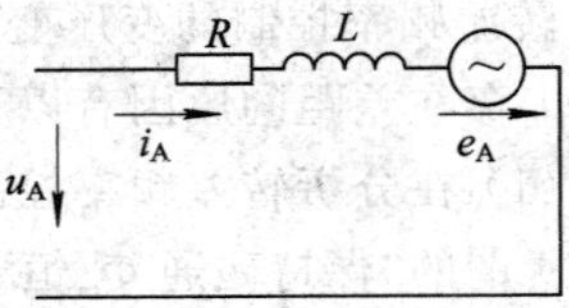

图 6-33　异步电动机单相等效电路

$$
\begin{cases}
e_\mathrm{A}(t) \approx u_{\mathrm{A}1} = U_{1m} \sin(\omega_1 t) \\
e_\mathrm{B}(t) \approx u_{\mathrm{B}1} = U_{1m} \sin\left(\omega_1 t - \dfrac{2k\pi}{3}\right) \\
e_\mathrm{C}(t) \approx u_{\mathrm{C}1} = U_{1m} \sin\left(\omega_1 t + \dfrac{2k\pi}{3}\right)
\end{cases}
\tag{6-67}
$$

基波感应电动势与 $k$ 次谐波电流传输的瞬时功率为

$$
\begin{aligned}
p_{1,k} &= e_\mathrm{A}(t) i_{\mathrm{A}k}(t) + e_\mathrm{B}(t) i_{\mathrm{B}k}(t) + e_\mathrm{C}(t) i_{\mathrm{C}k}(t) \\
&= \frac{1}{2} U_{1m} I_{km} \left[1 + 2\cos\left(\frac{2\pi}{3}(k-1)\right)\right] \cos[(k-1)\omega_1 t - \varphi_k] - \\
&\quad \frac{1}{2} U_{1m} I_{km} \left[1 + 2\cos\left(\frac{2\pi}{3}(k+1)\right)\right] \cos[(k+1)\omega_1 t - \varphi_k]
\end{aligned}
\tag{6-68}
$$

$k$ 次谐波电流产生的电磁转矩

$$T_{1,k} \approx \frac{p_{1,k}}{\omega_1 t} = \frac{1}{2\omega_1 t} U_{1m} I_{km} \left[ 1 + 2\cos\left(\frac{2\pi}{3}(k-1)\right) \right] \cos[(k-1)\omega_1 t - \varphi_k] -$$

$$\frac{1}{2\omega_1 t} U_{1m} I_{km} \left[ 1 + 2\cos\left(\frac{2\pi}{3}(k+1)\right) \right] \cos[(k+1)\omega_1 t - \varphi_k] \qquad (6-69)$$

将 $k=5，7，11，13$ 代入上式，得

$$\begin{cases} T_{1,5} \approx \dfrac{p_{1,5}}{\omega_1 t} = -\dfrac{3}{2\omega_1} U_{1m} I_{5m} \cos(6\omega_1 t - \varphi_5) \\[2mm] T_{1,7} \approx \dfrac{p_{1,7}}{\omega_1 t} = \dfrac{3}{2\omega_1} U_{1m} I_{7m} \cos(6\omega_1 t - \varphi_7) \\[2mm] T_{1,11} \approx \dfrac{p_{1,11}}{\omega_1 t} = -\dfrac{3}{2\omega_1} U_{1m} I_{11m} \cos(12\omega_1 t - \varphi_{11}) \\[2mm] T_{1,13} \approx \dfrac{p_{1,13}}{\omega_1 t} = \dfrac{3}{2\omega_1} U_{1m} I_{13m} \cos(12\omega_1 t - \varphi_{13}) \end{cases} \qquad (6-70)$$

式(6-70)表明，5 次和 7 次谐波电流产生 6 次的脉动转矩，11 次和 13 次谐波电流产生 12 次的脉动转矩。当 $k$ 继续增大时，谐波电流较小，脉动转矩不大，可忽略不计。在 PWM 控制时，应抑制这些谐波分量。

### 6.6.2　直流电压利用率

采用 PWM 调制，有时还要提高直流电压利用率，降低开关损耗等。在降低 PWM 的开关损耗方面，可采用软开关、阶梯波调制等方法，这在电力电子技术教材中有相关介绍。直流电压利用率即逆变电路输出交流电压基波最大幅值 $U_{1m}$ 和直流电压 $U_d$ 之比，提高直流电压利用率可以提高逆变器的输出能力。

对于采用 SPWM 的三相逆变电路来说，在调制度最大为 1 时，输出相电压的基波幅值为 $U_d/2$，输出线电压的基波幅值为 $\frac{\sqrt{3}}{2} U_d$，即直流电压利用率仅为 0.866。这个直流电压利用率是比较低的，其原因是正弦调制波的幅值不能超过三角波的幅值。实际电路工作时，如果不采取其他措施，调制度不可能达到 1，因此，实际能得到的直流电压利用率比 0.866 还要低。

为了提高直流电压利用率，在 $m_a$ 接近 1 时采用过调制。过调制一般有两种方法。其一是不采用正弦波作为调制波信号，而采用梯形波作为调制波信号，这可有效地提高直流电压利用率。因为当梯形波 $u_{rU}$ 幅值和三角波 $u_c$ 幅值相等时，梯形波所含的基波分量幅值已超过三角波幅值。采用这种调制方法时，决定开关器件通断的方法和正弦波 SPWM 的完全相同，图 6-34 给出了这种方法的调制原理。但是，由于梯形波中含有低次谐波，故调制后仍含有同样的低次谐波。而线电压控制方式的目标是使输出的线电压波形中不含低次谐波，同时尽可能提高直流电压利用率。

其二是在正弦调制波中叠加三次谐波，如果在正弦调制波中叠加适当大小的三次谐波，使之成为马鞍形，则经过 PWM 调制后逆变电路输出的相电压中也仍然包含三次谐波，而三相的三次谐波相位相同，合成线电压时，各相电压的三次谐波相互抵消，线电压为正弦波。如图 6-35 所示，当正弦调制波幅值与三角波幅值相等，而三次谐波幅值为三角波幅值的 1/3 时，直流电压利用率可达 1，此时

$$u_r = u_{r1} \sin(\omega t) + u_{r3} \sin(3\omega t) \qquad (6-71)$$

而 SVPWM 调制与叠加三次谐波的正弦波调制方式本质上是相似的，故 SVPWM 的直流电压利用率也可达 1。

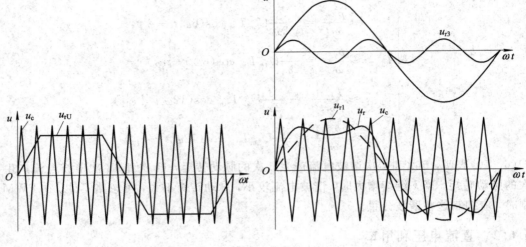

图 6-34  梯形波为调制信号的 PWM 控制        图 6-35  叠加三次谐波的调制信号

### 6.6.3  能量回馈与泵升电压

图 6-8 的交/直/交变压变频器采用不可控整流，能量不能从直流侧回馈至电网，当交流电动机工作在发电状态时，能量从电动机回馈至直流侧，将导致直流电压上升，称为泵升电压。若电动机储能较大、制动时间较短或电动机长时间工作在发电制动状态，则泵升电压将很大，严重时会损坏变频器。

为了限制泵升电压，可采取以下两种方法：

（1）在直流侧并入一个制动电阻，当泵升电压达到一定值时，开通与制动电阻相串联的功率器件，通过制动电阻释放电能，以降低泵升电压，见图 6-36。

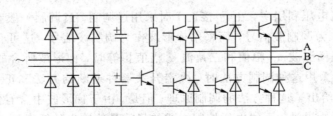

图 6-36  带制动电阻的交/直/交变压变频器主电路

（2）在直流侧并入一组晶闸管有源逆变器（见图 6-37）或采用 PWM 可控整流（见图 6-38），当泵升电压升高时，能量回馈至电网，以限制泵升电压。

PWM 可控整流除了限制泵升电压外，还具有改善变频器输入侧功率因数和抑制输入电流谐波等功能。

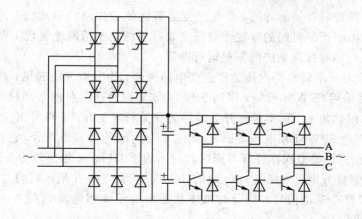

图 6-37　直流侧并入晶闸管有源逆变器的交/直/交变频器主电路

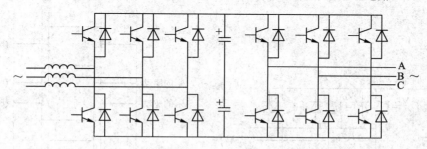

图 6-38　PWM 可控整流的交/直/交变频器主电路

### 6.6.4　对电网的污染

二极管整流器是全波整流装置，但由于直流侧存在较大的滤波电容，只有当输入交流线电压幅值大于电容电压时，才有充电电流流通，交流电压低于电容电压时，电流便终止，因此输入电流呈脉冲形状，如图 6-39 所示。这样的电流波形具有较大的谐波分量，使电源受到污染。

为了抑制谐波电流，对于容量较大的 PWM 变频器，应在输入端设有进线电抗器，有时也可以在整流器和电容器之间串接直流电抗器。

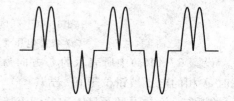

图 6-39　电网侧输入电流波形

### 6.6.5　桥臂器件开关死区对 PWM 变压变频器的影响

在上面讨论 PWM 控制的变压变频器工作原理时，我们一直认为逆变器中的功率开关器件都是理想的开关，也就是说，它们的导通与关断都随其驱动信号同步、无时延地完成。但实际上功率开关器件都不是理想的开关，它们都存在导通时延与关断时延。因此，为了保证逆变电路的安全工作，必须在同一相上（下）两个桥臂开关器件的通断信号之间设置一段死区时间 $t_d$，即在上（下）两个桥臂器件得到关断信号后，要滞后 $t_d$ 时间以后才允许给上（下）臂器件送入导通信号，以防止其中一个器件尚未完全关断时另一个器件已经导通，从而导致上、下两桥臂器件同时导通，产生逆变器直流侧被短路的事故。死区时间的长短因开关器件而异。由于死区时间的存在使变压变频器不能完全精确地复现 PWM 控制信号的理想波形，所以会影响控制系统的期望运行性能。

以图 6-40(a)所示的典型电压源型逆变电路为例，为分析方便起见，我们进行如下假设：① 逆变电路采用 SPWM 控制，得到 SPWM 波形输出；② 负载电动机的电流为正弦波形，并具有功率因数角 $\varphi$；③ 不考虑开关器件的开关所需上升、下降时间。此时，变压变频器 A 相输出的理想 SPWM 相电压波形 $u_A^*$ 如图 6-40(b)的(b-1)所示，它也表示该相的理想 SPWM 控制信号。考虑到器件开关死区时间 $t_d$ 的影响后，A 相桥臂功率开关器件 $V_{T1}$ 与 $V_{T4}$ 的实际驱动信号分别示于图 6-40(b)的(b-2)和(b-3)。在死区时间 $t_d$ 中，上、下桥臂两个开关器件都没有驱动信号，桥臂的工作状态取决于该相电流 $i_A$ 的方向和续流二极管 $V_{D1}$ 或 $V_{D4}$ 的作用。

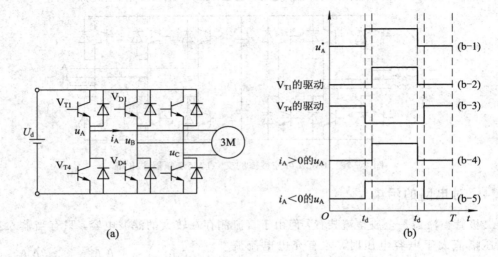

图 6-40　死区及变压变频器的输出波形

(a) 典型电压源型逆变电路；(b) 输出波形

设图 6-40(a)中所表示的 $i_A$ 方向为正方向。当 $i_A>0$ 时，$V_{T1}$ 关断后即通过 $V_{D4}$ 续流，此时 A 相的电压被钳位于 0；若 $i_A<0$，则通过 $V_{D1}$ 续流，A 相的电压被钳位于 $+U_d$。在 $V_{T4}$ 关断与 $V_{T1}$ 导通间死区 $t_d$ 内的续流情况也是如此。总之，当 $i_A>0$ 时，如图 6-40(b)的 (b-4)所示，变压变频器实际输出电压波形的零脉冲宽度增加，而正脉冲变窄；当 $i_A<0$ 时，如图 6-40(b)的(b-5)所示，脉冲变化相反。波形 $u_A$ 与 $u_A^*$ 之差为一系列的脉冲电压 $u_{error}$，其宽度为 $t_d$，幅值为 $U_d$，极性与 $i_A$ 方向相反，并且和 SPWM 脉冲本身的正负无关。一个周期内 $u_{error}$ 的脉冲数取决于 SPWM 波的开关频率。

偏差电压脉冲序列 $u_{error}$ 可以等效为一个矩形波的偏差电压 $U_{error}$（$U_{error}$ 为脉冲序列的平均值）。由于在半个变压变频器输出电压基波 $f_r$ 的周期 $T_{out}$ 内有等式

$$U_{error} \frac{T_{out}}{2} = t_d U_d \frac{k}{2} \tag{6-72}$$

所以偏差电压为

$$U_{error} = \frac{t_d U_d k}{T_{out}} \tag{6-73}$$

式中，$k$ 为 SPWM 波的载波比，$k = f_c/f_r$，$f_c$ 为载波频率；$U_d$ 为直流电压值。偏差电压 $U_{error}$ 以及由该电压引起的输出电压的畸变见图 $6-41(a)$。

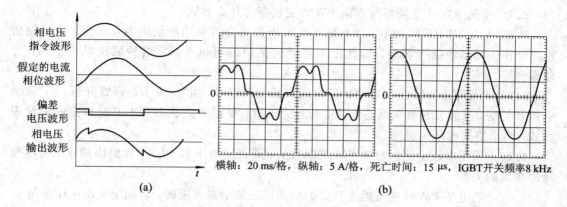

横轴：20 ms/格，纵轴：5 A/格，死亡时间：15 μs，IGBT开关频率8 kHz

(a)　　　　　　　　　　　　　　　(b)

图 6-41　死区的偏差电压对系统的影响

(a) 由于死区时间引起的输出电压畸变；(b) 定子电流畸变以及进行死区补偿后的波形

由上述分析可知，死区对变压变频器输出电压的影响如下：

（1）死区形成的偏差电压会使 SPWM 变压变频器实际输出基波电压的幅值比理想的输出基波电压有所减少。如果载波频率 $f_c$ 为一常数（异步调制），则随着输出频率的降低，死区形成的偏差电压越来越大。

（2）对于三相三线的变压变频电源，A、B、C 各相上死区形成的三个偏差电压为三个互差 120° 电角度的方波。由此在输出电压中引入了 5、7、11 等次谐波。这一电压必然引起电流波形的畸变并由谐波电流在交流电动机中产生脉动转矩，严重时将使得系统速度产生脉振以至不能正常运行。图 $6-41(b)$ 的左图是一个实际系统由死区时间引起畸变的电流波形。

以上仅以 SPWM 波形为例说明死区的影响，实际上，死区的影响在各种 PWM 控制方式的变压变频器中都是存在的。有多种方法补偿死区，补偿后的电流波形如图6-41(b) 的右图所示。

# 习题与思考题

6.1　简述异步电动机恒压频比控制方式的原理。

6.2　异步电动机变频调速时，基频以下和基频以上分别属于恒功率还是恒转矩调速方式，为什么？恒功率或恒转矩调速方式指什么，是否指输出功率或转矩恒定？

6.3　按基频以下和基频以上分析电压频率协调的控制方式，画出以下特性曲线。

（1）恒压恒频正弦波供电时异步电动机的机械特性；

（2）基频以下电压-频率协调控制时异步电动机的机械特性；

（3）基频以上恒压变频控制时异步电动机的机械特性；

（4）电压频率特性曲线。

6.4　常用的交流 PWM 有三种控制方式，分别为 SPWM、电流滞环 PWM 和 SVPWM，论述它们的基本特征及各自的优缺点。

6.5　分析电流滞环跟踪 PWM 控制中，环宽 $h$ 对电流波动及开关频率的影响。

6.6　三相异步电动机 Y 形连接，能否将中点与直流侧参考点短接，为什么？

6.7　交流 PWM 变频器与直流 PWM 变换器有什么异同？

6.8　采用 SVPWM 控制，用有效工作电压矢量合成期望的输出电压矢量，由于期望输出电压矢量是连续可调的，因此定子磁链矢量轨迹可以是圆。这种说法是否正确，为什么？

6.9　两电平 PWM 逆变器主回路采用双极性调制时，用"1"表示上桥臂开通，"0"表示上桥臂关断，共有几种开关状态？写出其开关函数。根据开关状态写出其电压空间矢量表达式，画出空间电压矢量图。

6.10　采用电压空间矢量 PWM 调制方法，若直流电压 $u_d$ 恒定，如何协调输出电压与输出频率的关系。

6.11　两电平 PWM 逆变器主回路的输出电压矢量是有限的，若期望输出电压矢量 $u_s$ 的幅值小于直流电压 $u_d$，空间角度 $\theta$ 任意，如何用有限的 PWM 逆变器输出电压矢量来逼近期望的输出电压矢量？

6.12　关于 SVPWM，问：

（1）为什么要将非零的基本电压矢量方向和基本电压矢量区别开来？

（2）零矢量的存在对磁链转速有何作用？

6.13　在转速开环变压变频调速系统中需要给定积分环节，论述给定积分环节的原理与作用。

6.14　在转差频率控制的变频调速系统中，当转差频率的测量值大于或小于实际值时，将给系统工作带来什么样的影响？

# 第 7 章　基于异步电动机动态数学模型的调速系统

异步电动机具有非线性、强耦合、多变量的性质，要获得良好的调速性能，必须从动态模型出发，分析异步电动机的转矩和磁链控制规律，研究异步电动机的高性能调速方法。矢量控制和直接转矩控制是两种基于动态模型的高性能交流电动机调速方法。矢量控制通过矢量变换和按转子磁链定向，得到等效直流电动机模型，然后按照直流电动机模型设计控制系统。直接转矩控制利用转矩偏差和定子磁链幅值偏差的符号，根据当前定子磁链矢量所在的位置，直接选取合适的定子电压矢量，实施电磁转矩和定子磁链的控制。两种交流电动机调速方法都能实现优良的静、动态性能，各有所长，也各有不足之处。

本章 7.1 节首先导出三相异步电动机动态数学模型，并讨论其非线性、强耦合、多变量性质，然后利用坐标变换加以简化，得到两相旋转坐标系和两相静止坐标系上的数学模型；7.2 节讨论按转子磁链定向矢量控制的基本原理、定子电流励磁分量和转矩分量的解耦作用，讨论矢量控制系统的多种实现方案；7.3 节介绍无速度传感器矢量控制系统及基于磁通观测的矢量控制系统；7.4 节讨论定子电压矢量对转矩和定子磁链的控制作用，介绍基于定子磁链控制的直接转矩控制系统；7.5 节对上述两类高性能的异步电动机调速系统进行比较，分析了各自的优、缺点；7.6 节给出了直接转矩控制系统的仿真实例。

## 7.1　交流异步电动机动态数学模型和坐标变换

基于稳态数学模型的异步电动机调速系统虽然能够在一定范围内实现平滑调速，但对于轧钢机、数控机床、机器人、载客电梯等动态性能高的对象，就不适用了。要实现高动态性能的调速系统和伺服系统，必须依据异步电动机的动态数学模型来设计系统。

### 7.1.1　三相异步电动机动态数学模型

在研究异步电动机动态数学模型时，常进行如下假设：

（1）忽略空间谐波，三相绕组对称，且在空间中互差 120° 电角度，所产生的磁动势沿气隙按正弦规律分布。

（2）忽略磁路饱和，各绕组的自感和互感都是恒定的。

（3）忽略铁芯损耗。

（4）不考虑频率变化和温度变化对绕组电阻的影响。

无论异步电动机转子是绕线形还是笼形的，都可以等效成三相绕线转子，并折算到定子侧，折算后的定子和转子绕组匝数都相等。三相异步电动机的物理模型如图 7－1 所示，定子三相绕组轴线 A、B、C 的位置在空间是恒定的，转子绕组轴线 a、b、c 随转子旋转，以 A 轴为参考坐标轴，转子 a 轴和定子 A 轴间的电角度 $\theta$ 为空间角位移变量。规定各绕组电压、电流、磁链的正方向符合电动机惯例和右手螺旋定则。

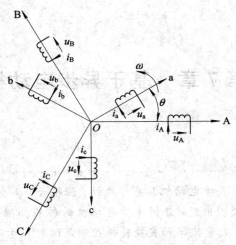

图 7－1　三相异步电动机的物理模型

**1．三相异步电动机动态模型的数学表达式**

异步电动机动态模型由电压方程、磁链方程、转矩方程和运动方程组成。

（1）电压方程。三相定子绕组的电压平衡方程为

$$\begin{cases} u_A = i_A R_s + \dfrac{\mathrm{d}\psi_A}{\mathrm{d}t} \\[2mm] u_B = i_B R_s + \dfrac{\mathrm{d}\psi_B}{\mathrm{d}t} \\[2mm] u_C = i_C R_s + \dfrac{\mathrm{d}\psi_C}{\mathrm{d}t} \end{cases} \tag{7-1}$$

与此相应，三相转子绕组折算到定子侧后的电压方程为

$$\begin{cases} u_a = i_a R_r + \dfrac{\mathrm{d}\psi_a}{\mathrm{d}t} \\[2mm] u_b = i_b R_r + \dfrac{\mathrm{d}\psi_b}{\mathrm{d}t} \\[2mm] u_c = i_c R_r + \dfrac{\mathrm{d}\psi_c}{\mathrm{d}t} \end{cases} \tag{7-2}$$

式中，$u_A$、$u_B$、$u_C$、$u_a$、$u_b$、$u_c$ 为定子和转子相电压的瞬时值，$i_A$、$i_B$、$i_C$、$i_a$、$i_b$、$i_c$ 为定子和转子相电流的瞬时值，$\psi_A$、$\psi_B$、$\psi_C$、$\psi_a$、$\psi_b$、$\psi_c$ 为各相绕组的全磁链，$R_s$、$R_r$ 为定子和转子的绕组电阻。上述各量都已折算到定子侧，为了简单起见，表示折算的上角标"'"均省略，以下同此。

将电压方程写成矩阵形式为

$$\begin{bmatrix} u_A \\ u_B \\ u_C \\ u_a \\ u_b \\ u_c \end{bmatrix} = \begin{bmatrix} R_s & 0 & 0 & 0 & 0 & 0 \\ 0 & R_s & 0 & 0 & 0 & 0 \\ 0 & 0 & R_s & 0 & 0 & 0 \\ 0 & 0 & 0 & R_r & 0 & 0 \\ 0 & 0 & 0 & 0 & R_r & 0 \\ 0 & 0 & 0 & 0 & 0 & R_r \end{bmatrix} \begin{bmatrix} i_A \\ i_B \\ i_C \\ i_a \\ i_b \\ i_c \end{bmatrix} + \frac{\mathrm{d}}{\mathrm{d}t} \begin{bmatrix} \psi_A \\ \psi_B \\ \psi_C \\ \psi_a \\ \psi_b \\ \psi_c \end{bmatrix} \tag{7-3a}$$

或写成

$$u = Ri + \frac{\mathrm{d}\psi}{\mathrm{d}t} \tag{7-3b}$$

（2）磁链方程。每个绕组的磁链是它本身的自感磁链和其他绕组对它的互感磁链之和，因此，6 个绕组的磁链方程可表达为

$$
\begin{bmatrix} \psi_A \\ \psi_B \\ \psi_C \\ \psi_a \\ \psi_b \\ \psi_c \end{bmatrix} = \begin{bmatrix} L_{AA} & L_{AB} & L_{AC} & L_{Aa} & L_{Ab} & L_{Ac} \\ L_{BA} & L_{BB} & L_{BC} & L_{Ba} & L_{Bb} & L_{Bc} \\ L_{CA} & L_{CB} & L_{CC} & L_{Ca} & L_{Cb} & L_{Cc} \\ L_{aA} & L_{aB} & L_{aC} & L_{aa} & L_{ab} & L_{ac} \\ L_{bA} & L_{bB} & L_{bC} & L_{ba} & L_{bb} & L_{bc} \\ L_{cA} & L_{cB} & L_{cC} & L_{ca} & L_{cb} & L_{cc} \end{bmatrix} \begin{bmatrix} i_A \\ i_B \\ i_C \\ i_a \\ i_b \\ i_c \end{bmatrix} \tag{7-4a}
$$

或写成

$$\psi = Li \tag{7-4b}$$

式中，$L$ 是 $6\times6$ 电感矩阵，其中对角线元素 $L_{AA}$、$L_{BB}$、$L_{CC}$、$L_{aa}$、$L_{bb}$、$L_{cc}$ 是各绕组的自感，其余各项则是相应绕组间的互感。定子各相漏磁通所对应的电感称为定子漏感 $L_{ls}$，转子各相漏磁通则对应于转子漏感 $L_{lr}$，由于绕组的对称性，各相漏感值均相等。与定子一相绕组交链的最大互感磁通对应于定子互感 $L_{ms}$，与转子一相绕组交链的最大互感磁通对应于转子互感 $L_{mr}$，由于折算后定、转子绕组匝数相等，故 $L_{ms}=L_{mr}$。

对于每一相绕组来说，它所交链的磁通是互感磁通与漏感磁通之和，因此，定子各相自感为

$$L_{AA} = L_{BB} = L_{CC} = L_{ms} + L_{ls} \tag{7-5}$$

转子各相自感为

$$L_{aa} = L_{bb} = L_{cc} = L_{mr} + L_{lr} \tag{7-6}$$

两相绕组之间只有互感。互感又分为两类：

（1）定子三相彼此之间和转子三相彼此之间的位置都是固定的，故互感为常数。

（2）定子任一相与转子任一相之间的位置是变化的，互感是角位移 $\theta$ 的函数。

现在先讨论第一类互感。三相绕组轴线彼此在空间的相位差是 $\pm120°$，在假定气隙磁通为正弦分布的条件下，互感值应为 $L_{ms}\cos120°=L_{ms}\cos(-120°)=-\frac{1}{2}L_{ms}$，于是

$$
\begin{cases} L_{AB} = L_{BC} = L_{CA} = L_{BA} = L_{CB} = L_{AC} = -\frac{1}{2}L_{ms} \\ L_{ab} = L_{bc} = L_{ca} = L_{ba} = L_{cb} = L_{ac} = -\frac{1}{2}L_{ms} \end{cases} \tag{7-7}
$$

至于第二类互感，即定、转子绕组间的互感，由于相互间位置的变化（见图 7-1），可分别表示为

$$
\begin{cases} L_{Aa} = L_{aA} = L_{Bb} = L_{bB} = L_{Cc} = L_{cC} = L_{ms}\cos\theta \\ L_{Ab} = L_{bA} = L_{Bc} = L_{cB} = L_{Ca} = L_{aC} = L_{ms}\cos(\theta+120°) \\ L_{Ac} = L_{cA} = L_{Ba} = L_{aB} = L_{Cb} = L_{bC} = L_{ms}\cos(\theta-120°) \end{cases} \tag{7-8}
$$

当定、转子两相绕组轴线重合时，两者之间的互感值最大，即每相最大互感 $L_{ms}$。

将式(7-5)～式(7-8)代入式(7-4)，即得完整的磁链方程，用分块矩阵表示为

$$\begin{bmatrix} \boldsymbol{\psi}_s \\ \boldsymbol{\psi}_r \end{bmatrix} = \begin{bmatrix} \boldsymbol{L}_{ss} & \boldsymbol{L}_{sr} \\ \boldsymbol{L}_{rs} & \boldsymbol{L}_{rr} \end{bmatrix} \begin{bmatrix} \boldsymbol{i}_s \\ \boldsymbol{i}_r \end{bmatrix} \tag{7-9}$$

式中，$\boldsymbol{\psi}_s = \begin{bmatrix} \psi_A & \psi_B & \psi_C \end{bmatrix}^T$，$\boldsymbol{\psi}_r = \begin{bmatrix} \psi_a & \psi_b & \psi_c \end{bmatrix}^T$，$\boldsymbol{i}_s = \begin{bmatrix} i_A & i_B & i_C \end{bmatrix}^T$，$\boldsymbol{i}_r = \begin{bmatrix} i_a & i_b & i_c \end{bmatrix}^T$

$$\boldsymbol{L}_{ss} = \begin{bmatrix} L_{ms} + L_{ls} & -\frac{1}{2}L_{ms} & -\frac{1}{2}L_{ms} \\ -\frac{1}{2}L_{ms} & L_{ms} + L_{ls} & -\frac{1}{2}L_{ms} \\ -\frac{1}{2}L_{ms} & -\frac{1}{2}L_{ms} & L_{ms} + L_{ls} \end{bmatrix} \tag{7-10}$$

$$\boldsymbol{L}_{rr} = \begin{bmatrix} L_{ms} + L_{lr} & -\frac{1}{2}L_{ms} & -\frac{1}{2}L_{ms} \\ -\frac{1}{2}L_{ms} & L_{ms} + L_{lr} & -\frac{1}{2}L_{ms} \\ -\frac{1}{2}L_{ms} & -\frac{1}{2}L_{ms} & L_{ms} + L_{lr} \end{bmatrix} \tag{7-11}$$

$$\boldsymbol{L}_{rs} = \boldsymbol{L}_{sr}^T = L_{ms} \begin{bmatrix} \cos\theta & \cos(\theta - 120°) & \cos(\theta + 120°) \\ \cos(\theta + 120°) & \cos\theta & \cos(\theta - 120°) \\ \cos(\theta - 120°) & \cos(\theta + 120°) & \cos\theta \end{bmatrix} \tag{7-12}$$

$\boldsymbol{L}_{rs}$ 和 $\boldsymbol{L}_{sr}$ 两个分块矩阵互为转置，且均与转子位置 $\theta$ 有关，它们的元素都是变参数，这是系统非线性的一个根源。

如果把磁链方程代入电压方程，得到展开后的电压方程：

$$\boldsymbol{u} = \boldsymbol{R}\boldsymbol{i} + \frac{\mathrm{d}}{\mathrm{d}t}(\boldsymbol{L}\boldsymbol{i}) = \boldsymbol{R}\boldsymbol{i} + \boldsymbol{L}\frac{\mathrm{d}\boldsymbol{i}}{\mathrm{d}t} + \frac{\mathrm{d}\boldsymbol{L}}{\mathrm{d}t}\boldsymbol{i}$$

$$= \boldsymbol{R}\boldsymbol{i} + \boldsymbol{L}\frac{\mathrm{d}\boldsymbol{i}}{\mathrm{d}t} + \frac{\mathrm{d}\boldsymbol{L}}{\mathrm{d}\theta} \cdot \omega\boldsymbol{i} \tag{7-13}$$

式中，$\boldsymbol{L}\dfrac{\mathrm{d}\boldsymbol{i}}{\mathrm{d}t}$ 是由于电流变化引起的脉变电动势(或称变压器电动势)，$\dfrac{\mathrm{d}\boldsymbol{L}}{\mathrm{d}\theta} \cdot \omega\boldsymbol{i}$ 是由于定、转子相对位置变化产生的与转速 $\omega$ 成正比的旋转电动势。

(3) 转矩方程。根据机电能量转换原理，在线性电感条件下，磁场的储能 $W_m$ 和磁共能 $W_m'$ 为

$$W_m = W_m' = \frac{1}{2}\boldsymbol{i}^T\boldsymbol{\psi} = \frac{1}{2}\boldsymbol{i}^T\boldsymbol{L}\boldsymbol{i} \tag{7-14}$$

电磁转矩等于机械角位移变化时磁共能的变化率 $\dfrac{\partial W_m'}{\partial \theta_m}$ (电流约束为常数)，且机械角位移 $\theta_m = \theta / n_p$，于是

$$T_e = \frac{\partial W_m'}{\partial \theta_m}\bigg|_{i=\text{常数}} = n_p\frac{\partial W_m'}{\partial \theta}\bigg|_{i=\text{常数}} \tag{7-15}$$

将式(7-14)代入式(7-15)，并考虑电感的分块矩阵关系式，得

$$T_e = \frac{1}{2}n_p\boldsymbol{i}^T\frac{\partial \boldsymbol{L}}{\partial \theta}\boldsymbol{i} = \frac{1}{2}n_p\boldsymbol{i}^T\begin{bmatrix} \boldsymbol{0} & \dfrac{\partial \boldsymbol{L}_{sr}}{\partial \theta} \\ \dfrac{\partial \boldsymbol{L}_{rs}}{\partial \theta} & \boldsymbol{0} \end{bmatrix}\boldsymbol{i} \tag{7-16}$$

又考虑 $\boldsymbol{i}^{\mathrm{T}}=[\boldsymbol{i}_{\mathrm{s}}^{\mathrm{T}}\ \ \boldsymbol{i}_{\mathrm{r}}^{\mathrm{T}}]=[i_{\mathrm{A}}\ \ i_{\mathrm{B}}\ \ i_{\mathrm{C}}\ \ i_{\mathrm{a}}\ \ i_{\mathrm{b}}\ \ i_{\mathrm{c}}]$，将其代入式(7-16)得

$$T_{\mathrm{e}}=\frac{1}{2}n_{\mathrm{p}}\Big[\boldsymbol{i}_{\mathrm{r}}^{\mathrm{T}}\frac{\partial\boldsymbol{L}_{\mathrm{rs}}}{\partial\theta}\boldsymbol{i}_{\mathrm{s}}+\boldsymbol{i}_{\mathrm{s}}^{\mathrm{T}}\frac{\partial\boldsymbol{L}_{\mathrm{sr}}}{\partial\theta}\boldsymbol{i}_{\mathrm{r}}\Big] \tag{7-17}$$

将式(7-12)代入式(7-17)并展开后，得

$$T_{\mathrm{e}}=-n_{\mathrm{p}}L_{\mathrm{ms}}[(i_{\mathrm{A}}i_{\mathrm{a}}+i_{\mathrm{B}}i_{\mathrm{b}}+i_{\mathrm{C}}i_{\mathrm{c}})\sin\theta+(i_{\mathrm{A}}i_{\mathrm{b}}+i_{\mathrm{B}}i_{\mathrm{c}}+i_{\mathrm{C}}i_{\mathrm{a}})\sin(\theta+120°)+$$
$$(i_{\mathrm{A}}i_{\mathrm{c}}+i_{\mathrm{B}}i_{\mathrm{a}}+i_{\mathrm{C}}i_{\mathrm{b}})\sin(\theta-120°)] \tag{7-18}$$

（4）运动方程。运动控制系统的运动方程式为

$$\frac{J}{n_{\mathrm{p}}}\frac{\mathrm{d}\omega}{\mathrm{d}t}=T_{\mathrm{e}}-T_{\mathrm{L}} \tag{7-19}$$

式中，$J$ 为机组的转动惯量；$T_{\mathrm{L}}$ 为包括摩擦阻转矩和弹性扭矩的负载转矩。

（5）异步电动机动态模型数学表达式。异步电动机转角方程

$$\frac{\mathrm{d}\theta}{\mathrm{d}t}=\omega \tag{7-20}$$

再加上运动方程式(7-19)

$$\frac{\mathrm{d}\omega}{\mathrm{d}t}=\frac{n_{\mathrm{p}}}{J}(T_{\mathrm{e}}-T_{\mathrm{L}})$$

和展开后的电压方程式(7-13)

$$\boldsymbol{L}\frac{\mathrm{d}\boldsymbol{i}}{\mathrm{d}t}=-\boldsymbol{R}\boldsymbol{i}-\frac{\mathrm{d}\boldsymbol{L}}{\mathrm{d}\theta}\omega\boldsymbol{i}+\boldsymbol{u}$$

得到状态变量为 $[\theta\ \ \omega\ \ i_{\mathrm{A}}\ \ i_{\mathrm{B}}\ \ i_{\mathrm{C}}\ \ i_{\mathrm{a}}\ \ i_{\mathrm{b}}\ \ i_{\mathrm{c}}]^{\mathrm{T}}$，输入变量为 $[u_{\mathrm{A}}\ \ u_{\mathrm{B}}\ \ u_{\mathrm{C}}\ \ T_{\mathrm{L}}]^{\mathrm{T}}$ 的八阶微分方程组。异步电动机动态模型是在线性磁路、磁动势在空间按正弦分布的假定条件下得出来的，对定、转子电压和电流未进行任何假定，因此，上述动态模型完全可以用来分析含有高次谐波的三相异步电动机调速系统的动态过程。

**2. 三相异步电动机模型的性质**

（1）三相异步电动机模型的非独立性。假定异步电动机三相绕组为 Y 形无中线连接（若为△形连接，可等效为 Y 形连接），则定子和转子三相电流代数和均为 0。对于定子三相电流有

$$i_{\mathrm{s\Sigma}}=i_{\mathrm{A}}+i_{\mathrm{B}}+i_{\mathrm{C}}=0 \tag{7-21}$$

根据磁链方程式(7-9)，可以导出三相定子磁链代数和为

$$\psi_{\mathrm{s\Sigma}}=\psi_{\mathrm{A}}+\psi_{\mathrm{B}}+\psi_{\mathrm{C}}=L_{\mathrm{ls}}i_{\mathrm{s\Sigma}}=0 \tag{7-22}$$

再由电压方程式(7-1)可知三相定子电压代数和

$$u_{\mathrm{s\Sigma}}=u_{\mathrm{A}}+u_{\mathrm{B}}+u_{\mathrm{C}}$$
$$=R_{\mathrm{s}}(i_{\mathrm{A}}+i_{\mathrm{B}}+i_{\mathrm{C}})+\frac{\mathrm{d}}{\mathrm{d}t}(\psi_{\mathrm{A}}+\psi_{\mathrm{B}}+\psi_{\mathrm{C}})$$
$$=R_{\mathrm{s}}i_{\mathrm{s\Sigma}}+L_{\mathrm{ls}}\frac{\mathrm{d}i_{\mathrm{s\Sigma}}}{\mathrm{d}t}=0 \tag{7-23}$$

因此，三相异步电动机数学模型中存在一定的约束条件：

$$\begin{cases}\psi_{\mathrm{s\Sigma}}=\psi_{\mathrm{A}}+\psi_{\mathrm{B}}+\psi_{\mathrm{C}}=0\\ i_{\mathrm{s\Sigma}}=i_{\mathrm{A}}+i_{\mathrm{B}}+i_{\mathrm{C}}=0\\ u_{\mathrm{s\Sigma}}=u_{\mathrm{A}}+u_{\mathrm{B}}+u_{\mathrm{C}}=0\end{cases} \tag{7-24}$$

同理转子绕组也存在相应的约束条件：

$$
\begin{cases}
\psi_{r\Sigma} = \psi_a + \psi_b + \psi_c = 0 \\
i_{r\Sigma} = i_a + i_b + i_c = 0 \\
u_{r\Sigma} = u_a + u_b + u_c = 0
\end{cases}
\tag{7-25}
$$

以上分析表明，三相变量中只有两相是独立的，因此三相原始数学模型并不是其物理对象最简洁的描述，完全可以且完全有必要用两相模型代替。

（2）三相异步电动机模型的非线性强耦合性质。三相异步电动机模型中的非线性耦合主要表现在磁链方程式（7-4）与转矩方程式（7-18）中。三相异步电动机既存在定子和转子间的耦合，也存在三相绕组间的交叉耦合。三相绕组在空间按 120°分布，必然引起三相绕组间的耦合，而交流异步电动机的能量转换及传递过程决定了定、转子间的耦合不可避免。由于定、转子间的相对运动，导致其夹角 $\theta$ 不断变化，使得互感矩阵 $L_{sr}$ 和 $L_{rs}$ 均为非线性变参数矩阵。因此，异步电动机是一个高阶、非线性、强耦合的多变量系统。

## 7.1.2　坐标变换

三相异步电动机动态模型相当复杂，分析和求解这组非线性方程十分困难，在实际应用中必须予以简化，简化的基本方法就是坐标变换。异步电动机数学模型之所以复杂，关键是因为有一个复杂的 $6 \times 6$ 电感矩阵，它体现了影响磁链和受磁链影响的复杂关系。因此，要简化数学模型，须从简化磁链关系入手。

### 1. 三相-两相变换（3/2 变换）

在三相对称绕组中，通以三相平衡电流 $i_A$、$i_B$ 和 $i_C$，所产生的合成磁动势是旋转磁动势，它在空间呈正弦分布，以同步转速 $\omega_1$（即电流的角频率）旋转。但旋转磁动势并不一定非要三相不可，除单相以外，任意对称的多相绕组通入平衡的多相电流，都能产生旋转磁动势，当然以两相最为简单。此外，三相变量中只有两相为独立变量，完全可以也应该消去一相。所以，三相绕组可以用相互独立的对称两相绕组等效代替，等效的原则是产生的磁动势相等。所谓独立，是指两相绕组间无约束条件，即不存在与式（7-24）和式（7-25）类似的约束条件。所谓对称，是指两相绕组在空间互差 90°，如图 7-2 中绘出的两相绕组 $\alpha$、$\beta$，通以两相平衡交流电流 $i_\alpha$ 和 $i_\beta$，也能产生旋转磁动势。

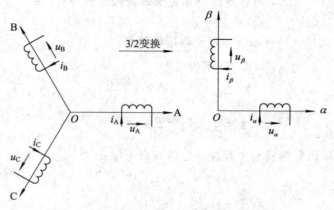

图 7-2　三相坐标系和两相坐标系间的变换

在三相绕组 ABC 和两相绕组 $\alpha\beta$ 之间的变换，称为三相坐标系和两相坐标系间的变换，简称 3/2 变换。

图 7-3 中绘出了 ABC 和 $\alpha\beta$ 两个坐标系中的磁动势矢量，将两个坐标系原点并在一起，使 A 轴和 $\alpha$ 轴重合。设三相绕组每相有效匝数为 $N_3$，两相绕组每相有效匝数为 $N_2$，各相磁动势为有效匝数与电流的乘积，其空间矢量均位于相关的坐标轴上。

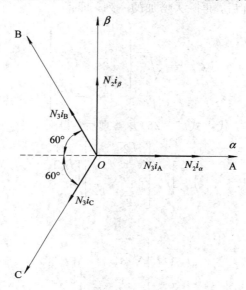

图 7-3　三相坐标系和两相坐标系中的磁动势矢量

按照磁动势相等的等效原则，三相合成磁动势与两相合成磁动势相等，故两套绕组磁动势在 $\alpha\beta$ 轴上的投影都应相等，因此

$$N_2 i_\alpha = N_3 i_A - N_3 i_B \cos 60° - N_3 i_C \cos 60° = N_3\left(i_A - \frac{1}{2}i_B - \frac{1}{2}i_C\right)$$

$$N_2 i_\beta = N_3 i_B \sin 60° - N_3 i_C \sin 60° = \frac{\sqrt{3}}{2}N_3(i_B - i_C)$$

写成矩阵形式，得

$$\begin{bmatrix} i_\alpha \\ i_\beta \end{bmatrix} = \frac{N_3}{N_2}\begin{bmatrix} 1 & -\frac{1}{2} & -\frac{1}{2} \\ 0 & \frac{\sqrt{3}}{2} & -\frac{\sqrt{3}}{2} \end{bmatrix}\begin{bmatrix} i_A \\ i_B \\ i_C \end{bmatrix} \tag{7-26}$$

考虑变换前后总功率不变，匝数比应为

$$\frac{N_3}{N_2} = \sqrt{\frac{2}{3}} \tag{7-27}$$

将式(7-27)代入式(7-26)，得

$$\begin{bmatrix} i_\alpha \\ i_\beta \end{bmatrix} = \sqrt{\frac{2}{3}}\begin{bmatrix} 1 & -\frac{1}{2} & -\frac{1}{2} \\ 0 & \frac{\sqrt{3}}{2} & -\frac{\sqrt{3}}{2} \end{bmatrix}\begin{bmatrix} i_A \\ i_B \\ i_C \end{bmatrix} \tag{7-28}$$

令 $C_{3/2}$ 表示从三相坐标系变换到两相坐标系的变换矩阵，则

$$C_{3/2} = \sqrt{\frac{2}{3}} \begin{bmatrix} 1 & -\dfrac{1}{2} & -\dfrac{1}{2} \\ 0 & \dfrac{\sqrt{3}}{2} & -\dfrac{\sqrt{3}}{2} \end{bmatrix} \qquad (7-29)$$

如果要从两相坐标系变换到三相坐标系（简称 2/3 变换），可利用增广矩阵的方法把 $C_{3/2}$ 扩成方阵，求其逆矩阵后，再除去增加的一列，即得

$$C_{2/3} = \sqrt{\frac{2}{3}} \begin{bmatrix} 1 & 0 \\ -\dfrac{1}{2} & \dfrac{\sqrt{3}}{2} \\ -\dfrac{1}{2} & -\dfrac{\sqrt{3}}{2} \end{bmatrix} \qquad (7-30)$$

考虑到 $i_A + i_B + i_C = 0$，代入式(7-26)并整理后，得

$$\begin{bmatrix} i_\alpha \\ i_\beta \end{bmatrix} = \begin{bmatrix} \sqrt{\dfrac{2}{3}} & 0 \\ \dfrac{1}{\sqrt{2}} & \sqrt{2} \end{bmatrix} \begin{bmatrix} i_A \\ i_B \end{bmatrix} \qquad (7-31)$$

相应的逆变换

$$\begin{bmatrix} i_A \\ i_B \end{bmatrix} = \begin{bmatrix} \sqrt{\dfrac{2}{3}} & 0 \\ -\dfrac{1}{\sqrt{6}} & \dfrac{1}{\sqrt{2}} \end{bmatrix} \begin{bmatrix} i_\alpha \\ i_\beta \end{bmatrix} \qquad (7-32)$$

同理可得电压和磁链的变换阵，且电流的变换阵也就是电压和磁链的变换阵。

**2. 两相静止-两相旋转变换(2s/2r 变换)**

两相静止绕组 $\alpha\beta$，通以两相平衡交流电流，产生旋转磁动势。如果令两相绕组转起来，且旋转角速度等于合成磁动势的旋转角速度，则两相绕组通以直流电流就产生空间旋转磁动势。图 7-4 中绘出了两相旋转绕组 $d$ 和 $q$，从两相静止坐标系 $\alpha\beta$ 到两相旋转坐标系 $dq$ 的变换称为两相静止-两相旋转变换，简称 2s/2r 变换，其中 s 表示静止，r 表示旋转，变换的原则同样是产生的磁动势相等。

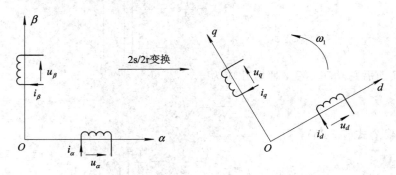

图 7-4　两相静止坐标系到两相旋转坐标系变换

图 7-5 中绘出了 $\alpha\beta$ 和 $dq$ 坐标系中的磁动势矢量，绕组每相有效匝数均为 $N_2$，磁动

势矢量位于相关的坐标轴上。两相交流电流 $i_a$、$i_\beta$ 和两个直流电流 $i_d$、$i_q$ 产生同样的以角速度 $\omega_1$ 旋转的合成磁动势 $F_s$。

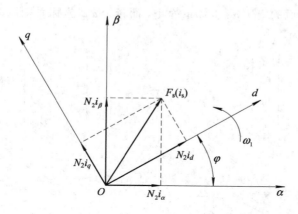

图 7 - 5　两相静止和旋转坐标系中的磁动势矢量

由图可见，$i_a$、$i_\beta$ 和 $i_d$、$i_q$ 之间存在下列关系：

$$i_d = i_a \cos\varphi + i_\beta \sin\varphi$$
$$i_q = - i_a \sin\varphi + i_\beta \cos\varphi$$

写成矩阵形式，得

$$\begin{bmatrix} i_d \\ i_q \end{bmatrix} = \begin{bmatrix} \cos\varphi & \sin\varphi \\ -\sin\varphi & \cos\varphi \end{bmatrix} \begin{bmatrix} i_a \\ i_\beta \end{bmatrix} \tag{7-33}$$

两相静止坐标系到两相旋转坐标系的旋转变换阵为

$$\boldsymbol{C}_{2s/2r} = \begin{bmatrix} \cos\varphi & \sin\varphi \\ -\sin\varphi & \cos\varphi \end{bmatrix} \tag{7-34}$$

对式(7-33)两边都左乘以变换阵 $\boldsymbol{C}_{2s/2r}$ 的逆矩阵，即得

$$\begin{bmatrix} i_a \\ i_\beta \end{bmatrix} = \begin{bmatrix} \cos\varphi & \sin\varphi \\ -\sin\varphi & \cos\varphi \end{bmatrix}^{-1} \begin{bmatrix} i_d \\ i_q \end{bmatrix} = \begin{bmatrix} \cos\varphi & -\sin\varphi \\ \sin\varphi & \cos\varphi \end{bmatrix} \begin{bmatrix} i_d \\ i_q \end{bmatrix} \tag{7-35}$$

则两相旋转坐标系到两相静止坐标系的旋转变换阵是

$$\boldsymbol{C}_{2r/2s} = \begin{bmatrix} \cos\varphi & -\sin\varphi \\ \sin\varphi & \cos\varphi \end{bmatrix} \tag{7-36}$$

电压和磁链的旋转变换阵与电流的旋转变换阵相同。

## 7.1.3　异步电动机在两相坐标系上的数学模型

三相异步电动机原始模型相当复杂，通过坐标变换能够简化数学模型，便于进行分析和计算。按照从特殊到一般的方法，首先推导两相静止坐标系中的数学模型及坐标变换的作用，然后将其推广到任意旋转坐标系，由于运动方程不随坐标变换而变化，故仅讨论电压方程、磁链方程和转矩方程。以下论述中，下标 s 表示定子，下标 r 表示转子。

### 1. 两相静止坐标系中的数学模型

异步电动机定子绕组是静止的，只要进行 3/2 变换就行了，而转子绕组是旋转的，必须通过 3/2 变换和两相旋转坐标系到两相静止坐标系的旋转变换(2r/2s 变换)，才能变换

到两相静止坐标系。

（1）3/2 变换。对静止的定子三相绕组和旋转的转子三相绕组进行相同的 3/2 变换，如图 7-6 所示，变换后的定子 $\alpha\beta$ 坐标系静止，而转子 $\alpha'\beta'$ 坐标系则以 $\omega$ 的角速度逆时针旋转，相应的电压方程为

$$
\begin{bmatrix} u_{s\alpha} \\ u_{s\beta} \\ u_{r\alpha'} \\ u_{r\beta'} \end{bmatrix} = \begin{bmatrix} R_s & 0 & 0 & 0 \\ 0 & R_s & 0 & 0 \\ 0 & 0 & R_r & 0 \\ 0 & 0 & 0 & R_r \end{bmatrix} \begin{bmatrix} i_{s\alpha} \\ i_{s\beta} \\ i_{r\alpha'} \\ i_{r\beta'} \end{bmatrix} + \frac{\mathrm{d}}{\mathrm{d}t} \begin{bmatrix} \psi_{s\alpha} \\ \psi_{s\beta} \\ \psi_{r\alpha'} \\ \psi_{r\beta'} \end{bmatrix} \tag{7-37}
$$

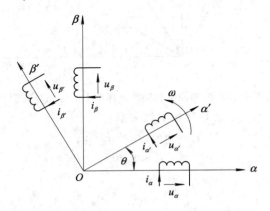

图 7-6   定子 $\alpha\beta$ 及转子 $\alpha'\beta'$ 坐标系

磁链方程为

$$
\begin{bmatrix} \psi_{s\alpha} \\ \psi_{s\beta} \\ \psi_{r\alpha'} \\ \psi_{r\beta'} \end{bmatrix} = \begin{bmatrix} L_s & 0 & L_m\cos\theta & -L_m\sin\theta \\ 0 & L_s & L_m\sin\theta & L_m\cos\theta \\ L_m\cos\theta & L_m\sin\theta & L_r & 0 \\ -L_m\sin\theta & L_m\cos\theta & 0 & L_r \end{bmatrix} \begin{bmatrix} i_{s\alpha} \\ i_{s\beta} \\ i_{r\alpha'} \\ i_{r\beta'} \end{bmatrix} \tag{7-38}
$$

转矩方程为

$$
T_e = -n_p L_m \left[ (i_{s\alpha} i_{r\alpha'} + i_{s\beta} i_{r\beta'}) \sin\theta + (i_{s\alpha} i_{r\beta'} - i_{s\beta} i_{r\alpha'}) \cos\theta \right] \tag{7-39}
$$

式（7-38）至式（7-39）中：$L_m = \frac{3}{2}L_{ms}$，$L_m$ 是定子与转子同轴等效绕组间的互感；$L_s = \frac{3}{2}L_{ms} + L_{ls} = L_m + L_{ls}$，$L_s$ 是定子等效两相绕组的自感；$L_r = \frac{3}{2}L_{ms} + L_{lr} = L_m + L_{lr}$，$L_r$ 是转子等效两相绕组的自感。

3/2 变换将按 120° 分布的三相绕组等效为互相垂直的两相绕组，从而消除了定子三相绕组、转子三相绕组间的相互耦合。但定子绕组与转子绕组间仍存在相对运动，因而定、转子绕组互感仍是非线性的变参数矩阵，输出转矩仍是定、转子电流及其定、转子夹角 $\theta$ 的函数。与三相原始模型相比，3/2 变换减少了状态变量维数，简化了定子和转子的自感矩阵。

（2）2r/2s 变换。对图 7-6 所示的转子坐标系 $\alpha'\beta'$ 做旋转变换（两相旋转坐标系到两相静止坐标系的变换），即将 $\alpha'\beta'$ 坐标系顺时针旋转 $\theta$ 角，使其与定子 $\alpha\beta$ 坐标系重合，且保持

静止。将旋转的转子坐标系 $\alpha'\beta'$ 变换为静止坐标系 $\alpha\beta$，意味着用静止的两相绕组等效代替原先转动的转子两相绕组。

旋转变换阵为

$$\boldsymbol{C}_{2\mathrm{r}/2\mathrm{s}}(\theta) = \begin{bmatrix} \cos\theta & -\sin\theta \\ \sin\theta & \cos\theta \end{bmatrix} \tag{7-40}$$

变换后的电压方程为

$$\begin{bmatrix} u_{s\alpha} \\ u_{s\beta} \\ u_{r\alpha} \\ u_{r\beta} \end{bmatrix} = \begin{bmatrix} R_s & 0 & 0 & 0 \\ 0 & R_s & 0 & 0 \\ 0 & 0 & R_r & 0 \\ 0 & 0 & 0 & R_r \end{bmatrix} \begin{bmatrix} i_{s\alpha} \\ i_{s\beta} \\ i_{r\alpha} \\ i_{r\beta} \end{bmatrix} + \frac{\mathrm{d}}{\mathrm{d}t} \begin{bmatrix} \psi_{s\alpha} \\ \psi_{s\beta} \\ \psi_{r\alpha} \\ \psi_{r\beta} \end{bmatrix} + \begin{bmatrix} 0 \\ 0 \\ \omega\psi_{r\beta} \\ -\omega\psi_{r\alpha} \end{bmatrix} \tag{7-41}$$

磁链方程为

$$\begin{bmatrix} \psi_{s\alpha} \\ \psi_{s\beta} \\ \psi_{r\alpha} \\ \psi_{r\beta} \end{bmatrix} = \begin{bmatrix} L_s & 0 & L_m & 0 \\ 0 & L_s & 0 & L_m \\ L_m & 0 & L_r & 0 \\ 0 & L_m & 0 & L_r \end{bmatrix} \begin{bmatrix} i_{s\alpha} \\ i_{s\beta} \\ i_{r\alpha} \\ i_{r\beta} \end{bmatrix} \tag{7-42}$$

转矩方程为

$$T_e = n_p L_m (i_{s\beta} i_{r\alpha} - i_{s\alpha} i_{r\beta}) \tag{7-43}$$

旋转变换改变了定、转子绕组间的耦合关系，将相对运动的定、转子绕组用相对静止的等效绕组来代替，从而消除了定、转子绕组间夹角 $\theta$ 对磁链和转矩的影响。旋转变换的优点在于将非线性变参数的磁链方程转化为线性定常方程，但却加剧了电压方程中的非线性耦合程度，将矛盾从磁链方程转移到电压方程中，并没有改变对象的非线性耦合性质。

**2. 任意旋转坐标系中的数学模型**

以上讨论了将相对于定子旋转的转子坐标系 $\alpha'\beta'$ 做旋转变换，得到统一坐标系 $\alpha\beta$，这只是旋转变换的一个特例。更广义的坐标旋转变换是对定子坐标系 $\alpha\beta$ 和转子坐标系 $\alpha'\beta'$ 同时实施的旋转变换，把它们变换到同一个旋转坐标系 $dq$ 上，$dq$ 相对于定子的旋转角速度为 $\omega_1$，参见图 7-7。

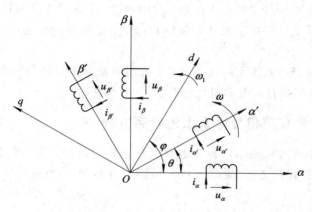

图 7-7　定子坐标系 $\alpha\beta$ 和转子坐标系 $\alpha'\beta'$ 变换到旋转坐标系 $dq$

定子旋转变换阵为

$$C_{2s/2r}(\varphi) = \begin{bmatrix} \cos\varphi & \sin\varphi \\ -\sin\varphi & \cos\varphi \end{bmatrix} \tag{7-44}$$

转子旋转变换阵为

$$C_{2r/2r}(\varphi-\theta) = \begin{bmatrix} \cos(\varphi-\theta) & \sin(\varphi-\theta) \\ -\sin(\varphi-\theta) & \cos(\varphi-\theta) \end{bmatrix} \tag{7-45}$$

其中，$C_{2r/2r}$ 是两相旋转坐标系 $\alpha'\beta'$ 到两相旋转坐标系 $dq$ 的变换矩阵。

任意旋转变换是指用旋转的绕组代替原来静止的定子绕组，并使等效的转子绕组与等效的定子绕组重合，且保持严格同步，等效后定、转子绕组间不存在相对运动。变换后，可得到异步电动机的模型如下：

电压方程：

$$\begin{bmatrix} u_{sd} \\ u_{sq} \\ u_{rd} \\ u_{rq} \end{bmatrix} = \begin{bmatrix} R_s & 0 & 0 & 0 \\ 0 & R_s & 0 & 0 \\ 0 & 0 & R_r & 0 \\ 0 & 0 & 0 & R_r \end{bmatrix} \begin{bmatrix} i_{sd} \\ i_{sq} \\ i_{rd} \\ i_{rq} \end{bmatrix} + \frac{d}{dt} \begin{bmatrix} \psi_{sd} \\ \psi_{sq} \\ \psi_{rd} \\ \psi_{rq} \end{bmatrix} + \begin{bmatrix} -\omega_1 \psi_{sq} \\ \omega_1 \psi_{sd} \\ -(\omega_1-\omega)\psi_{rq} \\ (\omega_1-\omega)\psi_{rd} \end{bmatrix} \tag{7-46}$$

磁链方程：

$$\begin{bmatrix} \psi_{sd} \\ \psi_{sq} \\ \psi_{rd} \\ \psi_{rq} \end{bmatrix} = \begin{bmatrix} L_s & 0 & L_m & 0 \\ 0 & L_s & 0 & L_m \\ L_m & 0 & L_r & 0 \\ 0 & L_m & 0 & L_r \end{bmatrix} \begin{bmatrix} i_{sd} \\ i_{sq} \\ i_{rd} \\ i_{rq} \end{bmatrix} \tag{7-47}$$

转矩方程：

$$T_e = n_p L_m (i_{sq} i_{rd} - i_{sd} i_{rq}) \tag{7-48}$$

任意旋转变换保持定、转子等效绕组的相对静止，将式(7-46)至式(7-48)分别与式(7-41)、式(7-42)和式(7-43)相比较可知，磁链方程与转矩方程形式相同，仅下标发生变化，而电压方程中旋转电动势的非线性耦合作用更为严重，这是因为不仅对转子绕组进行了旋转变换，对定子绕组也进行了相应的旋转变换。从表面上看来，任意旋转坐标系($dq$)中的数学模型还不如静止两相坐标系($\alpha\beta$)中的简单，实际上任意旋转坐标系的优点在于增加了一个输入量 $\omega_1$，提高了系统控制的自由度，磁场定向控制就是通过选择 $\omega_1$ 而实现的。

完全任意的旋转坐标系无实际使用意义，常用的是同步旋转坐标系，将绕组中的交流量变为直流量，以便模拟直流电动机进行控制。

### 7.1.4　异步电动机在两相坐标系上的状态方程

以上讨论了用矩阵方程表示的异步电动机动态数学模型，其中既有微分方程（电压方程与运动方程），又有代数方程（磁链方程和转矩方程），本小节讨论用状态方程描述的动态数学模型。

#### 1. 状态变量的选取

两相旋转坐标系上的异步电动机具有 4 阶电压方程和 1 阶运动方程，因此须选取 5 个状态变量。可选的变量共有 9 个，这 9 个变量分为 5 组：转速 $\omega$；定子电流 $i_{sd}$ 和 $i_{sq}$；转子电流 $i_{rd}$ 和 $i_{rq}$；定子磁链 $\psi_{sd}$ 和 $\psi_{sq}$；转子磁链 $\psi_{rd}$ 和 $\psi_{rq}$。转速作为输出必须选取，其余的 4 组变量可以任意选取两组，定子电流可以直接检测，应当选为状态变量，剩下的 3 组均不可直接检测或检测十分困难，考虑到磁链对电动机的运行很重要，可以在定子磁链和转子磁链中任选 1 组。

### 2. $\omega - i_s - \psi_r$ 为状态变量的状态方程

式(7 - 47)表示 $dq$ 坐标系上的磁链方程：

$$\begin{cases} \psi_{sd} = L_s i_{sd} + L_m i_{rd} \\ \psi_{sq} = L_s i_{sq} + L_m i_{rq} \\ \psi_{rd} = L_m i_{sd} + L_r i_{rd} \\ \psi_{rq} = L_m i_{sq} + L_r i_{rq} \end{cases}$$

式(7 - 46)为任意旋转坐标系上的电压方程，整理可得

$$\begin{cases} \dfrac{\mathrm{d}\psi_{sd}}{\mathrm{d}t} = -R_s i_{sd} + \omega_1 \psi_{sq} + u_{sd} \\[2mm] \dfrac{\mathrm{d}\psi_{sq}}{\mathrm{d}t} = -R_s i_{sq} - \omega_1 \psi_{sd} + u_{sq} \\[2mm] \dfrac{\mathrm{d}\psi_{rd}}{\mathrm{d}t} = -R_r i_{rd} + (\omega_1 - \omega)\psi_{rq} + u_{rd} \\[2mm] \dfrac{\mathrm{d}\psi_{rq}}{\mathrm{d}t} = -R_r i_{rq} - (\omega_1 - \omega)\psi_{rd} + u_{rq} \end{cases}$$

考虑到笼形转子内部是短路的，则 $u_{rd} = u_{rq} = 0$，于是，电压方程可写成

$$\begin{cases} \dfrac{\mathrm{d}\psi_{sd}}{\mathrm{d}t} = -R_s i_{sd} + \omega_1 \psi_{sq} + u_{sd} \\[2mm] \dfrac{\mathrm{d}\psi_{sq}}{\mathrm{d}t} = -R_s i_{sq} - \omega_1 \psi_{sd} + u_{sq} \\[2mm] \dfrac{\mathrm{d}\psi_{rd}}{\mathrm{d}t} = -R_r i_{rd} + (\omega_1 - \omega)\psi_{rq} \\[2mm] \dfrac{\mathrm{d}\psi_{rq}}{\mathrm{d}t} = -R_r i_{rq} - (\omega_1 - \omega)\psi_{rd} \end{cases} \tag{7 - 49}$$

由式(7 - 47)中第 3、4 两行可解出

$$\begin{cases} i_{rd} = \dfrac{1}{L_r}(\psi_{rd} - L_m i_{sd}) \\[2mm] i_{rq} = \dfrac{1}{L_r}(\psi_{rq} - L_m i_{sq}) \end{cases} \tag{7 - 50}$$

将式(7 - 50)代入式(7 - 48)的转矩公式，得

$$T_e = \frac{n_p L_m}{L_r}(i_{sq}\psi_{rd} - L_m i_{sd} i_{sq} - i_{sd}\psi_{rq} + L_m i_{sd} i_{sq})$$

$$= \frac{n_p L_m}{L_r}(i_{sq}\psi_{rd} - i_{sd}\psi_{rq}) \tag{7 - 51}$$

将式(7 - 50)代入式(7 - 47)前 2 行，得

$$\begin{cases} \psi_{sd} = \sigma L_s i_{sd} + \dfrac{L_m}{L_r}\psi_{rd} \\[3mm] \psi_{sq} = \sigma L_s i_{sq} + \dfrac{L_m}{L_r}\psi_{rq} \end{cases} \tag{7-52}$$

将式(7-50)和式(7-52)代入微分方程组式(7-49)，消去 $i_{rd}$、$i_{rq}$、$\psi_{sd}$、$\psi_{sq}$，再将式(7-51)代入运动方程式(7-19)，经整理后得状态方程：

$$\begin{cases} \dfrac{\mathrm{d}\omega}{\mathrm{d}t} = \dfrac{n_p^2 L_m}{J L_r}(i_{sq}\psi_{rd} - i_{sd}\psi_{rq}) - \dfrac{n_p}{J}T_L \\[3mm] \dfrac{\mathrm{d}\psi_{rd}}{\mathrm{d}t} = -\dfrac{1}{T_r}\psi_{rd} + (\omega_1 - \omega)\psi_{rq} + \dfrac{L_m}{T_r}i_{sd} \\[3mm] \dfrac{\mathrm{d}\psi_{rq}}{\mathrm{d}t} = -\dfrac{1}{T_r}\psi_{rq} - (\omega_1 - \omega)\psi_{rd} + \dfrac{L_m}{T_r}i_{sq} \\[3mm] \dfrac{\mathrm{d}i_{sd}}{\mathrm{d}t} = \dfrac{L_m}{\sigma L_s L_r T_r}\psi_{rd} + \dfrac{L_m}{\sigma L_s L_r}\omega\psi_{rq} - \dfrac{R_s L_r^2 + R_r L_m^2}{\sigma L_s L_r^2}i_{sd} + \omega_1 i_{sq} + \dfrac{u_{sd}}{\sigma L_s} \\[3mm] \dfrac{\mathrm{d}i_{sq}}{\mathrm{d}t} = \dfrac{L_m}{\sigma L_s L_r T_r}\psi_{rq} - \dfrac{L_m}{\sigma L_s L_r}\omega\psi_{rd} - \dfrac{R_s L_r^2 + R_r L_m^2}{\sigma L_s L_r^2}i_{sq} - \omega_1 i_{sd} + \dfrac{u_{sq}}{\sigma L_s} \end{cases} \tag{7-53}$$

式中：$\sigma = 1 - \dfrac{L_m^2}{L_s L_r}$，为电动机漏磁系数；$T_r = \dfrac{L_r}{R_r}$，为转子电磁时间常数。

状态变量为

$$\boldsymbol{X} = \begin{bmatrix} \omega & \psi_{rd} & \psi_{rq} & i_{sd} & i_{sq} \end{bmatrix}^{\mathrm{T}} \tag{7-54}$$

输入变量为

$$\boldsymbol{U} = \begin{bmatrix} u_{sd} & u_{sq} & \omega_1 & T_L \end{bmatrix}^{\mathrm{T}} \tag{7-55}$$

若令式(7-53)中的 $\omega_1 = 0$，任意旋转坐标系退化为静止两相坐系，并将 $dq$ 换为 $\alpha\beta$，即得两相静止坐标系 $\alpha\beta$ 中的状态方程：

$$\begin{cases} \dfrac{\mathrm{d}\omega}{\mathrm{d}t} = \dfrac{n_p^2 L_m}{J L_r}(i_{s\beta}\psi_{r\alpha} - i_{s\alpha}\psi_{r\beta}) - \dfrac{n_p}{J}T_L \\[3mm] \dfrac{\mathrm{d}\psi_{r\alpha}}{\mathrm{d}t} = -\dfrac{1}{T_r}\psi_{r\alpha} - \omega\psi_{r\beta} + \dfrac{L_m}{T_r}i_{s\alpha} \\[3mm] \dfrac{\mathrm{d}\psi_{r\beta}}{\mathrm{d}t} = -\dfrac{1}{T_r}\psi_{r\beta} + \omega\psi_{r\alpha} + \dfrac{L_m}{T_r}i_{s\beta} \\[3mm] \dfrac{\mathrm{d}i_{s\alpha}}{\mathrm{d}t} = \dfrac{L_m}{\sigma L_s L_r T_r}\psi_{r\alpha} + \dfrac{L_m}{\sigma L_s L_r}\omega\psi_{r\beta} - \dfrac{R_s L_r^2 + R_r L_m^2}{\sigma L_s L_r^2}i_{s\alpha} + \dfrac{u_{s\alpha}}{\sigma L_s} \\[3mm] \dfrac{\mathrm{d}i_{s\beta}}{\mathrm{d}t} = \dfrac{L_m}{\sigma L_s L_r T_r}\psi_{r\beta} - \dfrac{L_m}{\sigma L_s L_r}\omega\psi_{r\alpha} - \dfrac{R_s L_r^2 + R_r L_m^2}{\sigma L_s L_r^2}i_{s\beta} + \dfrac{u_{s\beta}}{\sigma L_s} \end{cases} \tag{7-56}$$

状态变量为

$$\boldsymbol{X} = \begin{bmatrix} \omega & \psi_{r\alpha} & \psi_{r\beta} & i_{s\alpha} & i_{s\beta} \end{bmatrix}^{\mathrm{T}} \tag{7-57}$$

输入变量为

$$\boldsymbol{U} = \begin{bmatrix} u_{s\alpha} & u_{s\beta} & T_L \end{bmatrix}^{\mathrm{T}} \tag{7-58}$$

**3. $\omega - i_s - \psi_s$ 为状态变量的状态方程**

由式(7-47)中第 1、2 两行解出

$$\begin{cases} i_{sd} = \dfrac{1}{L_m}(\psi_{sd} - L_s i_{sd}) \\[2mm] i_{sq} = \dfrac{1}{L_m}(\psi_{sq} - L_s i_{sq}) \end{cases} \tag{7-59}$$

将式(7-59)代入式(7-48)的转矩公式，得

$$\begin{aligned} T_e &= n_p(i_{sq}\psi_{sd} - L_s i_{sd} i_{sq} - i_{sd}\psi_{sq} + L_s i_{sq} i_{sd}) \\ &= n_p(i_{sq}\psi_{sd} - i_{sd}\psi_{sq}) \end{aligned} \tag{7-60}$$

将式(7-59)代入式(7-47)后 2 行，得

$$\begin{cases} \psi_{rd} = -\sigma\dfrac{L_r L_s}{L_m} i_{sd} + \dfrac{L_r}{L_m}\psi_{sd} \\[2mm] \psi_{rq} = -\sigma\dfrac{L_r L_s}{L_m} i_{sq} + \dfrac{L_r}{L_m}\psi_{sq} \end{cases} \tag{7-61}$$

将式(7-59)和式(7-61)代入微分方程组式(7-49)，消去 $i_{rd}$、$i_{rq}$、$\psi_{rd}$、$\psi_{rq}$，再考虑运动方程式(7-19)，经整理后得状态方程：

$$\begin{cases} \dfrac{d\omega}{dt} = \dfrac{n_p^2}{J}(i_{sq}\psi_{sd} - i_{sd}\psi_{sq}) - \dfrac{n_p}{J}T_L \\[3mm] \dfrac{d\psi_{sd}}{dt} = -R_s i_{sd} + \omega_1\psi_{sq} + u_{sd} \\[3mm] \dfrac{d\psi_{sq}}{dt} = -R_s i_{sq} - \omega_1\psi_{sd} + u_{sq} \\[3mm] \dfrac{di_{sd}}{dt} = \dfrac{1}{\sigma L_s T_r}\psi_{sd} + \dfrac{1}{\sigma L_s}\omega\psi_{sq} - \dfrac{R_s L_r + R_r L_s}{\sigma L_s L_r}i_{sd} + (\omega_1 - \omega)i_{sq} + \dfrac{u_{sd}}{\sigma L_s} \\[3mm] \dfrac{di_{sq}}{dt} = \dfrac{1}{\sigma L_s T_r}\psi_{sq} - \dfrac{1}{\sigma L_s}\omega\psi_{sd} - \dfrac{R_s L_r + R_r L_s}{\sigma L_s L_r}i_{sq} - (\omega_1 - \omega)i_{sd} + \dfrac{u_{sq}}{\sigma L_s} \end{cases} \tag{7-62}$$

状态变量为

$$\boldsymbol{X} = \begin{bmatrix} \omega & \psi_{sd} & \psi_{sq} & i_{sd} & i_{sq} \end{bmatrix}^T \tag{7-63}$$

输入变量与式(7-55)相同

$$\boldsymbol{U} = \begin{bmatrix} u_{sd} & u_{sq} & \omega_1 & T_L \end{bmatrix}^T$$

同样，若令 $\omega_1 = 0$，可得以 $\omega - i_s - \psi_s$ 为状态变量在静止两相坐标系 $\alpha\beta$ 中的状态方程：

$$\begin{cases} \dfrac{d\omega}{dt} = \dfrac{n_p^2}{J}(i_{s\beta}\psi_{s\alpha} - i_{s\alpha}\psi_{s\beta}) - \dfrac{n_p}{J}T_L \\[3mm] \dfrac{d\psi_{s\alpha}}{dt} = -R_s i_{s\alpha} + u_{s\alpha} \\[3mm] \dfrac{d\psi_{s\beta}}{dt} = -R_s i_{s\beta} + u_{s\beta} \\[3mm] \dfrac{di_{s\alpha}}{dt} = \dfrac{1}{\sigma L_s T_r}\psi_{s\alpha} + \dfrac{1}{\sigma L_s}\omega\psi_{s\beta} - \dfrac{R_s L_r + R_r L_s}{\sigma L_s L_r}i_{s\alpha} - \omega i_{s\beta} + \dfrac{u_{s\alpha}}{\sigma L_s} \\[3mm] \dfrac{di_{s\beta}}{dt} = \dfrac{1}{\sigma L_s T_r}\psi_{s\beta} - \dfrac{1}{\sigma L_s}\omega\psi_{s\alpha} - \dfrac{R_s L_r + R_r L_s}{\sigma L_s L_r}i_{s\beta} + \omega i_{s\alpha} + \dfrac{u_{s\beta}}{\sigma L_s} \end{cases} \tag{7-64}$$

两相静止坐标系中电磁转矩表达式为

$$T_e = n_p(i_{s\beta}\psi_{s\alpha} - i_{s\alpha}\psi_{s\beta}) \tag{7-65}$$

### 7.1.5　异步电动机动态数学模型的控制特性

电磁耦合是机电能量转换的必要条件，电流乘磁通产生转矩，转速乘磁通得到感应电动势。无论是直流电动机，还是交流电动机均如此，但由于电动机结构不同，其表象差异很大。

直流电动机的励磁绕组和电枢绕组相互独立，励磁电流和电枢电流单独可控，若忽略电枢反应或通过补偿绕组抵消之，则励磁和电枢绕组各自产生的磁动势在空间相差 $90°$，无交叉耦合。气隙磁通由励磁绕组单独产生，而电磁转矩正比于磁通与电枢电流的乘积。因此，可以通过励磁电流控制磁通，通过电枢电流控制电磁转矩，并可应用线性控制理论和工程设计方法进行分析与设计。

交流电动机的数学模型则不同，不能简单地使用同样的理论和方法来分析与设计交流调速系统，这有以下几个原因：

（1）异步电动机变压变频调速时需要进行电压（或电流）和频率的协调控制，有电压（或电流）和频率两个独立的输入变量。在输出变量中，除转速外，磁通也是一个输出变量，这是由于异步电动机输入为三相电源，磁通的建立和转速的变化是同时进行的，存在严重的交叉耦合。为了获得良好的动态性能，在基频以下时，希望磁通在动态过程中保持恒定，以便产生较大的动态转矩。

（2）三相异步电动机定子三相绕组、转子三相绕组的各绕组间存在严重的交叉耦合，在数学模型中就含有两个变量的乘积项，无法单独对磁通进行控制。因此，即使不考虑磁路饱和等因素，其数学模型也是一个高阶、非线性、强耦合的多变量系统。

## 7.2　按转子磁链定向的矢量控制系统

矢量控制技术是高性能的交流调速控制技术。矢量控制理论产生于 20 世纪 60 年代末，但是直到电力电子学、计算机控制技术和现代控制理论得到飞跃发展的 20 世纪 90 年代，矢量控制技术才得到充分应用，目前在交流调速中占有十分重要的地位。

通过坐标变换和按转子磁链定向，异步电动机可以等效为直流电动机模型，在按转子磁链定向坐标系中，用直流电动机的方法控制电磁转矩与磁链，然后将转子磁链定向坐标系中的控制量经逆变换得到三相坐标系的对应量，以实施控制。由于变换的是矢量，所以坐标变换也可称为矢量变换，相应的控制系统称为矢量控制（Vector Control，VC）系统。根据对转子磁链矢量计算（变换）的方式不同，矢量控制系统可分为直接矢量控制系统和间接矢量控制系统。

本节将从转子磁链定向的数学模型出发，介绍矢量控制的基本原理、矢量控制系统的实现及转子磁链计算等内容。

### 7.2.1　同步旋转坐标系中的数学模型

令 $dq$ 坐标系与转子磁链矢量同步旋转，且使得 $d$ 轴与转子磁链矢量重合，称之为新的 $m$ 轴；使 $q$ 轴逆时针转 $90°$，即垂直于转子磁链矢量 $\psi_r$，称之为新的 $t$ 轴。这样的两相同

步旋转坐标规定为 $mt$ 坐标系，即按转子磁链定向的同步旋转坐标系。由于 $m$ 轴与转子磁链矢量重合，则

$$\begin{cases} \psi_{rm} = \psi_{rd} = \psi_r \\ \psi_{rt} = \psi_{rq} = 0 \end{cases} \tag{7-66}$$

为了保证 $m$ 轴与转子磁链矢量始终重合，必须使

$$\frac{d\psi_{rt}}{dt} = \frac{d\psi_{rq}}{dt} = 0 \tag{7-67}$$

将式(7-66)、式(7-67)代入式(7-53)，可得按转子磁链定向的同步旋转坐标系 $mt$ 中状态方程为

$$\begin{cases} \dfrac{d\omega}{dt} = \dfrac{n_p^2 L_m}{J L_r} i_{st} \psi_r - \dfrac{n_p}{J} T_L \\[2mm] \dfrac{d\psi_r}{dt} = -\dfrac{1}{T_r}\psi_r + \dfrac{L_m}{T_r} i_{sm} \\[2mm] \dfrac{di_{sm}}{dt} = \dfrac{L_m}{\sigma L_s L_r T_r}\psi_r - \dfrac{R_s L_r^2 + R_r L_m^2}{\sigma L_s L_r^2} i_{sm} + \omega_1 i_{st} + \dfrac{u_{sm}}{\sigma L_s} \\[2mm] \dfrac{di_{st}}{dt} = -\dfrac{L_m}{\sigma L_s L_r}\omega\psi_r - \dfrac{R_s L_r^2 + R_r L_m^2}{\sigma L_s L_r^2} i_{st} - \omega_1 i_{sm} + \dfrac{u_{st}}{\sigma L_s} \end{cases} \tag{7-68}$$

由

$$\frac{d\psi_{rt}}{dt} = -(\omega_1 - \omega)\psi_r + \frac{L_m}{T_r} i_{st} = 0$$

导出 $mt$ 坐标系的旋转角速度为

$$\omega_1 = \omega + \frac{L_m}{T_r \psi_r} i_{st} \tag{7-69}$$

将坐标系旋转角速度与转子转速之差定义为转差角频率 $\omega_s$，即

$$\omega_s = \omega_1 - \omega = \frac{L_m}{T_r \psi_r} i_{st} \tag{7-70}$$

将式(7-66)代入式(7-51)，得按转子磁链定向的同步旋转坐标系 $mt$ 中的电磁转矩为

$$T_e = \frac{n_p L_m}{L_r} i_{st} \psi_r \tag{7-71}$$

又由式(7-68)第 2 行得转子磁链

$$\psi_r = \frac{L_m}{T_r p + 1} i_{sm} \tag{7-72}$$

其中，$p$ 为微分算子，$p = \dfrac{d}{dt}$。式(7-71)、式(7-72)表明，异步电动机按转子磁链定向的同步旋转坐标系 $mt$ 中的数学模型与直流电动机的数学模型完全一致，或者说，若以定子电流为输入量，按转子磁链定向同步旋转坐标系中的异步电动机与直流电动机等效。

　　通过坐标系旋转角速度的选取，简化了数学模型；通过按转子磁链定向，将定子电流分解为励磁分量 $i_{sm}$ 和转矩分量 $i_{st}$，使转子磁链 $\psi_r$ 仅由定子电流励磁分量 $i_{sm}$ 产生，而电磁转矩 $T_e$ 正比于转子磁链和定子电流转矩分量的乘积 $i_{st}\psi_r$，实现了定子电流两个分量的解耦。因此，按转子磁链定向同步旋转坐标系中的异步电动机数学模型与直流电动机模型

相当。

## 7.2.2 按转子磁链定向矢量控制的基本原理

在三相坐标系上的定子交流电流 $i_A$、$i_B$、$i_C$，通过三相-两相变换可以等效成两相静止坐标系上的交流电流 $i_{s\alpha}$ 和 $i_{s\beta}$，再通过与转子磁链同步的旋转变换，可以等效成同步旋转坐标系上的直流电流 $i_{sm}$ 和 $i_{st}$。如上所述，以 $i_{sm}$ 和 $i_{st}$ 为输入的电动机模型就是等效的直流电动机模型，如图 7-8 所示。从整体上看，输入为 A、B、C 三相电流，输出为转速 $\omega$，这是一台异步电动机。从内部看，经过 3/2 变换和同步旋转变换，交流电动机变成一台由 $i_{sm}$ 和 $i_{st}$ 为输入，$\omega$ 为输出的直流电动机。$m$ 绕组相当于直流电动机的励磁绕组，$i_{sm}$ 相当于励磁电流；$t$ 绕组相当于电枢绕组，$i_{st}$ 相当于与转矩成正比的电枢电流。因此，可以采用控制直流电动机的方法控制交流电动机。

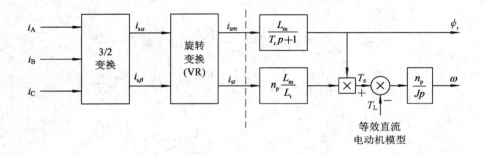

图 7-8 异步电动机矢量变换及等效直流电动机模型

异步电动机经过坐标变换等效成直流电动机后，就可以模仿直流电动机进行控制，即先用控制器产生按转子磁链定向坐标系中的定子电流励磁分量 $i_{sm}^*$ 和转矩分量给定值 $i_{st}^*$，经过反旋转变换 $VR^{-1}$ 得到 $i_{s\alpha}^*$ 和 $i_{s\beta}^*$，再经过 2/3 变换得到 $i_A^*$、$i_B^*$ 和 $i_C^*$，最后通过电流闭环控制，输出异步电动机调速所需的三相定子电流。这样，就得到了矢量控制系统的原理结构图，如图 7-9 所示。

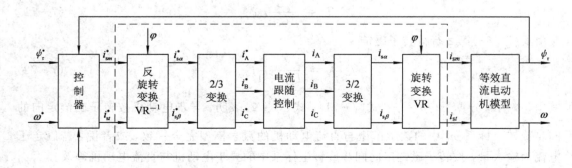

图 7-9 矢量控制系统原理结构图

若忽略变频器可能产生的滞后，再考虑 2/3 变换与电动机内部的 3/2 变换环节相抵消，控制器后面的反旋转变换 $VR^{-1}$ 与电动机内部的旋转变换 VR 环节相抵消，则图 7-9

中虚线框内的部分可以用传递函数为 1 的直线代替，那么，矢量控制系统就相当于直流调速系统了，简化后的等效直流调速系统如图 7-10 所示。可以想象，这样的矢量控制交流变压变频调速系统在静、动态性能上可以与直流调速系统媲美。

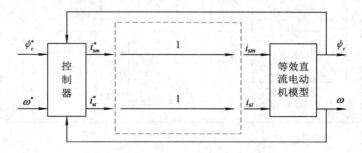

图 7-10　简化后的等效直流调速系统

### 7.2.3　按转子磁链定向的矢量控制系统

按转子磁链定向的矢量控制系统将定子电流分解为励磁分量和转矩分量，实现了两个分量的解耦，但由式(7-68)后两行

$$\frac{\mathrm{d}i_{sm}}{\mathrm{d}t} = \frac{L_\mathrm{m}}{\sigma L_\mathrm{s} L_\mathrm{r} T_\mathrm{r}}\psi_\mathrm{r} - \frac{R_\mathrm{s} L_\mathrm{r}^2 + R_\mathrm{r} L_\mathrm{m}^2}{\sigma L_\mathrm{s} L_\mathrm{r}^2}i_{sm} + \omega_1 i_{st} + \frac{u_{sm}}{\sigma L_\mathrm{s}}$$

$$\frac{\mathrm{d}i_{st}}{\mathrm{d}t} = -\frac{L_\mathrm{m}}{\sigma L_\mathrm{s} L_\mathrm{r}}\omega\psi_\mathrm{r} - \frac{R_\mathrm{s} L_\mathrm{r}^2 + R_\mathrm{r} L_\mathrm{m}^2}{\sigma L_\mathrm{s} L_\mathrm{r}^2}i_{st} - \omega_1 i_{sm} + \frac{u_{st}}{\sigma L_\mathrm{s}}$$

可知，定子电流两个分量的变化率仍存在着交叉耦合，为了抑制这一现象，需采用电流闭环控制，使实际电流快速跟随给定值。

图 7-11 为电流闭环控制后的系统结构图，转子磁链环节为稳定的惯性环节，对转子磁链可以采用闭环控制，也可以采用开环控制方式；而转速通道存在积分环节，为不稳定结构，必须加转速外环使之稳定。

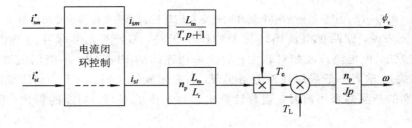

图 7-11　电流闭环控制后的系统结构图

常用的电流闭环控制有两种方法：

(1) 将定子电流两个分量的给定值 $i_{sm}^*$ 和 $i_{st}^*$ 进行 2/3 变换，得到三相电流给定值 $i_\mathrm{A}^*$、$i_\mathrm{B}^*$ 和 $i_\mathrm{C}^*$，采用电流控制型 PWM 变频器，在三相定子坐标系中完成电流闭环控制，如图 7-12 所示。

(2) 将检测到的三相电流(实际只要检测两相就够了)进行 3/2 变换和旋转变换，得到按转子磁链定向坐标系中的电流 $i_{sm}$ 和 $i_{st}$，采用 PI 调节软件构成电流闭环控制，电流调节

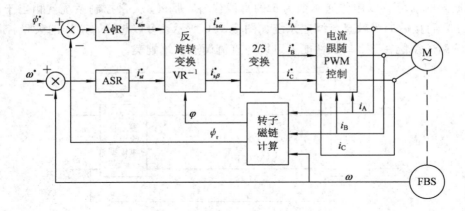

图 7-12 三相电流闭环控制的矢量控制系统结构图

器的输出为定子电压给定值 $u_{sm}^*$ 和 $u_{st}^*$，经过反旋转变换得到静止两相坐标系的定子电压给定值 $u_{s\alpha}^*$ 和 $u_{s\beta}^*$，再经 SVPWM 控制逆变器输出三相电压，如图 7-13 所示。

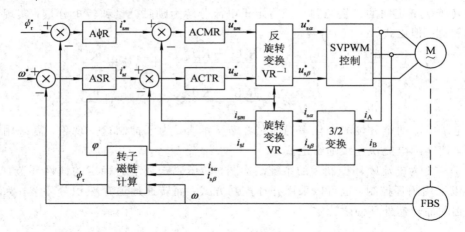

图 7-13 定子电流励磁分量和转矩分量闭环控制的矢量控制系统结构图

从理论上来说，这两种电流闭环控制的作用相同，差异是前者采用电流的两点式控制，动态响应快，但电流纹波相对较大；后者采用连续的 PI 控制，一般电流纹波略小（与 SVPWM 有关）。前者一般采用硬件电路实现，后者用软件实现。由于受到计算机运算速度的限制，早期的产品多采用前者，随着计算机运算速度的提高、功能的强化，现代的产品多采用后者。

图 7-12 和图 7-13 中，ASR 为转速调节器，AψR 为转子磁链调节器，ACMR 为定子电流励磁分量调节器，ACTR 为定子电流转矩分量调节器，FBS 为速度传感器，转子磁链的计算将另行讨论。对转子磁链和转速而言，均表现为双闭环控制的系统结构，内环为电流环，外环为转子磁链或转速环。若采用转子磁链开环控制，则去掉转子磁链调节器 AψR，将 $i_{sm}^*$ 作为给定值直接作用于控制系统。

## 7.2.4 按转子磁链定向矢量控制系统的转矩控制方式

7.2.3 节所介绍的矢量控制系统与直流调速系统相当。由图 7-11 可知，当转子磁链发生波动时，将影响电磁转矩，进而影响电动机转速。此时，转子磁链调节器力图使转子磁链恒定，而转速调节器则调节电流的转矩分量，以抵消转子磁链变化对电磁转矩的影响，最后达到平衡，使转速 $\omega$ 等于给定值 $\omega^*$，电磁转矩 $T_e$ 等于负载转矩 $T_L$。以上分析表明，转速闭环控制能够通过调节电流转矩分量来抑制转子磁链波动所引起的电磁转矩变化，但这种调节只有在转速发生变化后才起作用。为了改善系统动态性能，可以采用转矩控制方式。常用的转矩控制方式有两种：转矩闭环控制和在转速调节器的输出端增加除法环节。

图 7 - 14 是转矩闭环控制的矢量控制系统结构图，在转速调节器 ASR 和电流转矩分量调节器 ACTR 间增设了转矩调节器 ATR，当转子磁链发生波动时，通过转矩调节器及时调整电流转矩分量给定值，以抵消磁链变化的影响，尽可能不影响或少影响电动机转速。由图 7 - 15 所示的转矩闭环控制系统原理图可知，转子磁链扰动的作用点是在转矩环内的，可以通过转矩反馈控制来抑制此扰动；若没有转矩闭环，就只能通过转速外环来抑制转子磁链扰动，控制作用相对比较滞后。显然，采用转矩内环控制可以有效地改善系统的动态性能，当然，系统结构较为复杂。电磁转矩的实测相对困难，往往通过式(7 - 71)间接计算得到，重列式(7 - 71)如下：

$$T_e = \frac{n_p L_m}{L_r} i_{st} \psi_r$$

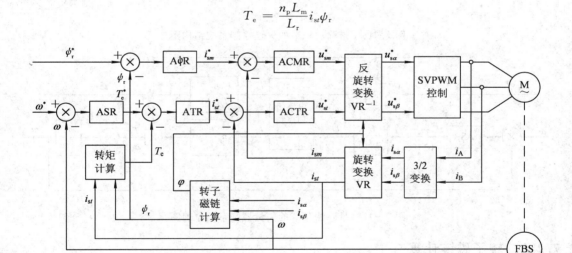

图 7 - 14　转矩闭环控制的矢量控制系统结构图

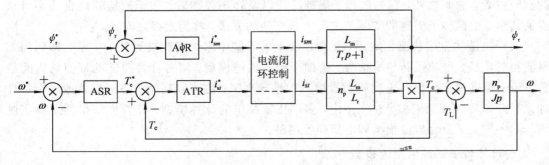

图 7 - 15　转矩闭环控制系统原理图

　　图 7-16 是带除法环节的矢量控制系统结构图。转速调节器 ASR 的输出为转矩给定 $T_e^*$，除以转子磁链 $\psi_r$ 和相应的系数，得到电流转矩分量给定值 $i_{st}^*$。当某种原因使 $\psi_r$ 减小时，通过除法环节使 $i_{st}^*$ 增大，尽可能保持电磁转矩不变。由图 7-17 控制系统原理图可知，用除法环节消去对象中固有的乘法环节，实现了转矩与转子磁链的动态解耦。

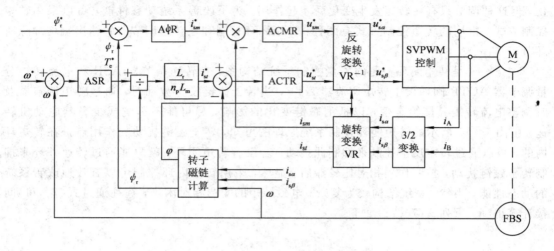

图 7-16　带除法环节的矢量控制系统结构图

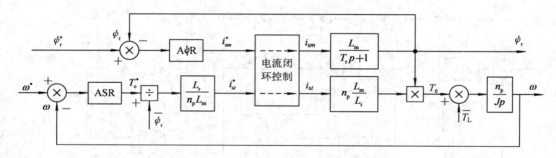

图 7-17　带除法环节的矢量控制系统原理图

## 7.2.5　转子磁链计算

　　按转子磁链定向的矢量控制系统的关键是准确定向，也就是说需要获得转子磁链矢量的空间位置。除此之外，在构成转子磁链反馈以及转矩控制时，转子磁链幅值也是不可缺少的信息。根据转子磁链的实际值进行矢量变换的方法，称为直接定向。

　　转子磁链的直接检测相对困难，现在实用的系统中多采用间接计算的方法，即利用容易测得的电压、电流或转速等信号，借助于转子磁链模型，实时计算磁链的幅值与空间位置。转子磁链模型可以从电动机数学模型中推导出来，也可以利用状态观测器或状态估计理论得到闭环的观测模型。在实用中，多用比较简单的计算模型。计算模型根据主要实测信号的不同，又分为电流模型和电压模型两种。

### 1. 计算转子磁链的电流模型

　　根据描述磁链与电流关系的磁链方程来计算转子磁链，所得出的模型叫作电流模型。

电流模型可以在不同的坐标系上获得。

（1）两相静止坐标系上的转子磁链电流模型。由实测的三相定子电流通过 3/2 变换得到两相静止坐标系上的电流 $i_{s\alpha}$ 和 $i_{s\beta}$，再利用两相静止坐标系中的数学模型式（7-56）中第 2、3 行，计算转子磁链在 $\alpha$、$\beta$ 轴上的分量：

$$\begin{cases} \dfrac{\mathrm{d}\psi_{r\alpha}}{\mathrm{d}t} = -\dfrac{1}{T_r}\psi_{r\alpha} - \omega\psi_{r\beta} + \dfrac{L_m}{T_r}i_{s\alpha} \\[2mm] \dfrac{\mathrm{d}\psi_{r\beta}}{\mathrm{d}t} = -\dfrac{1}{T_r}\psi_{r\beta} + \omega\psi_{r\alpha} + \dfrac{L_m}{T_r}i_{s\beta} \end{cases} \tag{7-73}$$

也可表达为

$$\begin{cases} \psi_{r\alpha} = \dfrac{1}{T_r p + 1}(L_m i_{s\alpha} - \omega T_r \psi_{r\beta}) \\[2mm] \psi_{r\beta} = \dfrac{1}{T_r p + 1}(L_m i_{s\beta} + \omega T_r \psi_{r\alpha}) \end{cases} \tag{7-74}$$

然后，采用直角坐标-极坐标变换，就可得到转子磁链矢量的幅值 $\psi_r$ 和空间位置 $\varphi$。考虑矢量变换中实际使用的是 $\varphi$ 的正弦和余弦函数，故可以采用变换式：

$$\begin{cases} \psi_r = \sqrt{\psi_{r\alpha}^2 + \psi_{r\beta}^2} \\[2mm] \sin\varphi = \dfrac{\psi_{r\beta}}{\psi_r} \\[2mm] \cos\varphi = \dfrac{\psi_{r\alpha}}{\psi_r} \end{cases} \tag{7-75}$$

图 7-18 是在两相静止坐标系上计算转子磁链的电流模型的结构图。采用计算机数字控制时，将式（7-73）离散化即可。由于 $\psi_{r\alpha}$ 与 $\psi_{r\beta}$ 之间有交叉反馈关系，因此离散计算时有可能不收敛。

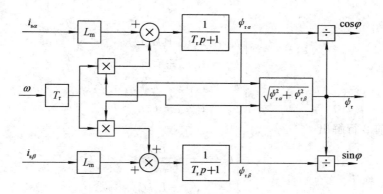

图 7-18　在两相静止坐标系上计算转子磁链的电流模型的结构图

（2）按转子磁链定向两相旋转坐标系上的转子磁链电流模型。图 7-19 是在按转子磁链定向两相旋转坐标系上计算转子磁链的电流模型的结构图。三相定子电流 $i_A$、$i_B$ 和 $i_C$（实际上用 $i_A$、$i_B$ 即可）经 3/2 变换变成两相静止坐标系电流 $i_{s\alpha}$、$i_{s\beta}$，再经同步旋转变换并按转子磁链定向，得到 $mt$ 坐标系上的电流 $i_{sm}$、$i_{st}$，利用矢量控制方程式（7-72）和式（7-70）可以获得 $\psi_r$ 和 $\omega_s$ 信号，由 $\omega_s$ 与实测转速 $\omega$ 相加得到定子频率信号 $\omega_1$，再经积分即为转子磁

链的相位角 $\varphi$，也就是同步旋转变换的旋转相位角。和第一种模型相比，这种模型更适合于计算机实时计算，容易收敛，也比较准确。

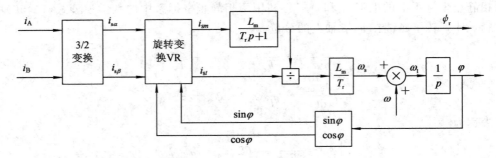

图 7-19　按转子磁链定向两相旋转坐标系上计算转子磁链的电流模型的结构图

上述两种计算转子磁链的电流模型都需要实测的电流和转速信号，不论转速高低都能适用，但都受电动机参数变化的影响。例如，电动机温升和频率变化都会影响转子电阻 $R_r$，磁饱和程度将影响电感 $L_m$ 和 $L_r$。这些影响都将导致磁链幅值与位置信号失真，而反馈信号的失真必然使磁链闭环控制系统的性能降低，这是电流模型的不足之处。

**2. 计算转子磁链的电压模型**

根据电压方程中感应电动势等于磁链变化率的关系，取电动势的积分就可以得到磁链，这样的模型叫作电压模型。

在式（7-46）中，令 $\omega_1 = 0$，可得 $\alpha\beta$ 坐标系上定子电压方程

$$\begin{cases} \dfrac{\mathrm{d}\psi_{s\alpha}}{\mathrm{d}t} = -R_s i_{s\alpha} + u_{s\alpha} \\[2mm] \dfrac{\mathrm{d}\psi_{s\beta}}{\mathrm{d}t} = -R_s i_{s\beta} + u_{s\beta} \end{cases} \tag{7-76}$$

和磁链方程

$$\begin{cases} \psi_{s\alpha} = L_s i_{s\alpha} + L_m i_{r\alpha} \\ \psi_{s\beta} = L_s i_{s\beta} + L_m i_{r\beta} \\ \psi_{r\alpha} = L_m i_{s\alpha} + L_r i_{r\alpha} \\ \psi_{r\beta} = L_m i_{s\beta} + L_r i_{r\beta} \end{cases} \tag{7-77}$$

由式（7-77）前 2 行解出

$$\begin{cases} i_{r\alpha} = \dfrac{\psi_{s\alpha} - L_s i_{s\alpha}}{L_m} \\[2mm] i_{r\beta} = \dfrac{\psi_{s\beta} - L_s i_{s\beta}}{L_m} \end{cases} \tag{7-78}$$

将式（7-78）代入式（7-77）后 2 行得

$$\begin{cases} \psi_{r\alpha} = \dfrac{L_r}{L_m}(\psi_{s\alpha} - \sigma L_s i_{s\alpha}) \\[2mm] \psi_{r\beta} = \dfrac{L_r}{L_m}(\psi_{s\beta} - \sigma L_s i_{s\beta}) \end{cases} \tag{7-79}$$

由式（7-76）和式（7-79）得计算转子磁链的电压模型为

$$\begin{cases} \psi_{r\alpha} = \dfrac{L_r}{L_m} \left[ \displaystyle\int \left( u_{s\alpha} - R_s i_{s\alpha} \right) \, \mathrm{d}t - \sigma L_s i_{s\alpha} \right] \\[4mm] \psi_{r\beta} = \dfrac{L_r}{L_m} \left[ \displaystyle\int \left( u_{s\beta} - R_s i_{s\beta} \right) \, \mathrm{d}t - \sigma L_s i_{s\beta} \right] \end{cases} \qquad (7-80)$$

计算转子磁链的电压模型如图 7-20 所示,其物理意义是:根据实测的电压和电流信号,计算定子磁链,然后再计算转子磁链。电压模型不需要转速信号,且算法与转子电阻 $R_r$ 无关,只与定子电阻 $R_s$ 有关,而 $R_s$ 是容易测得的。和电流模型相比,电压模型受电动机参数变化的影响较小,而且算法简单,便于应用。但是,电压模型包含纯积分项,积分的初始值和累积误差都影响计算结果,在低速时,定子电阻压降变化的影响也较大。

综上,电压模型更适合于中、高速应用,而电流模型能适应低速应用。有时为了提高准确度,把两种模型结合起来,在低速(例如 $n \leqslant 15\% n_N$)时采用电流模型,在中、高速时采用电压模型,只要解决好过渡问题,就可以提高整个运行范围内计算转子磁链的准确度。

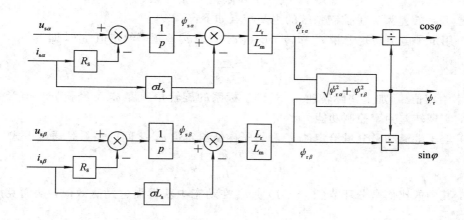

图 7-20　计算转子磁链的电压模型

## 7.2.6　磁链开环转差型矢量控制系统——间接定向

以上介绍的转子磁链闭环控制的矢量控制系统中,转子磁链幅值和位置信号均由磁链模型计算获得,都受到电动机参数 $T_r$ 和 $L_m$ 变化的影响,造成控制的不准确性。既然这样,与其采用磁链闭环控制而反馈不准,不如采用磁链开环控制,系统反而会简单一些。采用磁链开环的控制方式,无需转子磁链幅值,但对于矢量变换而言,仍然需要转子磁链的位置信号。由此可知,转子磁链的计算仍然不可避免,如果利用给定值间接计算转子磁链的位置,可简化系统结构,这种方法称为间接定向矢量控制。

间接定向矢量控制系统借助矢量控制方程中的转差公式,构成磁链开环转差型矢量控制系统(见图 7-21)。它继承了基于稳态模型转差频率控制系统的优点,又利用了基于动态模型的矢量控制规律,改善了大部分不足之处。

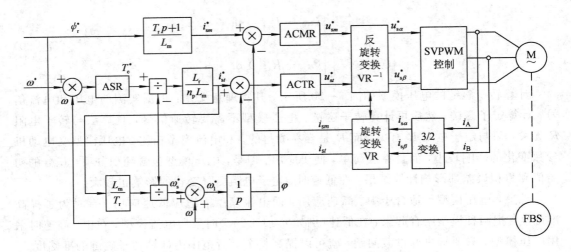

图 7 - 21  磁链开环转差型矢量控制系统

磁链开环转差型矢量控制系统的主要特点如下：

（1）用定子电流转矩分量 $i_{st}^*$ 和转子磁链 $\psi_r^*$ 计算转差频率给定值 $\omega_s^*$，即

$$\omega_s^* = \frac{L_m}{T_r \psi_r^*} i_{st}^* \qquad (7-81)$$

转差频率给定值 $\omega_s^*$ 加上实际转速 $\omega$，得到坐标系的旋转角速度 $\omega_1^*$，经积分环节产生矢量变换角，实现转差频率控制功能。

（2）定子电流励磁分量给定值 $i_{sm}^*$ 和转子磁链给定值 $\psi_r^*$ 之间的关系是通过下式

$$i_{sm} = \frac{T_r p + 1}{L_m} \psi_r \qquad (7-82)$$

建立的，其中的比例微分环节$(T_r p + 1)$使 $i_{sm}$ 在动态中获得强迫励磁效应，从而克服实际磁通的滞后。

由以上特点可以看出，磁链开环转差型矢量控制系统的磁场定向由磁链和电流转矩分量给定值确定，靠矢量控制方程保证，并没有用磁链模型实际计算转子磁链及其相位，所以属于间接的磁场定向。但矢量控制方程中包含电动机转子参数，定向精度仍受参数变化的影响，磁链和电流转矩分量给定值与实际值存在差异，这些都将影响系统的性能。

综上所述，按转子磁链定向的矢量控制系统具有如下特点：

（1）按转子磁链定向，实现了定子电流励磁分量和转矩分量的解耦，但需要电流闭环控制。

（2）转子磁链系统的控制对象是稳定的惯性环节，可以采用磁链闭环控制，也可以采用开环控制。

（3）采用连续 PI 控制，转矩与磁链变化平稳，电流闭环控制可有效地限制启、制动电流。

同时，按转子磁链定向的矢量控制系统存在如下的问题：

（1）转子磁链计算精度受易于变化的转子电阻的影响，转子磁链的角度精度影响定向的准确性。

（2）需要矢量变换，系统结构复杂，运算量大。

矢量控制系统具有动态性能好、调速范围宽的优点，采用光电编码速度传感器时，一般调速范围可以达到 100，已在实践中获得普遍应用。动态性能受电动机参数变化的影响是其主要的不足之处。为了解决这个问题，人们在参数辨识和自适应控制等方面都做过许多研究工作，获得了不少成果，矢量控制已逐渐应用于实际系统。

## 7.3　无速度传感器矢量控制系统

由上节可知，矢量控制必须要有电动机转速信息，需要安装速度传感器。但是，有时工作环境不允许安装速度传感器，而又希望采用高性能控制，此时可以采用无速度传感器矢量控制技术。无速度传感器矢量控制的关键是速度推算。为此，各国学者提出了各种各样的速度推算算法，大致可归纳为两大类：速度推算与矢量控制分别独立进行；速度推算与矢量控制同时进行。

### 7.3.1　速度推算与矢量控制分别独立进行

所谓速度推算与矢量控制分别独立进行，是指矢量控制需要对转子磁链 $\psi_r$ 的相位角 $\varphi$ 进行旋转坐标变换，而速度推算不需要 $\varphi$，只需静止坐标变换，如图 7-22 所示。求解转子磁链 $\psi_r$ 的相位角 $\varphi$，可采用电动机处于稳态时的 $\psi_r$ 值。采用 $dq$ 坐标系，参照式（7-72）可得

$$\psi_r = L_m i_{sd}$$

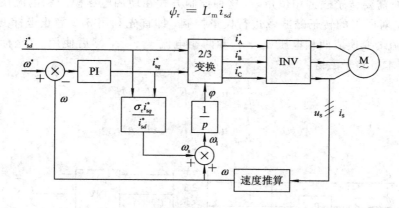

图 7-22　速度推算与矢量控制独立进行

参照式（7-70）可得

$$\omega_s = \omega_1 - \omega = \frac{1}{T_r}\frac{i_{sq}}{i_{sd}} = \sigma_r \frac{i_{sq}}{i_{sd}} \tag{7-83}$$

其中 $\sigma_r = R_r/L_r$ 为转子系数。由 $\omega_s$ 与实测转速 $\omega$ 相加得到定子频率信号 $\omega_1$，再经积分即为转子磁链的相位角 $\varphi$，也就是同步旋转变换的旋转相位角。

速度推算指利用 3/2 静止坐标变换，把三相电压 $u_s$ 和电流 $i_s$ 变换成两相电压 $u_{s\alpha}$、$u_{s\beta}$ 和两相电流 $i_{s\alpha}$、$i_{s\beta}$，利用式（7-80）的电压模型，求得转子磁链 $\psi_{r\alpha}$ 和 $\psi_{r\beta}$，再利用式（7-74）的电流模型，可求得转子磁链估计值 $\hat{\psi}_{r\alpha}$ 和 $\hat{\psi}_{r\beta}$。速度推算式为

$$\omega = \left(K_P + \frac{K_I}{s}\right)(\hat{\psi}_{r\alpha}\psi_{r\beta} - \hat{\psi}_{r\beta}\psi_{r\alpha}) \tag{7-84}$$

速度推算采用了模型参考自适应系统,简称 MRAS。MRAS 速度推算器结构如图 7-23 所示。图中高通滤波器 $\frac{s}{s+1/T}$ 是为了解决积分偏差和起始值的问题而设置的,把电压模型作为参考模型,电流模型作为可调模型构成了模型参考自适应系统。

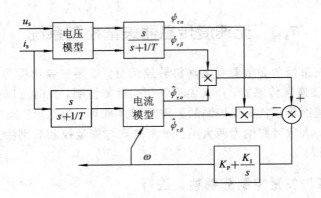

图 7-23  MRAS 速度推算器结构

## 7.3.2  速度推算与矢量控制同时进行

速度推算与矢量控制同时进行的速度推算器结构如图 7-24 所示。这种结构的特点是在速度推算时需要转子磁链相位角 $\varphi$。这种控制方式在使用电压模型和电流模型进行速度推算的同时,对所得的转子磁链 $\psi_r$ 进行矢量控制,即首先利用 3/2 静止坐标变换,把三相电压 $u_s$ 和电流 $i_s$ 变换成两相电压 $u_{s\alpha}$、$u_{s\beta}$ 和两相电流 $i_{s\alpha}$、$i_{s\beta}$,然后使用 $\alpha\beta$ 坐标系的电压模型式(7-80)求得转子磁链:

$$p\psi_{r\alpha} = \frac{L_r}{L_m}[u_{s\alpha} - (R_s + \sigma L_s p)i_{s\alpha}] \qquad (7-85)$$

$$p\psi_{r\beta} = \frac{L_r}{L_m}[u_{s\beta} - (R_s + \sigma L_s p)i_{s\beta}] \qquad (7-86)$$

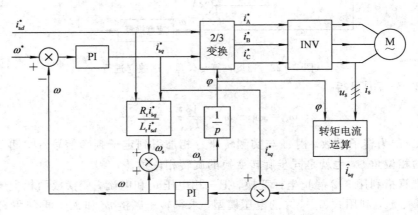

图 7-24  速度推算与矢量控制同时进行的速度推算器结构

作为误差修正项用的电流模型对应的转子磁链

$$\begin{cases} \overset{\wedge}{\psi}_{r\alpha} = L_m i_{sq}^* \cos\varphi \\ \overset{\wedge}{\psi}_{r\beta} = L_m i_{sq}^* \sin\varphi \end{cases} \tag{7-87}$$

由式（7-85）～式（7-87）构成磁通观测器

$$p\psi_{r\alpha} = \frac{L_r}{L_m}[u_{s\alpha} - (R_s + \sigma L_s p)i_{s\alpha}] + k(\overset{\wedge}{\psi}_{r\alpha} - \psi_{r\alpha}) \tag{7-88}$$

$$p\psi_{r\beta} = \frac{L_r}{L_m}[u_{s\beta} - (R_s + \sigma L_s p)i_{s\beta}] + k(\overset{\wedge}{\psi}_{r\beta} - \psi_{r\beta}) \tag{7-89}$$

式中：$k$ 为磁通观测器增益系数。

推算转矩电流为

$$\overset{\wedge}{i}_{sq} = \frac{\psi_{r\alpha} i_{r\beta} - \psi_{r\beta} i_{s\alpha}}{\sqrt{\psi_{r\alpha}^2 + \psi_{r\beta}^2}} \tag{7-90}$$

用转矩电流给定值 $i_{sq}^*$ 和转矩电流推算值 $\overset{\wedge}{i}_{sq}$ 之差进行 PI 控制，得到速度推算值

$$\omega = \left(K_P + \frac{K_I}{s}\right)(i_{sq}^* - \overset{\wedge}{i}_{sq}) \tag{7-91}$$

### 7.3.3　无电压、速度传感器矢量控制系统

无电压、速度传感器矢量控制系统如图 7-25 所示。

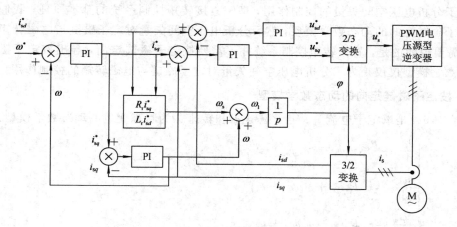

图 7-25　无电压、速度传感器矢量控制系统

控制系统采用直流电流环控制的电压源驱动，这种控制系统可以节省电压传感器和速度传感器。先把三相交流电流实际值 $i_s$ 通过 3/2 变换，得励磁电流 $i_{sd}$ 和转矩电流 $i_{sq}$ 实际值，然后用转矩电流给定值 $i_{sq}^*$ 与实际值 $i_{sq}$ 通过 PI 调节器得速度推算值

$$\omega = \left(K_{P\omega} + \frac{K_{I\omega}}{s}\right)(i_{sq}^* - i_{sq}) \tag{7-92}$$

转矩电流给定值

$$i_{sq}^* = \left(K_{Pi} + \frac{K_{Ii}}{s}\right)(\omega^* - \omega) \tag{7-93}$$

电压给定值

$$u_{sd}^* = \left( K_{Pu} + \frac{K_{Iu}}{s} \right)(i_{sd}^* - i_{sd}) \qquad (7-94)$$

$$u_{sq}^* = \left( K_{Pu} + \frac{K_{Iu}}{s} \right)(i_{sq}^* - i_{sq}) \qquad (7-95)$$

## 7.4　直接转矩控制系统

直接转矩控制(Direct Torque Control，DTC)系统，是继矢量控制系统之后发展起来的另一种高动态性能的交流电动机变压变频调速系统。直接转矩控制理论以新颖简单的控制思想，简洁明了的系统结构，优良的动、静态性能得到了普遍的关注和迅速发展。在它的转速环里面，利用转矩反馈直接控制电动机的电磁转矩，其因而得名。

由于在转速环里面设置了转矩内环，可以抑制定子磁链对内环控制对象的扰动，因而直接转矩控制系统实现了转速和磁链子系统之间的近似解耦，不再追求控制对象的精确解耦。根据定子磁链幅值偏差 $\Delta\psi_s$ 的符号和电磁转矩偏差 $\Delta T_e$ 的符号，再依据当前定子磁链矢量 $\boldsymbol{\psi}_s$ 所在的位置，直接选取合适的电压空间矢量，减小定子磁链幅值的偏差和电磁转矩的偏差，可实现电磁转矩与定子磁链的控制。

### 7.4.1　直接转矩控制系统的基本原理

为了分析电压空间矢量的控制作用，理解直接转矩控制系统的基本原理，我们首先导出按定子磁链定向的动态数学模型，然后分析电压空间矢量对定子磁链与电磁转矩的控制作用。需要说明的是，直接转矩控制系统并不需要按定子磁链定向，导出按定子磁链定向的动态数学模型仅仅是为了分析电压空间矢量对定子磁链与电磁转矩的控制作用。

**1. 按定子磁链定向的动态数学模型**

式(7-62)是以定子电流 $i_s$、定子磁链 $\psi_s$ 和转速 $\omega$ 为状态变量的动态数学模型：

$$\begin{cases} \dfrac{d\omega}{dt} = \dfrac{n_p^2}{J}(i_{sq}\psi_{sd} - i_{sd}\psi_{sq}) - \dfrac{n_p}{J}T_L \\[2mm] \dfrac{d\psi_{sd}}{dt} = -R_s i_{sd} + \omega_1 \psi_{sq} + u_{sd} \\[2mm] \dfrac{d\psi_{sq}}{dt} = -R_s i_{sq} - \omega_1 \psi_{sd} + u_{sq} \\[2mm] \dfrac{di_{sd}}{dt} = \dfrac{1}{\sigma L_s T_r}\psi_{sd} + \dfrac{1}{\sigma L_s}\omega\psi_{sq} - \dfrac{R_s L_r + R_r L_s}{\sigma L_s L_r}i_{sd} + (\omega_1 - \omega)i_{sq} + \dfrac{u_{sd}}{\sigma L_s} \\[2mm] \dfrac{di_{sq}}{dt} = \dfrac{1}{\sigma L_s T_r}\psi_{sq} - \dfrac{1}{\sigma L_s}\omega\psi_{sd} - \dfrac{R_s L_r + R_r L_s}{\sigma L_s L_r}i_{sq} - (\omega_1 - \omega)i_{sd} + \dfrac{u_{sq}}{\sigma L_s} \end{cases}$$

式(7-60)是相应的电磁转矩表达式：

$$\begin{aligned} T_e &= n_p(i_{sq}\psi_{sd} - L_s i_{sd}i_{sq} - i_{sd}\psi_{sq} + L_s i_{sq}i_{sd}) \\ &= n_p(i_{sq}\psi_{sd} - i_{sd}\psi_{sq}) \end{aligned}$$

采用按定子磁链定向(仍用 $dq$ 坐标表示)，使 $d$ 轴与定子磁链矢量重合，则 $\psi_s = \psi_{sd}$，$\psi_{sq} = 0$。为了保证 $d$ 轴始终与定子磁链矢量重合，还应使 $\dfrac{d\psi_{sq}}{dt} = 0$。因此，异步电动机按定子

磁链定向的动态模型为

$$
\begin{cases}
\dfrac{\mathrm{d}\omega}{\mathrm{d}t} = \dfrac{n_{\mathrm{p}}^2}{J} i_{sq}\psi_{\mathrm{s}} - \dfrac{n_{\mathrm{p}}}{J} T_{\mathrm{L}} \\[2mm]
\dfrac{\mathrm{d}\psi_{\mathrm{s}}}{\mathrm{d}t} = -R_{\mathrm{s}} i_{sd} + u_{sd} \\[2mm]
\dfrac{\mathrm{d}i_{sd}}{\mathrm{d}t} = -\dfrac{L_{\mathrm{s}}R_{\mathrm{r}} + L_{\mathrm{r}}R_{\mathrm{s}}}{\sigma L_{\mathrm{s}}L_{\mathrm{r}}} i_{sd} + \dfrac{1}{\sigma L_{\mathrm{s}} T_{\mathrm{r}}}\psi_{\mathrm{s}} + (\omega_1 - \omega) i_{sq} + \dfrac{u_{sd}}{\sigma L_{\mathrm{s}}} \\[2mm]
\dfrac{\mathrm{d}i_{sq}}{\mathrm{d}t} = -\dfrac{L_{\mathrm{s}}R_{\mathrm{r}} + L_{\mathrm{r}}R_{\mathrm{s}}}{\sigma L_{\mathrm{s}}L_{\mathrm{r}}} i_{sq} - \dfrac{1}{\sigma L_{\mathrm{s}}}\omega\psi_{\mathrm{s}} - (\omega_1 - \omega) i_{sd} + \dfrac{u_{sq}}{\sigma L_{\mathrm{s}}}
\end{cases}
\tag{7-96}
$$

电磁转矩表达式为

$$
T_{\mathrm{e}} = n_{\mathrm{p}} i_{sq}\psi_{\mathrm{s}}
\tag{7-97}
$$

由式 (7-62) 第 3 行取 $\dfrac{\mathrm{d}\psi_{sq}}{\mathrm{d}t}=0$，解得定子磁链矢量的旋转角速度 $\omega_{\mathrm{d}}$（令 $\omega_{\mathrm{d}} = \omega_1$）：

$$
\omega_{\mathrm{d}} = \frac{\mathrm{d}\varphi}{\mathrm{d}t} = \frac{u_{sq} - R_{\mathrm{s}} i_{sq}}{\psi_{\mathrm{s}}}
\tag{7-98}
$$

由式 (7-98) 得 $u_{sq} = \psi_{\mathrm{s}}\omega_{\mathrm{d}} + R_{\mathrm{s}} i_{sq}$，将其代入式 (7-96)，得

$$
\begin{cases}
\dfrac{\mathrm{d}\omega}{\mathrm{d}t} = \dfrac{n_{\mathrm{p}}^2}{J} i_{sq}\psi_{\mathrm{s}} - \dfrac{n_{\mathrm{p}}}{J} T_{\mathrm{L}} \\[2mm]
\dfrac{\mathrm{d}\psi_{\mathrm{s}}}{\mathrm{d}t} = -R_{\mathrm{s}} i_{sd} + u_{sd} \\[2mm]
\dfrac{\mathrm{d}i_{sd}}{\mathrm{d}t} = -\dfrac{L_{\mathrm{s}}R_{\mathrm{r}} + L_{\mathrm{r}}R_{\mathrm{s}}}{\sigma L_{\mathrm{s}}L_{\mathrm{r}}} i_{sd} + \dfrac{1}{\sigma L_{\mathrm{s}} T_{\mathrm{r}}}\psi_{\mathrm{s}} + (\omega_{\mathrm{d}} - \omega) i_{sq} + \dfrac{u_{sd}}{\sigma L_{\mathrm{s}}} \\[2mm]
\quad\ = -\dfrac{L_{\mathrm{s}}R_{\mathrm{r}} + L_{\mathrm{r}}R_{\mathrm{s}}}{\sigma L_{\mathrm{s}}L_{\mathrm{r}}} i_{sd} + \dfrac{1}{\sigma L_{\mathrm{s}} T_{\mathrm{r}}}\psi_{\mathrm{s}} + \omega_{\mathrm{s}} i_{sq} + \dfrac{u_{sd}}{\sigma L_{\mathrm{s}}} \\[2mm]
\dfrac{\mathrm{d}i_{sq}}{\mathrm{d}t} = -\dfrac{1}{\sigma T_{\mathrm{r}}} i_{sq} + \dfrac{1}{\sigma L_{\mathrm{s}}}(\omega_{\mathrm{d}} - \omega)(\psi_{\mathrm{s}} - \sigma L_{\mathrm{s}} i_{sd}) \\[2mm]
\quad\ = -\dfrac{1}{\sigma T_{\mathrm{r}}} i_{sq} + \dfrac{1}{\sigma L_{\mathrm{s}}}\omega_{\mathrm{s}}(\psi_{\mathrm{s}} - \sigma L_{\mathrm{s}} i_{sd})
\end{cases}
\tag{7-99}
$$

其中，$\omega_{\mathrm{s}} = \omega_{\mathrm{d}} - \omega$ 为转差角频率。

对式 (7-99) 第 2 行积分得定子磁链幅值：

$$
\psi_{\mathrm{s}} = \int (-R_{\mathrm{s}} i_{sd} + u_{sd})\,\mathrm{d}t
\tag{7-100}
$$

再将式 (7-99) 最后一行改写为

$$
i_{sq} = \frac{T_{\mathrm{r}}/L_{\mathrm{s}}}{\sigma T_{\mathrm{r}} p + 1}\omega_{\mathrm{s}}(\psi_{\mathrm{s}} - \sigma L_{\mathrm{s}} i_{sd})
\tag{7-101}
$$

一般来说，$\psi_{\mathrm{s}} - \sigma L_{\mathrm{s}} i_{sd} > 0$，因此，当转差角频率 $\omega_{\mathrm{s}} > 0$ 时，电流增加，转矩也随之加大；反之，$\omega_{\mathrm{s}} < 0$ 时，电流与转矩都减小。所以可通过 $u_{sq}$ 控制定子磁链的旋转角速度 $\omega_{\mathrm{d}}$，进而控制电磁转矩。

按定子磁链定向将定子电压分解为两个分量 $u_{sd}$ 和 $u_{sq}$，$u_{sd}$ 控制定子磁链幅值的变化率，$u_{sq}$ 控制定子磁链矢量旋转角速度，再通过转差频率控制定子电流的转矩分量 $i_{sq}$，最后控制转矩。但 $u_{sd}$、$u_{sq}$ 均受到定子电流两个分量 $i_{sd}$ 和 $i_{sq}$ 的影响，按定子磁链定向的直接转

矩控制属于受电流扰动的电压控制。

**2. 逆变器的开关状态和电压空间矢量**

用电压型逆变器供电的交流调速系统如图 7 - 26 所示，假设逆变器的功率开关器件用开关量 $S_A$、$S_B$、$S_C$ 来代替，并且当逆变器上臂开关接通时，$S_A$（或 $S_B$、$S_C$）$=1$，下臂开关接通时，$S_A$（或 $S_B$、$S_C$）$=0$，每一个桥臂的上、下两个开关器件是互补动作的，则定子各相端电压对中性点分别为 $\frac{1}{2}U_d$ 或者 $-\frac{1}{2}U_d$。

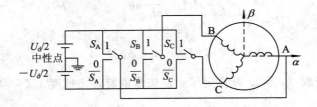

图 7 - 26　电压型逆变器供电的交流调速系统

现在我们把定子三相对称绕组等效变换成两相静止绕组，在 $\alpha\beta$ 平面上分析电压空间矢量及其所处的位置。如图 7 - 26 所示，设 $\alpha$ 轴与 A 相绕组轴线重叠，两相绕组的相电压为 $u_\alpha$、$u_\beta$，用复数表示 $\boldsymbol{u}_s = u_\alpha + \mathrm{j}u_\beta$，称 $\boldsymbol{u}_s$ 为瞬时电压空间矢量。用三相开关量表示瞬时电压空间矢量为

$$\boldsymbol{u}_s(S_A, S_B, S_C) = \sqrt{\frac{2}{3}}U_d(S_A + S_B e^{\mathrm{j}\frac{2}{3}\pi} + S_C e^{\mathrm{j}\frac{4}{3}\pi}) \tag{7-102}$$

式中，$\sqrt{2/3}$ 为绝对变换系数。逆变器上、下臂开关组合共有 $2^3 = 8$ 种状态，逆变器输出瞬时电压空间矢量分别有下列 8 种电压：

$$\begin{cases}
\boldsymbol{u}_1(1,0,0) = \sqrt{\dfrac{2}{3}}U_d \\[6pt]
\boldsymbol{u}_2(1,1,0) = \sqrt{\dfrac{2}{3}}U_d e^{\mathrm{j}\frac{1}{3}\pi} \\[6pt]
\boldsymbol{u}_3(0,1,0) = \sqrt{\dfrac{2}{3}}U_d e^{\mathrm{j}\frac{2}{3}\pi} \\[6pt]
\boldsymbol{u}_4(0,1,1) = -\sqrt{\dfrac{2}{3}}U_d \\[6pt]
\boldsymbol{u}_5(0,0,1) = \sqrt{\dfrac{2}{3}}U_d e^{\mathrm{j}\frac{4}{3}\pi} \\[6pt]
\boldsymbol{u}_6(1,0,1) = \sqrt{\dfrac{2}{3}}U_d e^{\mathrm{j}\frac{5}{3}\pi} \\[6pt]
\boldsymbol{u}_0(0,0,0) = \boldsymbol{u}_7(1,1,1) = 0
\end{cases} \tag{7-103}$$

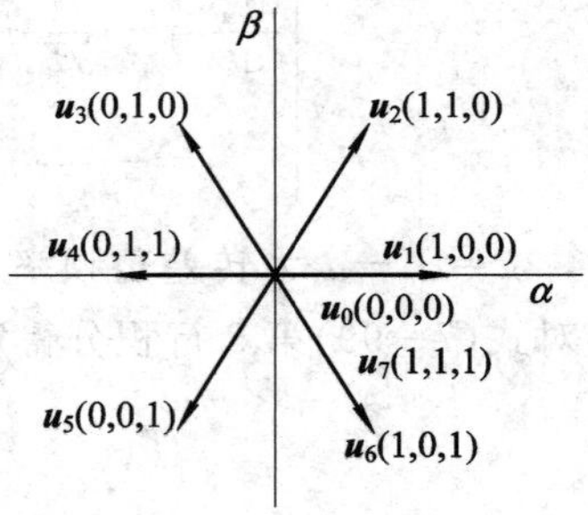

图 7 - 27　逆变器输出电压空间矢量

将这些定子瞬时电压空间矢量 $\boldsymbol{u}_s$ 直接表示在 $\alpha\beta$ 坐标系上，如图 7 - 27 所示，逆变器开关状态如表 7 - 1 所示。

表 7 - 1　逆变器开关状态

| 状　　态 | | 工　作　状　态 | | | | | | 零状态 | |
|---|---|---|---|---|---|---|---|---|---|
| | | 1 | 2 | 3 | 4 | 5 | 6 | 0 | 7 |
| 开关量 | $S_A$ | 1 | 1 | 0 | 0 | 0 | 1 | 0 | 1 |
| | $S_B$ | 0 | 1 | 1 | 1 | 0 | 0 | 0 | 1 |
| | $S_C$ | 0 | 0 | 0 | 1 | 1 | 1 | 0 | 1 |

由式(7-102)可以看出，电压空间矢量与电动机的中点电压 $U_N$ 无关，只与三相桥臂的开关状态有关。由式(7-102)和表 7-1 可以看出电压型逆变器的输出矢量共有 8 个（$u_0 \sim u_7$），其中 0 状态和 7 状态表示 A、B、C 三相上桥臂或下桥臂同时导通，相当于将电动机定子三相绕组短接，$u_0$、$u_7$ 称为零矢量；其余 6 个为非零矢量，称为有效矢量。这 6 个非零矢量均匀分布在 $\alpha\beta$ 坐标平面上，彼此相差 60°，幅值均为 $\sqrt{2/3}U_d$。

**3. 定子电压空间矢量对定子磁链和转矩的控制作用**

上面我们在两相静止 $\alpha\beta$ 坐标系上分析了定子电压空间矢量，可知两电平 PWM 逆变器可输出 8 个电压空间矢量：6 个有效矢量 $u_1 \sim u_6$，2 个零矢量 $u_0$ 和 $u_7$。将期望的定子磁链圆轨迹分为 6 个扇区，见图 7-28，图中仅画出第 I 扇区和第 III 扇区的定子磁链矢量和施加的电压空间矢量。当定子磁链矢量 $\psi_{sI}$ 位于第 I 扇区时，施加电压空间矢量 $u_2$，将 $u_2$ 在定子磁链两相旋转 $dq$ 坐标系上沿 $\psi_{sI}$ 的 $d$ 轴和 $q$ 轴方向分解，得到的 $u_{sd}$ 和 $u_{sq}$ 均大于零，如图 7-29（a）所示，这说明 $u_2$ 的作用是在增加定子磁链幅值的同时使定子磁链矢量正向旋转。当定子磁链矢量 $\psi_{sIII}$ 位于第 III 扇区时，同样施加电压空间矢量 $u_2$，将 $u_2$ 沿 $\psi_{sIII}$

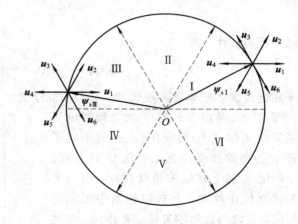

图 7-28　定子磁链圆轨迹扇区图

的 $d$ 轴和 $q$ 轴方向分解，得到的 $u_{sd}$ 和 $u_{sq}$ 均小于零，如图 7-29（b）所示，这说明 $u_2$ 的作用是使定子磁链幅值减小，并使定子磁链矢量反向旋转。忽略定子电阻压降，零矢量 $u_0$ 和 $u_7$ 作用时，定子磁链的幅值和位置均保持不变。其他 5 个有效矢量控制作用的分析方法与此相同，不再重复。由此可见，当定子磁链矢量位于不同扇区时，同样的有效矢量沿 $d$ 轴和 $q$ 轴分解所得的两个电压分量 $u_{sd}$ 和 $u_{sq}$ 方向不同，对定子磁链与电磁转矩的控制作用也不同。

现以第 I 扇区为例进行详细分析，并假定转速 $\omega > 0$，电动机运行在正向电动状态。忽略定子电阻压降，当所施加的定子电压分量 $u_{sd}$ 为"+"时，定子磁链幅值增大；当 $u_{sd} = 0$ 时，定子磁链幅值维持不变；当 $u_{sd}$ 为"-"时，定子磁链幅值减小。当定子电压分量 $u_{sq}$ 为"+"时，定子磁链矢量正向旋转，转差角频率 $\omega_s$ 增大，电流转矩分量 $i_{sq}$ 和电磁转矩 $T_e$ 增大；当 $u_{sq} = 0$ 时，定子磁链矢量停在原地，$\omega_d = 0$，转差角频率 $\omega_s$ 为负，电流转矩分量 $i_{sq}$ 和电磁转矩 $T_e$ 减小；当 $u_{sq}$ 为"-"时，定子磁链矢量反向旋转，电流转矩分量 $i_{sq}$ 急剧变负，产生制动转矩。若考虑定子电阻压降，则情况略为复杂些。

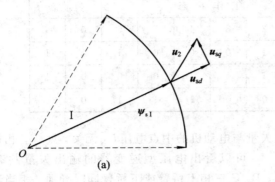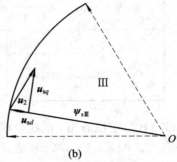

图 7-29　电压空间矢量分解图

（a）第 I 扇区；（b）第 III 扇区

现在我们再来分析定子磁链圆形轨迹的形成。

异步电动机在不计定子电阻时的定子磁链由式（7-3b）或式（7-76）得

$$\frac{\mathrm{d}\psi_s}{\mathrm{d}t} = u_s \tag{7-104}$$

将此方程离散化，则

$$\psi_s(t_2) = \psi_s(t_1) + \int_{t_1}^{t_2} u_s\,\mathrm{d}t \tag{7-105}$$

定子磁链矢量 $\psi_s$ 的轨迹将按式（7-105）的规律变化。

图 7-30 是定子磁链 $\psi_s$ 加上瞬时电压空间矢量 $u_3(0,1,0)$ 的变化轨迹，这时定子磁链 $\psi_s$ 的移动速度与直流电压 $U_d$ 成正比。定子磁链 $\psi_s$ 加上有效矢量就移动，而加上零矢量就停止移动。在转矩控制中采用开关控制，有效矢量和零矢量交替作用，实现砰-砰控制，使定子磁链 $\psi_s$ 走走停停。选择电压空间矢量 $u_s$ 的原则是定子磁链给定值 $\psi_s^*$ 与运算所得的定子磁链 $\psi_s$ 的绝对值之偏差必须在允许误差 $\Delta\psi_s$ 以内。由于有效矢量有 6 个，分布也是固定的。因此 $u_s(S_A, S_B, S_C)$ 的选择不仅依赖于 $\psi_s$ 的大小，而且也取决于 $\psi_s$ 的旋转方向。

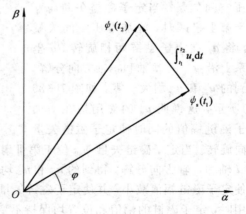

图 7-30　定子磁链 $\psi_s$ 的轨迹

（$u_s = u_3(0,1,0)$ 的情况）

因为定子磁链 $\psi_s$ 相位每次变化 $\frac{\pi}{3}$，所以按图 7-31 所示把 $\alpha\beta$ 平面按 $\psi_s$ 旋转方向（逆时针）分成 6 个区域。定子磁链 $\psi_s$ 在 $\alpha\beta$ 平面上的位置，即 $\varphi$ 根据表 7-2 确定。

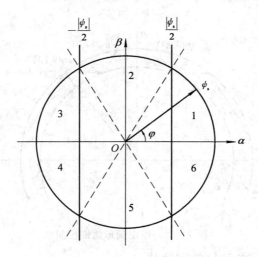

图 7-31　定子磁链 $\psi_s$ 的区域划分

表 7-2　定子磁链 $\psi_s$ 的区域 $\varphi$ 判别表

| $\psi_{s\alpha}$，$\psi_{s\beta}$ 的条件 | | 区　　域 | |
|---|---|---|---|
| $\dfrac{|\psi_s|}{2}\leqslant\psi_{s\alpha}\leqslant|\psi_s|$ | $\psi_{s\beta}\geqslant0$ | 1 | $0\leqslant\varphi\leqslant\dfrac{\pi}{3}$ |
| $-\dfrac{|\psi_s|}{2}\leqslant\psi_{s\alpha}\leqslant\dfrac{|\psi_s|}{2}$ | $\psi_{s\beta}\geqslant0$ | 2 | $\dfrac{\pi}{3}\leqslant\varphi\leqslant\dfrac{2\pi}{3}$ |
| $-|\psi_s|\leqslant\psi_{s\alpha}\leqslant-\dfrac{|\psi_s|}{2}$ | $\psi_{s\beta}\geqslant0$ | 3 | $\dfrac{2\pi}{3}\leqslant\varphi\leqslant\pi$ |
| $-|\psi_s|\leqslant\psi_{s\alpha}\leqslant-\dfrac{|\psi_s|}{2}$ | $\psi_{s\beta}\leqslant0$ | 4 | $\pi\leqslant\varphi\leqslant\dfrac{4\pi}{3}$ |
| $-\dfrac{|\psi_s|}{2}\leqslant\psi_{s\alpha}\leqslant\dfrac{|\psi_s|}{2}$ | $\psi_{s\beta}\leqslant0$ | 5 | $\dfrac{4\pi}{3}\leqslant\varphi\leqslant\dfrac{5\pi}{3}$ |
| $\dfrac{|\psi_s|}{2}\leqslant\psi_{s\alpha}\leqslant|\psi_s|$ | $\psi_{s\beta}\leqslant0$ | 6 | $\dfrac{5\pi}{3}\leqslant\varphi\leqslant2\pi$ |

　　图 7-32 是 $\psi_s$ 恒定圆形轨迹控制。图中画出了三个圆圈，虚线圆圈表示定子磁链幅值的给定值轨迹，用 $|\psi_s^*|$ 表示，两个实线圆圈表示定子磁链幅值的实际值轨迹，用 $|\psi_s|$ 表示，它们的半径之差 $2\Delta|\psi_s|$ 为允许误差。在运行中要求定子磁链 $|\psi_s|$ 能满足下列条件：

$$|\psi_s^*|-|\Delta\psi_s|\leqslant|\psi_s|\leqslant|\psi_s^*|+|\Delta\psi_s| \tag{7-106}$$

例如，当定子原有磁链位于区域之内，并有 $\psi_s=|\psi_s^*|+|\Delta\psi_s|$ 的值时，如图 7-32 所示，如果要求 $\psi_s$ 逆时针旋转，则分别选择 $\boldsymbol{u}_4(0,1,1)$ 和 $\boldsymbol{u}_3(0,1,0)$ 就能满足式 (7-106) 的关系。只要定子磁链角 $\varphi\leqslant\dfrac{\pi}{2}$，可反复施加 $\boldsymbol{u}_4(0,1,1)$ 和 $\boldsymbol{u}_3(0,1,0)$。但是，当 $\varphi\geqslant\dfrac{\pi}{2}$ 时，需反复选用 $\boldsymbol{u}_4(0,1,1)$ 和 $\boldsymbol{u}_5(0,0,1)$ 才能满足式 (7-106) 的关系。这种控制叫作电压空间矢量 PWM 控制，也叫磁链跟踪型 PWM 控制。

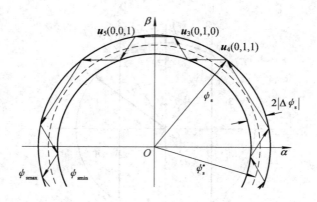

图 7-32　恒定圆形轨迹控制

　　在直接转矩控制下，电动机的磁通建立过程如图 7-33 所示。由该图知，电动机磁链的建立几乎在瞬间完成。在开始阶段（图中 AB、BC 段），逆变器会以同一种状态工作（即输出一个电压空间矢量持续较长时间），这必将引起电动机电流的剧增，甚至超过系统所能容许的程度。因此必须采取措施，即加入一个电流限幅器。

　　在直接转矩控制系统中，变压和变频都是采用插入零矢量的方法实现的。零矢量有两个，其选择应该以功率器件开关次数最少为原则。例如在 $u_6(1,0,1)$ 的后面，如果选用 $u_0(0,0,0)$，则两相共四个开关器件改变工作状态，而选用 $u_7(1,1,1)$ 时，只有一相共两个

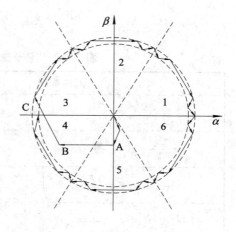

图 7-33　磁通建立过程

开关器件改变工作状态，显然选用 $u_7(1,1,1)$ 零矢量的方法更合理。

　　当保持异步电动机的励磁电流为常数时，电磁转矩的大小由此时的转差频率 $\omega_s$ 唯一确定。而在一定大小的电动机运行速度 $\omega$ 下，$\omega_s$ 的大小由定子磁链 $\psi_s$ 的旋转角速度 $\omega_1$ 唯一确定。这表明有效矢量的切换不仅可以调节定子磁链的幅值和转速，同时也影响到转矩的大小和速度变化。零矢量的插入不仅会造成转矩下降，而且会不可避免地造成 $\psi_s$ 的自由衰减。然而不同的电压空间矢量在不同的瞬间对磁链和转矩产生的影响强弱程度是不同的，只有充分考虑到这几种特点并加以利用，才能达到比较好的控制效果。

## 7.4.2　基于定子磁链控制的直接转矩控制系统

　　以上分析了定子电压空间矢量的控制作用，进一步的问题是如何根据定子磁链幅值偏差 $\Delta\psi_s$ 的符号和电磁转矩偏差 $\Delta T_e = T_e^* - T_e$ 的符号选取电压空间矢量，以减小定子磁链幅值偏差和电磁转矩偏差，实现电磁转矩与定子磁链的控制。

直接转矩控制系统的原理结构图示于图 7-34 中。图中，AψR 和 ATR 分别为定子磁链调节器和转矩调节器，两者均采用带有滞环的双位式控制器（其控制原理见图 7-35）。P/N 为给定转矩极性鉴别器，当电磁转矩给定值 $T_e^* > 0$ 时，P/N=1；反之，$T_e^* < 0$ 时，P/N=0。

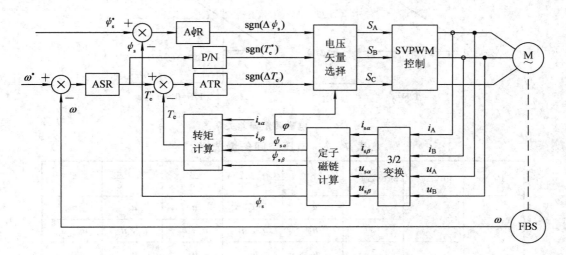

图 7-34 直接转矩控制系统原理结构图

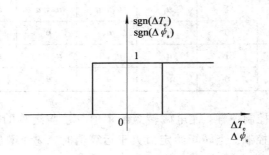

图 7-35 带有滞环的双位式控制器原理

AψR 和 ATR 输出分别为定子磁链幅值偏差 $\Delta\psi_s$ 的符号和电磁转矩偏差 $\Delta T_e$ 的符号，P/N 表示期望输出电磁转矩的极性。如图 7-36 所示，当期望的电磁转矩为正时，P/N=1，且当电磁转矩偏差 $\Delta T_e = T_e^* - T_e > 0$ 时，其符号函数 $\text{sgn}(\Delta T_e) = 1$，使定子磁场正向旋转，实际转矩 $T_e$ 加大；若电磁转矩偏差 $\Delta T_e = T_e^* - T_e < 0$，$\text{sgn}(\Delta T_e) = 0$，一般使定子磁场停止转动，使电磁转矩减小。当期望的电磁转矩为负时，P/N=0，且当电磁转矩偏差 $\Delta T_e = T_e^* - T_e < 0$ 时，符号函数 $\text{sgn}(\Delta T_e) = 0$，使定子磁场反向旋转，电磁实际转矩 $T_e$ 反向增大；若电磁转矩偏差 $\Delta T_e = T_e^* - T_e > 0$，$\text{sgn}(\Delta T_e) = 1$，一般使定子磁场停止转动，使电磁转矩反向减小。参照图 7-29(a)，当定子磁链矢量位于第 I 扇区时，可按表 7-3 选取电压空间矢量，零矢量可按开关损耗最小的原则选取。其他扇区磁链的电压空间矢量选择可依此类推。

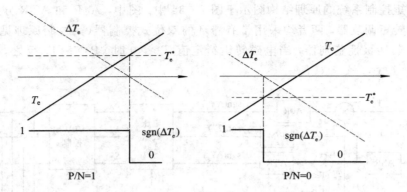

图 7 - 36 　电磁转矩偏差关系图

**表 7 - 3 　电压空间矢量选择**

| P/N | $\text{sgn}(\Delta\psi_s)$ | $\text{sgn}(\Delta T_e)$ | 0 | $0\sim\dfrac{\pi}{6}$ | $\dfrac{\pi}{6}$ | $\dfrac{\pi}{6}\sim\dfrac{\pi}{3}$ | $\dfrac{\pi}{3}$ |
|---|---|---|---|---|---|---|---|
| 1 | 1 | 1 | $u_2$ | $u_2$ | $u_3$ | $u_3$ | $u_3$ |
| | | 0 | $u_1$ | $u_0$，$u_7$ | $u_0$，$u_7$ | $u_0$，$u_7$ | $u_0$，$u_7$ |
| | 0 | 1 | $u_3$ | $u_3$ | $u_4$ | $u_4$ | $u_4$ |
| | | 0 | $u_4$ | $u_0$，$u_7$ | $u_0$，$u_7$ | $u_0$，$u_7$ | $u_0$，$u_7$ |
| 0 | 1 | 1 | $u_1$ | $u_0$，$u_7$ | $u_0$，$u_7$ | $u_0$，$u_7$ | $u_0$，$u_7$ |
| | | 0 | $u_6$ | $u_6$ | $u_6$ | $u_1$ | $u_1$ |
| | 0 | 1 | $u_4$ | $u_0$，$u_7$ | $u_0$，$u_7$ | $u_0$，$u_7$ | $u_0$，$u_7$ |
| | | 0 | $u_5$ | $u_5$ | $u_5$ | $u_6$ | $u_6$ |

　　转矩控制也与磁链控制一样，使电磁转矩给定值 $T_e^*$ 与运算的瞬时转矩 $T_e$ 之偏差保持在允许误差之内进行控制。当转矩给定值大于运算值时，选择增加定子磁链矢量转速的电压空间矢量，即随转差的增加转矩也将增大。

## 7.4.3 　定子磁链和转矩计算模型

　　直接转矩控制系统需要电磁转矩和定子磁链的反馈，而直接检测两者相当困难，常用动态数学模型计算定子磁链和电磁转矩。

### 1. 定子电压电流磁链模型

　　由式(7 - 76)的 $\alpha\beta$ 坐标系上的定子电压方程：

$$\frac{\mathrm{d}\psi_{s\alpha}}{\mathrm{d}t} = -R_s i_{s\alpha} + u_{s\alpha}$$

$$\frac{\mathrm{d}\psi_{s\beta}}{\mathrm{d}t} = -R_s i_{s\beta} + u_{s\beta}$$

可构建图 7 - 37 所示的定子磁链计算模型。

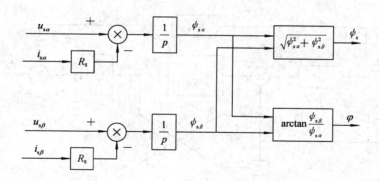

图 7 - 37　定子磁链计算模型

显然，这是一个电压模型，它不受电动机转子参数变化的影响，但在低速时误差较大，因此它仅适用于以中、高速运行的系统。若要求调速范围较宽，只好在低速时切换到电流模型，这样就得牺牲不受电动机转子参数变化影响的优点。

**2. 定子电流转速磁链模型**

在 30% 额定转速以上范围内，采用定子电压电流 $(u-i)$ 磁链模型来计算定子磁链，该模型结构简单，精度高，优于其他模型，但在 30% 额定转速以下范围内，磁链只能根据转速来正确计算，即由定子电流与转速来确定定子磁链。

由式 (7 - 77)，在 $\alpha\beta$ 坐标系中定子转子磁链方程式为

$$\begin{cases} \psi_{s\alpha} = L_s i_{s\alpha} + L_m i_{r\alpha} \\ \psi_{s\beta} = L_s i_{s\beta} + L_m i_{r\beta} \end{cases} \tag{7 - 107}$$

$$\begin{cases} \psi_{r\alpha} = L_r i_{r\alpha} + L_m i_{s\alpha} \\ \psi_{r\beta} = L_r i_{r\beta} + L_m i_{s\beta} \end{cases} \tag{7 - 108}$$

由式 (7 - 108) 求出 $i_{r\alpha}$、$i_{r\beta}$，代入式 (7 - 107) 得定子磁链：

$$\begin{cases} \psi_{s\alpha} = \sigma L_s i_{s\alpha} + \dfrac{L_m}{L_r} \psi_{r\alpha} \\[2mm] \psi_{s\beta} = \sigma L_s i_{s\beta} + \dfrac{L_m}{L_r} \psi_{r\beta} \end{cases} \tag{7 - 109}$$

式中，$\sigma = 1 - L_m^2 / (L_s L_r)$ 为漏磁系数。

由 $\alpha\beta$ 坐标系的电流模型得转子磁链：

$$\begin{cases} p\psi_{r\alpha} = -\sigma_r \psi_{r\alpha} + L_m \sigma_r i_{s\alpha} - \omega\psi_{r\beta} \\ p\psi_{r\beta} = -\sigma_r \psi_{r\beta} + L_m \sigma_r i_{s\beta} - \omega\psi_{r\alpha} \end{cases} \tag{7 - 110}$$

转子磁链可以由式 (7 - 110) 改写成

$$\begin{cases} \psi_{r\alpha} = \dfrac{1}{p + \sigma_r} (L_m \sigma_r i_{s\alpha} - \omega\psi_{r\beta}) \\[2mm] \psi_{r\beta} = \dfrac{1}{p + \sigma_r} (L_m \sigma_r i_{s\beta} - \omega\psi_{r\alpha}) \end{cases} \tag{7 - 111}$$

式中，$\sigma_r = R_2 / L_2$，为转子系数。

由式 (7 - 109) 和式 (7 - 111) 可以得定子电流转速磁链模型结构图，如图 7 - 38 所示。

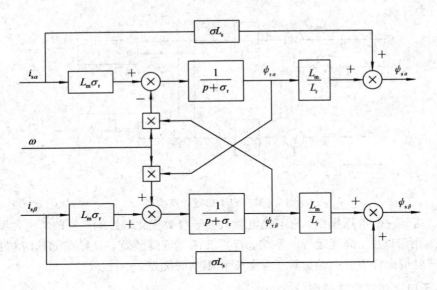

图 7 - 38　定子电流转速磁链模型结构图

### 3. 电磁转矩模型

由式(7 - 65)静止两相坐标系中电磁转矩表达式

$$T_{\mathrm{e}} = n_{\mathrm{p}}(i_{s\beta}\psi_{s\alpha} - i_{s\alpha}\psi_{s\beta}) \qquad (7 - 112)$$

可计算电磁转矩,图 7 - 39 为电磁转矩计算模型。

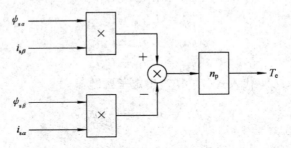

图 7 - 39　电磁转矩计算模型

## 7.4.4　无速度传感器直接转矩控制

由式(7 - 111)知道,在计算转子磁链 $\psi_{\mathrm{r}}$ 时需要旋转角速度 $\omega$ 的信息。在直接转矩控制中速度推算器是按下列方法构成的:由不需要旋转角速度 $\omega$ 信息的定子回路电压模型式(7 - 80)求得转子磁链:

$$\begin{cases} \psi_{r\alpha} = \dfrac{L_{\mathrm{r}}}{L_{\mathrm{m}}}\left[\int (u_{s\alpha} - R_{\mathrm{s}} i_{s\alpha})\ \mathrm{d}t - \sigma L_{\mathrm{s}} i_{s\alpha}\right] \\[3mm] \psi_{r\beta} = \dfrac{L_{\mathrm{r}}}{L_{\mathrm{m}}}\left[\int (u_{s\beta} - R_{\mathrm{s}} i_{s\beta})\ \mathrm{d}t - \sigma L_{\mathrm{s}} i_{s\beta}\right] \end{cases} \qquad (7 - 113)$$

但是在实际使用时,式(7 - 113)的转子磁链运算存在下列问题:

(1) 由于需要积分运算,在低速时会出现积分漂移和初始值的误差,运行将不稳定。

（2）在低速时，电动机端电压很小，$R_s$ 的误差会影响磁链运算的精度，在低速运行会不稳定。

解决问题（1）的办法是把电压模型的转子磁链 $\psi_{r\alpha}$、$\psi_{r\beta}$ 与电流模型的转子磁链 $\hat{\psi}_{r\alpha}$、$\hat{\psi}_{r\beta}$ 之间的误差作为反馈量加到式（7-113）中，并按下式来推算转子磁链：

$$\begin{cases} \psi_{r\alpha} = \dfrac{L_r}{L_m}\left\{ \int\left[ u_{s\alpha} - R_s i_{s\alpha} - K(\psi_{r\alpha} - \hat{\psi}_{r\alpha}) \right]\,\mathrm{d}t - \sigma L_s i_{s\alpha} \right\} \\[3mm] \psi_{r\beta} = \dfrac{L_r}{L_m}\left\{ \int\left[ u_{s\beta} - R_s i_{s\beta} - K(\psi_{r\beta} - \hat{\psi}_{r\beta}) \right]\,\mathrm{d}t - \sigma L_s i_{s\beta} \right\} \end{cases} \tag{7-114}$$

式中，$K$ 为增益系数。

$\hat{\psi}_{r\alpha}$、$\hat{\psi}_{r\beta}$ 可写成

$$\hat{\psi}_r = \int\left[ \left(\frac{L_m}{L_r}\right)R_r i_s - \left(\frac{R_r}{L_r}\right)\hat{\psi}_r + \hat{\omega}\boldsymbol{J}\hat{\psi}_r \right]\,\mathrm{d}t \tag{7-115}$$

式中，$\boldsymbol{J} = \begin{bmatrix} 0 & -1 \\ 1 & 0 \end{bmatrix}$；$\hat{\omega}$ 为速度推算值。

速度推算值 $\hat{\omega}$ 由转子磁链 $\psi_r$ 的相位角 $\varphi$ 的微分值 $\omega_1 = p\varphi$ 与转差角频率运算值 $\hat{\omega}_s$ 相减而得，即

$$\hat{\omega} = \omega_1 - \hat{\omega}_s \tag{7-116}$$

$$\omega_1 = \frac{\mathrm{d}}{\mathrm{d}t}\arctan\left(\frac{\psi_{r\beta}}{\psi_{r\alpha}}\right) \tag{7-117}$$

$$\hat{\omega}_s = R_r\left(\frac{L_m}{L_r}\right)\left(\frac{\psi_{r\alpha}i_{s\beta} - \psi_{r\beta}i_{s\alpha}}{\psi_{r\alpha}^2 + \psi_{r\beta}^2}\right) \tag{7-118}$$

解决问题（2）的办法是转差角频率推算值按下式运算：

$$\hat{\omega}_s' = \hat{\omega}_s + \int(\hat{\omega}_{sl} - \hat{\omega}_s')\,\mathrm{d}t \tag{7-119}$$

$$\hat{\omega}_{sl} = R_r\left(\frac{L_m}{L_r}\right)\left(\frac{\psi_{r\alpha}i_{s\beta} - \psi_{r\beta}i_{s\alpha}}{L_m(\psi_{r\alpha}i_{s\alpha} + \psi_{r\beta}i_{s\beta})}\right) \tag{7-120}$$

在稳态时式（7-120）的转差频率 $\hat{\omega}_{sl}$ 对定子电阻误差敏感度最低，也就是说，在动态时使用式（7-118）的 $\hat{\omega}_s$，而在稳态时使用式（7-120）的 $\hat{\omega}_{sl}$，以达到对定子电阻变化的低敏感度。转子磁链与速度推算的结构如图 7-40 所示。

综上所述，按定子磁链控制的直接转矩控制系统的特点如下：

（1）转矩和磁链的控制采用双位式控制器，并在 PWM 逆变器中直接用这两个控制信号产生电压的 SVPWM 波形，省去了旋转变换和电流控制，简化了控制器的结构。

（2）选择定子磁链作为被控量，计算磁链的模型可以不受转子参数变化的影响，提高了控制系统的鲁棒性。如果从数学模型推导按定子磁链空间的控制规律，显然要比按转子磁链定向要复杂，但是，由于采用了非线性的双位式控制，故可以不受这种复杂性的限制。

（3）由于采用了直接转矩控制，在加、减速或负载变化的动态过程中，可以获得快速的转矩响应。直接转矩控制系统的电流耦合程度大于矢量控制系统，一般不采用电流反馈控制，这样就必须注意限制过大的冲击电流，以免损坏功率开关器件，因此实际的转矩响

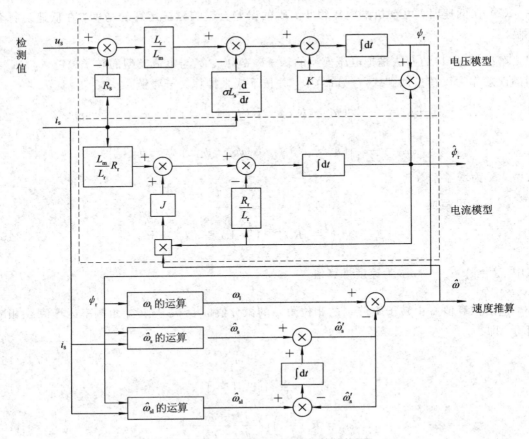

图 7-40　转子磁链与速度推算结构图

应也是有限的。

同时，按定子磁链控制的直接转矩控制系统存在如下的问题：

（1）采用双位式控制，实际转矩必然在上、下限内脉动。

（2）由于磁链计算采用了带积分环节的电压模型，积分初值、累积误差和定子电阻的变化都会影响磁链计算的准确度。

这两个问题的影响在低速时都比较显著，因而限制了系统的调速范围。为了解决这些问题，许多学者进行了不少的研究工作，使它们得到一定程度的改善，但这种影响尚未完全消除。

## 7.5　直接转矩控制系统与矢量控制系统的比较

直接转矩控制系统和矢量控制系统都是已获得实际应用的高性能交流调速系统，两者都基于异步电动机动态数学模型，采用转矩（转速）和磁链分别控制，符合异步电动机高动态性能控制需要，但两者在具体控制方法和实际性能上又各有千秋。表 7-4 列出了两种系统的特点与性能的比较。

表 7 - 4　直接转矩控制系统和矢量控制系统的特点与性能比较

| 性能与特点 | 直接转矩控制系统 | 矢量控制系统 |
|---|---|---|
| 磁链控制 | 定子磁链闭环控制 | 转子磁链闭环控制,间接定向时是开环控制 |
| 转矩控制 | 双位式控制,有转矩脉动 | 连续控制,比较平滑 |
| 电流控制 | 无闭环控制 | 闭环控制 |
| 坐标变换 | 静止坐标变换,较简单 | 旋转坐标变换,较复杂 |
| 磁链定向 | 需知道定子磁链矢量的位置,但无需定向 | 按转子磁链定向 |
| 调速范围 | 不够宽 | 比较宽 |
| 转矩动态响应 | 较快 | 不够快 |

矢量控制系统通过电流闭环控制,实现定子电流的两个分量 $i_{sm}$ 和 $i_{st}$ 的解耦,进一步实现 $T_e$ 与 $\psi_r$ 的解耦,有利于分别设计转速与磁链调节器。矢量控制系统采用连续控制,可获得较宽的调速范围,但按 $\psi_r$ 定向受电动机转子参数变化的影响,降低了系统的鲁棒性。

直接转矩控制系统采用了 $T_e$ 和 $\psi_s$ 双位式控制,根据定子磁链幅值偏差 $\Delta\psi_s$、电磁转矩偏差 $\Delta T_e$ 的符号以及期望电磁转矩的极性 P/N,再依据当前定子磁链矢量 $\psi_s$ 所在的位置,直接产生 PWM 驱动信号,避开了旋转坐标变换,简化了控制结构。直接转矩控制系统控制定子磁链而不是转子磁链,不受转子参数变化的影响,但不可避免地产生转矩脉动,影响低速性能,调速范围受到限制。

矢量控制与直接转矩控制的控制方法各有所长,也各有不足之处,如何取长补短、探索新型的控制方法是当前的研究课题之一,例如间接转矩控制、按定子磁链定向控制等,限于篇幅,此处不详细展开。

## 7.6　直接转矩控制实例仿真

为了对直接转矩控制有一个实际的认识,这里依据图 7 - 34 对直接转矩控制的调速系统进行实例仿真。仿真中转速调节器和磁链调节器均采用 PI 调节器,定子磁链计算采用定子电压电流磁链模型。首先根据测得的逆变器输出相电压 $u_A$、$u_B$ 和相电流 $i_A$、$i_B$ 值,进行 3/2 变换,求出电流的 $i_{s\alpha}$、$i_{s\beta}$ 分量和电压的 $u_{s\alpha}$、$u_{s\beta}$ 分量。其次进入磁链和转矩观测环节,计算出定子磁链 $\psi_{s\alpha}$、$\psi_{s\beta}$ 和定子磁链相位角 $\varphi$,然后计算电磁转矩。最后计算磁链误差和转矩误差,判断误差是否超出滞环宽度,并设立相应的标识。根据定子磁链相位角 $\varphi$ 所在扇区,合成电压空间矢量,然后查开关电压表确定下一时刻需要发出的电压空间矢量,通过比较单元输出所需的开关状态。

下面利用 MATLAB 对系统进行仿真,系统参数如下:三相鼠笼式异步电动机额定功率 $P_N = 1.105$ kW,定子额定电压 $U_N = 380$ V,$f_N = 50$ Hz,定子电阻 $R_s = 4.495$ Ω,转子电阻 $R_r = 5.365$ Ω,定子电感 $L_s = 16.0$ mH,转子电感 $L_r = 13.0$ mH,$L_m = 149.0$ mH,转动惯量 $J = 0.95$ kg·m$^2$,极对数 $n_p = 2$。

电动机进行启动时，给定转速 1500 r/min，给定定子磁链幅值为 0.9 Wb。运行过程分为三种情况：空载启动；在 0.1 s 时给定转速变为 1000 r/min；在 0.2 s 时加负载为 2.5 N·m。

在阶跃给定转速 1500 r/min 后系统启动，转速在 0.02 s 时达到给定转速。在转速达到给定转速后，电动机转矩开始降低并逐渐降低到负载转矩值。在运行到 0.1 s 时给定转速值突然减小到 1000 r/min，电磁转矩以最大电磁制动转矩使转速在 0.01 s 内迅速下降到 1000 r/min，如图 7-41 所示。在 0.2 s 时突加负载 2.5 N·m，电动机电磁转矩几乎无延迟跟踪给定的负载转矩 2.5 N·m，同时电动机转速没有大的波动，还是平稳运行在 1000 r/min，如图 7-42 所示。定子磁链在 0.005 s 建立好，以后基本上磁链在给定值 0.9 Wb 附近，转矩的变化对磁链基本上没有影响，如图 7-43 所示。这说明直接转矩控制对电动机的转矩和磁链实际上进行解耦控制。电动机的三相电流接近为正弦波，相位关系保持很好，如图 7-44 所示。整个加速过程，电动机电磁转矩能保持在给定的最大平均转矩处，并且转矩脉动较小，电动机能快速启动；电动机的电磁转矩能很快地跟踪负载转矩的变化，使电动机获得很高的动态性能。从仿真结果可以看出，直接转矩控制系统具有较高的稳态精度和优良的动态响应性能。

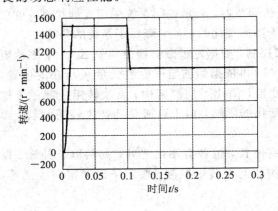

图 7-41　给定转速和实际转速

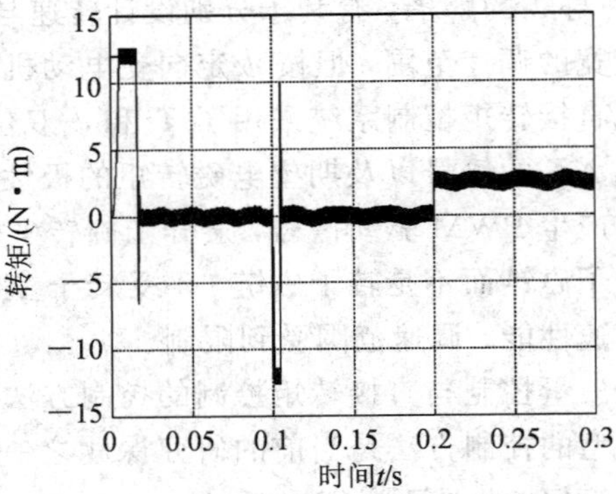

图 7-42　给定转矩和实际转矩

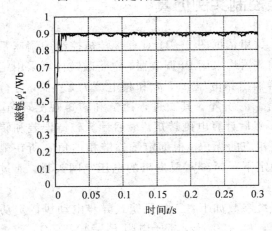

图 7-43　给定定子磁链和实际磁链

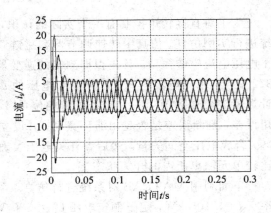

图 7-44　定子相电流

# 习题与思考题

7.1　结合三相异步电动机动态模型，讨论异步电动机非线性、强耦合和多变量的性质，并说明具体体现在哪些方面。

7.2　3/2 变换的等效原则是什么？功率相等是坐标变换的必要条件吗？是否可以采用匝数相等的变换原则？如可以，变换前后的功率是否相等？

7.3　旋转变换的等效原则是什么？当磁动势矢量幅值恒定、匀速旋转时，在静止绕组中通入正弦对称的交流电流，而在同步旋转坐标系中的电流为什么是直流电流？如果坐标系的旋转速度大于或小于磁动势矢量的旋转速度，绕组中的电流是交流量还是直流量？

7.4　讨论矢量控制系统中矢量变换和按转子磁链定向的作用、矢量控制系统的转矩与磁链控制规律。直接矢量控制与间接矢量控制系统中磁链定向的精度受哪些参数影响？

7.5　转子磁链计算模型有电压模型和电流模型两种，分析两种模型的基本原理、计算方法与优缺点。

7.6　分析与比较按转子磁链定向的矢量控制和按定子磁链定向的直接转矩控制的方法与优缺点。

7.7　分析定子电压空间矢量对定子磁链和转矩的控制作用。如何根据定子磁链和转矩偏差的符号以及当前定子磁链的位置选择电压空间矢量？

7.8　直接转矩控制系统常用带有滞环的双位式控制器作为转矩和定子磁链的控制器。与 PI 调节器相比较，带有滞环的双位式控制器有什么优缺点？

7.9　按磁动势等效、功率相等的原则，三相坐标系变换到两相静止坐标系的变换矩阵为

$$C_{3/2} = \sqrt{\frac{2}{3}} \begin{bmatrix} 1 & -\dfrac{1}{2} & -\dfrac{1}{2} \\ 0 & \dfrac{\sqrt{3}}{2} & -\dfrac{\sqrt{3}}{2} \end{bmatrix}$$

现有三相正弦对称电流 $i_A = I_m \sin(\omega t)$，$i_B = I_m \sin\left(\omega t - \dfrac{2\pi}{3}\right)$，$i_C = I_m \sin\left(\omega t + \dfrac{2\pi}{3}\right)$，求变换后两相静止坐标系中的电流 $i_{s\alpha}$ 和 $i_{s\beta}$，分析两相电流的基本特征与三相电流的关系。

7.10　试证明：当三相电压 $u_A$、$u_B$、$u_C$ 和三相电流 $i_A$、$i_B$、$i_C$ 为三相对称电压和三相对称电流时，3/2 变换矩阵可写为

$$C_{3/2} = \sqrt{\frac{2}{3}} \begin{bmatrix} \sin\varphi & \sin\left(\varphi - \dfrac{2}{3}\pi\right) & \sin\left(\varphi - \dfrac{4}{3}\pi\right) \\ \cos\varphi & \cos\left(\varphi - \dfrac{2}{3}\pi\right) & \cos\left(\varphi - \dfrac{4}{3}\pi\right) \end{bmatrix}$$

7.11　已知 $dq$ 坐标系的异步电动机电压方程

$$\begin{bmatrix} u_{sd} \\ u_{sq} \\ 0 \\ 0 \end{bmatrix} = \begin{bmatrix} R_s + \sigma L_s p & -\omega_1 \sigma L_s & L_m p/L_r & -\omega_1 L_m/L_r \\ \omega_1 \sigma L_s & R_s + \sigma L_s p & \omega_1 L_m/L_r & L_m p/L_r \\ -\sigma_r L_m & 0 & \sigma_r + p & -(\omega_1 - \omega) \\ 0 & -\sigma_r L_m & \omega_1 - \omega & \sigma_r + p \end{bmatrix} \begin{bmatrix} i_{sd} \\ i_{sq} \\ \psi_{rd} \\ \psi_{rq} \end{bmatrix}$$

试求：在 $dq$ 坐标系下，状态变量为定子电流 $i_s$、转子磁链 $\psi_r$，输入量为定子电压的异步电动机状态方程。

**7.12** 按转子磁链定向同步旋转坐标系中状态方程为

$$\begin{cases} \dfrac{d\omega}{dt} = \dfrac{n_p^2 L_m}{J L_r} i_{st} \psi_r - \dfrac{n_p}{J} T_L \\[2mm] \dfrac{d\psi_r}{dt} = -\dfrac{1}{T_r} \psi_r + \dfrac{L_m}{T_r} i_{sm} \\[2mm] \dfrac{d i_{sm}}{dt} = \dfrac{L_m}{\sigma L_s L_r T_r} \psi_r - \dfrac{R_s L_r^2 + R_r L_m^2}{\sigma L_s L_r^2} i_{sm} + \omega_1 i_{st} + \dfrac{u_{sm}}{\sigma L_s} \\[2mm] \dfrac{d i_{st}}{dt} = -\dfrac{L_m}{\sigma L_s L_r} \omega \psi_r - \dfrac{R_s L_r^2 + R_r L_m^2}{\sigma L_s L_r^2} i_{st} - \omega_1 i_{sm} + \dfrac{u_{st}}{\sigma L_s} \end{cases}$$

坐标系的旋转角速度为

$$\omega_1 = \omega + \frac{L_m}{T_r \psi_r} i_{st}$$

假定电流闭环控制性能足够好，电流闭环控制的等效传递函数为惯性环节，即

$$\begin{cases} \dfrac{d i_{sm}}{dt} = -\dfrac{1}{T_i} i_{sm} + \dfrac{1}{T_i} i_{sm}^* \\[2mm] \dfrac{d i_{st}}{dt} = -\dfrac{1}{T_i} i_{st} + \dfrac{1}{T_i} i_{st}^* \end{cases}$$

$T_i$ 为等效惯性时间常数。画出电流闭环控制后系统的动态结构图，输入为 $i_{sm}^*$ 和 $i_{st}^*$，输出为 $\omega$ 和 $\psi_r$；讨论系统的稳定性。

**7.13** 笼形异步电动机铭牌额定数据为功率 $P_N = 3$ kW，电压 $U_N = 380$ V，电流 $I_N = 6.9$ A，转速 $n_N = 1400$ r/min，频率 $f_N = 50$ Hz，定子绕组 Y 形连接。由实验测得定子电阻 $R_s = 1.85$ Ω，转子电阻 $R_r = 2.658$ Ω；定子自感 $L_s = 0.294$ H，转子自感 $L_r = 0.2898$ H，定、转子互感 $L_m = 0.2838$ H，转子参数已折合到定子侧；系统的转动惯量 $J = 0.1284$ kg·m²，电动机稳定运行在额定工作状态。试求：转子磁链 $\psi_r$ 和按转子磁链定向的定子电流两个分量 $i_{sm}$、$i_{st}$。

**7.14** 根据题 7.12 得到电流闭环控制后系统的动态结构图，电流闭环控制等效惯性时间常数 $T_i = 0.001$ s，设计图 7-13 中矢量控制系统转速调节器 ASR 和磁链调节器 AψR。其中，ASR 按典型 Ⅱ 型系统设计，AψR 按典型 Ⅰ 型系统设计，调节器的限幅按 2 倍过流计算，电动机参数同题 7.13。

**7.15** 在直接转矩控制中，如何建立定子磁链，如何控制定子磁链为圆形轨迹？

**7.16** 电动机参数同题 7.13，电动机稳定运行在额定工作状态，求定子磁链 $\psi_s$ 和按定子磁链定向的定子电流两个分量 $i_{sd}$、$i_{sq}$，并与题 7.13 的结果进行比较。

# 第 8 章　异步电动机串级调速系统

　　绕线式异步电动机转子串级调速是异步电动机调速的重要方法之一。本章首先给出绕线式异步电动机串级调速的基本工作原理，即利用在电动机转子中串入附加电动势以改变转差功率实现转速调节；接着，分析异步电动机串级调速的机械特性和串级调速系统的效率；最后介绍电流转速双闭环的串级调速系统以及系统的综合，并给出了串级调速系统的功率因数及其改善途径。

## 8.1　异步电动机串级调速系统的工作原理

### 1. 异步电动机转子附加电动势时的工作情况

异步电动机运行时其转子[相]电动势为

$$E_r = sE_{r0} \tag{8-1}$$

式中：$s$ 为异步电动机的转差率；$E_{r0}$ 为绕线式异步电动机在转子不动时的相电动势，或称转子开路电动势，也就是转子额定相电压值。

　　式(8-1)表明，绕线式异步电动机工作时，其转子电动势 $E_r$ 与转差率 $s$ 成正比。此外，转子频率 $f_2$ 也与 $s$ 成正比，即 $f_2 = sf_1$。在转子短路情况下，转子[相]电流 $I_r$ 的表达式为

$$I_r = \frac{sE_{r0}}{\sqrt{R_r^2 + (sX_{r0})^2}} \tag{8-2}$$

式中：$R_r$ 为转子绕组每相电阻；$X_{r0}$ 为 $s=1$ 时的转子绕组每相漏抗。

　　如在转子绕组回路中引入一个可控的交流附加电动势 $E_{add}$，此附加电动势与转子电动势 $E_r$ 有相同的频率，并与 $E_r$ 同相(或反相)串接，如图 8-1 所示。此时转子回路的相电流表达式为

$$I_r = \frac{sE_{r0} \pm E_{add}}{\sqrt{R_r^2 + (sX_{r0})^2}} \tag{8-3}$$

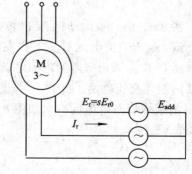

图 8-1　绕线式异步电动机转子附加
　　　　电动势的原理图

　　由于电动机转子相电流 $I_r$ 与负载大小有直接关系，当电动机带有恒定负载转矩 $T_L$ 时，可近似地认为不论转速高、低，转子电流都不变，这时，在不同 $s$ 值下式(8-2)与式(8-3)

应相等。设在未串入附加电动势前，电动机原在某一转差率 $s_1$ 下稳定运行。当引入同相的附加电动势后，电动机转子回路的合成电动势增大了，转子电流和电磁转矩也相应增大。由于负载转矩未变，电动机必然加速，因而 $s$ 降低，转子电动势 $E_r = sE_{r0}$ 随之减小，转子电流也逐渐减小，直至转差率降低到 $s_2(<s_1)$ 时，转子电流 $I_r$ 又恢复到负载所需的原值，电动机便进入新的更高转速的稳定状态。同理可知，若减小 $+E_{add}$ 或串入反相的附加电动势 $-E_{add}$，则可使电动机的转速降低。因此，在绕线式异步电动机的转子侧引入一个可控的附加电动势，就可调节电动机的转速。

式(8-2)与式(8-3)的平衡关系为

$$\frac{s_1 E_{r0}}{\sqrt{R_r^2 + (s_1 X_{r0})^2}} = I_r = \frac{s_2 E_{r0} \pm E_{add}}{\sqrt{R_r^2 + (s_2 X_{r0})^2}} \tag{8-4}$$

**2. 串级调速系统的基本思路**

在异步电动机转子回路中附加交流电动势调速的关键就是在转子侧串入一个可变频、可变幅的电压。对于只用于次同步电动状态的情况来说，比较方便的办法是将转子电压先整流成直流电压，然后再引入一个直流附加电动势，控制此直流附加电动势的幅值，就可以调节异步电动机的转速。这样，就把交流变压变频这一复杂问题转化为与频率无关的直流变压问题，对问题的分析与工程实现都方便多了。

对直流附加电动势的技术要求如下：

（1）它应该是可平滑调节的，以满足对电动机转速平滑调节的要求。

（2）从节能的角度看，希望产生直流附加电动势的装置能够吸收从异步电动机转子侧传递来的转差功率并加以利用。

**3. 串级调速系统方案**

根据以上两点要求，较好的方案是采用工作在有源逆变状态的晶闸管可控整流装置作为产生直流附加电动势的电源，按照此原理组成的异步电动机在低于同步转速下做电动状态运行的双馈调速系统如图 8-2 所示，习惯上称之为电气串级调速系统（或称 Scherbius 系统）。

图 8-2 中异步电动机 M 以转差率 $s$ 在运行，其转子电动势 $sE_{r0}$ 经三相不可控整流装置整流，输出直流电压 $U_d$。工作在逆变状态的三相可控整流装置 $U_I$ 除提供可调的直流输出电压 $U_i$ 作为调速所需的附加电动势之外，还可将 $U_R$ 整流后输出的电动机转差功率经逆变器回馈到交流电网。图中 $T_I$ 为逆变变压器，$L$ 为平波电抗器。两个整流装置的电压 $U_d$ 与 $U_i$ 的极性以及电流的方向如图 8-2 所示。可在整流的转子直流回路中写出以下电动势平衡方程式：

$$U_d = U_i + I_d R$$

或

$$K_1 s E_{r0} = K_2 U_{2T} \cos\beta + I_d R \tag{8-5}$$

式中：$K_1$、$K_2$ 分别为 $U_R$ 与 $U_I$ 两个整流装置的电压整流系数，如果它们都采用三相桥式连接，则 $K_1 = K_2 = 2.34$；$U_i$ 为逆变器输出电压；$U_{2T}$ 为逆变器的次级相电压；$\beta$ 为晶闸管逆变角；$R$ 为转子直流回路的电阻。

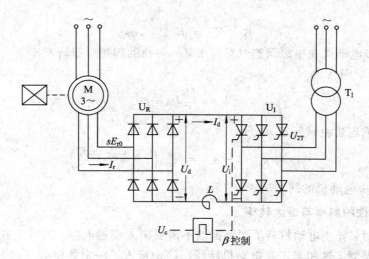

图 8-2　电气串级调速系统原理图

**4. 工作原理**

1）启动

启动条件：对串级调速系统而言，启动应有足够大的转子电流 $I_r$ 或足够大的整流后直流电流 $I_d$，为此，$U_d$ 与逆变器输出电压 $U_i$ 间应有较大的差值。

启动控制：控制逆变角 $\beta$，使在启动开始的瞬间，$U_d$ 与 $U_i$ 的差值能产生足够大的 $I_d$，以满足所需的电磁转矩，但又不超过允许的电流值，这样电动机就可在一定的动态转矩下加速启动。随着转速的提高，相应地增大 $\beta$ 角以减小 $U_i$ 值，从而维持加速过程中动态转矩基本恒定。

2）调速

调速原理：改变 $\beta$ 角的大小调节电动机的转速。

调速过程：$\beta \uparrow \rightarrow U_i \downarrow \rightarrow I_d \uparrow \rightarrow T_e \uparrow \rightarrow n \uparrow \rceil$
$$T_e = T_L \leftarrow I_d \downarrow \leftarrow K_1 s E_{r0} \uparrow \rfloor$$

3）停车

串级调速系统没有制动停车功能，只能靠减小 $\beta$ 角逐渐减速，并依靠负载阻转矩的作用自由停车。

根据以上对串级调速系统工作原理的讨论可以得出下列结论：

（1）串级调速系统能够靠调节逆变角 $\beta$ 实现平滑无级调速。

（2）系统能把异步电动机的转差功率回馈给交流电网，从而使扣除装置损耗后的转差功率得到有效利用，大大提高了调速系统的效率。

# 8.2　异步电动机串级调速时的机械特性

## 8.2.1　异步电动机串级调速机械特性的特征

### 1. 理想空载转速

根据式(8-5)，当系统在理想空载状态下运行时($I_d = 0$)，转子直流回路的电压平衡方

程式变成

$$K_1 s_0 E_{r0} = K_2 U_{2T} \cos\beta$$

式中：$s_0$ 为异步电动机在串级调速时对应于某一 $\beta$ 角的理想空载转差率。

取 $K_1 = K_2$，则

$$s_0 = \frac{U_{2T}}{E_{r0}} \cos\beta \tag{8-6}$$

由此可得相应的理想空载转速 $n_0$ 为

$$n_0 = n_{\text{syn}}(1 - s_0) = n_{\text{syn}}\left(1 - \frac{U_{2T} \cos\beta}{E_{r0}}\right) \tag{8-7}$$

式中：$n_{\text{syn}}$ 为异步电动机的同步转速。

**2. 机械特性的斜率与最大转矩**

串级调速时，异步电动机转子回路虽然不需要串入调速电阻，但由于其转子回路中接入了串级调速装置，这相当于在电动机转子回路中接入了一定数值的等效电阻和电抗，它们的影响在任何转速下都存在。由于转子回路电阻的影响，异步电动机串级调速时的机械特性比其固有机械特性要软得多。一般异步电动机固有机械特性上的额定转差率约为 0.03~0.05，而在串级调速时却可达 0.10。另外，由于转子回路电抗的影响，整流电路换相重叠角将加大，并产生强迫延迟导通现象，使串级调速时的最大电磁转矩比电动机在正常接线时的最大转矩大约降低了 17.3%。这样，串级调速时的机械特性如图 8-3 所示。

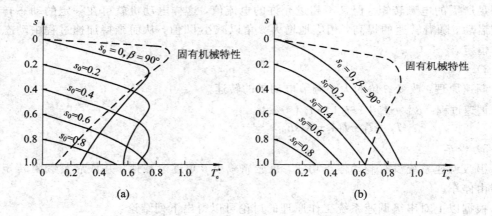

图 8-3　异步电动机串级调速时的机械特性
(a) 大电动机；(b) 小电动机

**3. 串级调速装置的电压和容量**

整流器和逆变器容量的选择主要依据其电流与电压的定额。电流定额取决于异步电动机转子的额定电流 $I_{rN}$ 和所拖动的负载，电压定额则取决于异步电动机转子的额定相电压（即转子开路电动势）$E_{r0}$ 和系统的调速范围 $D$。为了简便起见，按理想空载状态来定义调速范围，并认为异步电动机的同步转速 $n_{\text{syn}}$ 就是最大的理想空载转速，于是

$$D = \frac{n_{\text{syn}}}{n_{0\text{min}}}$$

其中，$n_{0\text{min}}$ 是调速系统的最低转速，对应于最大理想空载转差率 $s_{0\text{max}}$。由式(8-7)可得

$$\begin{cases} n_{0\text{min}} = n_{\text{syn}}(1 - s_{0\text{max}}) \\ s_{0\text{max}} = 1 - \dfrac{1}{D} \end{cases} \tag{8-8}$$

调速范围越大，则 $s_{0\text{max}}$ 也越大，整流器和逆变器所承受的电压越高。

在直流调速系统中，整流器的次级电压只要能满足电动机额定电压的要求即可，整流器的容量与电动机的额定电压和额定电流有关，而与系统的调速范围无关。在交流串级调速系统中，设置逆变器的主要目的就是取得能与被控电动机转子相匹配的逆变电压，其次是把逆变器与交流电网隔离，以抑制电网的浪涌电压对晶闸管的影响。这样，由式(8-6)可以写出逆变器的次级相电压 $U_{2\text{T}}$ 和异步电动机转子电压之间的关系：

$$U_{2\text{T}} = \frac{s_{0\text{max}} E_{\text{r0}}}{\cos\beta_{\text{min}}}$$

一般取 $\beta_{\text{min}} = 30°$，则

$$U_{2\text{T}} = \frac{s_{0\text{max}} E_{\text{r0}}}{\cos 30°} = 1.15 s_{0\text{max}} E_{\text{r0}}$$

再利用式(8-8)，得

$$U_{2\text{T}} = 1.15 E_{\text{r0}} \left(1 - \frac{1}{D}\right) \tag{8-9}$$

由式(8-9)可以看出，$U_{2\text{T}}$ 与转子开路电动势成正比。

逆变器的容量为

$$W_{\text{T}} \approx 3 U_{2\text{T}} I_{2\text{T}}$$

再利用式(8-9)，得

$$W_{\text{T}} = 3.45 E_{\text{r0}} I_{2\text{T}} \left(1 - \frac{1}{D}\right) \tag{8-10}$$

从式(8-10)中可见，随着系统调速范围的增大，逆变器 $W_{\text{T}}$ 和整个串级调速装置的容量都相应增大。

**4. 串级调速系统的效率**

异步电动机在正常运行时，由定子输入电动机的有功功率常用 $P_1$ 表示，扣除定子铜损 $p_{\text{Cus}}$ 和铁损 $p_{\text{Fe}}$ 后经气隙传送到电动机转子的功率即为电磁功率 $P_{\text{m}}$。电磁功率在转子中分成两部分，即机械功率 $P_{\text{mech}}$ 和转差功率 $P_{\text{s}}$，其中 $P_{\text{mech}} = (1-s)P_{\text{m}}$，而 $P_{\text{s}} = s P_{\text{m}}$。在正常接线或转子串电阻调速时，$P_{\text{s}}$ 全部消耗在转子回路中，而在串级调速时(参见图 8-4(a))，$P_{\text{s}}$ 并未被全部消耗掉，而是扣除了转子铜损 $p_{\text{Cur}}$、杂散损耗 $p_{\text{s}}$ 和附加的串级调速(Tandem Drive)装置损耗 $p_{\text{tan}}$ 后通过转子整流器与逆变器返回电网，这部分返回电网的功率称为回馈功率 $P_{\text{f}}$。对整个串级调速系统来说，它从电网吸收的净有功功率应为 $P_{\text{in}} = P_1 - P_{\text{f}}$，而机械功率 $P_{\text{mech}}$ 在扣除机构损耗 $p_{\text{mech}}$ 后，就是轴上输出功率 $P_2$。这样可画出系统的功率流程图，如图 8-4(b)所示。

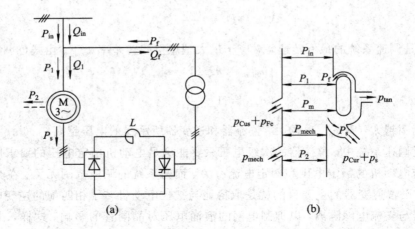

图 8-4　串级调速系统效率分析

（a）系统的功率传递；（b）系统的功率流程图

串级调速系统的总效率 $\eta_{\mathrm{sch}}$（下标 sch 是电气串级调速 Scherbius 系统的缩写）是指电动机轴上的输出功率 $P_2$ 与系统从电网输入的净有功功率 $P_{\mathrm{in}}$ 之比，可用下式表示：

$$
\begin{aligned}
\eta_{\mathrm{sch}} &= \frac{P_2}{P_{\mathrm{in}}} \times 100\% = \frac{P_{\mathrm{mech}} - p_{\mathrm{mech}}}{P_1 - P_{\mathrm{f}}} \times 100\% \\
&= \frac{P_{\mathrm{m}}(1-s) - p_{\mathrm{mech}}}{(P_{\mathrm{m}} + p_{\mathrm{Cus}} + p_{\mathrm{Fe}}) - (P_{\mathrm{s}} - p_{\mathrm{Cur}} - p_{\mathrm{s}} - p_{\mathrm{tan}})} \times 100\% \\
&= \frac{P_{\mathrm{m}}(1-s) - p_{\mathrm{mech}}}{P_{\mathrm{m}}(1-s) + p_{\mathrm{Cus}} + p_{\mathrm{Fe}} + p_{\mathrm{Cur}} + p_{\mathrm{s}} + p_{\mathrm{tan}}} \times 100\% \\
&= \frac{P_{\mathrm{m}}(1-s) - p_{\mathrm{mech}}}{P_{\mathrm{m}}(1-s) - p_{\mathrm{mech}} + \Sigma p + p_{\mathrm{tan}}} \times 100\% \quad\quad (8-11)
\end{aligned}
$$

式中，$\Sigma p$ 是异步电动机定子和转子内的总损耗。正常接线时异步电动机的效率是

$$
\eta = \frac{P_{\mathrm{m}}(1-s) - p_{\mathrm{mech}}}{P_{\mathrm{m}}(1-s) - p_{\mathrm{mech}} + \Sigma p} \times 100\%
$$

可见串级调速系统的总效率是比较高的，且当电动机转速降低时，$\eta_{\mathrm{sch}}$ 降低并不多，而绕线式异步电动机转子回路串电阻调速时的效率几乎随转速的降低而成比例地降低。

### 8.2.2　异步电动机串级调速时的转子整流电路

**1. 转子整流电路**

图 8-5 为转子三相桥式整流电路。

**2. 电路分析**

假设条件：

（1）整流器件具有理想的整流特性，管压降及漏电流均可忽略。

（2）转子直流回路中平波电抗器的电感为无穷大，直流电流波形平直。

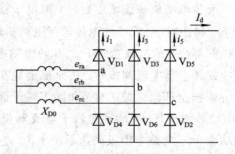

图 8-5　转子三相桥式整流电路

（3）忽略电动机励磁阻抗的影响。

换相重叠现象：设电动机在某一转差率下稳定运行，转子三相的感应电动势为 $e_{ra}$、$e_{rb}$、$e_{rc}$。当各整流器件依次导通时，必有器件间的换相过程，这时处于换相中的两相电动势同时起作用，产生换相重叠压降。

根据"电力电子技术"理论，换相重叠角为

$$\gamma = \arccos\left[1 - \frac{2sX_{D0}I_d}{\sqrt{6}sE_{r0}}\right] = \arccos\left[1 - \frac{2X_{D0}I_d}{\sqrt{6}E_{r0}}\right] \tag{8-12}$$

由式（8-12）可知，换相重叠角 $\gamma$ 随着整流电流 $I_d$ 的增大而增加。当 $I_d$ 较小，$\gamma$ 在 $0 \sim 60°$ 之间时，整流电路中各整流器件都在对应相电压波形的自然换相点处换流，整流波形正常。当整流电流 $I_d$ 增大到按式（8-12）计算出来的 $\gamma$ 角大于 $60°$ 时，器件在自然换相点处未能结束换流，从而迫使本该在自然换相点换流的器件推迟换流，即出现了强迫延迟换相现象，所延迟的角度称为强迫延时换相角 $\alpha_p$。

由此可见，串级调速时的异步电动机转子整流电路有两种正常工作状态。第一种工作状态的特征是 $0 \leqslant \gamma \leqslant 60°$，$\alpha_p = 0$，此时转子整流电路处于正常的不可控整流工作状态，可称之为第一工作区。第二种工作状态的特征是 $\gamma = 60°$，$0 < \alpha_p < 30°$，这时，由于强迫延迟换相的作用，使得整流电路好似处于可控的整流工作状态，$\alpha_p$ 角相当于整流器件的控制角，这一状态称为第二工作区。当 $\alpha_p = 30°$ 时，整流电路中会出现 4 个器件同时导通，形成共阳极组和共阴极组器件双换流的重叠现象，此后 $\alpha_p$ 保持为 $30°$，而 $\gamma$ 角继续增大，整流电路处于第三种工作状态，这是一种非正常的故障状态，在实际工作中应避免处于第三种工作状态，以后不再讨论。

由于整流电路的不可控整流状态是可控整流状态当控制角为零时的特殊情况，所以可以直接引用可控整流电路的有关分析式来表示串级调速时转子整流电路的电流和电压。

整流电流为

$$I_d = \frac{\sqrt{6}E_{r0}}{2X_{D0}}\left[\cos\alpha_p - \cos(\alpha_p + \gamma)\right] = \frac{\sqrt{6}E_{r0}}{2X_{D0}}\sin\left(\alpha_p + \frac{\pi}{6}\right) \tag{8-13}$$

整流电压为

$$U_d = 2.34sE_{r0}\frac{\cos\alpha_p + \cos(\alpha_p + \gamma)}{2} - 2R_D I_d$$

$$= 2.34sE_{r0}\cos\alpha_p - \frac{3sX_{D0}}{\pi}I_d - 2R_D I_d \tag{8-14}$$

式中，$R_D = sR_s' + R_r$ 为折算到转子侧的电动机定子和转子每相等效电阻。

上两式中，当 $\alpha_p = 0$，$\gamma = 0 \sim 60°$ 时表示转子整流电路工作在第一工作区；当 $0 < \alpha_p < 30°$，$\gamma = 60°$ 时表示转子整流电路工作在第二工作区。

### 8.2.3　异步电动机串级调速机械特性方程

**1. 系统的稳态电路方程**

根据串级调速系统主电路接线图（当整流器和逆变器都为三相桥式电路时）及相应的等效电路（见图 8-6），考虑电动机转子与逆变器的电阻和换相重叠压降后，可以列出系统的稳态电路方程式：

转子整流电路的输出电压

$$U_{\mathrm{d}} = 2.34 s E_{\mathrm{r0}} \cos\alpha_{\mathrm{p}} - I_{\mathrm{d}} \left( \frac{3}{\pi} s X_{\mathrm{D0}} + 2 R_{\mathrm{D}} \right) \tag{8-15}$$

逆变器直流侧电压

$$U_{\mathrm{i}} = 2.34 U_{\mathrm{2T}} \cos\beta + I_{\mathrm{d}} \left( \frac{3}{\pi} X_{\mathrm{T}} + 2 R_{\mathrm{T}} \right) \tag{8-16}$$

电压平衡方程

$$U_{\mathrm{d}} = U_{\mathrm{i}} + I_{\mathrm{d}} R_L \tag{8-17}$$

式中：$R_L$ 为直流平波电抗器的电阻；$X_{\mathrm{T}}$ 为折算到次级的逆变器每相等效漏抗，$X_{\mathrm{T}} = X_{\mathrm{1T}} + X_{\mathrm{2T}}$；$R_{\mathrm{T}}$ 为折算到次级的逆变器每相等效电阻，$R_{\mathrm{T}} = R_{\mathrm{1T}} + R_{\mathrm{2T}}$。

比较式(8-17)和式(8-5)可知，式(8-17)是更为精确的电压平衡方程式。

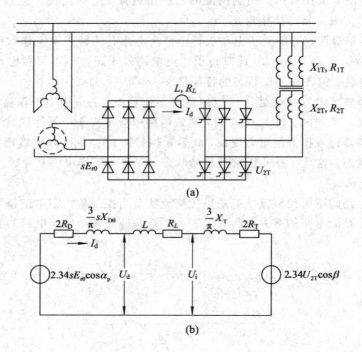

图 8-6　串级调速系统
(a) 主电路；(b) 等效电路

## 2. 转差率与转速方程

解式(8-15)~式(8-17)，可以得到转差率 $s$：

$$s = \frac{2.34 U_{\mathrm{2T}} \cos\beta + I_{\mathrm{d}} \left( \frac{3}{\pi} X_{\mathrm{T}} + 2 R_{\mathrm{T}} + 2 R_{\mathrm{D}} + R_L \right)}{2.34 E_{\mathrm{r0}} \cos\alpha_{\mathrm{p}} - \frac{3}{\pi} X_{\mathrm{D0}} I_{\mathrm{d}}} \tag{8-18}$$

将 $s = \dfrac{n_{\mathrm{syn}} - n}{n_{\mathrm{syn}}}$ 代入上式，得到串级调速时的转速特性(在实际应用中，常用理想空载转速 $n_0$ 代替同步转 $n_{\mathrm{syn}}$)为

$$n = n_{\text{syn}} \left[ \frac{2.34(E_{\text{r0}} \cos\alpha_{\text{p}} - U_{2\text{T}} \cos\beta) - I_{\text{d}} \left( \dfrac{3X_{\text{D0}}}{\pi} + \dfrac{3X_{\text{T}}}{\pi} + 2R_{\text{T}} + 2R_{\text{D}} + R_L \right)}{2.34E_{\text{r0}} \cos\alpha_{\text{p}} - \dfrac{3}{\pi}X_{\text{D0}} I_{\text{d}}} \right]$$

$$(8 - 19)$$

如令 $\alpha_{\text{p}} = 0°$，则式(8-19)就表示系统在第一工作区的转速特性。

分析式(8-19)可以看出，等号右边分子中的第一项是转子直流回路的直流电压

$$U = 2.34(E_{\text{r0}} \cos\alpha_{\text{p}} - U_{2\text{T}} \cos\beta) \qquad (8 - 20)$$

第二项相当于回路中的总电阻压降，可以写为 $I_{\text{d}} R_{\Sigma}$，而分母则是转子整流器的输出电压。如借用直流电动机的概念和有关算式，引入电动势系数 $C_{\text{E}}$，使

$$C_{\text{E}} = \frac{2.34E_{\text{r0}} \cos\alpha_{\text{p}} - \dfrac{3}{\pi}X_{\text{D0}} I_{\text{d}}}{n_{\text{syn}}} = \frac{U_{\text{d0}} - \dfrac{3}{\pi}X_{\text{D0}} I_{\text{d}}}{n_{\text{syn}}} \qquad (8 - 21)$$

则式(8-19)可改写成

$$n = \frac{1}{C_{\text{E}}}(U - I_{\text{d}} R_{\Sigma}) \qquad (8 - 22)$$

其中，$U_{\text{d0}} = 2.34E_{\text{r0}} \cos\alpha_{\text{p}}$，$R_{\Sigma} = \dfrac{3X_{\text{D0}}}{\pi} + \dfrac{3X_{\text{T}}}{\pi} + 2R_{\text{T}} + 2R_{\text{D}} + R_L$。

### 3. 电磁转矩方程

为了得到相应的以电磁转矩表示的机械特性，必须先求出电磁转矩表达式。可以从转子整流电路的功率传递关系入手，暂且忽略转子铜耗，则转子整流器的输出功率就是电动机的转差功率：

$$P_{\text{s}} = \left( 2.34sE_{\text{r0}} \cos\alpha_{\text{p}} - \frac{3sX_{\text{D0}}}{\pi} I_{\text{d}} \right) I_{\text{d}}$$

而电磁功率 $P_{\text{m}} = P_{\text{s}}/s$，因此电磁转矩为

$$T_{\text{e}} = \frac{P_{\text{m}}}{\Omega_0} = \frac{P_{\text{s}}}{s\Omega_0} = \frac{1}{\Omega_0} \left( 2.34E_{\text{r0}} \cos\alpha_{\text{p}} - \frac{3X_{\text{D0}}}{\pi} I_{\text{d}} \right) I_{\text{d}}$$

$$= \frac{U_{\text{d0}} - \dfrac{3X_{\text{D0}}}{\pi} I_{\text{d}}}{\Omega_0} \cdot I_{\text{d}} = C_{\text{M}} I_{\text{d}} \qquad (8 - 23)$$

式中：$\Omega_0$ 为理想空载机械角转速，单位为弧度/秒；$C_{\text{M}} = \dfrac{1}{\Omega_0} \left( U_{\text{d0}} - \dfrac{3X_{\text{D0}}}{\pi} I_{\text{d}} \right)$ 为串级调速系统的转矩系数，它也是电流 $I_{\text{d}}$ 的函数。

与式(8-21)的电动势系数 $C_{\text{E}}$ 相比可知，$C_{\text{M}}$ 和 $C_{\text{E}}$ 对 $I_{\text{d}}$ 的关系是一样的。由于 $\Omega_0 = \dfrac{2\pi n_0}{60}$，所以

$$C_{\text{M}} = \frac{30}{\pi} C_{\text{E}} \qquad (8 - 24)$$

可见，$C_{\text{M}}$ 和 $C_{\text{E}}$ 的关系与直流他励电动机中 $C_{\text{m}}$ 和 $C_{\text{e}}$ 的关系完全一致。

当串级调速系统在第一工作区运行时，$\alpha_{\text{p}} = 0$，代入式(8-23)，再令 $\dfrac{\text{d}T_{\text{e}}}{\text{d}I_{\text{d}}} = 0$，可求出电磁转矩的计算最大值 $T_{\text{e1m}}$，经过适当的数学推导，得第一工作区的机械特性方程式

$$\frac{T_e}{T_{elm}} = \frac{4}{\dfrac{\Delta s_{1m}}{\Delta s_1} + \dfrac{\Delta s_1}{\Delta s_{1m}} + 2} \tag{8-25}$$

式中：$\Delta s_{1m} = s_{1m} - s_{10}$ 为在给定 $\beta$ 值下，从理想空载到计算最大转矩点的转差率增量；$\Delta s_1 = s - s_{10}$ 为在相应的 $\beta$ 值下，由负载引起的转差率增量；$s_{10}$ 为相应 $\beta$ 值下的理想空载转差率；$s_{1m}$ 为对应于计算最大转矩 $T_{elm}$ 的临界转差率，且

$$s_{1m} = 2s_{10} + \frac{\dfrac{3X_T}{\pi} + 2R_T + 2R_D + R_L}{\dfrac{3X_{D0}}{\pi}} \tag{8-26}$$

若代入第二工作区的条件 $\alpha_p \neq 0°$，$\gamma = 60°$，经过相应的数学推导，也可求得第二工作区的机械特性方程式

$$\frac{T_e}{T_{elm}} = \frac{4\cos^2\alpha_p}{\dfrac{\Delta s_{2m}}{\Delta s_2} + \dfrac{\Delta s_2}{\Delta s_{2m}} + 2} \tag{8-27}$$

式中：$\Delta s_{2m} = s_{2m} - s_{20}$ 为考虑强迫延时换相，对应于某一 $\alpha_p$ 值时的转差率增量；$\Delta s_2 = s - s_{20}$ 为在给定 $\beta$ 与 $\alpha_p$ 值下，由负载引起的转差率增量；$s_{20}$ 为相应 $\beta$ 与 $\alpha_p$ 值下的理想空载转差率，且

$$s_{20} = \frac{U_{2T} \cos\beta}{E_{r0} \cos\alpha_p}$$

而

$$s_{2m} = 2s_{20} + \frac{\dfrac{3X_T}{\pi} + 2R_T + 2R_D + R_L}{\dfrac{3X_{D0}}{\pi}} \tag{8-28}$$

式中各量的下标"1"和"2"分别表示第一工作区与第二工作区。须注意，在用式(8-27)计算第二工作区的一段机械特性时，等号左边分母中仍用 $T_{elm}$，这是为了使第一、二工作区的机械特性计算公式尽量一致，不要误解为第二工作区的最大转矩就是 $T_{elm}$，下面将会指出，它具有另外一个最大转矩 $T_{e2m}$。

由于在给定 $\beta$ 值下，$s_{20}$ 是随 $\alpha_p$ 的变化而变化的（即随负载而变），所以 $s_{2m}$ 也随 $\alpha_p$ 变化。$s_{2m}$ 并不表示在第二工作区实际最大转矩时的转差率，它只是在式(8-27)的数学推导过程中为了计算方便而出现的一个量而已。

在求得式(8-25)时曾经指出，$T_{elm}$ 是系统在第一工作区的"计算最大转矩"，这是什么意思呢？前已指出，在异步电动机串级调速时，负载增大到一定程度，必然会出现转子整流器的强迫延迟换相现象，系统必然会进入第二工作区。而 $T_{elm}$ 是在 $\alpha_p = 0$ 的条件下由式(8-23)求得的，它只是如果系统能继续保持第一工作状态将会达到的最大转矩。当系统进入第二工作状态后，式(8-25)已经不适用了，所以 $T_{elm}$ 实际上并不存在，故称之为第一工作状态的"计算最大转矩"。

从异步电动机的铭牌数据可计算出额定转矩 $T_{eN}$ 和正常运行时的最大转矩 $T_{em}$。对串级调速系统来说，有实用意义的是式(8-25)中的 $T_{elm}$ 和第二工作区真正的最大转矩 $T_{e2m}$（可以证明，$T_{e2m}$ 对应于 $\alpha_p = 15°$）。最好能够再给出第一、二工作区交界的转矩值 $T_{el-2}$，称

为交接转矩。按照上面的推导，可得

$$\frac{T_{e1m}}{T_{em}} = 0.955 \tag{8-29}$$

$$\frac{T_{e2m}}{T_{em}} = 0.827 \tag{8-30}$$

$$\frac{T_{e1-2}}{T_{em}} = 0.716 \tag{8-31}$$

式(8-30)说明，异步电动机串级调速时所能产生的最大转矩比正常接线时的最大转矩减少了17.3%，这在选用电动机时必须注意。另外，由式(8-31)可知，$T_{e1-2} = 0.716 T_{em}$，而异步电动机的转矩过载能力一般大于2，即 $T_{em} \geqslant 2T_{eN}$，所以当电动机在额定负载下工作时，还是处于第一工作区。

根据上述分析，在图8-7中绘出了异步电动机串级调速时的机械特性。

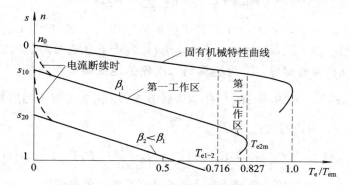

图 8-7　异步电动机串级调速时的机械特性

# 8.3　双闭环控制串级调速系统

### 8.3.1　双闭环控制串级调速系统的组成

图8-8所示为双闭环控制串级调速系统原理图。

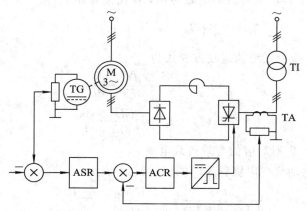

图 8-8　双闭环控制串级调速系统原理图

图 8-8 中，转速反馈信号取自异步电动机轴上连接的测速发电机，电流反馈信号取自逆变器交流侧的电流互感器，也可通过霍尔变换器或直流互感器取自转子直流回路。为了防止逆变器逆变颠覆，在电流调节器 ACR 输出电压为零时，应使触发脉冲输出相位角为 $\beta = \beta_{\min}$。图 8-8 所示的系统与直流不可逆双闭环调速系统一样，具有静态稳速与动态恒流的作用，所不同的是它的控制作用都是通过异步电动机转子回路实现的。

## 8.3.2 串级调速系统的动态数学模型

### 1. 转子直流回路的传递函数

根据图 8-6(b)的等效电路图可以列出串级调速系统转子直流回路的动态电压平衡方程式

$$s U_{d0} - U_{i0} = L_{\Sigma} \frac{\mathrm{d}I_d}{\mathrm{d}t} + R_{\Sigma} I_d \tag{8-32}$$

式中：$U_{d0} = 2.34 E_{r0} \cos\alpha_p$，为当 $s = 1$ 时转子整流器输出的空载电压；$U_{i0} = 2.34 U_{2T} \cos\beta$，为逆变器直流侧的空载电压；$L_{\Sigma} = 2L_{D0} + 2L_T + L_L$ 为转子直流回路总电感，$L_{D0}$ 为折算到转子侧的异步电动机每相漏感，$L_T$ 为折算到二次侧的逆变器每相漏感，$L_L$ 为平波电抗器电感；$R_{\Sigma} = \frac{3X_{D0}}{\pi} s + \frac{3X_T}{\pi} + 2R_D + 2R_T + R_L$，为转差率为 $s$ 时转子直流回路的等效电阻。

于是，式(8-32)可改写成

$$U_{d0} - \frac{n}{n_{\mathrm{syn}}} U_{d0} - U_{i0} = L_{\Sigma} \frac{\mathrm{d}I_d}{\mathrm{d}t} + R_{\Sigma} I_d \tag{8-33}$$

将式(8-33)两边取拉氏变换，可求得转子直流回路的传递函数：

$$\frac{I_d(s)}{U_{d0} - \dfrac{U_{d0}}{n_{\mathrm{syn}}} \cdot n(s) - U_{i0}} = \frac{K_{Lr}}{T_{Lr} s + 1} \tag{8-34}$$

式中：$T_{Lr} = L_{\Sigma}/R_{\Sigma}$，为转子直流回路的时间常数；$K_{Lr} = \dfrac{1}{R_{\Sigma}}$，为转子直流回路的放大系数。

### 2. 异步电动机的传递函数

式(8-23)导出了异步电动机的电磁转矩，现在重写如下：

$$T_e = \frac{1}{\Omega_0} \left( U_{d0} - \frac{3X_{D0}}{\pi} I_d \right) I_d = C_M I_d \tag{8-35}$$

众所周知，电力拖动系统的运动方程式为

$$T_e - T_L = \frac{GD^2}{375} \cdot \frac{\mathrm{d}n}{\mathrm{d}t}$$

或写成

$$C_M(I_d - I_L) = \frac{GD^2}{375} \cdot \frac{\mathrm{d}n}{\mathrm{d}t}$$

式中：$I_L$ 为负载转矩 $T_L$ 所对应的等效负载电流。

由此可得异步电动机在串级调速时的传递函数为

$$\frac{n(s)}{I_d(s) - I_L(s)} = \frac{R/C_E}{\dfrac{GD^2 R}{375 C_E C_M} s} = \frac{R/C_E}{T_M s} \tag{8-36}$$

式中：$T_M = \dfrac{GD^2 R}{375 C_E C_M}$ 为机电时间常数。

### 3. 串级调速系统的动态结构图

把图 8 - 8 中的异步电动机和转子直流回路都画成传递函数框图，再考虑给定滤波环节和反馈滤波环节，就可直接画出双闭环控制串级调速系统的动态结构图，如图 8 - 9 所示。

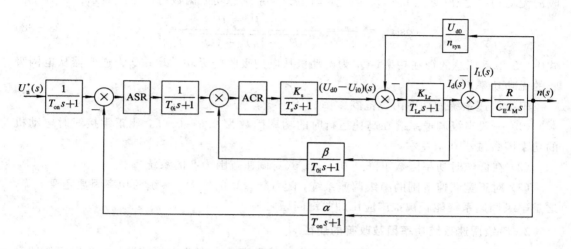

图 8 - 9　双闭环控制串级调速系统的动态结构图

## 8.3.3　调节器参数的设计

### 1. 电流调节器的设计

电流调节器可以按典型 I 型系统或典型 II 型系统进行设计。前者具有响应快、超调量小的特点，后者具有抗干扰能力强的特点。根据电流环的作用，常按典型 I 型系统设计电流调节器。按图 8 - 9 可以写出电流环的开环传递函数

$$W(s) = \frac{K_i (\tau_i s + 1)}{\tau_i s} \cdot \frac{K_{\Sigma i}}{T_{\Sigma i} s + 1} \cdot \frac{K_{Lr}}{T_{Lr} s + 1} \tag{8-37}$$

式中：$\dfrac{K_i(\tau_i s + 1)}{\tau_i s}$ 为电流调节器的传递函数；$\dfrac{K_{\Sigma i}}{T_{\Sigma i} s + 1}$ 为电流环小惯性环节等效传递函数；

$\dfrac{K_{Lr}}{T_{Lr} s + 1}$ 为直流主回路传递函数。

式(8-37)所示传递函数在选择适当参数后对应典型 I 型系统结构。但由于 $T_{Lr}$ 是非定常的，所以按常规的做法显然不可取。在式(8-37)中，若 $T_{Lr}$ 的值较大，且满足 $T_{Lr} > h T_{\Sigma i}$（$h$ 为中频带宽），那么只要选取 $\tau_i = h T_{\Sigma i}$，就可以按典型 II 型系统设计电流环；若 $T_{Lr} > h T_{\Sigma i}$ 的条件不满足，就按典型 I 型系统进行设计。

### 2. 转速调节器的设计

为获得良好的抗扰性能，转速环一般都按典型 II 型系统进行设计。由于电动机环节系数非定常，所以在设计时，可以选用与实际运行工作点电流值相对应的值，然后按定常系统进行设计。这样校正后的系统会尽可能地接近令人满意的动态特性。

### 8.3.4 串级调速系统的功率因数及其改善途径

#### 1. 串级调速系统的功率因数

在串级调速系统中，从交流电网吸收的总有功功率是电动机吸收的有功功率与逆变器回馈至电网的有功功率之差，然而从交流电网吸收的总无功功率却是电动机和逆变器所吸收的无功功率之和(见图 8-4)，因此，串级调速系统总功率因数可用下式表示：

$$\cos\varphi_{\mathrm{sch}} = \frac{P_{\mathrm{in}}}{S} = \frac{P_1 - P_{\mathrm{f}}}{\sqrt{(P_1 - P_{\mathrm{f}})^2 + (Q_1 + Q_{\mathrm{f}})^2}} \qquad (8-38)$$

式中：$S$ 为系统总的视在功率；$Q_1$ 为电动机从电网吸收的无功功率；$Q_{\mathrm{f}}$ 为逆变器从电网吸收的无功功率。

串级调速系统的功率因数范围：

(1) 一般串级调速系统在高速运行时的功率因数为 0.6～0.65，比正常接线时电动机的功率因数减小 0.1 左右。

(2) 在低速时功率因数可降到 0.4～0.5(对调速范围为 2 的系统)。

(3) 对于宽调速范围的串级调速系统，随着转差率的增大，系统的功率因数还要下降，这是串级调速系统能否被推广应用的关键问题之一。

#### 2. 串级调速系统功率因数改善的途径

对于宽调速范围串级调速系统，功率因数的提高是人们关心的问题，也是串级调速系统能被推广应用的关键问题之一。改善功率因数的途径通常有以下几种：

(1) 逆变器的不对称控制。这种途径利用两组可控整流器组成逆变器的纵续连接，并进行逆变角的不对称控制，适用于大功率系统。

(2) 采用具有强迫换相功能的逆变器，在逆变器工作时使晶闸管在自然换流点之后换相，产生容性无功功率以补偿负载的感性无功功率。这种途径对系统功率因数的改善有效，但逆变器线路较为复杂。

(3) 在电动机转子直流回路中加斩波控制的串级调速装置。这种途径对改善系统的功率因数也很有效，且线路也比较简单。

# 习题与思考题

8.1  试述串级调速系统的基本原理。

8.2  在串级调速系统中为什么要在转子回路中串入一个附加电动势，这个附加电动势与电动机转速的关系是怎样在实际系统中实现的？

8.3  在晶闸管串级调速系统中，转子整流器在第一工作区与第二工作区时的主要区别是什么？

8.4  在晶闸管串级调速系统中，如果减小电抗器电感，当电动机轴上负载波动时，转速恢复得快还是慢？当给定值变化时，转速跟随得快还是慢？

8.5  试比较晶闸管串级调速系统与转子串电阻调速系统的总效率。

8.6　与异步电动机运行在自然接线时的情况相比，运行在串级调速时的机械特性有什么不同？

8.7　试分析串级调速系统机械特性比其固有机械特性要软的原因。

8.8　串级调速适用于哪一类电动机？串级调速系统的调速性能怎样？为什么串级调速系统能提高电源的利用率？

# 第9章　同步电动机调速与交流伺服系统

　　本章将介绍同步电动机变压变频调速系统的基本理论、调速特点以及交流伺服系统设计方法。首先指出同步电动机调速系统的基本特点及类型；然后简述他控变频和自控变频同步电动机调速系统原理，详细分析梯形波永磁同步电动机数学模型及其调速系统；接着介绍可控励磁同步电动机高性能调速系统，重点分析当前广泛使用的正弦波永磁同步电动机高性能调速系统，最后简要梳理交流伺服系统组成及设计要点。

## 9.1　概　　述

　　如果三相交流电动机的转子转速与定子电流的频率 $f_1$ 之间保持严格同步关系，转速 $n$ 等于同步转速 $n_0$，即

$$n = n_0 = \frac{60 f_1}{n_p} \tag{9-1}$$

式中：$n_p$ 为电动机磁极对数，$n$ 为电动机转子转速，那么这种电动机称为同步电动机。同步电动机的负载改变时，只要电源频率不变，其输出转速也不变。

　　同步电动机按励磁方式可以分为直流励磁同步电动机（又称为可控励磁同步电动机）和永磁同步电动机。直流励磁同步电动机按转子结构还可分为凸极式和隐极式两种形式；永磁同步电动机按转子结构还可分为表面磁铁和内部磁铁两种形式。表面磁铁永磁同步电动机按绕组分布还可以进一步细分为正弦波表面永磁同步电动机与梯形波表面永磁同步电动机。

　　随着工业的迅速发展，一些生产机械要求的功率越来越大，如空气压滚机、进风机等，它们的功率可达数百乃至数千千瓦，这些生产机械采用同步电动机驱动更为合适。

　　我国稀土储量占世界总储量的绝大部分，随着稀土永磁材料在同步电动机中的应用不断成熟，稀土永磁同步电动机及其应用前景非常广阔。目前，中、小功率稀土永磁同步电动机已得到广泛研究和应用。同步电动机与同容量的异步电动机相比较，有着明显的优点。首先，同步电动机的功率因数可以通过改变励磁电流加以调节，同步电动机可以工作在感性状态下，也可工作在容性状态下，实际中，可以利用这一优点来改善电网的功率因数。其次，对大功率低速电动机，同步电动机的体积比异步电动机的体积要小些。此外同步电动机与异步电动机相比还具有以下特点：

　　（1）异步电动机的稳态转速总是低于同步转速的，二者之差叫作转差；而同步电动机

转速与电源频率保持严格同步,只要电源频率保持恒定,同步电动机的转速就不变。

(2) 异步电动机的磁场仅靠定子供电产生,而同步电动机除定子磁动势外,在转子侧还有独立的直流励磁,或用永久磁铁励磁。

(3) 同步电动机和异步电动机的定子都有同样的交流绕组,一般都是三相的,而转子绕组则不同,同步电动机转子用直流励磁绕组(或永久磁铁)外,还可能有自身短路的阻尼绕组。

(4) 异步电动机的气隙是均匀的,而同步电动机则有隐极与凸极之分,隐极同步电动机的气隙均匀,凸极同步电动机的气隙则不均匀。凸极同步电动机的磁极直轴的磁阻小,极间的交轴磁阻大,两轴的电感系数不等,这增加了数学模型的复杂性,但凸极效应能产生平均转矩。单靠凸极效应运行的同步电动机称作磁阻式同步电动机。

(5) 异步电动机空载时功率因数很低,而同步电动机可通过调节转子的直流励磁电流改变输入功率因数(可以滞后,也可以超前),当 $\cos\varphi = 1.0$ 时,电枢铜损最小。

(6) 由于同步电动机转子有独立励磁,在极低的电源频率下也能运行,因此,在同样条件下,同步电动机的调速范围比异步电动机更宽。

(7) 异步电动机要靠加大转差才能增大转矩,而同步电动机只需加大功率角就能增大转矩,同步电动机比异步电动机对转矩扰动具有更强的承受能力,动态响应更快。

以前,由于同步电动机存在启动困难、重载时有振荡和失步等不足问题,限制了其应用。自从应用电力电子开发出变频电源后,同步电动机便和异步电动机一样成为调速电动机家族的重要一员,原来由于供电电源频率固定不变而阻碍同步电动机广泛应用的问题都已迎刃而解。例如启动困难问题,由于频率可以平滑调节,当频率由低调到高时,转速就随之逐渐上升,不需要任何其他启动措施,有些数千以至数万千瓦的大型高速同步电动机,专门配上变压变频装置作为软启动设备。再如振荡和失步问题,有了频率闭环控制,同步转速可以随着频率改变,自然就不会产生振荡和失步了。由于同步电动机的固有优点,同步电动机的变频调速成为交流调速的一个重要发展方向,主要应用有两个方面:其一是数兆瓦的大功率低速直接拖动系统,其二是数百千瓦以下的永磁同步电动机调速系统。

### 9.1.1　可控励磁同步电动机

图 9-1 为理想化的三相两极凸极同步电动机。它的定子绕组与异步电动机相同,同步转速旋转的凸极转子上有励磁绕组,绕组中通有直流励磁电流,这个励磁电流可以来自外部,通过电刷、滑环流入,也可以来自内部的发电整流装置。由于转子总以同步转速旋转,同步旋转 $dq$ 坐标系就固定在转子上,且 $d$ 轴与 N 极同方向,也就是按转子定向,如图 9-1 所示。

由于转子上有独立的励磁回路,定子电流可以没有励磁分量(功率因数等于 1),或者有一定的励磁分量(功率因数滞后),或者有一定的负励磁分量(功率因数超前),这取决于转子励磁电流所产生的气隙磁通能否感应出足够的电动势去平衡定子绕组上的外施电压。因而同步电动机除了作为发电机、电动机使用外,另一个重要的用途是无功补偿。异步电动机则不然,定子必须为转子提供励磁(定子电流总有励磁分量),使得功率因数总是滞后。

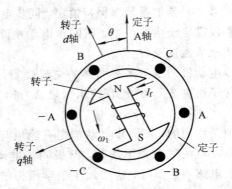

图 9-1 理想化的三相两极凸极同步电动机

同步电动机的转子上除了有励磁绕组外，还可能有阻尼绕组，像异步电动机转子上的鼠笼。

### 1. 等效电路

我们可以按照与异步电动机相似的方法推导出同步电动机的每相等效电路，如图 9-2 所示。电动机等效成变压器，转子直流励磁电流 $I_f$ 可以折算到定子侧，用频率等于 $\omega_1$ 的交流电流 $I'_f$ 代替（相当于从 $dq$ 坐标系变换到 ABC 坐标系），$n$ 是匝数比。利用戴维南定理，图 9-2(a) 可以变换成图 9-2(b)，这里 $U_f = \omega_1 L_m n I_f = \omega_1 \psi_f$ 被定义为直流励磁电流 $I_f$ 产生的磁链 $\psi_r$ 在定子绕组中所感应出的交流速度电势。没有转差功率，稳态运行时，所有传过空气隙的功率（被速度电势 $U_r$ 吸收的功率）都转换成了机械功。

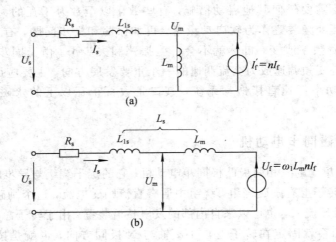

图 9-2 同步电动机每相等效电路

如果电动机过励磁（$I_f$ 大，$U_f$ 大），过多的滞后的感抗电流被送到输入端输出，即输入端功率因数超前；另一方面，如果电动机欠励磁（$I_f$ 小，$U_f$ 小），它就从定子电流 $I_s$ 中吸取一部分（励磁分量）补充，即功率因数滞后。图 9-3 示出了图 9-2 等效电路的相量图。图中 $\dot{\psi}_a$ 为电枢反应磁链相量，$\dot{\psi}_s$ 为定子磁链相量。

对于大功率同步电动机，电阻压降通常很小，可以忽略不计。忽略 $R_s$，磁链相量可以写为

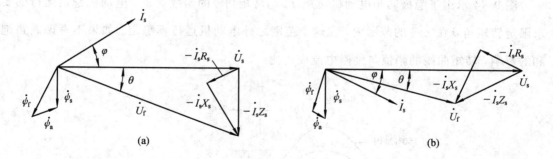

图 9-3　等效电路相量图

(a) 功率因数超前；(b) 功率因数滞后

$$\dot{\psi}_s = \left| \frac{\dot{U}_s}{\omega_1} \right| \angle - \frac{\pi}{2} \tag{9-2}$$

$$\dot{\psi}_a = \dot{I}_s L_s \tag{9-3}$$

图 9-3 中的 $\dot{U}_s$ 与 $\dot{U}_f$ 之间的夹角 $\theta$ 称为同步电动机的功率角或转矩角，在电动模式下为负（以 $\dot{U}_s$ 为参考相量），发电模式下为正。

**2. 转矩的产生**

在图 9-3(a) 中，忽略电阻 $R_s$，可以写出 $\dot{I}_s$ 的表达式：

$$\dot{I}_s = \frac{\dot{U}_s \angle 0 - \dot{U}_f \angle - \theta}{X_s \angle \frac{\pi}{2}} = \frac{\dot{U}_s \angle - \frac{\pi}{2}}{X_s} - \frac{\dot{U}_f \angle - \left( \theta + \frac{\pi}{2} \right)}{X_s} \tag{9-4}$$

或者

$$I_s \cos\varphi = \frac{U_s}{X_s} \cos\left( - \frac{\pi}{2} \right) - \frac{U_f}{X_s} \cos\left( - \theta - \frac{\pi}{2} \right)$$

$$= - \frac{U_f}{X_s} \cos\left( \theta + \frac{\pi}{2} \right) \tag{9-5}$$

电动机的输入功率为

$$P_{in} = 3 U_s I_s \cos\varphi \tag{9-6}$$

将式 (9-5) 代入式 (9-6) 得

$$P_{in} = 3 \frac{U_s U_f}{X_s} \sin\theta \tag{9-7}$$

如果电动机的损耗忽略不计，$P_{in}$ 也就是输送到电动机轴上的功率，即

$$P_{em} = \frac{1}{n_p} \omega_1 T_e = P_{in} \tag{9-8}$$

综合考虑式 (9-7) 和 (9-8) 得

$$T_e = 3 n_p \frac{U_s U_f}{\omega_1 X_s} \sin\theta \tag{9-9}$$

进一步得

$$T_e = 3 n_p \frac{\psi_s \psi_f}{L_s} \sin\theta \tag{9-10}$$

　　图 9-4 示出了隐极同步电动机转矩 $T_e$ 与转矩角 $\theta$ 的函数关系。电动机稳定运行的要求限定转矩角 $\theta$ 在 $\pm\dfrac{\pi}{2}$ 的范围内，在这个范围之外电动机运行不稳定。如果不考虑磁路饱和的影响，转矩曲线的幅值与励磁电流成正比。

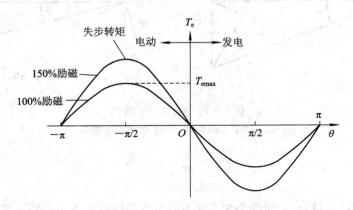

图 9-4　隐极同步电动机 $T_e$-$\theta$ 特性

　　从式(9-6)和式(9-8)也可以得出转矩表达式为

$$T_e = 3n_p\psi_s I_s\cos\varphi = 3n_p\psi_s I_t \qquad (9-11)$$

式中：$I_t$ 为定子电流转矩分量有效值；$\psi_s$ 定子磁链有效值；$\psi_f$ 转子磁链有效值。

**3. 转矩角的物理意义**

　　由式(9-10)可知，同步电动机的转矩与定子磁链、转子磁链以及转矩角 $\theta$ 的正弦三者的乘积成正比。当转矩角 $\theta=0°$ 时，定、转子磁极在同一轴线上，磁拉力最大，但无切向力，所以转矩为 0。当 $\theta$ 角不为 0° 时，转矩与转矩角呈正弦函数关系。当 $\theta=90°$，转矩最大，当 $\theta=180°$，定、转子磁极又在同一轴线上，这时两对磁极同性相斥，斥力最大，但无切向力，转矩也为 0。当 $\theta>180°$ 时，转矩变为负值，但仍按正弦规律变化。图 9-5 为转矩角示意图。电动和发电两种模式下，图中用弹簧粗略而形象地表示了磁力线的拉力，进而展示了转矩是如何倒向的。

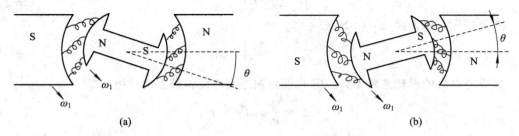

图 9-5　转矩角示意图
(a) 电动模式；(b) 发电模式

**4. 凸极同步电动机特性**

　　对于凸极同步电动机，因为在 $d$ 轴和 $q$ 轴方向上气隙磁阻不一样，导致 $d$ 轴与 $q$ 轴方向励磁电抗不一样（即 $X_{sd} \neq X_{sq}$），图 9-6 为凸极同步电动机的相量图，为了简化，忽略定子电阻，$d$ 轴与 $\dot\psi_f$ 同方向。定子电流 $I_s$ 产生的电枢反应磁链相量 $\dot\psi_a$ 与转子磁链相量 $\dot\psi_f$ 合成定子磁链相量 $\dot\psi_s$。

从图 9-6 中可以写出

$$I_s \cos\varphi = I_{sq}\cos\theta - I_{sd}\sin\theta \tag{9-12}$$

图 9-6 也可看作 $dq$ 坐标系上的空间矢量，峰值为有效值乘以 $\sqrt{2}$。

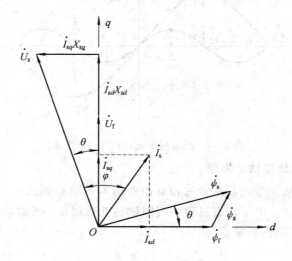

图 9-6　凸极同步电动机相量图（电动）

将式（9-12）代入式（9-6），可以写出输出功率 $P_{in}$ 为

$$P_{in} = 3U_s(I_{sq}\cos\theta - I_{sd}\sin\theta) \tag{9-13}$$

由相量图可以写出

$$I_{sd} = \frac{U_s\cos\theta - U_f}{X_{sd}} \tag{9-14}$$

$$I_{sq} = \frac{U_s\sin\theta}{X_{sq}} \tag{9-15}$$

将式（9-14）和式（9-15）代入式（9-13），得

$$P_{in} = 3\frac{U_s U_f}{X_{sd}}\sin\theta + 3U_s^2\frac{(X_{sd}-X_{sq})}{2X_{sd}X_{sq}}\sin2\theta \tag{9-16}$$

或

$$T_e = 3n_p\frac{1}{\omega_1}\left[\frac{U_s U_f}{X_{sd}}\sin\theta + U_s^2\frac{(X_{sd}-X_{sq})}{2X_{sd}X_{sq}}\sin2\theta\right] \tag{9-17}$$

$$T_e = 3n_p\left[\frac{\psi_s \psi_f}{L_{sd}}\sin\theta + \psi_s^2\frac{(L_{sd}-L_{sq})}{2L_{sd}L_{sq}}\sin2\theta\right] \tag{9-18}$$

式（9-18）给出了凸极同步电动机转矩 $T_e$ 与转矩角 $\theta$ 的函数关系。其中第一项是转子磁链 $\psi_f$ 产生的转矩，与式（9-10）相同；第二项为磁阻转矩，由同步电动机凸极效应引起（即 $X_{sd} \neq X_{sq}$），对于隐极同步电动机有 $X_{sd} = X_{sq}$。磁阻转矩有使转子向磁阻最小的位置转动的趋势，与励磁电流 $I_f$ 无关。

图 9-7 示出了凸极同步电动机的 $T_e-\theta$ 关系曲线。磁阻转矩分量的稳定运行范围限制

在±π/4 以内，励磁转矩分量的稳定运行范围限制在±π/2 以内，合成转矩的稳定运行范围限制在正负最大转矩之内。由式（9-17）可以看出，如果维持 $U_s/\omega_1$ 恒定，对于确定的转矩角 $\theta$，转矩 $T_e$ 也是确定的。

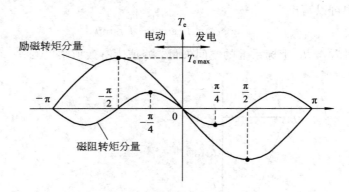

图 9-7　凸极同步电动机 $T_e - \theta$ 关系

### 5. 同步电动机的近似动态模型

无阻尼绕组的隐极同步电动机的每相近似动态等效电路如图 9-8 所示，其中的 $e_m$ 是与气隙磁链对应的电势，由于动态过程中气隙磁链变化缓慢，气隙电势后面的阻抗就忽略不计了（它们对动态过程的影响很小）。

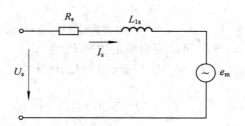

图 9-8　隐极同步电动机每相近似动态等效电路

## 9.1.2　永磁同步电动机

永磁同步电动机（Permanent Magnet Synchronous Motor, PMSM）是由电励磁三相同步电动机发展而来。它用永磁体代替了电励磁系统的直流励磁绕组，从而省去了励磁线圈、集电环和电刷，而定子与电励磁三相同步电动机基本相同，故称为永磁同步电动机。永磁同步电动机按气隙磁场分布可分为两种：

（1）正弦波永磁同步电动机。输入三相正弦波电流，气隙磁场呈正弦波分布，磁极采用永磁材料时，气隙磁场呈正弦波分布。

（2）梯形波永磁同步电动机。磁极为永磁材料，输入方波电流，气隙磁场呈梯形波分布，性能接近于直流电动机。用梯形波永磁同步电动机构成的自控变频同步电动机又称作无刷直流电动机（Brushless DC motor, BLDM）。

永磁同步电动机具有以下突出的优点，被广泛应用于调速和伺服系统。

（1）由于磁极采用了永磁材料，特别是采用了稀土金属永磁，如钕铁硼（NdFeB），钐钴(SmCo)和稀土永磁材料等,磁能高,可得较高的气隙磁通密度,因此容量相同的电动机,采用永磁材料的体积小、质量小。其中,稀土永磁材料性能最好,但价格也最贵,现代高性能永磁同步电动机大都采用稀土永磁材料。

(2) 转子没有铜损和铁损,又没有集电环和电刷的摩擦损耗,运行效率高。

(3) 同样的体积,输出功率可以更大。

(4) 转动惯量小,允许脉冲转矩大,可获得较高的加速度,动态性能好。

(5) 结构紧凑,运行可靠。

由于上述优点,永磁同步电动机在 100 kW 以下的中、小功率范围及在高性能伺服控制领域,获得了广泛应用,其相关产业也作为高科技产业受到了世界各国的重视。它的主要缺点是,失去了励磁控制的灵活性,带来了去磁的可能性。

**1. 正弦波永磁同步电动机**

正弦波永磁同步电动机按转子结构可分为表面(隐极)永磁同步电动机(Surface Permanent Magnet Synchronous Motor,SPMSM)和内部(凸极)永磁同步电动机(Interior Permanent Magnet Synchronous Motor,IPMSM)两种(见图 9 - 9)。正弦波永磁同步电动机,其定子绕组一般为三相短距分布绕组,其气隙磁场和定子分布绕组决定了定子绕组感应电动势为正弦波形,所用的供电电源为 PWM 变压变频电源。

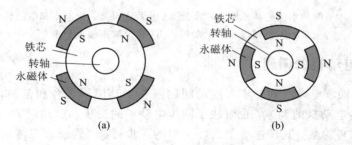

图 9 - 9　永磁转子结构(两对极)

(a) 表面转子结构;(b) 内部转子结构

正弦波永磁同步电动机具有十分优良的转速控制性能,其突出的优点是结构简单、体积小、质量小,且具有很大的转矩/惯性比、快速的加减速度、转矩脉动小、转矩控制平滑、调速范围宽、效率高、功率因数高等。目前正弦波永磁同步电动机已广泛应用于航空航天、数控机床、机器人、电动汽车和计算机外围设备等领域中。

**2. 梯形波永磁同步电动机**

图 9 - 10 给出了两种永磁同步电动机的磁通密度分布、相反电动势、相电流和电磁转矩波形对比关系。梯形波表面永磁同步电动机的三相定子绕组采用集中整距代替正弦分布,将电动机气隙磁通密度按梯形波分布,其他方面类似正弦波表面永磁电动机,都是隐极结构。当电动机旋转时,除了磁极之间的间隙通过相绕组的轴线时,大部分时间内一相绕组内的磁通链是线性变化的(磁通密度梯形分布所致)。如果电动机被一个原动机拖动,所感应出的定子相电势将是三相对称的梯形波。需要一个电子逆变器在每相电压的中间位置(平直部分)提供120°宽的方波交变电流给定子以产生平稳的转矩。

由于电子逆变器是必不可少的,所以常常合称它们为电子电动机。把梯形波永磁电动机、电子逆变器和装在电动机轴上的位置传感器合在一起看，它们就是一台直流电动机，一台无刷直流电动机（BLDM-Brushless DC Motor）。

梯形波永磁电动机结构简单，价格也不贵，比正弦波永磁电动机有更高的功率密度，广泛地应用在数千瓦以下的小功率伺服驱动系统和各种应用电器中。

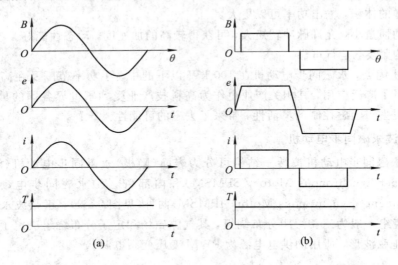

图 9-10　两种永磁电动机磁通密度分布、相反电动势、相电流和电磁转矩波形
（a）正弦波永磁电动机；（b）梯形波永磁电动机

### 9.1.3　同步电动机的调速

长期以来，同步电动机的失步和启动问题限制了其应用场合和范围，采用变频技术，不仅实现了同步电动机的调速，也解决了同步电动机的失步和启动问题。同步电动机的转子具有固定的磁极对数，其转速等于式（9-1）的同步转速，转速 $n$ 只能通过改变电源频率实现变频调速。因此同步电动机的调速只能通过改变电源频率实现变频调速。

同步电动机的定子结构与异步电动机相同，若忽略定子漏阻抗压降，则定子电压 $U_s \approx 4.44 f_1 N_1 \Phi_m$。因此，同步电动机变频调速的电压频率特性与异步电动机变频调速相同，基频以下采用带定子压降补偿的恒压频比控制方式，基频以上采用电压恒定的控制方式。

由式（9-17）可知，当 $\theta = 90°$，电磁转矩最大。对于隐极同步电动机有 $X_{sd} = X_{sq}$，基频以下采用带定子压降补偿的恒压频比控制方式，最大电磁转矩为

$$T_{e\max} = 3n_p \frac{U_s U_f}{X_{sd}\omega_1} = 常数 \tag{9-19}$$

基频以上采用电压恒定的控制方式，最大电磁转矩为

$$T_{e\max} = 3n_p \frac{U_s U_f}{X_{sd}\omega_1} \propto \frac{1}{\omega_1} \propto \frac{1}{n_1} \tag{9-20}$$

图 9-11 为同步电动机变频调速机械特性曲线。

从电动机的输入频率看，同步电动机有两种调速方式：一种为频率他控式；另一种为频率自控式。所谓频率他控式，是指给同步电动机供电的变频器的输入频率是由转速给定信号决定的，这种调速系统一般多采用开环控制，因此像接在工频电网上运行的同步电动机一样，存在着转子振荡和失步等问题。频率自控式则不然，变频器的输入频率不是随意

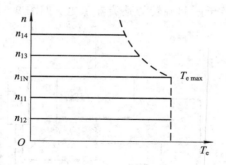

图 9 - 11　同步电动机变频调速机械特性

由外部给定的，而是由电动机本身转速决定的，这样就不存在转子失步问题了，即永远同步运行。实际上，只要在电动机转轴上装上位置检测器，使其输出信号与电动机电枢绕组的感应电动势同步，就可以实现频率自控。

## 9.2　他控变频同步电动机调速系统

他控变频调速的特点是电源频率与同步电动机的实际转速无直接的必然联系，优点是控制系统结构简单，可以同时实现多台同步电动机调速，缺点是没有从根本上解决失步问题。

### 9.2.1　转速开环恒压频比控制的同步电动机群调速系统

转速开环恒压频比控制的同步电动机群调速系统是一种最简单的他控变频调速系统，如图 9 - 12 所示。这种系统采用多台永磁或磁阻同步电动机并联接在公共的变频器上，由统一的频率给定信号同时调节各台电动机的转速，各台电动机转速严格相同。

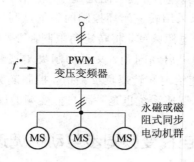

图 9 - 12　多台同步电动机的恒压频比控制调速系统

在 PWM 变压变频器中，带定子压降补偿的恒压频比控制保证了同步电动机气隙磁通恒定，缓慢地调节给定频率 $f^*$ 可以同时改变各台电动机的转速。这种开环调速系统存在一个明显的缺点，即存在转子振荡和失步问题，因此各台同步电动机的负载不能太大，否则会造成负载大的电动机失步，进而使整个调速系统崩溃。

### 9.2.2　大功率同步电动机调速系统

大型同步电动机转子上一般都具有励磁绕组，通过集电环由直流励磁电源供电，或者由交流励磁发电机经过随转子一起旋转的整流器供电，如图 9 - 13 所示。

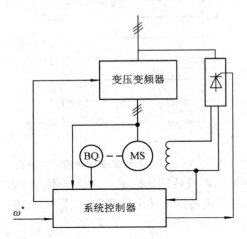

图 9 - 13 变压变频器供电的同步电动机调速系统（BQ 表示位置检测器）

一类大型同步电动机变压变频调速系统用于低速运行，例如矿井提升机、水泥转窑等，由交/交变压变频器（又称周波变换器）供电，其输出电压频率为 20～25 Hz（工频电网为 50 Hz），对于一台 20 极的同步电动机，同步转速为 120～150 r/min，直接用来拖动轧钢机等设备，可以省去庞大的齿轮传动装置。

大功率同步电动机可以采用恒压频比控制，在启动过程中，同步电动机定子电源频率按斜坡规律变化，将动态转差限制在允许的范围内，以保证同步电动机顺利启动。启动结束后，同步电动机转速等于同步转速，稳态转差等于零。一般来说，大功率同步电动机带有阻尼绕组，在启动或制动时，阻尼绕组相当于异步电动机的转子绕组，有利于启动、制动，达到稳态时，同步电动机转差等于零，阻尼绕组不起作用。

大功率同步电动机也可以采用转速闭环控制的矢量控制或直接转矩控制。在运行过程中，及时调节同步电动机定子电源频率，将转矩角限制在 $0 < \theta < 90°$ 的范围内，有效地抑制了失步现象。变频调速既能解决启动问题，又可抑制失步现象，可谓"一举两得"。转速闭环控制的同步电动机依据转速给定和转速负反馈值，控制变频器输出的频率。从这个角度看来，转速闭环的同步电动机调速系统也是一种自控变频的同步电动机调速系统。

# 9.3 自控变频同步电动机调速系统

他控变频同步电动机调速系统变频器的输出频率与转子转速或位置无直接的关系，若控制不当，仍然会造成失步。根据转子位置直接控制变频装置的输出电压或电流的相位，使转矩角小于 90°，就能从根本上杜绝失步现象，这就是自控变频同步电动机的初衷。

## 9.3.1 自控变频同步电动机

自控变频同步电动机调速系统的特点是在电动机轴端装有一台转子位置检测器 BQ（见图 9 - 14），由它发出的信号控制变压变频装置（如 PWM 变频器）的逆变器，从而改变同步电动机的供电频率，保证转子转速与供电频率同步。

　　转子位置检测器与电动机同轴安装，当转子旋转时，转子位置检测器能正确反映转子磁极的位置，根据转子磁极的位置信号控制逆变器输出电压的频率和相位，使同步电动机的转矩角（或功率角）$\theta < 90°$。当电动机转速变化时，逆变器输出电压频率与转速同步变化，从根本上消除了失步现象，保证了同步电动机稳定运行。

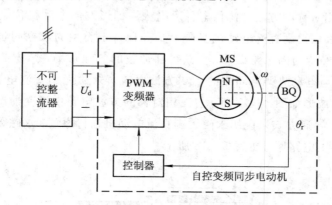

图 9-14　PWM 控制的自控变频同步电动机及调速原理图

　　在基频以下调速时，需要电压频率协调控制。采用 PWM 逆变器，既完成变频，又实现变压。调速时改变逆变器的输出电压，转速将随之变化，逆变器的输出电压频率自动跟踪转速，这就是自控变频同步电动机变压变频调速。

　　从电动机本身看，自控变频同步电动机是一台同步电动机，可以是永磁式的，容量大时也可以用励磁式的。如果把电动机和逆变器、转子位置检测器 BQ 合起来看，它就像是一台直流电动机。从外部来看，若改变直流电压 $U_d$，就可实现调速，相当于直流电动机的调压调速。实际上，在直流电动机内部，电枢电流本来就是交变的，只是经过换向器和电刷才在外部电路表现为直流，换向器相当于机械式的逆变器，电刷相当于磁极位置检测器。与此相应，在自控变频同步电动机中采用的电力电子逆变器和转子位置检测器就相当于电子换向器，用静止的电力电子电路代替了容易产生火花的旋转接触式换向器，用电子换向取代机械换向。稍不同的是，直流电动机的磁极在定子上，电枢是旋转的，而同步电动机的磁极一般都在转子上，电枢却是静止的，这只是运动形式上的不同，本质上没有区别。

　　自控变频同步电动机因其核心部件的不同，略有差异：

　　（1）无换向器电动机由于采用电子换向取代机械换向，因此多用于带直流励磁的同步电动机。

　　（2）正弦波永磁自控变频同步电动机指以正弦波永磁同步电动机为核心，构成的自控变频同步电动机。

　　（3）梯形波永磁自控变频同步电动机即永磁无刷直流电动机，指以梯形波永磁同步电动机为核心的自控变频同步电动机。

　　上述三种电动机尽管在名称上有区别，本质上都是一样的，所以统称作"自控变频同步电动机"。

### 9.3.2　永磁无刷直流电动机的自控变压变频调速系统

　　用三相对称交流电就可以产生旋转磁场,而三相对称的方波电源能够产生跃动的旋转磁场,把三相对称交流电供电且反电势也为正弦波的电动机称之为永磁同步电动机(BLAC);采用三相对称的方波电源供电且反电势为梯形波的电动机称之为永磁无刷直流电动机(BLDC)。永磁无刷直流电动机实质上是一种特定类型的永磁同步电动机,转子磁极采用瓦形磁钢,经专门的磁路设计,可获得梯形波的气隙磁场,感应的电动势也是梯形波的。逆变器提供与电动势严格同相的120°方波电流。永磁无刷直流电动机的反电动势、相电流和霍尔信号波形如图 9-15 所示。三相对称的方波电源由逆变器产生,现在我们以三相 Y 形连接120°导通方式来说明永磁无刷直流电动机运行原理,永磁无刷直流电动机的等效电路及逆变器主电路原理如图 9-16 所示。

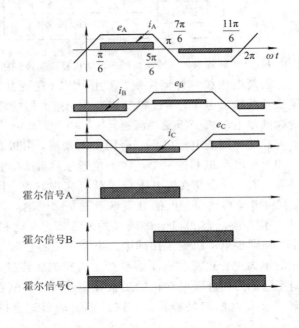

图 9-15　永磁无刷直流电动机反电动势、相电流和霍尔信号波形

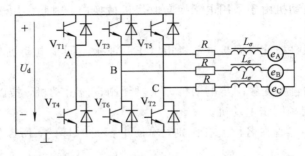

图 9-16　永磁无刷直流电动机的等效电路及逆变器主电路原理图

　　$U_d$ 为恒定的直流电压,PWM 逆变器输出电压为120°的方波序列,换相顺序与三相桥

式晶闸管可控整流电路相同，即用直流 PWM 的方法对 120° 的方波进行调制，同时完成变压变频功能。所谓 120° 导通方式，是指每一瞬间有两个晶体管导通（$V_{T1}$、$V_{T3}$ 和 $V_{T5}$ 中只有一个导通，$V_{T4}$、$V_{T6}$ 和 $V_{T2}$ 中也只有一个导通），每隔 1/6 周期（60° 电角度）换相一次，每次换相一个晶体管，每一晶体管导通 120° 电角度，各晶体管的导通顺序是 $V_{T1}V_{T2} \rightarrow V_{T2}V_{T3} \rightarrow V_{T3}V_{T4} \rightarrow V_{T4}V_{T5} \rightarrow V_{T5}V_{T6} \rightarrow V_{T6}V_{T1} \rightarrow V_{T1}V_{T2} \rightarrow \cdots \cdots$，（或逆序工作），图 9-17 为以直流母线负极为参考点的 PWM 逆变器 A 相输出电压波形。

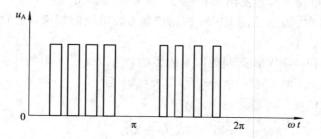

图 9-17　PWM 逆变器 A 相输出电压

由于各相电流都是方波，逆变器的控制比交流 PWM 控制要简单得多，这是设计梯形波永磁同步电动机的初衷。然而由于绕组电感的作用，换相时电流波形不可能突跳，其波形实际上只能是近似梯形的，因而通过气隙传送到转子的电磁功率也是梯形波。每次换相时平均电磁转矩都会降低一些，如图 9-18 所示。由于 PWM 逆变器每隔 120° 换相一次，故实际的转矩波形每隔 120° 出现一个缺口，而用 PWM 调压的方式使电流出现纹波，这样的转矩脉动使永磁无刷直流电动机的调速性能低于真正直流电动机和正弦波永磁同步电动机。

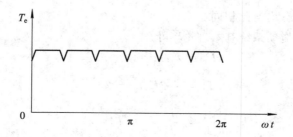

图 9-18　永磁无刷直流电动机的转矩脉动

永磁无刷直流电动机的电压方程：

$$\begin{bmatrix} u_A \\ u_B \\ u_C \end{bmatrix} = \begin{bmatrix} R_s & 0 & 0 \\ 0 & R_s & 0 \\ 0 & 0 & R_s \end{bmatrix} \begin{bmatrix} i_A \\ i_B \\ i_C \end{bmatrix} + \begin{bmatrix} L_\sigma & 0 & 0 \\ 0 & L_\sigma & 0 \\ 0 & 0 & L_\sigma \end{bmatrix} \frac{\mathrm{d}}{\mathrm{d}t} \begin{bmatrix} i_A \\ i_B \\ i_C \end{bmatrix} + \begin{bmatrix} e_A \\ e_B \\ e_C \end{bmatrix} \tag{9-21}$$

式中：$u_A$、$u_B$、$u_C$ 为定子相绕组电压（V）；$i_A$、$i_B$、$i_C$ 为定子相绕组电流（A）；$e_A$、$e_B$、$e_C$ 为定子相绕组电动势（V）；$L_\sigma$ 为每相定子绕组漏磁通所对应的电感（H）。

设在图 9-15 中每相方波电流的峰值为 $I_p$，梯形波电动势的峰值为 $E_p$，在非换相情况下，同时只有两相导通，从逆变器直流侧看进去，为两相绕组串联，则电磁功率为 $P_m = 2E_pI_p$。电磁转矩为

$$T_e = \frac{P_m}{\omega_m} = \frac{P_m}{\omega/n_p} = \frac{2n_p E_p I_p}{\omega} = 2n_p \psi_p I_p \tag{9-22}$$

式中：$\psi_p$ 为梯形波励磁磁链的峰值；$\omega_m$ 为电源角频率；$\omega$ 为电动机转子旋转角速度。

由式(9-22)可知，永磁无刷直流电动机的转矩与电流 $I_p$ 成正比，与常规直流电动机相当。这样，其控制系统也和直流调速系统一样，当要求不高时，可采用开环调速，对于动态性能要求较高的负载，可采用电流转速双闭环控制系统。无论开环还是闭环，都必须检测转子位置，并根据转子位置发出换相信号，使变频器输出与电动势严格同相的 120°方波电压，而通过对 120°方波电压的 PWM 调制控制方波电流的幅值，进而控制永磁无刷直流电动机的电磁转矩。

不考虑换相过程及 PWM 调制等因素的影响，当图 9-16 中的 $V_{T1}$ 和 $V_{T6}$ 导通时，A、B 两相导通，而 C 相关断，则 $i_A = -i_B = I_p$，$i_C = 0$，且 $e_A = -e_B = E_p$，由式(9-21)可知永磁无刷直流电动机的电压方程为

$$u_A - u_B = 2R_s I_p + 2L_\sigma \frac{dI_p}{dt} + 2E_p \tag{9-23}$$

其中，$u_A - u_B$ 是 A、B 两相之间输入的平均线电压，采用 PWM 控制时，设占空比为 $\rho$，则 $u_A - u_B = \rho U_d$，于是，式(9-23)可改写为

$$2R_s I_p + 2L_\sigma \frac{dI_p}{dt} = \rho U_d - 2E_p \tag{9-24}$$

或写成状态方程：

$$\frac{dI_p}{dt} = -\frac{1}{T_1} I_p - \frac{E_p}{L_\sigma} + \frac{\rho U_d}{2L_\sigma} \tag{9-25}$$

式中：电枢漏磁时间常数 $T_1 = \dfrac{L_\sigma}{R_s}$。

其他五种工作状态均与此相同。

根据电机和电力拖动系统基本理论，可知

$$\begin{cases} E_p = k_e \omega \\[2mm] T_e = \dfrac{n_p}{\omega} 2E_p I_p = 2n_p k_e I_p \\[2mm] \dfrac{d\omega}{dt} = \dfrac{n_p}{J}(T_e - T_L) \end{cases} \tag{9-26}$$

式中 $k_e$ 为电动势常数。

由式(9-25)与式(9-26)，可以得到永磁无刷直流电动机的状态方程

$$\begin{cases} \dfrac{d\omega}{dt} = \dfrac{n_p^2}{J} 2k_e I_p - \dfrac{n_p}{J} T_L \\[2mm] \dfrac{dI_p}{dt} = -\dfrac{1}{T_1} I_p - \dfrac{k_e \omega}{L_\sigma} + \dfrac{\rho U_d}{2L_\sigma} \end{cases} \tag{9-27}$$

永磁无刷直流电动机的动态结构图如图 9-19 所示。

实际上，换相过程中电流和转矩的变化、关断相电动势所引起的电流、PWM 调压对电流和转矩的影响等都是动态模型产生时变和非线性的因素，其后果是造成转矩和转速的脉动，严重时会使电动机无法正常运行，必须设法予以抑制或消除。

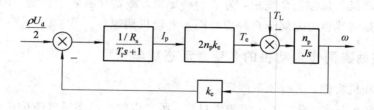

图 9-19　永磁无刷直流电动机的动态结构图

　　永磁无刷直流电动机调速系统如图 9-20 所示,图 9-21 所示为永磁无刷直流电动机调速系统结构图,其中 ASR 和 ACR 均为带有积分和输出限幅的 PI 调节器,调节器可参照直流调速系统的方法设计。

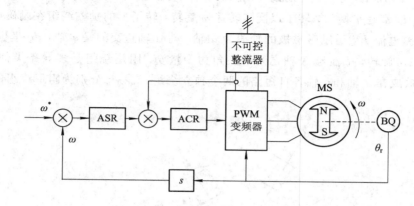

图 9-20　永磁无刷直流电动机调速系统(与直流电动机对比)

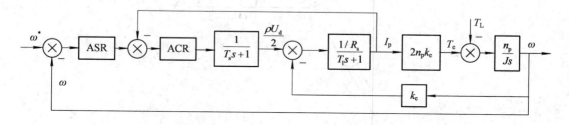

图 9-21　永磁无刷直流电动机调速系统结构图

## 9.4　可控励磁同步电动机高性能调速控制系统

　　前面介绍的他控变频调速和永磁无刷直流电动机的调速系统,为了获得高动态性能,应从同步电动机的动态模型出发,研究同步电动机的调速系统。同步电动机调速系统的基本原理和异步电动机相似,即通过坐标变换,把同步电动机等效成直流电动机,再模仿直流电动机的控制方法进行控制。同步电动机的定子绕组与异步电动机的相同,主要差异在转子部分,转子为直流励磁或永磁体,为了解决启动问题和抑制失步现象,有些同步电动机的转子侧带有阻尼绕组。

在同步电动机矢量控制系统中，为了准确定向，需要检测转子位置。因此，同步电动机矢量控制变频调速也可归属于自控变频同步电动机调速。

### 9.4.1 可控励磁同步电动机的多变量动态数学模型

与异步电动机类似，进行如下假定：

(1) 忽略空间谐波，设定子三相绕组对称，所产生的磁动势沿气隙按正弦规律分布；

(2) 忽略磁路饱和，各绕组的自感和互感都是恒定的；

(3) 忽略铁芯损耗；

(4) 不考虑频率变化和温度变化对绕组电阻的影响。

如图 9-22 所示，定子三相绕组轴线 A、B、C 是静止的，三相电压 $u_A$、$u_B$、$u_C$ 和三相电流 $i_A$、$i_B$、$i_C$ 都是平衡的，转子以同步转速 $\omega$ 旋转，转子上的励磁绕组在励磁电压 $U_f$ 供电下流过励磁电流 $I_f$。沿励磁磁极的轴线为 $d$ 轴，与 $d$ 轴正交的是 $q$ 轴，$dq$ 坐标在空间也以同步转速 $\omega_1$ 旋转，$d$ 轴与 A 轴之间的夹角为变量 $\theta_r$。阻尼绕组是多导条类似鼠笼的绕组，把它等效成在 $d$ 轴和 $q$ 轴各自短路的两个独立绕组，$i_{rd}$、$i_{rq}$ 分别为阻尼绕组的 $d$ 轴和 $q$ 轴电流。

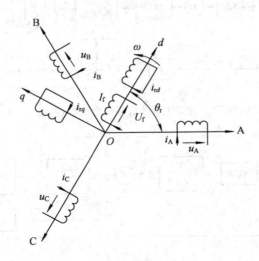

图 9-22　带有阻尼绕组的同步电动机物理模型

考虑同步电动机的凸极效应、阻尼绕组和定子电阻与漏抗，动态电压方程式可写成

$$\begin{cases} u_A = R_s i_A + \dfrac{\mathrm{d}\psi_A}{\mathrm{d}t} \\[2mm] u_B = R_s i_B + \dfrac{\mathrm{d}\psi_B}{\mathrm{d}t} \\[2mm] u_C = R_s I_C + \dfrac{\mathrm{d}\psi_C}{\mathrm{d}t} \end{cases} \qquad (9-28)$$

式中：$R_s$ 为定子电阻，$\psi_A$、$\psi_B$、$\psi_C$ 为三相定子磁链。

转子电压方程为

$$\begin{cases} U_{\mathrm{f}} = R_{\mathrm{f}} I_{\mathrm{f}} + \dfrac{\mathrm{d}\psi_{\mathrm{f}}}{\mathrm{d}t} \\[2mm] 0 = R_{rd} i_{rd} + \dfrac{\mathrm{d}\psi_{rd}}{\mathrm{d}t} \\[2mm] 0 = R_{rq} i_{rq} + \dfrac{\mathrm{d}\psi_{rq}}{\mathrm{d}t} \end{cases} \qquad (9-29)$$

转子电压方程中第一个方程是励磁绕组直流电压方程，$R_{\mathrm{f}}$ 为励磁绕组电阻，永磁同步电动机无此方程，最后两个方程是阻尼绕组的等效电压方程，$R_{rd}$、$R_{rq}$ 为阻尼绕组的 $d$ 轴和 $q$ 轴电阻。

采用"基于 $X_{\mathrm{ad}}$ 的标幺值表示"，为了简化省去标幺值的"$*$"号上标。按照坐标变换原理，将 ABC 坐标系变换到 $dq$ 同步旋转坐标系，则三个定子电压方程变换成两个方程：

$$\begin{cases} u_{sd} = R_{\mathrm{s}} i_{sd} + \dfrac{\mathrm{d}\psi_{sd}}{\mathrm{d}t} - \omega\psi_{sq} \\[2mm] u_{sq} = R_{\mathrm{s}} i_{sq} + \dfrac{\mathrm{d}\psi_{sq}}{\mathrm{d}t} + \omega\psi_{sd} \end{cases} \qquad (9-30)$$

由式(9-30)可以看出，从三相静止坐标系变换到两相旋转坐标系以后，$dq$ 轴的电压方程等号右侧由电阻压降、脉变电动势和旋转电动势三项构成，其物理意义与异步电动机中相同。

在两相同步旋转 $dq$ 坐标系上的磁链方程为

$$\begin{cases} \psi_{sd} = L_{sd} i_{sd} + L_{md} I_{\mathrm{f}} + L_{md} i_{rd} \\[1mm] \psi_{sq} = L_{sq} i_{sq} + L_{mq} i_{rq} \\[1mm] \psi_{\mathrm{f}} = L_{md} i_{sd} + L_{\mathrm{f}} I_{\mathrm{f}} + L_{md} i_{rd} \\[1mm] \psi_{rd} = L_{md} i_{sd} + L_{md} I_{\mathrm{f}} + L_{rd} i_{rd} \\[1mm] \psi_{rq} = L_{mq} i_{sq} + L_{rq} i_{rq} \end{cases} \qquad (9-31)$$

式中：$L_{sd}$ 为等效两相定子绕组 $d$ 轴自感，$L_{sd}=L_{\mathrm{ls}}+L_{md}$，$L_{\mathrm{ls}}$ 为等效两相定子绕组漏感，$L_{md}$ 为 $d$ 轴定子与转子绕组间的互感，相当于同步电动机原理中的 $d$ 轴电枢反应电感；$L_{sq}$ 为等效两相定子绕组 $q$ 轴自感，$L_{sq}=L_{\mathrm{ls}}+L_{mq}$，$L_{mq}$ 为 $q$ 轴定子与转子绕组间的互感，相当于 $q$ 轴电枢反应电感；$L_{\mathrm{f}}$ 为励磁绕组自感，$L_{\mathrm{f}}=L_{\mathrm{lf}}+L_{md}$，$L_{\mathrm{lf}}$ 为励磁绕组漏感；$L_{rd}$ 为 $d$ 轴阻尼绕组自感，$L_{rd}=L_{\mathrm{lrd}}+L_{md}$，$L_{\mathrm{lrd}}$ 为 $d$ 轴阻尼绕组漏感；$L_{rq}$ 为 $q$ 轴阻尼绕组自感，$L_{rq}=L_{\mathrm{lrq}}+L_{mq}$，$L_{\mathrm{lrq}}$ 为 $q$ 轴阻尼绕组漏感。

由于有凸极效应，在 $d$ 轴和 $q$ 轴上的电感是不一样的。另外，由于阻尼绕组沿转子表面不对成分布，阻尼绕组 $d$ 轴和 $q$ 轴的等效电阻和漏感是也不同。

同步电动机在 $dq$ 坐标系上的转矩和运动方程分别为

$$T_{\mathrm{e}} = n_{\mathrm{p}}(\psi_{sd} i_{sq} - \psi_{sq} i_{sd}) \qquad (9-32)$$

$$\frac{\mathrm{d}\omega}{\mathrm{d}t} = \frac{n_{\mathrm{p}}}{J}(T_{\mathrm{e}} - T_{\mathrm{L}}) = \frac{n_{\mathrm{p}}^2}{J}(\psi_{sd} i_{sq} - \psi_{sq} i_{sd}) - \frac{n_{\mathrm{p}}}{K} T_{\mathrm{L}} \qquad (9-33)$$

把式(9-31)中的 $\psi_{sd}$ 和 $\psi_{sq}$ 表达式代入式(9-32)的转矩方程并整理后得

$$T_{\mathrm{e}} = n_{\mathrm{p}} L_{md} I_{\mathrm{f}} i_{sq} + n_{\mathrm{p}}(L_{sd} - L_{sq}) i_{sd} i_{sq} + n_{\mathrm{p}}(L_{md} i_{rd} i_{sq} - L_{mq} i_{rq} i_{sd}) \qquad (9-34)$$

观察式(9-34)各项，不难看出每一项转矩的物理意义。第一项 $n_{\mathrm{p}} L_{md} I_{\mathrm{f}} i_{sq}$ 是转子励磁磁动势和定子电枢反应磁动势转矩分量相互作用所产生的转矩，是同步电动机主要的电磁转矩。第二项 $n_p(L_{sd}-L_{sq})i_{sd}i_{sq}$ 是由凸极效应造成的磁阻变化在电枢反应磁动势作用下产生的转矩，称作反应转矩或磁阻转矩，这是凸极电动机特有的转矩；在隐极电动机中，$L_{sd}=L_{sq}$，该项为零。第三项 $n_p(L_{md}i_{rd}i_{sq}-L_{mq}i_{rq}i_{sd})$ 是电枢反应磁动势与阻尼绕组磁动势相互作用的转矩，如果没有阻尼绕组，或者在稳态运行时阻尼绕组中没有感应电流，该项都是零，只有在动态中，产生阻尼电流，才有阻尼转矩，帮助同步电动机尽快达到新的稳态。

对式(9-31)求导后，代入式(9-29)和式(9-30)，整理后可得同步电动机的电压矩阵方程式：

$$
\begin{bmatrix} u_{sd} \\ u_{sq} \\ U_f \\ 0 \\ 0 \end{bmatrix} = \begin{bmatrix} R_s & -\omega L_{sq} & 0 & 0 & -\omega L_{mq} \\ \omega L_{sd} & R_s & \omega L_{md} & \omega L_{md} & 0 \\ 0 & 0 & R_f & 0 & 0 \\ 0 & 0 & 0 & R_{rd} & 0 \\ 0 & 0 & 0 & 0 & R_{rq} \end{bmatrix} \begin{bmatrix} i_{sd} \\ i_{sq} \\ I_f \\ i_{rd} \\ i_{rq} \end{bmatrix} + \begin{bmatrix} L_{sd} & 0 & L_{md} & L_{md} & 0 \\ 0 & L_{sq} & 0 & 0 & L_{mq} \\ L_{md} & 0 & L_f & L_{md} & 0 \\ L_{md} & 0 & L_{md} & L_{rd} & 0 \\ 0 & L_{mq} & 0 & 0 & L_{rq} \end{bmatrix} \frac{d}{dt} \begin{bmatrix} i_{sd} \\ i_{sq} \\ I_f \\ i_{rd} \\ i_{rq} \end{bmatrix}
$$

$$(9-35)$$

相应的运动方程为

$$\frac{d\omega}{dt} = \frac{n_p}{J}(T_e - T_L) = \frac{n_p^2}{J}[L_{md}I_f i_{sq} + (L_{sd}-L_{sq})i_{sd}i_{sq} + (L_{md}i_{rd}i_{sq} - L_{mq}i_{rq}i_{sd})] - \frac{n_p}{J}T_L$$

$$(9-36)$$

式(9-35)和式(9-36)是带有阻尼绕组的凸极同步电动机动态数学模型。与鼠笼形异步电动机相比，励磁绕组的存在，增加了状态变量的维数，提高了微分方程的阶次，而且凸极效应使得 $d$ 轴和 $q$ 轴参数不等，增加了动态数学模型的复杂性。

隐极同步电动机的 $dq$ 轴对称，故有 $L_{sd}=L_{sq}=L_s$，$L_{md}=L_{mq}=L_m$，忽略阻尼绕组的作用，则隐极同步电动机的动态数学模型为

$$
\begin{bmatrix} u_{sd} \\ u_{sq} \\ U_f \end{bmatrix} = \begin{bmatrix} R_s & -\omega L_s & 0 \\ \omega L_s & R_s & \omega L_m \\ 0 & 0 & R_f \end{bmatrix} \begin{bmatrix} i_{sd} \\ i_{sq} \\ I_f \end{bmatrix} + \begin{bmatrix} L_s & 0 & L_m \\ 0 & L_s & 0 \\ L_m & 0 & L_f \end{bmatrix} \frac{d}{dt} \begin{bmatrix} i_{sd} \\ i_{sq} \\ I_f \end{bmatrix}
\tag{9-37}
$$

$$\frac{d\omega}{dt} = \frac{n_p}{J}(T_e - T_L) = \frac{n_p^2}{J}L_m I_f i_{sq} - \frac{n_p}{J}T_L \tag{9-38}$$

以 $\omega$、$i_{sd}$、$i_{sq}$、$I_f$ 为状态变量，$u_{sd}$、$u_{sq}$、$U_f$ 为输入变量，$T_L$ 为扰动输入，忽略阻尼绕组的作用时，隐极同步电动机的状态方程为

$$
\begin{cases}
\dfrac{d\omega}{dt} = \dfrac{n_p}{J}(T_e - T_L) = \dfrac{n_p^2}{J}L_m I_f i_{sq} - \dfrac{n_p}{J}T_L \\[2mm]
\dfrac{di_{sd}}{dt} = -\dfrac{R_s}{\sigma L_s}i_{sd} + \dfrac{1}{\sigma}\omega i_{sq} + \dfrac{L_m R_f}{\sigma L_s L_f}I_f + \dfrac{1}{\sigma L_s}u_{sd} - \dfrac{L_m}{\sigma L_s L_f}U_f \\[2mm]
\dfrac{di_{sq}}{dt} = -\omega i_{sd} - \dfrac{R_s}{L_s}i_{sq} - \dfrac{L_m \omega I_f}{L_s} + \dfrac{1}{L_s}u_{sq} \\[2mm]
\dfrac{dI_f}{dt} = \dfrac{L_m R_s}{\sigma L_s L_f}i_{sd} - \dfrac{L_m}{\sigma L_s}\omega i_{sq} - \dfrac{R_f}{\sigma L_f}I_f - \dfrac{L_m}{\sigma L_s L_f}u_{sd} + \dfrac{1}{\sigma L_f}U_f
\end{cases}
\tag{9-39}
$$

其中，漏磁系数 $\sigma = 1 - \dfrac{L_m^2}{L_s L_f}$。

由(9-39)式可知，同步电动机也是个非线性、强耦合的多变量系统，若考虑阻尼绕组

的作用和凸极效应时，动态数学模型更为复杂，与异步电动机相比，其非线性、强耦合的程度有过之而无不及。为了达到良好控制效果，同步电动机往往采用电流闭环控制的方式，实现对象的近似解耦。

## 9.4.2　可控励磁同步电动机按气隙磁链定向矢量控制系统

为了获得高动态性能，同步电动机变压变频调速系统也可以采用矢量控制，其基本原理和异步电动机矢量控制相似，也是通过坐标变换，把同步电动机等效成直流电动机，再模仿直流电动机的控制方法进行控制。但由于同步电动机的转子结构与异步电动机不同，其矢量坐标变换也有自己的特色。根据上述动态数学模型，可以求出矢量控制算法，得到相应的矢量控制系统。我们可以选择不同的磁链矢量作为定向坐标轴，如按气隙磁链定向、按定子磁链定向、按转子磁链定向、按阻尼磁链定向等。

现以可控励磁隐极同步电动机为例，论述按气隙磁链定向的矢量控制系统。正常运行时，希望保持同步电动机的气隙磁链恒定，因此采用按气隙磁链定向。忽略阻尼绕组的作用，在可控励磁同步电动机中，除转子直流励磁外，定子磁动势还产生电枢反应，直流励磁与电枢反应合起来产生气隙磁链。（注：定子磁连定向和气隙磁链定向的同步电动机功率因数高，可实现单位功率因数运行，负载增加时，定子电压幅值维持不变，有利于提高大容量同步电动机的利用率，减少变流器装置及减小变压器的容量）

同步电动机气隙磁链 $\psi_g$ 是指与定子和转子交链的主磁链，沿 $dq$ 轴分解得 $\psi_g$ 在 $dq$ 坐标系的表达式

$$\psi_{gd} = L_m i_{sd} + L_m I_f$$
$$\psi_{gq} = L_m i_{sq} \tag{9-40}$$

将定子磁链

$$\begin{cases} \psi_{sd} = L_{ls} i_{sd} + L_m i_{sd} + L_m I_f = L_{ls} i_{sd} + \psi_{gd} \\ \psi_{sq} = L_{ls} i_{sq} + L_m i_{sq} = L_{ls} i_{sq} + \psi_{gq} \end{cases} \tag{9-41}$$

代入 $dq$ 坐标系转矩方程(9-32)，得电磁转矩

$$T_e = n_p(\psi_{gd} i_{sq} - \psi_{gq} i_{sd}) \tag{9-42}$$

气隙磁链矢量可以用其幅值和角度来表示

$$\boldsymbol{\psi}_g = \psi_g e^{j\theta_g} = \sqrt{\psi_{gd}^2 + \psi_{gq}^2} \, e^{j\arctan\frac{\psi_{gq}}{\psi_{gd}}} \tag{9-43}$$

式中 $\theta_g$ 为气隙磁链矢量与 $d$ 轴的夹角。

在图 9-23 中，$\psi_g$ 是气隙磁链，$i_g$ 是忽略铁损时的等效励磁电流。定义 $mt$ 坐标系，使 $m$ 轴与气隙合成磁链矢量重合，$t$ 轴与 $m$ 轴正交。再将定子三相电流合成矢量 $\boldsymbol{i}_s$ 沿 $m$、$t$ 坐标分解为励磁分量 $i_{sm}$ 和转矩分量 $i_{st}$，同样将励磁电流矢量 $\boldsymbol{I}_f$ 分解为 $i_{fm}$、$i_{ft}$。

将定子三相电流合成矢量 $\boldsymbol{i}_s$ 和励磁电流矢量 $\boldsymbol{I}_f$ 沿 $m$、$t$ 轴分解为励磁分量和转矩分量，得到励磁分量和转矩分量在 $dq$ 坐标系中相应分量的关系为

$$\begin{bmatrix} i_{sm} \\ i_{st} \end{bmatrix} = \begin{bmatrix} \cos\theta_g & \sin\theta_g \\ -\sin\theta_g & \cos\theta_g \end{bmatrix} \begin{bmatrix} i_{sd} \\ i_{sq} \end{bmatrix} \tag{9-44}$$

$$\begin{bmatrix} i_{fm} \\ i_{ft} \end{bmatrix} = \begin{bmatrix} \cos\theta_g & \sin\theta_g \\ -\sin\theta_g & \cos\theta_g \end{bmatrix} \begin{bmatrix} I_f \\ 0 \end{bmatrix} \tag{9-45}$$

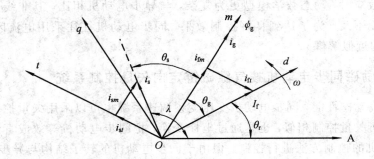

图 9-23 可控励磁同步电动机空间矢量图

按气隙磁链定向

$$\begin{bmatrix} \psi_{gm} \\ \psi_{gt} \end{bmatrix} = \begin{bmatrix} \cos\theta_g & \sin\theta_g \\ -\sin\theta_g & \cos\theta_g \end{bmatrix}\begin{bmatrix} \psi_{gd} \\ \psi_{gq} \end{bmatrix} = \begin{bmatrix} L_m i_{sm} + L_m i_{fm} \\ L_m i_{st} + L_m i_{ft} \end{bmatrix} = \begin{bmatrix} L_m i_g \\ 0 \end{bmatrix} \quad (9-46)$$

由此导出

$$\begin{cases} i_g = i_{sm} + i_{fm} \\ i_{st} = -i_{ft} \end{cases} \quad (9-47)$$

将坐标变换逆变换 $\begin{bmatrix} i_{sd} \\ i_{sq} \end{bmatrix} = \begin{bmatrix} \cos\theta_g & -\sin\theta_g \\ \sin\theta_g & \cos\theta_g \end{bmatrix}\begin{bmatrix} i_{sm} \\ i_{st} \end{bmatrix}$ 和 $\begin{bmatrix} \psi_{gd} \\ \psi_{gq} \end{bmatrix} = \begin{bmatrix} \cos\theta_g & -\sin\theta_g \\ \sin\theta_g & \cos\theta_g \end{bmatrix}\begin{bmatrix} \psi_{gm} \\ \psi_{gt} \end{bmatrix}$ 代

入式(9-42)，得到同步电动机的电磁转矩为

$$T_e = n_p \psi_{gm} i_{st} = -n_p \psi_{gm} i_{ft} \quad (9-48)$$

由式(9-48)知，按气隙磁链定向后，同步电动机的转矩公式与直流电动机转矩表达式相同。只要保持气隙磁链 $\psi_{gm}$ 恒定，控制定子电流的转矩分量 $i_{st}$ 就可以灵活方便地控制电磁转矩，问题是如何保证气隙磁链恒定和准确地按气隙磁链定向。

首先，如何保持气隙磁链恒定，由(9-46)式可知，要保证气隙磁链 $\psi_{gm}$ 恒定，只要使 $i_g = i_{sm} + i_{fm}$ 恒定即可，定子电流的励磁分量 $i_{sm}$ 可以从同步电动机期望的功率因数值求出。一般说来，希望功率因数 $\cos\varphi = 1$，即 $\theta_s = 90°$，也就是希望 $i_{sm} = 0$。因此，由期望功率因数确定的 $i_{sm}$ 可作为矢量控制系统的一个给定值。

其次，如何准确地按气隙磁链定向，由图 9-23 得

$$\begin{cases} i_s = \sqrt{i_{sm}^2 + i_{st}^2} \\ \theta_s = \arctan \dfrac{i_{st}}{i_{sm}} \\ I_f = \sqrt{i_{fm}^2 + i_{ft}^2} \\ \theta_g = \arctan \dfrac{-i_{ft}}{i_{fm}} = \arctan \dfrac{i_{st}}{i_{fm}} \end{cases} \quad (9-49)$$

考虑到 $\theta_g$ 逆时针为正，故上式中 $i_{ft}$ 前面取负号。

以 A 轴为参考坐标轴，则 $d$ 轴的位置角为 $\theta_r = \int \omega dt$，$\theta_r$ 可以通过电动机轴上的位置检测器 BQ 测得或通过转速 $\omega$ 积分得到。定子电流空间矢量 $i_s$ 与 A 轴的夹角 $\lambda$ 为

$$\lambda = \theta_r + \theta_g + \theta_s \quad (9-50)$$

因此，定子电流空间矢量 $i_s$ 与 A 轴夹角的期望值为

$$\lambda^* = \theta_r + \theta_g^* + \theta_s^* = \theta_r + \arctan\frac{i_{st}^*}{i_{fm}^*} + \arctan\frac{i_{st}^*}{i_{sm}^*} \tag{9-51}$$

若使功率因数 $\cos\varphi = 1$，$\theta_s = 90°$，则

$$\lambda^* = \theta_r + \theta_g^* + \theta_s^* = \theta_r + \arctan\frac{i_{st}^*}{i_{fm}^*} + \frac{\pi}{2} \tag{9-52}$$

由定子电流空间矢量的期望值 $i_s^*$ 和相位角的期望值 $\lambda^*$，可以求出三相定子电流给定值：

$$\begin{cases} i_A^* = i_s^* \cos\lambda^* \\[2mm] i_B^* = i_s^* \cos\left(\lambda^* - \dfrac{2\pi}{3}\right) \\[2mm] i_C^* = i_s^* \cos\left(\lambda^* + \dfrac{2\pi}{3}\right) \end{cases} \tag{9-53}$$

按照式（9-49）～式（9-53）构成同步电动机矢量运算器，如图 9-24 所示，用于控制同步电动机的定子电流和励磁电流，即可实现同步电动机的矢量控制。由于采用了电流计算，所以又称之为基于电流模型的同步电动机矢量控制系统。

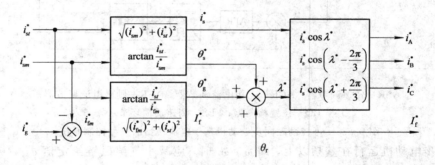

图 9-24　同步电动机矢量运算器

已知定子电流空间矢量 $i_s$ 与 A 轴的夹角为 $\lambda = \theta_r + \theta_g + \theta_s$，对 $\lambda$ 求导。将式（9-50）相应表达式代入，得定子电流空间矢量 $i_s$ 的旋转角速度为

$$\omega_{is} = \frac{d\lambda}{dt} = \frac{d\theta_r}{dt} + \frac{d\theta_g}{dt} + \frac{d\theta_s}{dt} = \omega + \frac{d\left(\arctan\dfrac{i_{st}}{i_{fm}}\right)}{dt} + \frac{d\left(\arctan\dfrac{i_{st}}{i_{sm}}\right)}{dt}$$

$$= \omega + \frac{i_{fm}}{i_{fm}^2 + i_{st}^2}\frac{di_{st}}{dt} - \frac{i_{st}}{i_{fm}^2 + i_{st}^2}\frac{di_{fm}}{dt} + \frac{i_{sm}}{i_{sm}^2 + i_{st}^2}\frac{di_{st}}{dt} - \frac{i_{st}}{i_{sm}^2 + i_{st}^2}\frac{di_{sm}}{dt} \tag{9-54}$$

而 $mt$ 坐标系旋转角速度为

$$\omega_1 = \frac{d\theta_r}{dt} + \frac{d\theta_g}{dt} = \omega + \frac{d\left(\arctan\dfrac{i_{st}}{i_{fm}}\right)}{dt} = \omega + \frac{i_{fm}}{i_{fm}^2 + i_{st}^2}\frac{di_{st}}{dt} - \frac{i_{st}}{i_{fm}^2 + i_{st}^2}\frac{di_{fm}}{dt} \tag{9-55}$$

式（9-54）和式（9-55）表明：在动态过程中，电流角频率 $\omega_i$ 和气隙磁链的角速度 $\omega_1$ 并不等于转子旋转角速度 $\omega$，即动态转差 $\Delta\omega \neq 0$，只有达到稳态时，三者才相等（$\omega_1 = \omega = \omega_i$），并达到同步状态。

　　于是，如图 9-25 所示，同步电动机矢量控制系统采用了和直流电动机调速系统相仿的双闭环控制结构。转速调节器 ASR 的输出是转矩给定信号 $T_e^*$，按照式(9-48)，$T_e^*$ 除以 $\psi_g^*$ 即得定子电流转矩分量的给定信号 $i_{st}^*$，$\psi_g^*$ 除以 $L_m$ 得到气隙磁链给定信号 $i_g^*$；另外，按功率因数要求还可得定子电流励磁分量给定信号 $i_{sm}^*$。将 $i_g^*$、$i_{st}^*$、$i_{sm}^*$ 和来自位置检测器 BQ 的 $d$ 轴位置角 $\theta_r$ 一起送入矢量运算器，计算出定子三相电流的给定信号 $i_A^*$、$i_B^*$、$i_C^*$ 和励磁电流给定信号 $I_f^*$。通过 ACR 和 AFR 实行电流闭环控制，可使实际电流 $i_A$、$i_B$、$i_C$ 以及 $I_f$ 跟随给定信号变化，以获得良好的动态性能。当负载变化时，及时调节定子电流和励磁电流，以保持同步电动机的气隙磁通、定子电动势及功率因数不变。

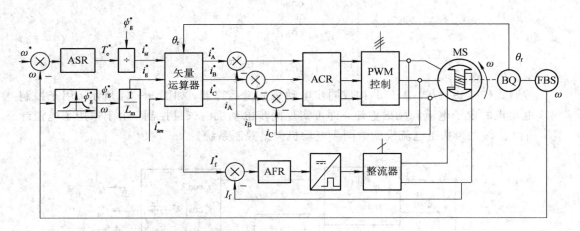

ASR—转速调节器；ACR—三相电流调节器；AFR—励磁电流调节器；
BQ—位置检测器；FBS—测速反馈环节
图 9-25　可控励磁同步电动机基于电流模型的矢量控制系统

　　当同步电动机运行在基频以上，即 $\omega > \omega_s$ 时，应减小气隙磁链给定值 $\psi_g^*$，从而使 $i_g^*$ 和 $I_f^*$ 减小，系统在弱磁状态，如图 9-25 所示。

　　上述的矢量控制系统只是在一系列假定条件下得到的近似结果。实际上，同步电动机常常是凸极的，其直轴($d$ 轴)和交轴($q$ 轴)磁路不同，因而电感值也不一样，而且转子中的阻尼绕组对系统性能有一定影响，定子绕组电阻及漏抗也有影响。考虑这些因素以后，实际系统矢量运算器的算法要比上述公式复杂得多，这时就需要考虑同步电动机在这些影响下的动态数学模型。对于凸极同步电动机除了 $i_{sm}=0$ 的控制外，还有最大转矩/电流控制、最大输出功率控制等其他控制方式。

### 9.4.3　可控励磁同步电动机直接转矩控制系统

　　与异步电动机控制类似，可控励磁同步电动机也可采用直接转矩控制。可控励磁隐极同步电动机的定子磁链为

$$\boldsymbol{\psi}_s = \psi_s e^{j\theta} = \sqrt{\psi_{sd}^2 + \psi_{sq}^2}\, e^{j\arctan\frac{\psi_{sq}}{\psi_{st}}} \qquad (9-56)$$

　　按定子磁链定向坐标系(仍称作 $mt$ 坐标系)，使 $m$ 轴与定子合成磁链矢量重合，$t$ 轴与 $m$ 轴正交，如图 9-26 所示。

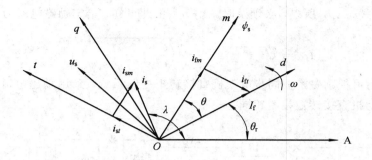

图 9-26　可控励磁隐极同步电动机空间矢量图

考虑按定子磁链定向，则

$$\begin{bmatrix} \psi_{sm} \\ \psi_{st} \end{bmatrix} = \begin{bmatrix} \cos\theta & \sin\theta \\ -\sin\theta & \cos\theta \end{bmatrix}\begin{bmatrix} \psi_{sd} \\ \psi_{sq} \end{bmatrix} = \begin{bmatrix} L_s i_{sm} + L_m i_{fm} \\ L_s i_{st} + L_m i_{ft} \end{bmatrix} = \begin{bmatrix} L_s i_{sm} + L_m i_{fm} \\ 0 \end{bmatrix} = \begin{bmatrix} \psi_s \\ 0 \end{bmatrix} \quad (9-57)$$

由此导出

$$i_{st} = -\frac{L_m}{L_s} i_{ft} \qquad (9-58)$$

将坐标变换式 $\begin{bmatrix} i_{sd} \\ i_{sq} \end{bmatrix} = \begin{bmatrix} \cos\theta & -\sin\theta \\ \sin\theta & \cos\theta \end{bmatrix}\begin{bmatrix} i_{sm} \\ i_{st} \end{bmatrix}$ 和 $\begin{bmatrix} \psi_{sd} \\ \psi_{sq} \end{bmatrix} = \begin{bmatrix} \cos\theta & -\sin\theta \\ \sin\theta & \cos\theta \end{bmatrix}\begin{bmatrix} \psi_s \\ 0 \end{bmatrix}$ 代入式

(9-32)，得同步电动机的电磁转矩为

$$T_e = n_p \psi_s i_{st} = -n_p \frac{L_m}{L_s} \psi_s i_{ft} \qquad (9-59)$$

按定子磁链定向坐标系（$mt$ 坐标系）的状态方程为

$$\begin{cases} \dfrac{d\omega}{dt} = \dfrac{n_p^2}{J} i_{st} \psi_s - \dfrac{n_p}{J} T_L \\[2mm] \dfrac{d\psi_s}{dt} = -R_s i_{sm} + u_{sm} \\[2mm] \dfrac{di_{sm}}{dt} = \dfrac{1}{\sigma L_s T_r}\psi_s - \dfrac{R_s L_r + R_r L_s}{\sigma L_s L_r} i_{sm} + (\omega_1 - \omega) i_{st} - \dfrac{L_m}{\sigma L_r L_s} u_{fm} + \dfrac{u_{sm}}{\sigma L_s} \\[2mm] \dfrac{di_{st}}{dt} = -\dfrac{1}{\sigma L_s}\omega\psi_s - \dfrac{R_s L_r + R_r L_s}{\sigma L_s L_r} i_{st} - (\omega_1 - \omega) i_{sm} - \dfrac{L_m}{\sigma L_r L_s} u_{ft} + \dfrac{u_{st}}{\sigma L_s} \end{cases} \quad (9-60)$$

坐标系旋转角速度为

$$\omega_1 = \frac{u_{st} - R_s i_{st}}{\psi_s} \qquad (9-61)$$

由式（9-60）和式（9-61）可知，定子电压空间矢量对磁链和转矩的控制作用与异步电动机相同，此处不再重述，着重讨论励磁电流的控制。

励磁电流为

$$I_f = \sqrt{i_{fm}^2 + i_{ft}^2} = \sqrt{i_{fm}^2 + i_{st}^2} \qquad (9-62)$$

在理想空载时，$T_e^* = 0$，$i_{st} = 0$，$I_f = i_{fm}$，$\psi_{sm} = L_s i_{sm} + L_m i_{fm}$，$i_{fm}$ 对定子磁链起主导作用，通过电压空间矢量的作用，对 $i_{sm}$ 进行适当调整，把定子磁链 $\psi_{sm}$ 限定在一定的范围内。当 $T_e^* \neq 0$，定子则施加合适的电压空间矢量，使得电磁转矩快速地跟随给定值，由于 $T_e =$

$n_p \psi_{sm} i_{st} = -n_p \dfrac{L_m}{L_s} \psi_{sm} i_{ft}$，所以，必须及时调整 $i_{ft}$。由此可知，给定励磁电流为

$$I_f^* = \sqrt{i_{fm}^{*2} + i_{ft}^{*2}} = \sqrt{\left(\dfrac{\psi_{sm}^*}{L_m}\right)^2 + \left(\dfrac{T_e^*}{n_p \psi_{sm}^*}\right)^2} \qquad (9-63)$$

图 9-27 为可控励磁隐极同步电动机直接转矩控制系统，采用励磁电流 $I_f$ 闭环控制，其他与异步电动机直接转矩控制相同。

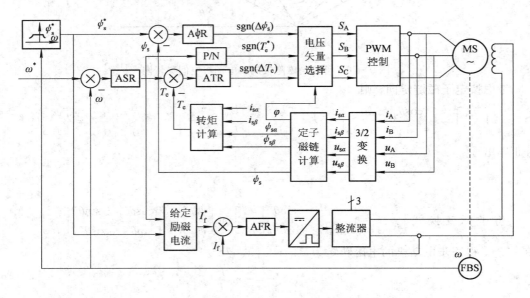

图 9-27  可控励磁隐极同步电动机直接转矩控制系统

## 9.5  正弦波永磁同步电动机高性能调速控制系统

正弦波永磁同步电动机(PMSM)具有定子三相分布绕组和永磁转子，在磁路结构和绕组分布上保证定子绕组中的感应电动势波形为正弦波，外施的定子电压和电流也应为正弦波，一般靠交流 PWM 变压变频器提供。在电动机轴上安装转子位置检测器，能检测出磁极位置和转子相对于定子的绝对位置，因此须采用分辨率较高的光电编码器或旋转变压器，用以控制变压变频器电流的频率和相位，使定子和转子磁动势保持确定的相位关系，从而产生恒定的转矩。

分析正弦波永磁同步电动机最常用的方法就是 $dq$ 数学模型，它不仅可以分析正弦波永磁同步电动机的稳态运行性能，也可以分析电动机的瞬态性能。

在建立数学模型之前，先进行如下假设：

(1) 忽略定子、转子铁芯磁阻，不计涡流和磁滞损耗；

(2) 永磁材料的电导率为零，永磁体内部的磁导率与空气相同；

(3) 转子上没有阻尼绕组；

(4) 永磁体产生的励磁磁场和三相绕组产生的电枢反应磁场在气隙中均为正弦分布；

(5) PWM 变压变频器供电，相绕组中感应电动势波形为正弦波。

永磁同步电动机具有幅值恒定，方向随转子位置变化（位于 $d$ 轴）的转子磁动势 $F_r$，图 9-28 所示为永磁同步电动机物理模型。

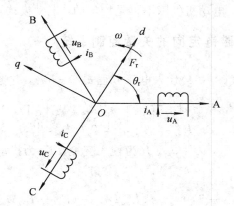

图 9-28　永磁同步电动机物理模型

假设转子由一般导磁材料构成，转子带有一个虚拟的励磁绕组，并通以虚拟的励磁电流 $I_f$，产生的转子磁动势与永磁同步电动机的转子磁动势 $F_r$ 相等，$L_f$ 为虚拟励磁绕阻的等效电感。永磁同步电动机可以与一般的电励磁同步电动机等效，唯一的差别是虚拟励磁电流 $I_f$ 恒定，即 $I_f$ 为常数，且 $\dfrac{\mathrm{d}I_f}{\mathrm{d}t}=0$，相当于虚拟励磁绕组由恒定的电流源供电。

## 9.5.1　PMSM 的 $dq$ 坐标系数学模型

从图 9-28 中可以得出 PMSM 的定子电压方程如式（9-28）所示。由于永磁同步电动机无励磁绕组，转子电压方程为式（9-29）的后两个等式。

按照坐标变换原理，将定子电压方程从 ABC 三相坐标系变换到 $dq$ 两相旋转坐标系。考虑凸极效应时，在转子坐标系（$dq$ 坐标系）中的永磁同步电动机定子磁链方程为

$$\begin{cases} \psi_{sd} = L_{sd}i_{sd} + L_{md}I_f \\ \psi_{sq} = L_{sq}i_{sq} \\ \psi_f = L_{md}i_{sd} + L_f I_f \end{cases} \tag{9-64}$$

由于定子绕组与电励磁同步电动机相同，故在 $dq$ 坐标系下定子电压方程式（9-30）也适用于 PMSM 定子电压方程，现重写如下：

$$\begin{cases} u_{sd} = R_s i_{sd} + \dfrac{\mathrm{d}\psi_{st}}{\mathrm{d}t} - \omega\psi_{sq} \\ u_{sq} = R_s i_{sq} + \dfrac{\mathrm{d}\psi_{sq}}{\mathrm{d}t} + \omega\psi_{sd} \end{cases} \tag{9-65}$$

转矩方程为

$$T_e = n_p(\psi_{sd}i_{sq} - \psi_{sq}i_{sd}) = n_p[L_{md}I_f i_{sq} + (L_{sd} - L_{sq})i_{sd}i_{sq}] \tag{9-66}$$

转矩方程中第二项称为磁阻转矩，是由于 $d$、$q$ 轴磁阻不同而产生的。对于如图 9-9（a）的 SPMSM，永磁体被粘在转子的表面，由于永磁体内部磁导率很小，接近于空气，可以将置于转子表面的永磁体等效为两个空心励磁线圈，电动机是非凸极的，$L_{md} = L_{mq} =$

$L_m$，$L_m$ 称为等效励磁电感，且有 $L_m = L_{mf}$。由于空气隙比较大，导致励磁电感比较小，因而电枢反应产生的影响也比较小。图 9-9(b) IPMSM 两个永磁体等效为两个空心励磁线圈，与 SPMSM 不同的是，电动机气隙不再是均匀的，电动模式下通常 $L_{md} > L_{mq}$。

## 9.5.2 PMSM 按转子磁链定向的矢量控制系统

将 PMSM 磁链方程式(9-64)代入电压方程式(9-65)，并考虑 $\dfrac{dI_f}{dt} = 0$ 得

$$\begin{bmatrix} u_{sd} \\ u_{sq} \end{bmatrix} = \begin{bmatrix} R_s & -\omega L_{sq} \\ \omega L_{sd} & R_s \end{bmatrix} \begin{bmatrix} i_{sd} \\ i_{sq} \end{bmatrix} + \begin{bmatrix} L_{sd} & 0 \\ 0 & L_{sq} \end{bmatrix} \frac{d}{dt} \begin{bmatrix} i_{sd} \\ i_{sq} \end{bmatrix} + \begin{bmatrix} 0 \\ \omega L_{md} \end{bmatrix} I_f \qquad (9-67)$$

以 $\omega$、$i_{sd}$、$i_{sq}$ 为状态变量，$u_{sd}$、$u_{sq}$、$I_f$ 为输入变量，$T_L$ 为扰动输入，则永磁同步电动机的状态方程为

$$\begin{cases} \dfrac{d\omega}{dt} = \dfrac{n_p}{J}(T_e - T_L) = \dfrac{n_p^2}{J}\left[L_{md}I_f i_{sq} + (L_{sd} - L_{sq})i_{sd}i_{sq}\right] - \dfrac{n_p}{J}T_L \\[2mm] \dfrac{di_{sd}}{dt} = -\dfrac{R_s}{L_{sd}}i_{sd} + \dfrac{L_{sq}}{L_{sd}}\omega i_{sq} + \dfrac{1}{L_{sd}}u_{sd} \\[2mm] \dfrac{di_{sq}}{dt} = -\dfrac{L_{sd}}{L_{sq}}\omega i_{sd} - \dfrac{R_s}{L_{sq}}i_{sq} - \dfrac{L_{md}}{L_{sq}}\omega I_f + \dfrac{1}{L_{sq}}u_{sq} \end{cases} \qquad (9-68)$$

与电励磁的同步电动机相比较，永磁同步电动机的数学模型阶次低，非线性强耦合程度有所减弱。永磁同步电动机常采用按转子磁链定向控制，由磁链方程式(9-64)可得

$$I_f = \frac{\psi_f - L_{md}i_{sd}}{L_f} \qquad (9-69)$$

将式(9-69)代入转矩方程式(9-66)，得

$$T_e = n_p\left[\frac{L_{md}}{L_f}\psi_f i_{sq} - \frac{L_{md}^2}{L_f}i_{sd}i_{sq} + (L_{sd} - L_{sq})i_{sd}i_{sq}\right] \qquad (9-70)$$

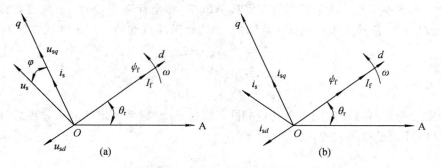

图 9-29　永磁同步电动机转子磁链定向空间矢量图

(a) $I_{sd} = 0$，恒转矩调速；(b) $i_{sd} < 0$，弱磁恒功率调速

在基频以下的恒转矩工作区中，控制定子电流矢量使之落在 $q$ 轴上，即令 $i_{sd} = 0$，$i_{sq} = i_s$，图 9-29(a)是 PMSM 按转子磁链定向并使 $i_{sd} = 0$ 时空间矢量图。此时的磁链方程为

$$\begin{cases} \psi_{sd} = L_{md}I_f \\ \psi_{sq} = L_{sq}I_s \\ \psi_f = L_f I_f \end{cases} \qquad (9-71)$$

电磁转矩方程为

$$T_e = n_p \frac{L_{md}}{L_f} \psi_f i_s \qquad (9-72)$$

由于磁链 $\psi_f$ 恒定，电磁转矩和定子电流的幅值成正比，控制定子电流幅值就能够很好地控制电磁转矩，这和直流电动机完全一样。关键是要准确地检测出转子 $d$ 轴的空间位置，控制逆变器三相定子的合成电流矢量使之位于 $q$ 轴（领先于 $d$ 轴 90°），这比异步电动机矢量控制简单得多。

由图 9-29(a)的空间矢量图可知，三相电流给定值为

$$\begin{cases} i_A^* = i_s^* \cos\left(\frac{\pi}{2}+\theta_r\right) = -i_s^* \sin\theta_r \\ i_B^* = i_s^* \cos\left(\frac{\pi}{2}+\theta_r-\frac{2\pi}{3}\right) = -i_s^* \sin\left(\theta_r-\frac{2\pi}{3}\right) \\ i_C^* = i_s^* \cos\left(\frac{\pi}{2}+\theta_r+\frac{2\pi}{3}\right) = -i_s^* \sin\left(\theta_r+\frac{2\pi}{3}\right) \end{cases} \qquad (9-73)$$

式中，$\theta_r$ 是旋转的 $d$ 轴与静止的 A 轴之间的夹角，由转子位置检测器测出。电流给定值 $i_s^*$ 经过正弦调制后，得三相电流给定值 $i_A^*$、$i_B^*$、$i_C^*$，相应的矢量运算器如图 9-30 所示。经过三相电流闭环控制使实际电流快速跟随给定值，达到期望的控制效果。

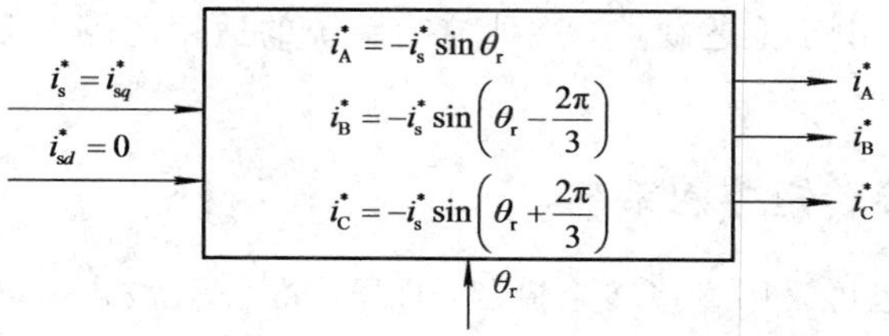

图 9-30　按转子磁链定向的永磁同步电动机矢量运算器

按转子磁链定向并使 $i_d=0$ 的正弦波永磁同步电动机自控变频调速系统原理框图示于图 9-31。和直流电动机调速系统一样，转速调节器 ASR 的输出正比于电磁转矩的定子电流给定值。

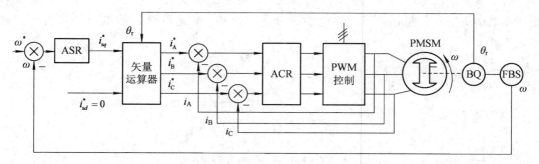

图 9-31　按转子磁链定向的正弦波永磁同步电动机矢量控制系统

系统到达稳态时，电压方程为

$$\begin{cases} u_{sd} = -\omega\psi_{sq} = -\omega L_{sq} i_s \\ u_{sq} = R_s i_{sq} + \omega\psi_{sd} = R_s i_{sq} + \omega L_{md} I_f \end{cases} \qquad (9-74)$$

由式(9-71)和式(9-74)可知，当负载增加时，定子电流 $i_s$ 增大，使定子磁链和反电动势加大，迫使定子电压升高。定子电压矢量和电流矢量的夹角 $\varphi$ 也会增大，造成功率因数降低。其空间矢量如图9-29(a)所示。

如果需要基频以上的弱磁调速，最简单的办法是利用电枢反应削弱励磁，使定子电流的直轴分量 $i_d<0$，其励磁方向与转子磁动势 $F_r$ 相反，起去磁作用，这时的矢量图如图9-29(b)所示，图9-30所示的矢量运算器也发生相应变化。但是，由于稀土永磁材料的磁导率与空气相当，磁阻很大，相当于定转子间有很大的等效气隙，利用电枢反应削弱励磁的方法需要较大的定子电流直轴去磁分量，因此常规的正弦波永磁同步电动机在弱磁恒功率区运行的效果很差，只有在短期运行时才可以接受。如果要长期弱磁工作，必须采用特殊的削弱励磁方法，这是永磁同步电动机设计的专门问题。

在按转子磁链定向并使 $i_{sd}=0$ 的正弦波永磁同步电动机自控变频调速系统中，定子电流与转子永磁磁通互相独立，控制系统简单，转矩恒定性好，脉动小，可以获得很宽的调速范围，适用于高性能要求的数控机床、机器人等场合。但是，它的缺点是：① 当负载增加时，定子电流增大，使气隙磁链和定子反电动势都加大，迫使定子电压升高，为了保证足够的电源电压，电控装置须有足够的容量，而有效利用率却不大；② 负载增加时，定子电压矢量和电流矢量的夹角也会增大，造成功率因数降低；③ 在常规情况下，弱磁恒功率的长期运行范围不大。由于上述缺点，这种控制系统的适用范围有限，这是当前研究工作需要解决的问题。

### 9.5.3　PMSM 直接转矩控制系统

永磁同步电动机也可采用直接转矩控制，以下分析正弦波永磁同步电动机的直接转矩控制系统。

正弦波永磁同步电动机转子磁动势为 $F_r$，虚拟励磁电流为 $I_f$，虚拟励磁绕组的等效电感为 $L_f$。PMSM 的状态方程如式(9-68)所示，转矩方程如式(9-66)所示，其主导转矩为

$$T_e = n_p L_{md} I_f i_{sq} \tag{9-75}$$

由于虚拟励磁电流 $I_f$ 为常数，无法改变，只能通过 $i_{sq}$ 控制转矩。图9-32为正弦波永磁同步电动机空间矢量图，与异步电动机分析方法相同，选取合适的电压矢量就可控制转矩。

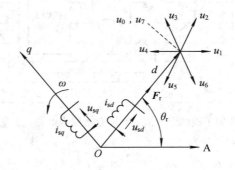

图9-32　正弦波永磁同步电动机空间矢量图

正弦波永磁同步电动机直接转矩控制系统如图9-33所示，定子磁链计算与异步电动机相同，依据式(9-66)计算电磁转矩，控制部分与异步电动机直接转矩控制相同。

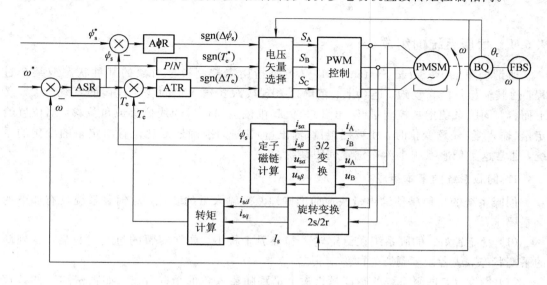

图9-33　正弦波永磁同步电动机直接转矩控制系统

从式(9-66)可以看出，正弦波永磁同步电动机转矩由两部分组成，第一部分为电磁转矩，它由交轴电枢反应产生；第二部分为凸极结构产生的磁阻转矩，磁阻转矩为负值。可见，转矩的大小跟磁链幅值、转矩角以及凸极有关。为了获得大的转矩输出和电动机过载，尽可能选取大的给定磁链幅值。但随着给定定子磁链幅值增加，电磁转矩却不会增加。在一定电动机参数的前提下，当$L_{sq}=3(L_{sq}-L_{sd})$和$L_{sq}=2(L_{sq}-L_{sd})$时，不同转矩角对应的转矩曲线分别如图9-34(a)、(b)所示。

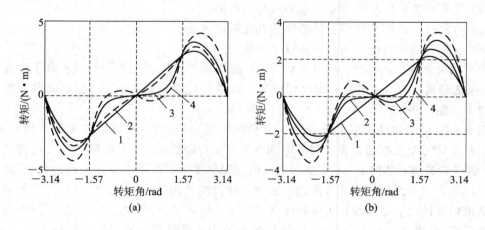

图9-34　不同转矩角对应的转矩曲线

其中曲线1、曲线2、曲线3、曲线4是给定定子磁链幅值分别为$\psi_r$、$2\psi_r$、$3\psi_r$、$4\psi_r$时，负载角为$-\pi\sim\pi$变化时对应的转矩曲线图。

# 9.6 交流伺服系统

## 9.6.1 伺服系统的组成

所谓伺服系统(Servo-System)，广义上是指用来控制被控对象的某种状态或某个过程，使其输出量能自动地、连续地、精确地复现或跟随输入量的变化规律的系统。从狭义上而言，伺服系统指被控制量(输出量)是负载机械空间位置的线位移或角位移，当位置给定量(输入量)任意变化时，使被控制量(输出量)快速、准确地复现位置给定量的变化的系统，通常这类伺服系统也称作位置伺服系统。

### 1. 伺服系统的基本组成

伺服系统的功能是使输出量快速而准确地复现输入量的变化，对伺服系统具有如下的基本要求：

(1) 稳定性好。伺服系统在给定输入和外界干扰下，能在短暂的过渡过程后，达到新的平衡状态，或者恢复到原先的平衡状态。

(2) 精度高。伺服系统的精度是指输出量跟随输入量的精确程度，如精密加工的数控机床，要求很高的定位精度。

(3) 动态响应快。动态响应是伺服系统重要的动态性能指标，要求系统对给定的跟随速度足够快、超调小，甚至要求无超调。

(4) 抗扰动能力强。在各种扰动作用时，伺服系统输出动态变化小，恢复时间快，振荡次数少，甚至要求无振荡。

根据上述基本要求，伺服系统应具备以下的基本特征：

(1) 必须具备高精度的传感器，能准确地给出输出量的电信号。

(2) 功率放大器以及控制系统都必须是可逆的。

(3) 有足够大的调速范围及足够强的低速带载性能。

(4) 有快速的响应能力和较强的抗干扰能力。

伺服系统由伺服电动机、伺服驱动器、控制器和传感器四大部分组成。除了位置传感器外，可能还需要电压、电流和速度传感器。本章只对伺服电动机、伺服驱动器和控制器进行简要介绍。

图 9-35(a)所示的伺服系统采用开环控制方式，这样的伺服系统称为开环伺服系统。开环伺服系统完全根据指令驱动伺服电动机和机械传动机构，不对实际的位置进行反馈控制，无需位置检测，结构简单、成本较低，但控制精度主要取决于步进电机的角位移精度、齿轮丝杠等传动元件的导程或节距精度以及系统的摩擦阻尼特性。将位置检测装置装在伺服电动机轴或传动装置末端，间接测量移动部件位移来进行位置反馈的伺服系统称为半闭环伺服系统(见图 9-35(b))。在半闭环伺服系统中，编码器和伺服电动机作为一个整体，编码器完成角位移检测和速度检测，用户无需考虑位置检测装置的安装问题。这种形式的半闭环伺服系统在机电一体化设备上得到了广泛的应用。将位置检测装置装在移动部件上，直接测量移动部件的实际位移来进行位置反馈的伺服系统称为全闭环伺服系统(见图 9-35(c))。全闭环伺服系统可以消除机械传动机构的全部误差，而半闭环伺服系统只能补

偿部分误差,因此,半闭环伺服系统的精度比全闭环伺服系统的精度要低一些。由于采用了位置检测装置,所以,全闭环伺服系统的位置精度在其他因素确定之后,主要取决于位置检测装置的分辨率和精度。全闭环和半闭环伺服系统因为采用了位置检测装置,所以在结构上较开环伺服系统复杂。另外,由于机械传动机构部分或全部包含在系统之内,机械传动机构的固有频率、阻尼、间隙等将成为系统不稳定的因素,因此,全闭环和半闭环伺服系统的设计和调试都较开环伺服系统困难。

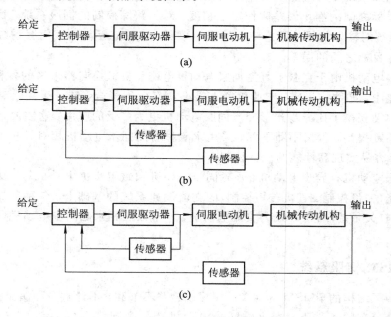

图 9 - 35　伺服系统结构示意图
(a) 开环伺服系统;(b) 半闭环伺服系统;(c) 全闭环伺服系统

1) 伺服电动机与伺服驱动器

伺服电动机是伺服系统的执行机构,在小功率伺服系统中多用永磁伺服电动机,如直流伺服电动机、直流无刷伺服电动机、永磁式交流伺服电动机。在大功率或较大功率情况下,伺服系统也可采用电励磁的直流或交流伺服电动机。

从电动机结构和数学模型来看,伺服电动机与调速电动机没有本质区别,一般来说,伺服电动机的转动惯量小于调速电动机,低速和零速带载性能优于调速电动机。

伺服驱动器主要起功率放大的作用,根据不同的伺服电动机,输出合适的电压或频率(对于交流伺服电动机),从而控制伺服电动机的转矩和转速,以满足伺服系统的要求。由于伺服电动机需要四象限运行,故伺服驱动器必须是可逆的。

2) 伺服系统的控制器

控制器是伺服系统的核心部件,由它实现伺服系统的控制规律。控制器应根据偏差信号,经过必要的控制算法,产生伺服驱动器的控制信号。与调速系统相同,伺服系统的控制器也经历了由模拟控制向计算机数字控制的发展过程。

由伺服系统的基本组成可以看出,伺服系统是一种与调速系统有着紧密联系但又有明显不同的系统。对于调速系统来说,希望有足够宽的调速范围、稳速精度高,且有平稳的启动、制动性能。调速系统的主要控制目标是使转速尽量不受负载变化、电源电压波动及环境温度等干扰因素的影响。对于伺服系统而言，一般是以足够的控制精度、轨迹跟踪精度和足够快的跟踪速度，以及保持能力（伺服刚度）来作为它的主要控制目标。伺服系统运行时要求能以一定的精度随时跟踪指令的变化，也就是说，伺服系统对跟随性能的要求要比普通的调速系统高而且严格很多。

伺服系统有定位控制和跟踪控制两大类，二者对控制精度都有明确的要求。对于定位控制的位置伺服系统，定位精度是评价位置伺服系统控制准确度的性能指标，系统最终定位点与指令目标之间的静止误差叫作定位精度。对于跟踪控制的伺服系统，稳态跟随误差定义为：当系统对输入信号的瞬态响应过程结束后，在稳态运行时，伺服系统执行机构实际位置与指令目标之间的误差。

交流伺服电动机由于克服了直流伺服电动机电刷和机械换向器带来的各种限制，因此在工厂自动化中，如数控机床、工业机器人等小功率应用场合，转子采用永磁材料的同步伺服电动机驱动获得了比异步笼形交流伺服电动机更为广泛的应用。这主要是因为现代永磁材料性能不断提高，价格不断下降，采用永磁材料的同步电动机相对异步电动机来说控制比较简单，容易实现高性能的优良控制。

交流伺服电动机有异步电动机、永磁同步电动机和磁阻步进电动机等。交流伺服系统建立在高性能（矢量控制、直接转矩控制）的交流调速系统的基础上，各种交流伺服电动机通过磁场定向（矢量控制）可等效为直流电动机，本节以三相永磁同步电动机（PMSM）为例进行介绍。

### 9.6.2　PMSM 伺服系统

以凸极转子结构的 PMSM 为对象，在假设磁路不饱和，不计磁滞和涡流损耗影响，空间磁场呈正弦分布的条件下，当永磁同步电动机转子为圆筒形（$L_d = L_q = L$），摩擦系数 $B = 0$ 时，可得 $dq$ 坐标系上永磁同步电动机的状态方程，即

$$\begin{bmatrix} \dfrac{\mathrm{d}i_d}{\mathrm{d}t} \\[2mm] \dfrac{\mathrm{d}i_q}{\mathrm{d}t} \\[2mm] \dfrac{\mathrm{d}\omega}{\mathrm{d}t} \end{bmatrix} = \begin{bmatrix} -\dfrac{R_s}{L_d} & \dfrac{\omega L_q}{L_d} & 0 \\[2mm] -\dfrac{\omega L_d}{L_q} & -\dfrac{R_s}{L_q} & -\dfrac{L_d}{L_q}I_f \\[2mm] 0 & \dfrac{n_p^2 L_m I_f}{J} & \end{bmatrix} \begin{bmatrix} i_d \\[2mm] i_q \\[2mm] \omega \end{bmatrix} + \begin{bmatrix} \dfrac{u_d}{L_d} \\[2mm] \dfrac{u_q}{L_q} \\[2mm] -\dfrac{n_p T_L}{J} \end{bmatrix} \tag{9-76}$$

式中，$R_s$ 为电动机绕组等效电阻（Ω）；$L_d$ 为电动机定子绕组等效 $d$ 轴自感（H）；$L_q$ 为电动机等效 $q$ 轴自感（H）；$n_p$ 为磁极对数；$L_m$ 定子与转子绕组间的互感，$I_f$ 为励磁电流；$\omega$ 为转子角速度（rad/s）；$T_L$ 为负载转矩（N·m）；$i_d$ 为 $d$ 轴电流（A）；$i_q$ 为 $q$ 轴电流（A）；$J$ 为转动惯量（kg·m²）。

为获得线性状态方程，通常采用 $i_d$ 恒等于 0 的矢量控制方式，此时有

$$\begin{bmatrix} \dfrac{\mathrm{d}i_q}{\mathrm{d}t} \\[2mm] \dfrac{\mathrm{d}\omega}{\mathrm{d}t} \end{bmatrix} = \begin{bmatrix} -\dfrac{R_s}{L_q} & -\dfrac{L_d}{L_q}I_f \\[2mm] \dfrac{n_p^2 L_m I_f}{J} & 0 \end{bmatrix} \begin{bmatrix} i_q \\[2mm] \omega \end{bmatrix} + \begin{bmatrix} \dfrac{u_q}{L_q} \\[2mm] -\dfrac{n_p T_L}{J} \end{bmatrix} \tag{9-77}$$

式（9-77）即为 PMSM 的解耦状态方程。在零初始条件下，对永磁同步电动机的解耦状态方程求拉普拉斯变换，以电压 $u_q$ 为输入，转子速度为输出的交流永磁同步电动机动态结构

图如图 9 - 36 所示，其中 $C_m = n_p \psi_s$ 为转矩系数。

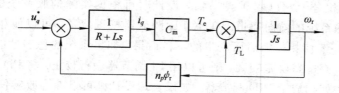

图 9 - 36　交流永磁同步电动机动态结构图

由图 9 - 36 可知，交流永磁同步电动机具有直流电动机一样的动态结构。依据图 9 - 36 可以构成单环、双环、三环交流伺服系统。图 9 - 37(a) 为 PMSM 三环交流伺服系统控制结构图，图 9 - 37(b) 为相应的 PMSM 三环交流伺服系统组成框图。

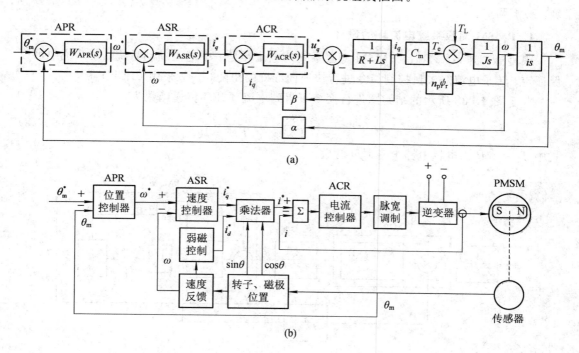

(a)

(b)

图 9 - 37　永磁同步电动机交流伺服系统

(a) PMSM 三环交流伺服系统控制结构图；(b) PMSM 三环交流伺服系统组成框图

由图 9 - 37 可知，交流伺服系统建立在高性能（矢量控制、直接转矩控制）的交流调速系统的基础上，即在高性能交流调速系统基础上在设置一个位置环，形成了位置、速度、电流三环控制系统。

以往伺服系统为了满足快速性要求，多采用单环控制结构，现代数字控制的伺服系统因其控制对象的快速性提高了，使得多环伺服系统截止频率响应提高了许多，进而使多环伺服系统的快速跟踪性能也得到了较大的提高。

### 9.6.3　PMSM 伺服系统的设计

伺服系统的结构因系统的具体要求而异，对于闭环伺服控制系统，常用串联校正或并联校正方式进行动态性能的调整。常用的调节器有比例-微分(PD)调节器、比例-积分(PI)调节器以及比例-积分-微分(PID)调节器，设计时可根据实际伺服系统的特征进行选择。如 2.3 节所述，在系统的前向通道上串联 PD 调节器校正装置，可以使相位超前，以抵消惯性环节和积分环节使相位滞后而产生的不良后果。如果系统的稳态性能满足要求，并有一定的稳定裕度，而稳态误差较大，则可以用 PI 调节器进行校正。将 PD 串联校正和 PI 串联校正联合使用，就构成了 PID 调节器。如果合理设计则可以综合改善伺服系统的动态和静态特性。此处介绍根据自动控制理论设计三环伺服系统的调节器。多环控制系统的设计方法同样是从内环往外环，逐环设计各环的调节器。逐环设计可以使每个控制环都是稳定的，从而保证了整个系统的稳定性。当内环的对象参数变化或收到扰动时，内环反馈能够起到及时抑制的作用，以减小对外环的影响。同时，每个环都有自己的控制对象，分工明确，易于调整。

**1. PMSM 伺服系统电流环的设计**

跟直流调速系统类似，PMSM 伺服系统的电流环是一个电流随动系统，在系统中可以保证定、转子电流对矢量控制指令进行快速而准确的跟随，一般采用 PI 调节器。

对于图 9-38 所示的结构图进行变换可得到电流环开环传递函数为

$$G_i(s) = \frac{K_{PI}\beta K_s(\tau_i s + 1)/R}{\tau_i s(T_1 s + 1)(T_{oi} s + 1)} \tag{9-78}$$

式中 $T_1 = L/R$ 为电枢电路电磁时间常数。

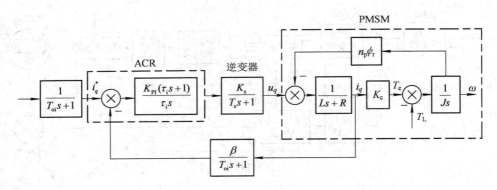

图 9-38　PMSM 伺服系统电流环动态结构图

选择 $\tau_i = T_1$，实现零、极点对消；当小惯性环节时间常数 $T_{\Sigma i} = T_{oi}$ 时，则电流环的开环传递函数为

$$G_i(s) = \frac{K_i}{s(T_{\Sigma i} s + 1)} \tag{9-79}$$

闭环传递函数为

$$G_{icl}(s) = \frac{K_i}{s(T_{\Sigma i} s + 1) + K_i} \tag{9-80}$$

式中 $K_i = K_{PI}K_s\beta/R\tau_i$ 为电流环的开环增益。

由式(9-79)可知，PMSM 伺服系统可以处理成典型 I 型二阶系统。其跟随性能与参数之间关系见 2.3 节分析。

**2. PMSM 伺服系统速度环的设计**

速度环同样也是位置环的内环，要求具有足够高的增益和通频带宽，以及很强的抗干扰能力。从广义上讲，速度控制应该具有高精度、快响应的特性，具体而言，要求小的速度脉动率、快的频率响应、宽的调速范围等性能指标。综合考虑速度环设计要求，ASR 采用 PI 调节器。速度环的动态结构图如图 9 - 39 所示。

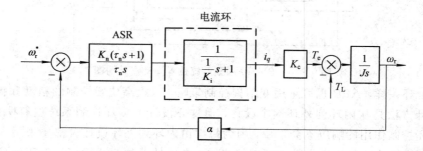

图 9 - 39　PMSM 伺服系统速度环动态结构图

PMSM 位置伺服系统电流环节可以等效成一个一阶惯性环节，该惯性环节的闭环传递函数为

$$G_{icl}(s) = \frac{1}{s/K_i + 1} = \frac{1}{T_i s + 1} \tag{9-81}$$

式中 $T_i = 1/K_i$ 为电流环等效时间常数。

速度环调节器选择 PI 调节器，可得速度环开环传递函数为

$$G_n(s) = \frac{K_N(\tau_n s + 1)}{s^2(T_i s + 1)} \tag{9-82}$$

式中：$K_N = K_n \tau_n \alpha / J$ 为速度环的开环增益。

由式（9-82）可知，速度环可以按典型Ⅱ型系统设计。定义 $h$ 为带宽，根据典型Ⅱ型系统参数设计公式可得

$$\tau_n = \frac{h}{K_i} \tag{9-83}$$

$$K_N = \frac{h+1}{2h} \frac{J}{K_e/K_i} \tag{9-84}$$

从而可计算出调节器参数 $K_N$、$\tau_n$。

根据 2.3 节介绍，由于过渡过程的衰减振荡性质，调速时间随 $h$ 的变化不是单调的，当 $h=5$ 时的调速时间最为理想。通常 PMSM 伺服系统采用 PID 算法基本上能使系统获得较好的位置控制精度，然而，由于系统模型的不确定性、非线性，使得系统的快速性和抗干扰能力，以及对参数波动的鲁棒性都不够理想。为此，可采用变结构控制方法对 PMSM 伺服系统的 ASR 控制器进行设计，使得系统具有良好的快速性、定位无超调，以提高位置控制的精度和鲁棒性。

**3. PMSM 伺服系统位置环的变结构控制设计**

完成了速度环设计之后，PMSM 伺服系统位置环的动态结构图可表示成图 9 - 40 所示结构。从图中可以看出前向通道上有一个积分环节，若 APR 选择比例控制器则系统为典

型 I 型系统，可实现阶跃输入跟随无静差。若 APR 选择 PI 控制器则系统为典型 II 型系统，可实现速度输入跟随无静差。

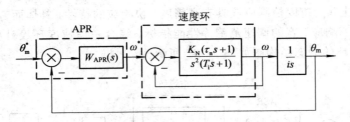

图 9 - 40　PMSM 伺服系统位置环动态结构图

　　同速度环一样，APR 也可采用变结构控制策略，以提高位置控制的精度和鲁棒性。多环系统设计方法是从内环到外环逐个设计，但这样设计的多环控制系统也有明显的不足，即对最外环控制作用的响应不会很快，因为每次由内环到外环设计时都要采用内环的等效环节，而这种等效环节传递函数之所以能成立，是以外环的截止频率远低于内环的截止频率为先决条件的，这样位置环的截止频率被限制得太低，从而影响位置伺服系统的快速性。为了提高快速性，可采用各种控制器，必要时除了采用 PI 控制器外，还可以采用 PID 控制器，以及采用并联校正等。由于变结构控制具有很强的鲁棒性。从物理意义而言，滑模变结构控制总是产生最大作用：最大加速或最大减速。因此，要求较高的伺服系统的位置环可选择变结构设计。

　　位置环滑模变结构控制器的输出为给定速度。由于变结构控制器的开关特性是非理想的，其输出也是离散变化的，如果控制器本身所固有的抖动不加以解决，将降低系统的稳定性。位置环滑模变结构控制器的设计对被控系统模型精度要求不是很高，可以将速度闭环系统等价为 $\dfrac{1}{T_{\mathrm{m}}s+1}$，基于此设计位置环滑模变结构控制器。

　　令 $e_1 = \theta_{\mathrm{m}}^* - \theta_{\mathrm{m}}$，$e_2 = \dot{e}_1$，可得状态方程，即

$$\begin{cases} \dot{e}_1 = e_2 \\ \dot{e}_2 = -\dfrac{e_2}{T_{\mathrm{m}}} - \dfrac{\omega^*}{T_{\mathrm{m}}} + \dfrac{\dot{\theta}^*}{T_{\mathrm{m}}} \end{cases} \tag{9-85}$$

取位置环滑模切换函数为

$$s_{\mathrm{p}} = c_{\mathrm{p}}e_1 + e_2 \tag{9-86}$$

　　变结构控制器输出为

$$\omega^* = \psi_{1\mathrm{p}}e_1 + \psi_{2\mathrm{p}}e_2 + \delta_{\mathrm{p}}\mathrm{sgn}(s_{\mathrm{p}}) \tag{9-87}$$

式中：

$$\psi_{1\mathrm{p}} = \begin{cases} \alpha_{1\mathrm{p}} & e_1 s_{\mathrm{p}} > 0 \\ \beta_{1\mathrm{p}} & e_1 s_{\mathrm{p}} < 0 \end{cases}, \quad \psi_{2\mathrm{p}} = \begin{cases} \alpha_{2\mathrm{p}} & e_2 s_{\mathrm{p}} > 0 \\ \beta_{2\mathrm{p}} & e_2 s_{\mathrm{p}} < 0 \end{cases} \tag{9-88}$$

$$\mathrm{sgn}(s_{\mathrm{p}}) = \begin{cases} 1 & s_{\mathrm{p}} > 0 \\ -1 & s_{\mathrm{p}} < 0 \end{cases} \tag{9-89}$$

　　将二阶系统变结构控制器参数公式，代入状态方程中的相关系数，可以得到位置环变结构控制器参数为

$$\begin{cases} \alpha_{1p} > 0 \\ \beta_{1p} < 0 \\ \alpha_{2p} > T_m c_p - 1 \\ \beta_{2p} < T_m c_p - 1 \\ \delta_p < |\dot{\theta}^*| \end{cases} \qquad (9-90)$$

位置环滑模变结构控制器结构图如图 9-41 所示。

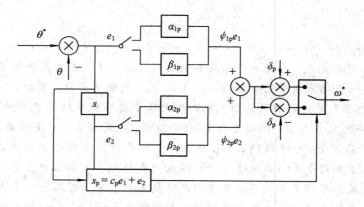

图 9-41　位置环滑模变结构控制器结构图

# 习题与思考题

9.1　从结构上看，同步电动机与异步电动机的主要差异有哪些？

9.2　什么是同步电动机的自控变频调速和他控变频调速？

9.3　他控同步电动机调速的主要缺点是什么？

9.4　自控同步电动机调速系统与他控调速系统主要差别是什么？

9.5　永磁无刷直流电动机的旋转磁场和异步电动机的旋转磁场的主要差别是什么？

9.6　伺服系统有哪些主要特征，由哪些主要部分组成？

9.7　位置伺服系统的结构形式有哪些？

9.8　伺服系统要解决的主要问题是什么？试比较伺服系统与调速系统的异同。

# 第 10 章　多电平逆变器调速技术

　　随着工业生产的发展，大功率调速设备的应用日益增多。占工业用电量一半以上的大功率风机和泵，一般都采用中高电压(1~10 kV)交流电动机传动，因此，中高压变频器在当今工业生产中占有举足轻重的地位。中高压大容量变频器从频率变换的方式上可分为：直接变频器，即交/交变频器；间接变频器，即交/直/交变频器。中高压大容量交/交变频器一般由大功率晶闸管串、并联组成，在钢铁企业中已有较多的成功应用，但其输出频率可调范围有限，主要用于大功率低速运行机械的电气传动。中高压大容量交/直/交变频器中，目前最有发展前景的是多电平逆变器 PWM 技术，学者们对其进行了大量的研究与探索，它已成功地应用于众多的工业生产领域。本章将主要讨论交/直/交电压源型多电平逆变器技术，首先概要介绍了多电平逆变器发展背景及特点，然后介绍几种主要的多电平逆变器电路结构，接着分析了多电平 PWM 调制方法，最后介绍了一个三电平逆变器异步电动机直接转矩控制系统。

## 10.1　多电平逆变器技术概述

### 10.1.1　多电平逆变器产生的背景

　　占当今工业用电量一半以上的大功率风机和泵，一般都采用中高压交流电动机传动系统。在 20 世纪70~80 年代，对于一些功率在兆瓦级以上的风机、泵等装置，多采用挡板或阀门对其流量进行控制，能量浪费严重。如果采用调速控制实现对其流量的控制则可节省大量电能，但当时受电力电子器件及控制技术的制约，制造中高压大功率变压变频装置还比较困难，因此常用绕线转子异步电动机串级调速系统对其控制，诸如轧钢机械、电力机车、轮船等大功率应用场合的电动机。从技术上看，高电压等级和容量等级的中高压变频调速是更合适的方案，这就提出了中高压大容量变频技术问题。此外，为了满足输出电压谐波含量的要求，人们还希望这些大功率电力电子装置能工作在高开关频率下，并且尽量减少电磁干扰(EMI)问题。

　　电力电子器件是电力电子装置的核心。在过去的几十年里，电力电子器件经历了晶闸管(SCR)、可关断晶闸管(GTO)、双极型大功率晶体管(GTR 或 BJT)和场控器件(IGBT 和 P_MOSFET)及宽禁带半导体器件(SiC、GaN)等发展阶段。近些年来，各种新型功率器件如 IGCT 等相继出现，电力电子器件的单管容量、开关频率已经有了很大的提高，许多厂商已能提供额定值为 6000 V/6000 A 的高压大功率 GTO，4500 V/1200 A 的 IGBT 以及 6000 V/6000 A 的 IGCT。但即使这样，在某些应用场合，传统的两电平电压源型逆变器仍然不能满足人们对高压、大功率的要求。并且，在现有电力电子器件的工艺水平下，其功率处理能力和开关频率之间是矛盾的，往往功率越大，开关频率越低。为了实现高频化和低 EMI 的大功率变换，在功率器件水平没有本质突破的情况下，有效的手段是从电路拓扑和控制方法上寻找解决问题的方案。在过去 40 多年里，研究者进行了大量的研究和探索，提出了多种高压大功率变换的解决思路和方法，大致可分为以下三类。

**1. 功率器件串并联技术**

功率器件串并联是一种最简单、直接的方案，将小功率器件并联以承受大电流，将器件串联以承受高压，实现高压大功率变换。由于功率器件开关特性的分散性，因而具有高速开关特性的功率器件(如 IGBT)是不允许直接串联的，否则中间回路的高电压将直接加在后开通的器件上，使后开通的器件可能承受高压而击穿。由于功率器件的参数不一致，因而功率器件直接并联同样存在动、静态电流不均衡的问题。功率器件的饱和压降不一致导致静态电流不均衡，而功率器件的开关时间不同步造成动态电流不均衡。因此，功率器件的串并联，需要复杂的动、静态均压或均流电路。

**2. 多重化技术**

采用多重化技术也是用小功率器件实现大功率变换的一种方法。所谓多重化技术，是指每相由几个低压 PWM 功率单元在其输出端通过某种方式(如变压器)串联或并联组成，各功率单元由一个多绕组的隔离变压器供电，由低压 PWM 变频单元串联叠加达到高压输出或并联达到大容量输出的目的。其中每一个功率单元都是分别进行整流、滤波、逆变的。目前功率单元都采用二电平方案，开关器件电压等级只需要考虑功率单元内的中间直流电路电压值。多重化技术可以大大降低谐波含量，提高功率因数。在电压型功率变换器组成的多重化系统中，为防止由于不同变压器次级绕组电压差而形成环流，通常在次级采取串联方式连接。相应地，在电流型变换器组成的多重化系统中，次级绕组一般采用并联连接。

但是多重化技术需要引入结构复杂的大容量隔离变压器，所需功率器件数量较多，增加了设备投入，造价昂贵，还需要占用一定安装空间，且多重化技术对控制精度要求也较高，因此并不常被使用。

**3. 逆变器并联技术**

逆变器并联技术将多个小容量的逆变器并联运行，并联的逆变器数目可根据系统需要的容量来确定。这种方法的主要优点是：易于实现逆变器模块化，可以灵活扩大逆变系统的容量；易于形成 $N+1$ 并联冗余系统，提高系统运行的可靠性和系统的可维护性。逆变器并联技术的难点是需要从控制电路上解决电压同步、稳态和动态均流、$N+1$ 冗余与热切换三大技术。

## 10.1.2　多电平逆变器技术

多电平逆变器的基本思想是由多个电平台阶来合成阶梯波，以逼近正弦波输出。电平数越多，所得到的阶梯波电平台阶越多，从而越接近正弦波，谐波成分越少。从理论上讲，多电平变换器可以通过合成无穷多个电平台阶，最终实现零谐波输出。但在实际应用中，由于受到硬件条件和控制复杂性的制约，通常在满足性能指标的前提下，并不追求过高的电平数。

多电平逆变器电路结构是由德国学者 Holtz 于 1977 年首次提出的，该电路是利用开关管来辅助中点钳位的三电平逆变器主电路，其结构如图 10-1(a)所示。图中，在直流回路的中性点上引出一对电力电子器件 $V_2$、$V_3$，无论负载电流的流向如何，逆变器的输出电压有三种状态：$\pm U_{dc}/2$、0。这种拓扑结构仅仅是为了改善电压质量，降低电压谐波分量，在两电平的基础上在中间直流回路的中性点上增加了一个零电平（由反并联的两个开关器件引出，并把零电平引入逆变回路）。在功率器件没有本质突破的情况下，为了使电力电子装置的输出电压更高，1980 年日本学者 A. Nabae 等人对其进行了改进，提出了中点钳位逆变器(Neutral Point Clamped，NPC)，用功率二极管代替主开关管，并利用中间的主开关器件把功率二极管引出的零电平加到输出端上，从而利用功率二极管的钳位作用实现了输出电位相对于中间直流回路有三个值的目的，其结构如图 10-1(b)所示。图中，三电平逆变器每一相主开关管数与续流二极管数都为 4，钳位二极管数为 2，电容数为 2，平均每个主开关管承受的正向电压为 $U_{dc}/2$。比较图 10-1(a)和图 10-1(b)可知，钳位二极管不但能达到引出中点电位的目的，而且使主管的耐压值降低为中间直流回路电压的一半，从而使这种拓扑结构在高压应用场合成为可能，同时也可以解决功率开关器件耐压值低与直流回路电压高之间的矛盾；并且用功率二极管代替开关管以降低逆变器的生产成本。图 10-1(b)所示的结构成为三电平逆变器主电路中目前较为广泛采用的拓扑结构。由于这种拓扑结构采用的是功率二极管钳位得到的中点电平，因此有人又称这种结构为中点钳位型结构（或二极管钳位型结构）。

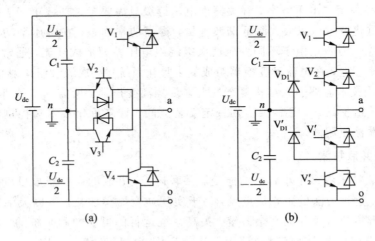

图 10-1　三电平逆变器原理图

(a) Holtz 提出的三电平逆变器；(b) Nabae 提出的三电平逆变器

二极管钳位型逆变器输出相电压为图 10-2(a)所示三电平波形，相电压幅值为 $U_{dc}/2$；线电压为图 10-2 (b)所示五电平波形，幅值为 $U_{dc}$。

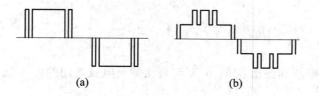

图 10 - 2　二极管钳位型逆变器输出电压波形
(a) 相电压波形；(b) 线电压波形

1983 年，Bhagwat 等人在此基础上，将三电平电路推广到任意的 $n$ 电平，并对 NPC 电路及其统一结构作了进一步的研究。在多电平变换器的主电路中含有大量功率器件和电容，电容一般起分压作用，各电容上电压通常均相等。逆变器在功率器件不同的导通组合时，输出侧得到几种电平，其电压波形在一个周期内呈阶梯状。图 10 - 3 是不同电平数逆变器单个变换臂的示意图。假设功率器件都是理想的，可知，两电平变换臂有两种输出电压值，见图 10 - 3(a)；三电平变换臂有三种输出电压值，见图 10 - 3(b)；依次可得，$n$ 电平变换臂有 $n$ 种输出电压值，见图 10 - 3(c)。

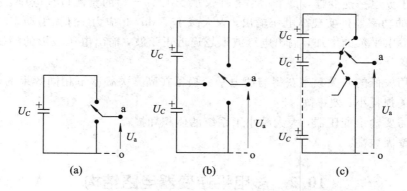

图 10 - 3　逆变器单个变换臂示意图
(a) 两电平；(b) 三电平；(c) $n$ 电平

对于三相系统，在这里，定义开关函数 $S_a$、$S_b$、$S_c$ 分别指的是 a、b、c 相输出电压状态，每一开关函数的取值范围可从 0 到 $n-1$，这样就与输出电平的数量相等。在工作过程中，开关函数取不同的值（即不同的开关状态），逆变器得到不同的输出电压，逆变器输出节点与直流侧负电位 o 之间电压大小与开关状态遵循如下关系：

$$\begin{bmatrix} u_{ao} \\ u_{bo} \\ u_{co} \end{bmatrix} = \left( \frac{u_{dc}}{n-1} \right) \cdot \begin{bmatrix} S_a \\ S_b \\ S_c \end{bmatrix} \qquad (10-1)$$

由式(10 - 1)可知，可由调制器来决定开关的状态，从而描述逆变器的输出电压。在实际情况中，调制器给出的是功率器件的门极信号。由傅里叶分析可知，输出是含有谐波的正弦波，随着电平数量的增加，变换器输出电压波形更逼近理想的正弦波。进一步分析，由式(10 - 1)可得输出点与输出侧三相中性点之间电压差的如下关系式：

$$\begin{bmatrix} u_{an} \\ u_{bn} \\ u_{cn} \end{bmatrix} = \frac{1}{3} \cdot \begin{bmatrix} 2 & -1 & -1 \\ -1 & 2 & -1 \\ -1 & -1 & 2 \end{bmatrix} \cdot \begin{bmatrix} u_{ao} \\ u_{bo} \\ u_{co} \end{bmatrix} \qquad (10-2)$$

逆变器输出线电压和输出点 a、b、c 与直流侧负电位之间的电压差关系式为

$$\begin{bmatrix} u_{ab} \\ u_{bc} \\ u_{ca} \end{bmatrix} = \begin{bmatrix} 1 & -1 & 0 \\ 0 & 1 & -1 \\ -1 & 0 & 1 \end{bmatrix} \cdot \begin{bmatrix} u_{ao} \\ u_{bo} \\ u_{co} \end{bmatrix} \qquad (10-3)$$

### 10.1.3 多电平逆变器的特点

多电平逆变器是通过改进逆变器自身拓扑结构来实现中高压大功率输出的新型逆变器，它不需升降压变压器和均压电路。由于其输出电压电平数增加，使得输出波形具有更好的谐波频谱，每个开关器件所承受的电压应力较小。多电平逆变器技术已经成为电力电子学中，以中高压大功率变换为研究对象的一个新的研究领域，这是因为它具有以下突出优点：

（1）对于 $n$ 电平逆变器，每个功率器件仅承受 $1/(n-1)$ 的直流母线电压，所以可用耐压等级较低的功率器件实现高电压输出，大大减小了 $du/dt$ 应力，且无需动态均压电路。

（2）随着电平数的增加，输出电压波形越逼近正弦波，输出电压波形的畸变（THD）就越小。

（3）可用较低的开关频率获得与两电平变换器在高开关频率下相同效果的输出电压波形，而且开关损耗小，效率高。

（4）不需要输出变压器，大大减小了系统的体积和损耗。

（5）功率因数高。

## 10.2 多电平逆变器电路结构

经过 40 多年的发展，多电平逆变器已有许多种主电路拓扑结构，但其一般原理类似：由几个电平台阶（一般是电容电压）合成阶梯波以逼近正弦输出电压，从而使逆变器在较低的开关频率时就能满足对输出电流谐波较低的要求，有效解决了动态均压和 $du/dt$、$di/dt$ 过高等问题，并可降低电动机的共模电压和系统对器件的耐压等级要求。

从逆变器主电路拓扑结构来看，目前多电平逆变器可分为三种基本的拓扑结构：二极管钳位型（Diode-Clamped）逆变器、电容钳位型（Capacitor-Cloamped）逆变器、具有独立直流电源的级联型（Cascaded-Inverters with Separate DC Sources）逆变器。但从电平获取的方式来看，多电平逆变器又可分为两大类：钳位型和级联型。其中，钳位型包括二极管钳位、电容钳位两种多电平逆变器，级联型包括串联 H 变换桥式级联型（即具有独立直流电源的级联型变换器）和输出变压器耦合式级联型两种多电平逆变器。

### 10.2.1 钳位型逆变器

钳位型逆变器按钳位器件分为二极管钳位型和电容钳位型。图 10-4(a) 为三电平二极管钳位型逆变器拓扑结构，图 10-4(b) 为三电平电容钳位型逆变器，图 10-4(c) 为电容钳

位自均压型逆变器的基本单元。

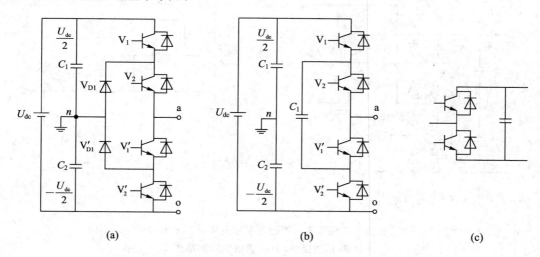

图 10-4　多电平钳位型逆变器拓扑结构图

(a) 三电平二极管钳位型逆变器；(b) 三电平电容钳位型逆变器；

(c) 电容钳位自均压型逆变器的基本单元

**1. 二极管钳位型逆变器**

三电平二极管钳位型逆变器基本结构见图 10-4(a)。直流侧两个相同的分压电容 $C_1$、$C_2$ 相串联，每个电容电压为 $U_{dc}/2$。$V_{D1}$、$V'_{D1}$ 为钳位二极管，功率器件 $V_1$、$V_2$、$V'_1$、$V'_2$ 为 GTO、IGBT 或 IGCT。功率器件 $V_1$ 与 $V'_1$、$V_2$ 与 $V'_2$ 的逻辑关系是互锁的，其互锁关系表达式是 $V_1 = V'_1$、$V_2 = V'_2$，即导通与关断是成对出现的。在单个桥臂的 4 个功率器件中，每两个功率器件同时处于导通或关断状态。功率器件开关状态组合与输出电压关系如下：

(1) $V_1$、$V_2$ 导通，$V'_1$、$V'_2$ 关断：$U_{ao} = U_{dc}$；

(2) $V_2$、$V'_1$ 导通，$V_1$、$V'_2$ 关断：$U_{ao} = U_{dc}/2$；

(3) $V'_1$、$V'_2$ 导通，$V_1$、$V_2$ 关断：$U_{ao} = 0$。

图 10-5(a)是单相全桥二极管钳位型逆变器主电路拓扑结构，由两个三电平逆变器组成 H 桥，H 桥输出的电平数 $p$ 与单臂组成的逆变器电平数 $n$ 存在 $p = 2n - 1$ 的关系。图 10-5(b)是采用阶梯波调制时 H 桥输出的线电压波形，由图可知，逆变桥输出电压呈五电平结构。该电路的优点有：

(1) 对于 $m$ 电平逆变器，功率器件的阻断电压为 $U_{dc}/(m-1)$，使正向耐压值提高 $m-1$ 倍。

(2) 电平数越多，输出电压谐波含量越少。

(3) 器件在基频下工作，效率高，开关损耗小。

(4) 可控制无功功率流。

其主要缺点有：

(1) 需要大量的钳位二极管，电平数增加，钳位二极管受到的电压应力也增加。

(2) 每桥臂内、外侧功率器件的导通时间不相同，造成负荷不一致。

(3) 分压电容存在电压不平衡问题。

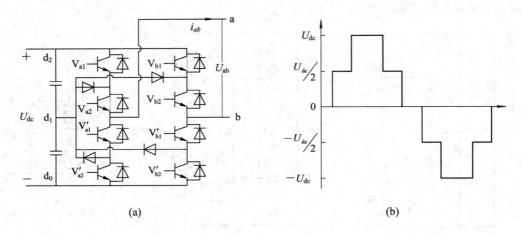

图 10 - 5　单相全桥二极管钳位型逆变器主电路及其输出线电压波形图

（a）单相逆变桥；（b）输出电压波形图

　　以上缺点中，分压电容电压不平衡问题最为关键，在某些情况下，直流侧电容电位会不停波动，有时甚至波动到不可接受的程度。其直接结果有二次和高次谐波较多，电压应力过大甚至会造成功率器件逆变失败。电平数越多，电容电位平衡的问题就越麻烦，虽然可以从拓扑结构上进行改进，用电容与钳位二极管并联（见图 10 - 6）的方法来减弱中点电位的波动，并维持了各器件关断时阻断电压的平衡，但这种方法的缺点也比较明显。由于并联电容，使变换器体积增大，还降低了系统的可靠性。

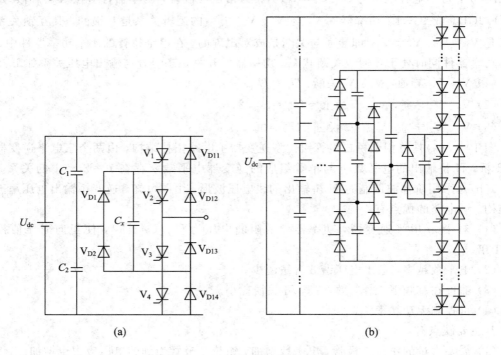

图 10 - 6　改进型二极管钳位逆变器

（a）三电平；（b）n 电平

**2. 电容钳位型逆变器**

电容钳位型逆变器根据电容钳位方式的不同分为飞跨电容型和自均压型。

1）电容钳位型逆变器

电容钳位型多电平逆变器是 Meynard T. A. 等人 1992 年首次提出的。图 10-4(b) 是电容钳位型三电平逆变器拓扑结构，该电路直流侧同样有两个分压电容，每个电容电压均为 $U_{dc}/2$。$C_1$ 是钳位电容。该电路的电压合成方式更为灵活，即对于相同的输出电压，可以由不同的开关状态组合得到，这为该电路用于有功功率变换及分压电容电压平衡提供了可能性和灵活性。三电平结构输出电压分别是 $U_{dc}$、$U_{dc}/2$ 和 0。

(1) $V_1$、$V_2$ 导通，$V_1'$、$V_2'$ 关断：$U_{ao}=U_{dc}$。

(2) $V_1$、$V_1'$ 导通，$V_2$、$V_2'$ 关断；或 $V_2$、$V_2'$ 导通，$V_1$、$V_1'$ 关断：$U_{ao}=U_{dc}/2$。

(3) $V_1'$、$V_2'$ 导通，$V_1$、$V_2$ 关断：$U_{ao}=0$。

该电路的主要优点如下：

(1) 电平数越多，输出电压谐波含量越少，比相同电平数二极管钳位型逆变器的控制要灵活。

(2) 电压合成方式灵活。

(3) 可控制有功和无功功率流，因而适用于高压直流输电。

其主要缺点有：

(1) 需要大量的钳位电容，增加了装置的体积。

(2) 用于有功功率传输时，控制较为复杂，开关频率高，开关损耗大。

(3) 有功功率传输时，分压电容存在电压不平衡问题。

2）自均压型逆变器

自均压型逆变器基本单元参考图 10-4(c)，是电容钳位的半桥结构。该电路有两个功率器件，每次只导通一个，在分别导通上、下功率器件的情形下，可分别得到高低不同的输出电平。多级电路的电路结构是基本单元按"金字塔"结构搭成的，图 10-7 为有自均压的五电平逆变器电路结构。

图 10-7 的右侧直流侧串联四个电容电压均为 $U_{dc}$，电容 $C_1$、$C_2$、$C_3$、$C_4$、$C_5$、$C_6$ 在功率器件导通与二极管续流共同作用下自动钳位。当 $Sp_1$、$Sp_2$、$Sp_3$、$Sp_4$ 中只有一个导通时，通过分析可得输出电压 $U_o$ 为 $U_{dc}$；当 $Sp_1$、$Sp_2$、$Sp_3$、$Sp_4$ 中有任意两个导通时，输出电压为 $2U_{dc}$；任意三个导通时则输出为 $3U_{dc}$；全导通时输出为 $4U_{dc}$；全部不导通时输出为 0。五电平自均压型逆变器的开关状态与输出电平关系见表 10-1。

该电路的优点有：

(1) 输出波形的失真率随输出电平数的增加而减小。

(2) 每一级随时间变化电压波动小，均压效果好。

(3) 可将此电路输出端变成输入端，用一个低压在另一端生成串联的高电压，可在同一电路结构中实现功率"双向流动"。

其主要缺点有：

(1) 使用了大量的功率器件和钳位电容，电路工作时会有很大的开关损耗。

(2) 随着电路级数的增多，由器件压降造成的每一级电压降会越来越大。

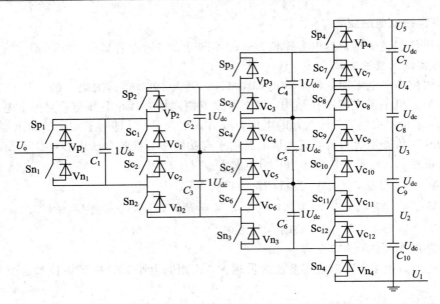

图 10 - 7    自均压电容钳位型五电平逆变器电路结构

**表 10 - 1    五电平自均压型逆变器开关状态与输出电平**

| 输出电压 $U_o$ | 电 容 通 路 | 开关状态 | | | |
|---|---|---|---|---|---|
| | | $Sp_1$ | $Sp_2$ | $Sp_3$ | $Sp_4$ |
| 0 | 无 | 0 | 0 | 0 | 0 |
| $U_{dc}$ | $+C_1$ | 1 | 0 | 0 | 0 |
| | $-C_1+C_2+C_3$ | 0 | 1 | 0 | 0 |
| | $-C_3-C_2+C_4+C_5+C_6$ | 0 | 0 | 1 | 0 |
| | $-C_6-C_5-C_4+C_7+C_8+C_9+C_{10}$ | 0 | 0 | 0 | 1 |
| $2U_{dc}$ | $+C_2+C_3$ | 1 | 1 | 0 | 0 |
| | $-C_1+C_4+C_5+C_6$ | 0 | 1 | 1 | 0 |
| | $-C_3-C_2+C_7+C_8+C_9+C_{10}$ | 0 | 0 | 1 | 1 |
| | $+C_1-C_3-C_2+C_4+C_5+C_6$ | 1 | 0 | 1 | 0 |
| | $+C_1-C_6-C_5-C_4+C_7+C_8+C_9+C_{10}$ | 1 | 0 | 0 | 1 |
| | $-C_1+C_2+C_3-C_6-C_5-C_4+C_7+C_8+C_9+C_{10}$ | 0 | 1 | 0 | 1 |
| $3U_{dc}$ | $+C_4+C_5+C_6$ | 1 | 1 | 1 | 0 |
| | $-C_1+C_7+C_8+C_9+C_{10}$ | 0 | 1 | 1 | 1 |
| | $+C_2+C_3-C_6-C_5-C_4+C_7+C_8+C_9+C_{10}$ | 1 | 1 | 0 | 1 |
| | $+C_1-C_3-C_2+C_7+C_8+C_9+C_{10}$ | 1 | 0 | 1 | 1 |
| $4U_{dc}$ | $+C_7+C_8+C_9+C_{10}$ | 1 | 1 | 1 | 1 |

注：“＋”表示电容器正向与输出相连，“－”表示电容器负向与输出相连；“1”指开关导通，“0”指断开。

## 10.2.2 级联型逆变器

早在 20 世纪 70 年代中期，P. Hammond 提出通过改变电路拓扑结构的方式来提高逆变器输出电压的方法，该方法用多个电压等级较低的逆变器单元通过某种连接方式来得到较高的输出电压，并给出一个 H 变换桥级联型逆变器的实例。经过 30 多年的发展，已有多种级联型多电平逆变器结构，根据级联型逆变器基本单元级联方式的不同，可分为串联 H 变换桥式级联型多电平逆变器（即具有独立直流电源的级联型逆变器）和输出变压器耦合式级联型多电平逆变器。

**1. 具有独立直流电源的级联型逆变器**

具有独立直流电源的级联型多电平逆变器采用若干个低压的 PWM 变换单元直接级联的方式实现高压输出。图 10-8(a)示出了单相级联型 $2m+1$ 电平逆变器主电路结构，该结构由 $m$ 个变换单元级联而成。每个单元的直流侧电压均为 $U_{dc}$；其输出电压有 $U_{dc}$、0、$-U_{dc}$ 三种：要得到 $-U_{dc}$ 的输出，则 $V_1$、$V_4$ 导通；若 $V_2$、$V_3$ 导通，则得到 $U_{dc}$ 的输出电压；若 $V_1$、$V_2$ 或 $V_3$、$V_4$ 导通，则输出电压为 0。负载端正向、负向电位均可由一个级联逆变桥提供。在这种逆变器中，高电压的输出不是直接输出的，而是通过若干单元的输出串联后叠加得到的，这样对于每个功率单元来说，不必承受高压即可以采用低压的功率器件。级联型逆变器的串联级数和输出波形包含电平数之间满足“电平数＝2×串联级数＋1”的关系，逆变器输出电压 $u_{an}$ 与各变换单元输出电压 $u_{ai}$ 的关系如下：

$$u_{an} = \sum_{i=1}^{m} u_{ai} \tag{10-4}$$

该电路的主要优点有：
(1) 无需钳位二极管和电容，故需要器件最少。
(2) 易封装和进行模块化设计。
(3) 器件在基频下工作，效率高，开关损耗小。
(4) 可采用软开关技术，以避免笨重、耗能的阻容吸收电路。
(5) 不存在电容电压不平衡问题。
(6) 可将耐压低、开关频率也不高的功率器件直接应用到高压大功率场合。
其主要缺点有：
(1) 需要多个独立电源；
(2) 不易实现四象限运行。

由于每个单元的直流电源相互独立，因此还可以设计基于不同电压等级直流电源的混合型逆变器，各个直流电源电压最大倍数的关系满足下式：

$$u_{dc\,x(i-1)} = \frac{n_i - 1}{n_i(n_{i-1} - 1)} u_{dc\,xi} \tag{10-5}$$

式中：$u_{dc\,xi}$、$u_{dc\,x(i-1)}$、$n_i$、$n_{i-1}$ 分别是第 $i$、$i-1$ 级 H 逆变单元的直流侧电压输出和电平数目。

图 10-8(b)示出了两个变换单元组成的混合型逆变器的主电路结构。该结构中若两个电源的电压关系为 $u_{dc\,a2} = 2u_{dc\,a1}$，则有 7 种输出电位，分别为 0、$\pm u_{dc\,a1}$、$\pm 2u_{dc\,a1}$ 和 $\pm 3u_{dc\,a1}$。若两个电源的电压关系为 $u_{dc\,a2} = 3u_{dc\,a1}$，则有 9 种输出电位，分别为 0、$\pm u_{dc\,a1}$、

$\pm 2u_{\text{dc a1}}$、$\pm 3u_{\text{dc a1}}$ 和 $\pm 4u_{\text{dc a1}}$。有些学者还提出了用图 $10-5(a)$ 的单相逆变桥作为基本单元的级联型逆变器。这几种改进的级联型逆变器有一个共同的特点，就是用尽可能简单的电路结构来实现更多的输出电平。

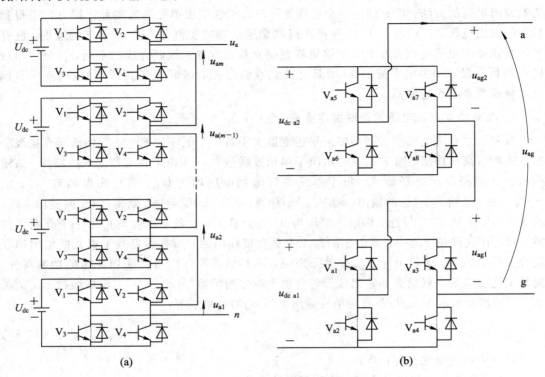

图 $10-8$　级联型逆变器的拓扑结构

(a) 普通级联型逆变器；(b) 混合型逆变器

## 2. 输出变压器耦合式级联型逆变器

输出变压器耦合式级联型逆变器见图 $10-9$，该拓扑结构包括三个常规两电平三相 DC/AC 逆变器，三个变比为 $1:1$ 的输出变压器。三相电动机的线电压与变换器输出电压关系为

$$\begin{cases} u_{KL} = u_{a1b1} + u_{b1a2} + u_{a2b2} \\ u_{LM} = u_{b2c2} + u_{c2b3} + u_{b3c3} \\ u_{MK} = u_{c3a3} + u_{a3c1} + u_{c1a1} \end{cases} \tag{10-6}$$

由于变压器变比为 $1:1$，有 $u_{b1a2} = u_{a3b3}$，$u_{c2b3} = u_{c1b1}$，$u_{a3c1} = u_{a2c2}$，于是得

$$\begin{cases} u_{KL} = u_{a1b1} + u_{a2b2} + u_{a3b3} \\ u_{LM} = u_{b1c1} + u_{b2c2} + u_{b3c3} \\ u_{MK} = u_{c3a3} + u_{c2a2} + u_{c1a1} \end{cases} \tag{10-7}$$

接三相对称负载时，由式 $(10-6)$ 可知，逆变器输出线电压有 7 种电平，最高电平等于单个逆变器输出线电压的三倍。

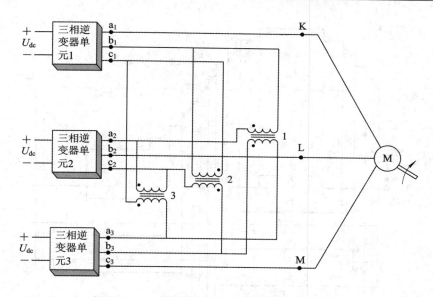

图 10 - 9　变压器耦合式级联逆变器的拓扑结构

　　输出变压器耦合式级联逆变器的优点是：器件较少；功率器件负荷均匀；不存在直流侧电容电压不平衡问题；由于直流侧电容存储容量需求减少，因而直流侧电容较小。其主要缺点包括：由于输出端需变压器耦合，因而体积较大，笨重；仅适用于三相对称系统。

# 10.3　多电平 PWM 调制方法

　　多电平逆变器波形合成方法有多种，如阶梯波调制、正弦载波调制（SPWM）、空间矢量调制（SVPWM）、选择谐波消去（SHEPWM）、开关损耗最小 PWM、电流滞环控制、随机 PWM 等。一般来说，一种好的调制方法应该满足以下几个方面的要求：输出电流谐波最少，功率器件一周期内开关次数最少，直流侧电容电压保持平衡，确保所有功率器件开关频率统一，易于物理实现等。

　　常用的多电平 PWM 调制方法是阶梯波调制法、SPWM 法、空间矢量 PWM（SVPWM）法、选择谐波消去（SHEPWM）法和开关损耗最小 PWM（开关频率优化法）法等。

## 10.3.1　阶梯波调制法

　　图 10 - 10 为 11 电平逆变器输出相电压阶梯波波形。阶梯波调制法可理解为一个从直流侧获取的离散电平叠加来逼近参考正弦电压的量化过程。图 10 - 10 即可理解为通过适当地控制每桥臂功率器件的开关状态组合，输出 5 个电压脉冲 $u_{ai}$，经过叠加 5 个电压脉冲得到相电压 $u_{an}$，即通过将这些电压脉冲叠加得到的电压波形来逼近模拟参考电压波形的量化过程，且

$$u_{an} = u_{a1} + u_{a2} + \cdots + u_{a5} \tag{10-8}$$

其中，$u_{ai}(i=1, 2, \cdots, 5)$ 为第 $i$ 个输出电压脉冲。

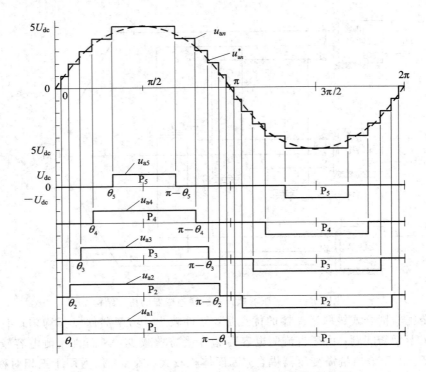

图 10 - 10    11 电平逆变器输出相电压阶梯波波形

用 $u_{an}$ 来逼近正弦电压 $u_{an}^*$，用 $u_{an}$ 作为交流侧输出相电压。

该波形关于 1/4 周期对称，关于 1/2 周期反对称，经 Fourier 分析，$n$ 次谐波幅值为

$$h_n = \frac{4}{n\pi} \sum_{k=1}^{m} \left[ u_{ai} \cos(n\theta_k) \right] \tag{10-9}$$

式中：$n$ 为奇数；$\theta_k$ 是第 $k$ 个开关角。

为了降低谐波含量，开关角满足 $\theta_1 < \theta_2 < \cdots < \theta_k < \dfrac{\pi}{2}$，这样幅值调制比范围小。该方法比较适用于级联型逆变器。

阶梯波调制法的主要优点有：器件在基频工作，开关频率低，开关损耗小；易于物理实现。其缺点有：输出电流频谱特性性能不高；输出电压受直流侧电压波动的影响较大；幅值调制比范围小。

## 10.3.2    SPWM 法

多电平 SPWM 法是从两电平 SPWM 法推广而来的，见图 10 - 11。两电平逆变器 SPWM 调制法可理解为用一个三角载波来控制一个桥臂上两个功率管的导通和关断。把这种思路推广到多电平逆变器中，用几个三角波信号和一个参考信号（每相）相比较产生 SPWM 信号。如 $m$ 电平逆变器，可将 $m-1$ 个相同频率 $f_c$ 和相同的峰-峰幅值 $A_c$ 的载波按波段连续放置。调制波频率为 $f_r$，峰-峰幅值为 $A_r$。用一个调制波控制逆变器的一个桥臂，每个三角载波控制一对功率器件（逻辑关系互锁的为一对）。正弦波与三角波相交时，如果正弦波瞬时幅值大于某个三角波的幅值，则开通相应的主功率器件输出高电平；反之，则

关断该器件输出低电平。由此分析，五电平逆变器每相有四对功率管，则要四个三角载波。幅值调制比（又称调制度）$m_a$ 和频率调制比 $m_f$ 定义如下：

$$m_a = \frac{A_r}{(m-1)A_c} \qquad (10-10)$$

$$m_f = \frac{f_c}{f_r} \qquad (10-11)$$

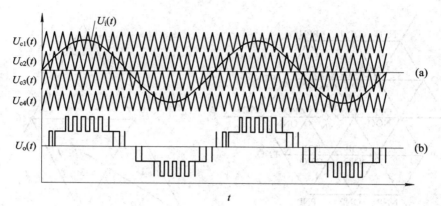

图 10 - 11　SPWM 原理图
（a）调制信号与三角载波；（b）输出相电压波形

　　SPWM 方法的优点是：幅值调制比范围较宽；适合高压大功率场合；电平数较多，THD 较小；不受电平数目的影响，可拓展到电平数更多的变换器中。其缺点是：直流侧电压利用率不高，输出电压有效值约为直流侧电压的 85%；计算自然换相点较为复杂。

## 10.3.3　空间矢量 PWM 法

　　空间矢量 PWM（SVPWM）法是德国学者 Vander Broek H. W. 提出的。空间矢量 PWM 法与 SPWM 法不同的是它以直接控制电动机磁链的圆形磁通轨迹为目的，使输出电压空间矢量以期望的速度旋转，且调节这个矢量的幅值为期望值，故又称磁通轨迹 PWM 法。多电平 SVPWM 法是由两电平 SVPWM 法推广而来的，即用逆变器输出相电压的平均矢量去逼近某一理论参考相电压矢量 $U_r$。第 6 章介绍了求电压矢量图的一般方法，这里用一种更直观的方法来得到多电平变换器输出电压的空间矢量图。以三相三电平为例（参见图 10 - 12(a)），每一桥臂可输出正电平 $U_{dc}/2$、零点平 0、负电平 $-U_{dc}/2$，分别用 P、O、N 表示；如 NOP 表示 a、b、c 相电压分别为 $-U_{dc}/2$、0、$U_{dc}/2$；依此类推。这样三相三电平变换器有 $3^3 = 27$ 种开关状态组合，其中 19 个独立空间矢量，这 19 个独立空间矢量中包含 18 个非零的空间矢量。在三相多电平逆变器变换时，选择适当的开关状态组合可以合成不同的输出电压，但在得到某些电压矢量时，有不同的开关状态组合可供选择，即有冗余的开关状态组合，这为采用适当的调制方法来保持直流侧电容电压平衡和开关频率最小化提供了条件。

　　为了减少输出电压的谐波，使逆变器三相输出电压等于给定电压矢量的值，在 PWM 的每一个控制周期 $t_s$ 内将给定电压用其最接近的 3 个矢量的线性组合来表示。电压空间矢量图具有对称性，这里仅以 0°～60° 的小方块区域 3 为例进行分析，参见图 10 - 12(b)，其

计算公式为

$$\begin{cases} t_s = t_1 + t_2 + t_3 \\ t_s \cdot U = t_1 \cdot U_1 + t_3 \cdot U_3 + t_4 \cdot U_4 \end{cases} \tag{10-12}$$

其中，$t_s$ 是 PWM 的控制周期。

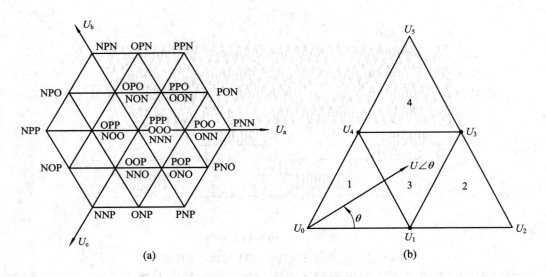

图 10-12　三电平 SVPWM 原理图

（a）三电平逆变器电压空间矢量图；（b）0°～60°范围内的电压矢量

空间矢量 PWM 法具有以下优点：直流侧电压利用率高；电流谐波较小，谐波电流有效值总和接近最优化；硬件实现比较容易，故比较适合高电压、大功率场合。其主要缺点有：随着电平数的增多，要从成百上千个矢量中选取适当的矢量，计算量太大；存在角度跳变。

## 10.3.4　选择谐波消去法

阶梯波调制法的幅值调制比范围小，为了提高幅值调制比范围，人们提出了选择谐波消去法。该方法通过选择适当的开关角合成阶梯波，并使谐波含量最小。图 10-13 示出了7 电平逆变器选择谐波消去法示意图，在电压波形的特定位置设置缺口，通过每半个周期中功率器件导通的多次切换，恰当地控制逆变器脉宽调制电压的波形，通过脉宽平均法把逆变器输出的方波电压转换成等效的正弦波，以消除某些特定次数的谐波。

由于对称性，图 10-13 所示的三种波形中不含偶次谐波，在低开关频率时可使输出波形谐波最少，且调制度范围较宽。假设在 1/4 个周期内有 $m$ 个开关角，则 $n$（奇数）次谐波幅值表达式为

$$h_n = \frac{4}{n\pi}[u_1 \cos(n\alpha_1) \pm u_2 \cos(n\alpha_2) \pm \cdots \pm u_m \cos(n\alpha_m)] \tag{10-13}$$

其中，脉冲上升沿为 +，脉冲下降沿为 −。

若令 $u_1, \cdots, u_m$ 均等于 $u_{dc}$（直流侧电压值），得

$$h_n = \frac{4u_{dc}}{n\pi}[\cos(n\alpha_1) \pm \cos(n\alpha_2) \pm \cdots \pm \cos(n\alpha_m)] \tag{10-14}$$

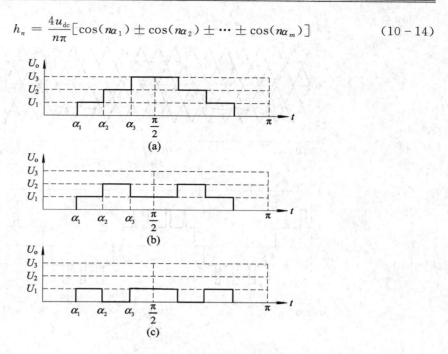

图 10-13 7 电平正向电压不同调制度阶梯波形

(a) 高调制度；(b) 中调制度；(c) 低调制度

从以上分析可知，理论上可以消除任意次谐波，但受功率器件开关频率的限制，一般只把影响系统性能较明显的低次谐波消除掉。通过增加额外的滤波电路，高次谐波比较容易消除。

选择谐波消去法的优点是：利用有限个开关角能有效地抑制某些低次谐波；THD（总谐波畸变）较小。其主要缺点是：需要解超越方程，计算量大，难于实时控制；容易导致高次谐波幅值增加。

## 10.3.5 开关频率优化法

开关频率优化（SFOPWM）法与多电平 SPWM 法有类似之处（参看图 10-11 与图 10-14），只不过前者在调制波中加入了零序电压（如三次谐波等），使之成为鞍形波。SFOPWM 适用于过调制情况下，而后者则不适宜。

对于一个三相系统，SFOPWM 方法的零序分量是三相正弦波瞬态电压参考值（$u_a^*$，$u_b^*$，$u_c^*$）的最大值和最小值的平均值，各参考电压值减去这一平均值作为修正后的各相参考值：

$$u_{offset} = \frac{\max(u_a^* + u_b^* + u_c^*) + \min(u_a^* + u_b^* + u_c^*)}{2} \tag{10-15}$$

$$\begin{cases} u_{aSFO}^* = u_a^* - u_{offset} \\ u_{bSFO}^* = u_b^* - u_{offset} \\ u_{cSFO}^* = u_c^* - u_{offset} \end{cases} \tag{10-16}$$

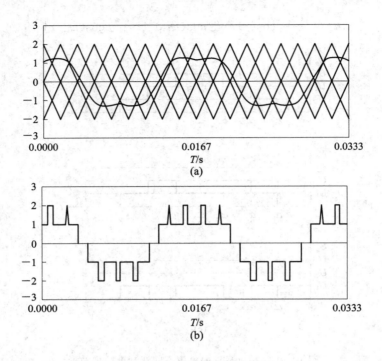

图 10 - 14　SFOPWM 原理图

（a）载波与调制波波形；（b）输出电压波形

　　电动机在三相星形连接时，虽然正弦调制波中叠加了 3 次谐波，在经过调制后变换电路输出的相电压中包含有 3 次谐波，但在合成线电压时，各相电压中的 3 次谐波相互抵消，线电压为正弦波。由于加入了 3 次谐波，基波正峰值附近恰好为 3 次谐波的负峰值，两者可相互抵消一部分，这样调制信号可包含更大的基波分量，而使合成后的信号基波分量最大值不超过载波信号最大值。这样，调制度范围增加了，直流侧电压利用率也就增加了。

　　开关频率优化法的优点有：调制度范围较宽；直流侧电压利用率高了 15%；直流侧电容电压平衡易于控制。其缺点有：仅适用于三相无中线系统；5 电平数以上场合，控制算法过于复杂。

## 10.4　三电平逆变器异步电动机直接转矩控制系统

　　与两电平逆变器相比，多电平逆变器具有对器件耐压要求低、输出谐波含量低、输出电压跳变小和控制性能好等特点，非常适用于高压大容量交流变频调速系统。现有的多电平交流调速系统中，多数是用于风机、水泵类负载一般性能的节能调速，不需要高性能运行，都是基于变压变频（VVVF）原理的开环控制。随着变频调速技术的广泛应用，越来越多高压大功率的场合也提出高性能控制的要求，如轧钢、电气牵引、船舶的电力推进等。这些场合往往需要低速大转矩输出、高的动态响应、高的转速精度和硬负载特性，这些性能指标必须依赖于高性能的闭环控制方案。

　　如第 6、7 章所述，直接转矩控制具有良好的动态性能，尽管直接转矩控制具有转矩脉动大的不足，三电平电路的矢量选择方法和传统两电平类似，但三电平逆变器具有比两电平逆变器更多的电压空间矢量,因此在电压空间矢量的选择上具有更多的变化,存在多种选择电压空间矢量的方案,可实现较好的转矩控制特性。

### 10.4.1　三电平逆变器直接转矩控制基本原理

传统的直接转矩控制是在定子坐标系下将给定转矩和磁链与计算值进行滞环比较,然后查表优化选择得到作用到电动机的电压空间矢量。异步电动机的定子电压空间矢量与定子磁链空间矢量的关系为式(6-47)式的 $u_s = R_s i_s + \dfrac{\mathrm{d}\psi_s}{\mathrm{d}t}$。当电动机转速不是很低时忽略电压降,定子磁链空间矢量是如式(6-48)式 $u_s \approx \dfrac{\mathrm{d}\psi_s}{\mathrm{d}t}$ 的定子电压空间矢量时间积分关系,定子磁链增量总是沿着定子电压空间矢量的方向变化。对于一个小的抽样周期,磁链与电压满足 $\Delta\psi_s \approx u_s T_s$ 的关系。当施加电压空间矢量时,异步电动机的磁链的运行方向和幅值可能都将发生变化。当所施加的电压空间矢量与当前的磁链空间矢量之间的夹角的绝对值小于 90°时,该矢量作用的结果是使得磁链幅值增加;当两者之间的夹角的绝对值大于 90°时,该矢量作用的结果是使得磁链幅值减小。由于忽略了定子电阻的压降,可能会导致模型误差,影响低速运行性能。

异步电动机的转矩 $T_e$ 与定子和转子的磁链叉积表示为

$$T_e = \frac{3n_p L_m}{2\sigma L_s L_r} \mid \psi_s \mid\mid \psi_r \mid \sin\delta \qquad (10-17)$$

其中,$\delta$ 称为磁通角,是定子和转子磁链之间的角度。

当定子磁链幅值不变时,可以通过改变它们之间的夹角实现快速改变转速的目的。直接转矩控制是根据电动机的采样电压、电流信号,计算出定子磁链和电磁转矩等参数,通过施加不同的定子电压空间矢量使定子磁链快速变化,进而改变定子磁链和转子磁链的夹角,从而达到控制转矩的目的。典型的三电平逆变器直接转矩控制系统的原理框图如图 10-16 所示。

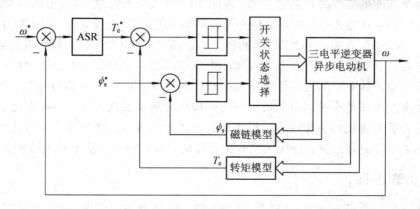

图 10-16　三电平逆变器直接转矩控制系统的原理框图

### 10.4.2　电压空间矢量优化选择原理

两电平逆变器 DTC 在六边形扇区划分和电压空间矢量优化选择上比较成熟,三电平逆变器电压空间矢量数量更多,扇区划分以及矢量选择相对复杂。这里要考虑扇区划分和矢量选择。与两电平电路不同，三电平逆变器扇区划分通常如图 10-17 所示，划为分 12 个 30°的扇区，以最外边六边形六个顶点和六条连线中点的矢量（又称为中长矢量）为扇区的角平分线。

在矢量优化选择方面，三电平逆变器是根据当前转矩和磁链的误差需要来选择电压空间矢量，其原理见表 10-2，转矩和磁链都采用三级滞环。其中，$k$ 表示当前定子磁链的位置在第 $k$ 扇区，计数采用循环方式，如 $k=11$，则 $k+2$ 的矢量序号为 1。然而，三电平直接转矩控制可同时满足磁链和转矩需求的有时不止一个矢量，此时采取转矩优先选择的原则。

**表 10-2　三电平逆变器直接转矩控制矢量选择原理**

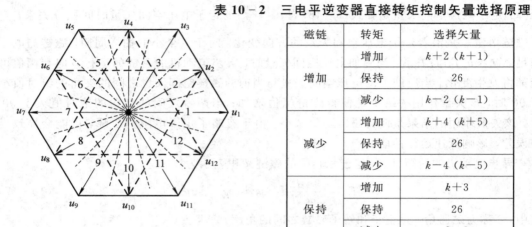

图 10-17　三电平逆变器扇区划分图

| 磁链 | 转矩 | 选择矢量 |
|---|---|---|
| 增加 | 增加 | $k+2$ $(k+1)$ |
| | 保持 | 26 |
| | 减少 | $k-2$ $(k-1)$ |
| 减少 | 增加 | $k+4$ $(k+5)$ |
| | 保持 | 26 |
| | 减少 | $k-4$ $(k-5)$ |
| 保持 | 增加 | $k+3$ |
| | 保持 | 26 |
| | 减少 | $k-3$ |

对于二极管钳位型三电平逆变器，不仅要满足磁链和转矩要求，还要考虑满足中点电位平衡和矢量切换的问题。且电位平衡是必须解决，以避免中点电压波动过大导致输出电压畸变和功率器件电压应力过高等问题。在图 10-17 中，大矢量（六边形的六个顶点）和零矢量并不与中点直接相连，对中点电位平衡没影响；中矢量（位于每个 60°扇区的角平分线上，如 $u_2$、$u_4$）、小矢量（位于内六边形的顶点上，成对出现，如 ONN 与 POO）至少有一相与中点相连接，中矢量在一个线电压周期内中点电压会自动平衡，单会导致中点电位产生三倍主频的波动，小矢量存在正负两个冗余状态，对中点电位作用恰好相反，因此，各种中点电位平衡方法都是通过调整正负小矢量的作用时间来实现。矢量切换优化主要是为了尽量减少开关状态变化时引起的开关损耗和避免正负母线电压之间跳变，因此不同开关状态的顺序必须遵守下述原则：每次切换开关状态时，只切换一个功率开关器件。

### 10.4.3　仿真结果

图 10-18 为基于上述优化方法的 MATLAB 仿真实验波形，其中电动机参数为 2.2 kW、2 对极，380 V、50 Hz，定子电阻为 2.8452 Ω，转子电阻为 2.4129 Ω，互感为 0.2687 H，定、转子漏感均为 12.8 mH，电动机转动惯量为 0.01 kg·m²。

仿真结果如图 10-18 所示。从图 10-18(a) 和图 10-18(b) 看出，这里首先建立磁通，然后才启动电动机。磁通采用直流预励磁方式的建立，即采用在零矢量和某一固定大矢量之间切换，电流超过一定幅值就切换到零矢量，有效地实现了启动电流限幅，避免了 DTC

的启动电流过大问题。电动机为空载启动，在 0.5 s 时突加 50% 额定负载。从图 10 - 18(a) 和 10 - 18(b) 看出，磁链和转速的动态响应十分迅速，实际值很好地跟踪了指令值，突加负载时转速略有波动后立即恢复到正常值。由于加入了矢量过渡措施，从图 10 - 18(c) 看出，中点电位得到了很好的控制，波动范围限制在较小范围以内。从图 10 - 18(d) 所示的稳态线电压波形可以看出没有出现过高的电压跳变，说明了矢量切换原则的正确性，保证了三电平逆变器的安全运行。

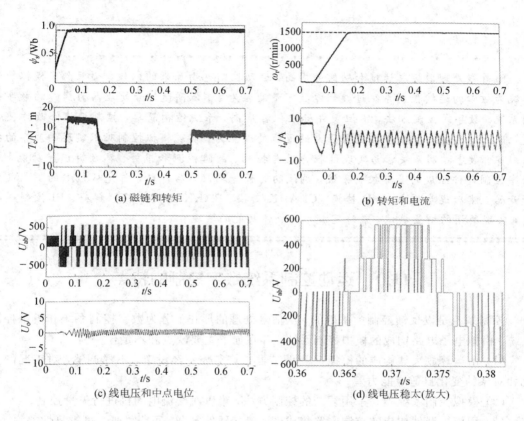

图 10 - 18   基于优化电压空间矢量的三电平直接转矩控制仿真波形

# 习题与思考题

10.1   说明多电平逆变器的工作原理。

10.2   比较钳位型逆变器与级联型逆变器的异同。

10.3   比较多电平 SPWM 与传统两电平 SPWM 的异同。

10.4   三电平钳位型逆变器在一个周期内，同一变换臂中的可控功率器件流过的平均电流是否相同？它们之间有何关系？

# 第 11 章　　数字运动控制系统与工程实现

随着微处理器运算速度和功能的提高，运动控制也由原来的以模拟量反馈、模拟控制系统为核心的连续控制系统过渡到以数字量处理为主、以高速信号处理器为核心的数字控制系统。数字式控制方法，不但硬件标准化程度高，系统结构简单，控制规律修改方便快捷，而且还可以结合数字控制器强大的逻辑处理能力，实现模拟控制难以实现的复杂的控制规律。数字控制系统容易实现远程通信与控制、故障检测和报警、参数辨识等功能。对数字控制部件组成的多环控制系统，调试的时候先内环，后外环，首先从核心的 PWM 信号开始，然后逐步增加 A/D 转换、CLARK 变换、PARK 变换、QEP 解码、PI 控制等功能，实现所谓的增量调试，最终完成系统整体功能的实现。

## 11.1　　运动控制系统数字控制的特点

控制系统是以反馈控制为基础的，从信号处理的形式上分为数字控制系统和模拟控制系统。模拟电子电路构成的模拟控制系统，存在如下主要缺点和不足：

（1）由运算放大器构成的模拟 PID 调节器，其参数一经设定，不易调整，对工况的变化和对象的变化自适应能力差；

（2）模拟控制系统不易采用复杂的控制方法，难以对交流电动机进行矢量控制；

（3）用模拟器件构成的控制电路集成度不高，硬件复杂，可靠性低，可重复性差。

以微处理器为核心的数字控制系统，可以实现原连续控制系统无法实现的高复杂度、高精度的控制。数字控制系统的主要特点如下：

（1）控制系统集成度高，硬件电路简单而且同一，可靠性高，可重复性好，对于不同的控制对象和控制要求，只需改变控制算法软件即可，可以实现多机协同控制。

（2）数字控制系统反馈量的数字输入，具有数据采集速度快、值域范围宽、分辨率高、精度高等特点。

（3）采用数字信号处理器，如 TI 公司的 C2000 系列微控制器，可以实现高性能控制策略和方法，如矢量控制、多变量模糊控制及人工智能控制等，更好地适应复杂多变的控制系统。

（4）利用人机界面设备（如与处理器相连的液晶显示屏、控制面板、触摸屏等）实现对系统运行状态的监控、预警、故障诊断等功能；借助处理器的通信实现与上位机的通信，基于现场总线技术实现底层控制设备的联网，实现多机协同工作。

# 11.2　运动控制系统主要环节的数字化实现

## 11.2.1　系统状态量的数字检测

### 1. 脉冲式旋转编码器

脉冲式旋转编码器测速装置的基本组成包括，一个脉冲发生器和一个检测变换与控制电路。脉冲发生器与被测转轴硬性连接，转轴每旋转一周，脉冲发生器输出一组固定的脉冲数，因而其输出脉冲的频率与转速成正比。按照结构方式的不同，旋转编码器可分为绝对式和增量式两种。绝对式旋转编码器常用于检测转角；增量式旋转编码器在码盘上均匀地刻制一定数量的光栅，在接收装置的输入端便得到频率与转速成正比的方波脉冲序列，其原理示意图如图 11 - 1 所示。

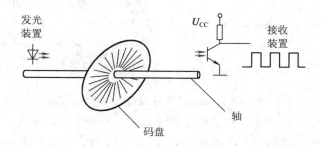

图 11 - 1　增量式旋转编码原理示意图

实际使用较多的码盘是正交码盘，如图 11 - 2(a)所示，在普通的码盘刻制基础上增加与之差 1/4 节距的刻码，并增加零位刻码冲槽，与之相应的增加一对发光与接收装置，使两对发光与接收装置同样错开光栅节距的 1/4，输出波形如图 11 - 2(b)所示。

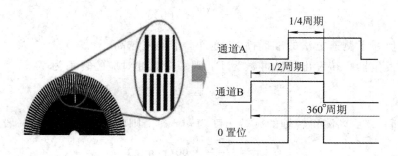

图 11 - 2　正交码盘的结构和正交码波形图
(a)正交码盘示意图；(b)带零位的正交码波形图

增加的一圈刻码主要用来鉴定电机的转向，正转时 A 相超前 B 相；反转时 B 相超前 A 相，零位脉冲每个机械周期输出一个脉冲，用来进行计数复位，清除累计误差。

电机转向采用简单的鉴相电路就可以分辨出：正转时，A 序列脉冲的上升沿超前 B 脉冲的上升沿；反转时，A 序列脉冲的上升沿滞后 B 序列的上升沿，如图 11 - 3 所示。

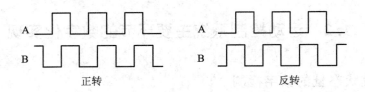

图 11-3 正交码与其转向示意图

如果采用微处理器控制系统，则电机的转向可通过编码状态机来判定。编码状态机和旋转方向关系如图 11-4 所示。

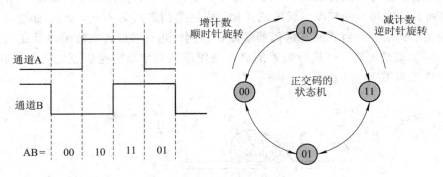

图 11-4 旋转方向和编码状态机的关系

数字测速的性能有分辨率和测速精度两个指标。分辨率是指改变一个计数值所对应的转速变化量，用符号 $Q$ 表示。当被测转速由 $n_1$ 变为 $n_2$ 时，引起计数值增量为 1，则该测速方法的分辨率是

$$Q = n_2 - n_1 \tag{11-1}$$

分辨率 $Q$ 越小，说明测速装置对转速变化的检测越敏感，从而测速的精度也越高。测速误差率是指转速实际值和测量值之差与实际值之比，记作

$$\delta = \frac{\Delta n}{n} \times 100\% \tag{11-2}$$

测速误差率反映了测速方法的准确性，$\delta$ 越小，准确度越高。

设脉冲发生器每转发出的脉冲数为 $P$，则一个脉冲对应的转角为

$$\theta_P = \frac{2\pi}{P} \tag{11-3}$$

若在时间 $T(s)$ 内测得转轴的旋转角度为 $\theta(\text{rad})$，则转速测量值 $n$ 的一般计算式为

$$n = \frac{\theta/2\pi}{T} \times 60(\text{r/min}) \tag{11-4}$$

式(11-4)中的 $\theta$ 等于脉冲个数与 $\theta_P$ 的乘积。由此可见，原则上有测量一定时间内的脉冲数和测量脉冲周期两种测速方法。由这两种基本方法还可派生出多种测速方法，它们所测得的转速均是检测时间内的平均转速。常用的测速方法有 M 法、T 法和 M/T 法三种。

1）M 法测速

M 法测速是指在规定的检测时间 $T_c(s)$ 内，对光电码盘输出的脉冲个数 $m_1$ 进行计数。转速为

$$n = \frac{60m_1}{PT_c} \tag{11-5}$$

实际上，在 $T_c$ 内的脉冲个数 $m_1$ 一般不是整数，而用计算中的定时/计数器测得的脉冲个数只能是整数，因而存在量化误差。例如，要求误差小于 $1\%$，则 $m_1$ 应大于 100。在一定的转速下要增大 $m_1$ 以减小误差，可增加检测时间 $T_c$；但考虑光电码盘测速的主要目的是在数字伺服系统中测取转速反馈量供闭环使用，故检测时间 $T_c$ 也不能太长，一般应在 0.01 s 以下。由此可见，减小量化误差的方法最好是增加光电码盘每周输出脉冲数 $P$。

M 法测速适合测量高速转速，因为在 $P$ 及 $T_c$ 相同的条件下，高转速时 $m_1$ 较大，量化误差较小。

2）T 法测速

T 法测速是指在码盘输出第一个脉冲周期内对高频时钟脉冲的个数 $m_2$ 进行计数。转速为

$$n = \frac{60f_0}{Pm_2} \tag{11-6}$$

式中：$f_0$ 为高频时钟脉冲的频率。

为了减小量化误差，$m_2$ 不能太小，所以 T 法测速在测量低转速时精度较高。当然，转速也不宜很低，以免码盘发出一个脉冲的周期太长，影响测量的快速性。为了提高测量的快速性，应当选用 $P$ 值较大的光电码盘。

若采用 Intel 8096 系列单片机，则可利用高速输入单元 HSI 的中断工作方式。具体做法是将码盘输出脉冲送入某一个 HSI 口，规定码盘输出脉冲的正跳变（或负跳变）为一个事件，于是 HSI 单元可自动捕获码盘输出脉冲的正跳变（或负跳变），记下跳变发生时刻的定时器读数，并申请中断。在中断服务程序中，将最近两次跳变时刻的定时器读数相减，即可得出 $m_2$。

3）M/T 法测速

M/T 法测速在稍大于规定时间 $T_c$ 的某一时间 $T_d$ 内，分别对光电码盘输出的脉冲个数 $m_1$ 和高频时钟脉冲个数 $m_2$ 进行计数，如图 11-5 所示，于是可求出转速

$$n = \frac{60m_1 f_0}{Pm_2} \tag{11-7}$$

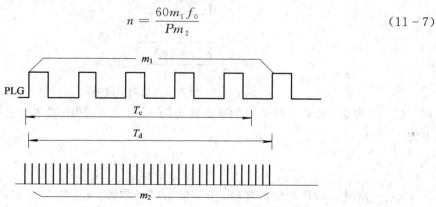

图 11-5　M/T 法测速原理

$T_d$ 的开始和结束都应当正好是光电码盘脉冲的上升沿，这样就可保证检测的精度。

采用 Intel 8096 系列单片机,如 80C196 可实现 M/T 法测速。如图 11-6 所示,用一个 D 触发器作为接口,由 HSO.0 口产生一个宽度为 $T_c$ 的脉冲至 D 触发器的 D 端,CP 端则接收光电码盘的脉冲信号 PLG。$\overline{Q}$ 端输出的脉冲,宽度为 $T_d$,其下降沿及上升沿均和 PLG 脉冲的上升沿同步,保证在 $T_d$ 时间内包含整数个 PLG 脉冲。高速输入单元 HSI.0 采用中断工作方式,应用恰当的中断服务程序,得出时间 $T_d$。PLG 脉冲串同时输入 HSI.1 口,利用 80C196 内的计数器 $T_2$ 计数,再通过恰当的程序完成 M/T 法测速的功能。

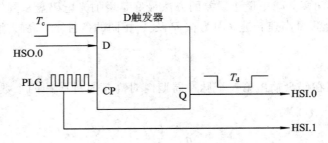

图 11-6　M/T 法测速方案之一

### 2. 模拟式转速传感器

A/D 转换器是计算机检测模拟量时普遍使用的接口芯片。由测速机、变换电路及 A/D 转换器组成的模拟式转速传感器,其电路原理如图 11-3 所示,图中三部分均具有线性特性。

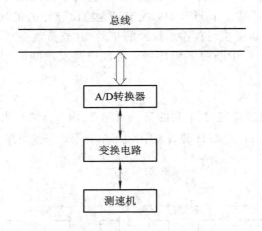

图 11-7　测速机测速的电路原理图

(1) 分辨率。设转速调节时的最高转速为 $n_{max}$,A/D 转换器的位数为 $N$,则测速分辨率为

$$R_n = \frac{n_{max}}{2^N - 1}(\text{r/min}) \qquad (11-8)$$

$n_{max}$ 一定时,A/D 的位数越多,分辨能力($R_n$)越强。$n_{max}$ 和 $N$ 选定后,CPU 从 A/D 转换器读入的转换值 $D$ 与转速成正比。转速测量值的计算式为

$$n = R_n \cdot D(\text{r/min}) \qquad (11-9)$$

直流测速机用于可逆传动系统测速时,其输出电压 $U_a$ 具有双极性。虽可采用双极性

A/D 转换检测，但由于符号占 1 位，使分辨率 $R_n$ 增大 1 倍，分辨能力下降。为了充分利用 A/D 转换器的位数，提高分辨能力，测速机输出电压的变换电路采用图 11-8 所示电路，由 $U_D$ 提供转向判别信号，送计算机实现判向。

（2）测速精度。测速发电机 A/D 转换器测速的精度，除取决于这两个元件本身的精度外，还与测速机输出电压变换电路的误差有关。引起这些误差的因素较多，与脉冲测速法相比，其测速精度不高，这也是测速机常用在对控制性能要求不高的传动系统中的原因。

（3）检测时间。测速发电机 A/D 转换器测速的检测时间，包括 A/D 转换器的转换时间、计算机执行 A/D 转换程序及转向判别、转速测量值运算程序等所经历的时间。与脉冲式旋转编码器测速相比，测速机所需检测时间不长，对系统转速调节周期影响不大。测速机所测转速为 A/D 转换时刻对应的转速瞬时值。

（4）转速反馈值和转速反馈系数。由式（11-9）可得转速反馈值

$$N_f = \alpha n = \alpha R_n D \quad （数字值） \tag{11-10}$$

由于分辨率 $R_n$ 与转速无关，所以转速反馈系数 $\alpha$ 值的确定与 M 法测速相同。当取 $\alpha R_n = 1$ 时，$N_f = D$（数字值），这样可简化转速给定值 $N_{ga}$ 与反馈值 $N_f$ 之间的偏差量的求取。

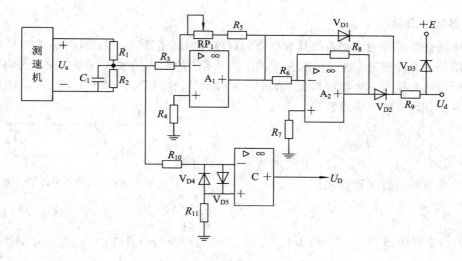

图 11-8　测速机输出电压变换电路

## 11.2.2　数字滤波器

若干扰作用于模拟信号，则会使 A/D 转换结果偏离真实值。如果仅采样一次，是无法确定该结果是否可信的，必须多次采样，得到一个 A/D 转换的数据系列，通过某种处理后，才能得到一个可信度较高的结果。这种从数据系列中提取逼近真值数据的软件算法通常称为数字滤波算法，由它实现的环节称为数字滤波器。常用的数字滤波器有滑动平均值滤波器、限幅滤波器、防脉冲干扰平均值滤波器等。

**1. 滑动平均值滤波器**

滑动平均值滤波器采用列队作为测量数据存储器，队列的长度固定为 $N$，每进行一次新的测量，把测到的结果放入队尾，扔掉原来队首的一个数据，这样在队列中始终有 $N$ 个

最新的数据。将这 $N$ 个数据进行一次算术平均，就可以得到新的算术平均值，其算式为

$$\bar{Y}_n = \frac{1}{N}\sum_{i=0}^{N-1}x_i \tag{11-11}$$

式中：$x_i$ 为各采样时刻的采样值；$\bar{Y}_n$ 为第 $n$ 次采样时刻的滤波值。

在用计算机实现该滤波器时，主要考虑检测数据不足 $N$ 个时应如何进行处理。一般有两种处理方式：一是此时不滤波，直接将该采样值作为滤波值输出；二是认定此时的滤波值 $\bar{Y}_n=0$。前一种处理方式较为常用。

**2. 限幅滤波器**

限幅滤波器把相邻两次采样值相减，求出其增量（以绝对值表示），然后将其与两次采样允许的最大差值 $\Delta Y$（由被控对象的实际情况决定）进行比较。其程序流程是：如果小于或等于 $\Delta Y$，则取本次采样值；如果大于 $\Delta Y$，则取上次采样值作为本次采样值，即

$$\begin{cases} 若\ |Y_n - Y_{n-1}| \leqslant \Delta Y，则\ Y_n = Y_n \\ 若\ |Y_n - Y_{n-1}| > \Delta Y，则\ Y_n = Y_{n-1} \end{cases} \tag{11-12}$$

## 11.2.3　函数发生器

**1. 给定积分器**

有些场合要求传动控制系统具有缓慢的启停和加减速特性，以减小冲击电流或减小对机械传动部件的冲击等。在这种情况下，需要在系统的输入端加入一个给定积分环节，将给定阶跃转速变换成一个斜坡函数。图 11-9 所示是给定积分环节的方框图。从图中可以得到给定积分环节的传递函数

$$\frac{U_{gn}(s)}{E(s)} = \frac{1}{\tau s} \tag{11-13}$$

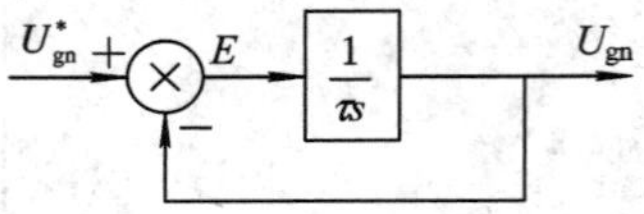

式中，$E(s)=U_{gn}^*(s)-U_{gn}(s)$。上式离散化后，可得到给定积分环节的位置式计算式：

图 11-9　给定积分环节的方框图

$$U_{gn}(n+1) = \frac{T}{\tau}e(n) + \frac{T}{\tau}\sum_{i=1}^{n-1}e(i) \tag{11-14}$$

式中：$T$ 为采样周期；$U_{gn}(n+1)$ 为 $U_{gn}$ 在第 $n+1$ 采样时刻的数值；$e(n)$ 为第 $n$ 采样时刻的数值。

利用递推原理，由式(11-14)可以得出给定积分环节的增量式计算式：

$$U_{gn}(n+1) = U_{gn}(n) + \frac{T}{\tau}e(n) \tag{11-15}$$

利用式(11-15)很容易用计算机实现给定积分环节，每个采样周期定时一到，采样读入 $U_{gn}^*(n)$，计算 $e(n)=U_{gn}^*(n)-U_{gn}(n)$，则可求得 $U_{gn}(n+1)$。图 11-10 所示是用式(11-15)实现给定积分环节的程序流程图。

在具体编程实现积分环节时，还需考虑以下几个问题：

(1) 给定积分环节的积分饱和值就等于给定的阶跃值，因而对同一阶跃值的给定积分环节其饱和值是不变的，而对不同阶跃值的给定积分环节，其饱和值应随给定阶跃值的改变而改变。

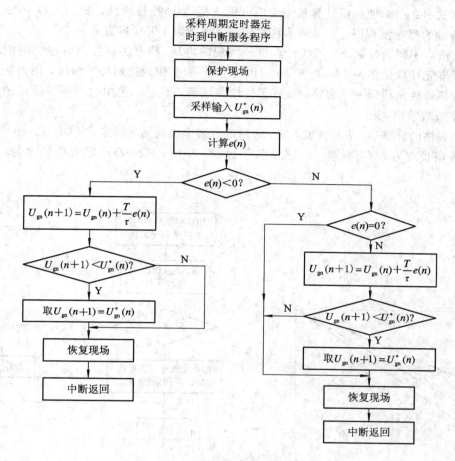

图 11-10　实现给定积分环节的程序流程图

（2）采样周期的选取和实现。采样周期越短，要求调控周期越小，控制系统可能具有更好的控制效果，因此采样周期的选取应考虑调控周期的大小。在具体实现时可采用定时器，将采样周期转换为定时时间常数，用重复定时法定时，改变定时时间常数，就可以改变采样周期的长短。

（3）给定阶跃转速 $U_{gn}^{*}(n)$ 的采样。给定阶跃转速 $U_{gn}^{*}(n)$ 有两种给定方式：一是模拟量给定；二是数字量给定。对于前者，必须通过 A/D 变换器采样输入计算机；对于后者，可以通过键盘直接输入计算机。

**2. 电压-频率函数发生器**

实现电压-频率协调的电压-频率函数发生器，其函数关系式为

$$U_1 = \begin{cases} Kf_1 + U_b & f_1 \leqslant f_{1N} \\ U_{1N} & f_1 > f_{1N} \end{cases} \qquad (11-16)$$

式中：$U_1$ 为定子电压；$f_1$ 为定子频率；$U_b$ 为补偿电压初值；$K$ 为比例系数。

图 11-11 示出了为式（11-16）对应的特性曲线。从图中可看出，当 $f_1 \geqslant f_{1N}$ 时，$U_1 = U_{1N}$；当 $K$ 值及 $U_b$ 不同时，特性曲线也不同，即电压补偿量不同。可通过选择不同的 $K$ 及 $U_b$ 值使电压-频率协调控制以适应不同的负载。

根据式(11-16)便可用计算机来实现电压-频率协调控制特性，图 11-12 所示为实现该控制特性的程序流程图。在具体编程时还需要考虑以下几个问题：

(1) 适应不同的负载。为了使计算机所实现的电压-频率协调控制特性能适应不同的负载，可事先计算出多种不同的 $K$ 及 $U_b$ 值的电压-频率协调控制特性曲线，用表格的方式处理，每条特性曲线列一张表格，给每条特性曲线编一代号，使用时根据所选定的曲线代号及频率查表求出电压。

(2) 表格的分辨率。表格长度一定，表格的分辨率也就随之而定。例如，$f_1=0\sim50$ Hz，若选定表格长度为 256，则频率的分辨率为 $\Delta f_1=0.195$ Hz；若选定表格长度为 512，则 $\Delta f_1=0.098$ Hz。

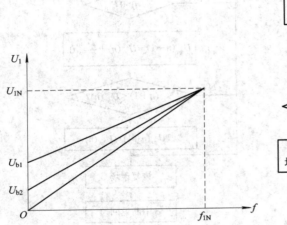

图 11-11　电压-频率协调控制特性

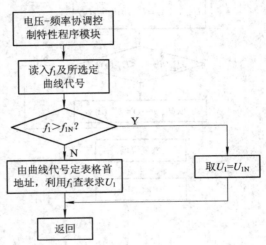

图 11-12　电压-频率协调控制特性的程序流程图

## 11.2.4　数字控制器

### 1. PID 控制器

按偏差的比例、积分和微分进行控制的调节器，称为 PID 控制器，是连续系统中技术成熟且应用广泛的一种控制器。将它移植到计算机控制系统中，通过软件予以实现，对于大多数控制对象都能获得满意的控制效果，所以人们常常采用数字 PID 控制算法，并根据经验和实验在线整定参数，该算法有很强的灵活性和适应性。由于软件设计的灵活性，数字 PID 控制算法可以很容易得到修正，因而比模拟 PID 调节器的性能更完善。数字 PID 控制算法是电动机计算机控制中常用的一种基本控制算法。

1) 常规 PID 控制器

PID 控制算法的模拟表达式为

$$Y(t) = K_P\left[e(t) + \frac{1}{T_I}\int e(t)\,\mathrm{d}t + T_D \cdot \frac{de(t)}{dt}\right] + Y(0) \tag{11-17}$$

式中：$Y(t)$ 为 PID 控制器的输出；$e(t)$ 为 PID 控制器的输入偏差；$K_P$ 为 PID 控制器的比例系数；$T_I$ 为 PID 控制器的积分时间常数；$T_D$ 为 PID 控制器的微分时间常数；$Y(0)$ 为输出

量的初值。

　　模拟 PID 调节器中比例调节器的作用是对偏差做出瞬间快速反应。偏差一旦产生，调节器立即产生控制作用使控制量向着减小偏差的方向变化，控制作用的强、弱取决于比例系数 $K_P$。式(11-17)表明，只有当偏差存在时，第一项才有控制量输出，因此对于大部分控制对象，如直流电动机的电枢电压调速，要加上适当的和转速及机械负载有关的控制常量 $Y(0)$，否则，单用比例调节器会产生静态误差(静差)。

　　积分调节器的作用是把偏差积累的结果作为它的输出。在调节过程中，只要偏差存在，积分器的输出就会不断增大，直至偏差 $e(t)=0$，输出 $Y(t)$ 才可能维持某一常量，使系统在设定值不变的条件下趋于稳态。因此，即使不加适当的控制常量 $Y(0)$，有了积分调节器也能消除系统输出的静差。

　　积分调节作用虽然可以消除静差，但会降低系统的响应速度，增加系统输出的超调。式(11-17)的第二项表明，积分时间常数 $T_I$ 越大，积分的积累作用越弱，反之则积分的积累作用越强。$T_I$ 必须根据控制的具体要求来选定。增大 $T_I$ 将减慢消除静差过程，但可减小超调，提高稳定性。

　　实际的控制系统除了希望消除静差，还要求加快调节过程，有必要在偏差出现的瞬间或偏差变化的瞬间，不但对偏差量做出即时反应(即比例调节作用)，而且根据偏差的变化或者说偏差的变化趋向预先给出适当的控制量。为了达到这一目的，可以在 PI 调节器的基础上加入微分调节器，这样就得到式(11-17)所示的 PID 控制器。

　　微分调节器的作用是阻止偏差的变化，偏差变化越快，微分调节器的输出也越大。因此微分调节器的加入将有助于减小超调，克服振荡，使系统趋于稳定，它加快了系统跟随的速度。适当选择微分时间常数 $T_D$，对实现上述微作用是至关重要的。

　　传统的模拟 PID 调节器是用硬件(如电子元器件、气动装置、液压器件等)实现它的调节规律的。自从计算机进入控制领域以来，只要对式(11-17)所示模拟 PID 控制规律做适当的近似变换，以适合计算机运算，就可以用软件来实现 PID 调节。这样 PID 调节就提供了更大的灵活性，从而在计算机控制中得到广泛的应用。

　　对式(11-17)进行离散化处理，可得

$$Y(n) = K_P \left\{ \begin{aligned} &e(n) + \frac{T}{T_I} \sum_{j=0}^{n} e(j) + \\ &\frac{T_D}{T}[e(n) - e(n-1)] \end{aligned} \right\} + Y(0) \qquad (11-18)$$

式中：$T$ 为采样周期；$e(n)$ 为第 $n$ 次采样时刻的输入偏差；$Y(n)$ 为第 $n$ 次采样时刻的输出；$n$ 为采样序号，$n=0, 1, 2, \cdots$

　　由式(11-18)可求出每一个采样时刻控制器的输出，故常将该式称为位置型 PID 控制算式，其算法程序流程图见图 11-13。

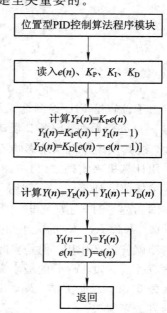

图 11-13　位置型 PID 控制算法程序流程图

2）增量型 PID 控制器

利用递推原理，由式（11-18）可得

$$\Delta Y(n) = K_P[e(n)-e(n-1)] + K_I e(n) + K_D[e(n)-2e(n-1)+e(n-2)]$$

$$(11-19)$$

式中：$K_P$ 为比例系数；$K_I = \dfrac{T}{T_I} K_P$ 为积分系数；$K_D = \dfrac{T_D}{T} K_P$ 为微分系数；$\Delta Y(n)$ 为第 $n$ 次采样时刻输出的增量。

由式（11-19）可知，在每次采样时刻只需求出这次输出在上次输出的基础上的增量，故常将式（11-19）称为增量型 PID 控制算式，其算法程序流程图见图 11-14。

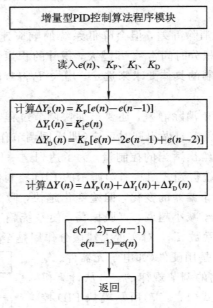

图 11-14　增量型 PID 控制算法程序流程图

由于位置型 PID 控制算式是全量输出的，所以每次输出均与原来的位置量有关，即需要对 $e(j)$ 进行累加，因此其误动作对系统影响较大；而增量型 PID 控制算式每次输出数值不大，故其误动作对系统影响不大。

用计算机来实现式（11-18）、式（11-19）的原理较为简单。每次采样周期定时一到，读入采样值并计算 $e(n)$，利用 $e(n)$ 计算比例项、积分项和微分项，将这三项相加即可。在具体编制程序时，还应考虑以下问题：

（1）$K_P$、$K_I$、$K_D$ 的大小与 $e(n)$ 的实际死区的关系。从原理角度看，只要 $e(n)$ 不为零，比例项就应该有作用，但是实际上比例项的作用能否体现出来，还与 $Y(n)$、$\Delta Y(n)$ 的表示方法有关。例如，$Y(n)$ 的最小分辨率为 $1/2^8 = 0.0039$，若取 $K_P$ 为 0.5，则比例项中 $e(n)$ 的死区为 0.39。以此类推，$K_I$、$K_D$ 也存在类似问题。对于这一问题，可采用在死区内 $e(n)$ 累加的方法来解决。

（2）系统采样周期 $T$ 的选取。数字 PID 控制算法模拟连续系统 PID 调节器，在近似离散化的基础上，通过计算机实现数字控制。这种控制方式要求采样周期远小于系统的时间常数，这是采用数字 PID 控制器的前提。采样周期越小，数字控制效果就越接近于连续控制。然而采样周期的大小主要取决于状态变量的检测周期，因此，系统的采样周期 $T$ 一般取为状态变量最小检测周期的整数倍。

### 2. 双模控制器

对快速随动系统的基本要求是系统的输出能够快速、平稳、准确地跟踪输入的变化，即要求跟随时间短、超调小且无静差。例如，要求某工作机械用最短时间走完一个指定的行程 $x_0$，为了达到这个目的，首先应使系统尽可能快地获得高速度，即要求电动机用最大可能的加速度来加速；其次，为了避免超调，一定要在行程到达 $x_0$ 之前提前发出使工作机械制动的信号，使行程到达 $x_0$ 时恰好停止，这样才能使系统快速、平稳地跟踪输入。从以上分析可以发现，快速随动系统的控制规律不是线性的、连续的，而是非线性的、开关式的。但是仅靠开关式控制形式，快速随动系统很容易产生自振荡，这是因为开关时滞的作用会在 $x_0$ 点附近形成一个振荡的极限环。为了消除或减小 $x_0$ 点附近的极限环，除了尽量减小开关时滞外，还可以在 $x_0$ 点附近设置一个死区，不过这种方法要牺牲系统的定位精度。为了既不影响系统的定位精度又能消除极限环，更现实的解决方法产生了：采用双模控制器。

图 11 - 15 所示是双模控制器结构图。从图中看出，双模控制器就是将开关控制和线性控制综合成一体的控制器。当系统处于大偏差状态时，采用开关控制即 Bang - Bang 控制以保证系统定位的快速性；当系统偏差进入很小的范围时，使控制器由开关控制切换成线性控制，以保证系统的最后定位精度。

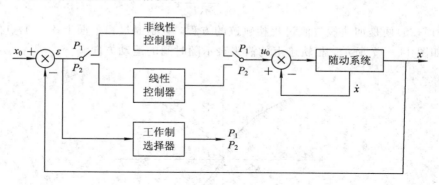

图 11 - 15　双模控制器结构图

双模控制器综合了开关控制和线性控制的优点，采用开关控制，可以获得最快的过渡过程。利用系统的开关线来设计开关控制规律，可以达到时间最短的目的。

下面以一个直流随动系统为例进行介绍。该随动系统的执行电动机为他励式直流电动机，显然控制量为电枢电流。要保证时间最短，需要采用一个电流调节器，确保启、制动过程中电流等于极限值。按这些要求，被控对象的传递函数结构如图 11 - 16 所示。

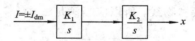

图 11 - 16　快速随动系统被控对象结构图

假定随动系统的位置给定量为 $x_0$，系统的实际位置为 $x$，二者之间的偏差为 $\varepsilon$，即

$$\varepsilon = x_0 - x \qquad\qquad (11-20)$$

对于二阶对象，可以用相平面来描述它的运动状态。相平面的横坐标为偏差 $\varepsilon$，纵坐标为偏差的导数 $\dot{\varepsilon}$。$\varepsilon$ 和 $\dot{\varepsilon}$ 的关系即相轨迹，可由运动方程得到。

假定位置给定量 $x_0 > 0$，则加速段过渡过程的运动方程为

$$\frac{\mathrm{d}^2 x}{\mathrm{d} t^2} = K I_{\mathrm{dm}} \tag{11-21}$$

式中：$K = K_1 \cdot K_2$。

与此对应的偏差的初始条件是

$$\varepsilon(0) = \varepsilon_0 = x_0, \quad \dot{\varepsilon}(0) = \dot{\varepsilon}_0 = \dot{x}_0 = 0$$

由此可得式（11-21）的解为

$$x(t) = \frac{1}{2} K I_{\mathrm{dm}} t^2 \tag{11-22}$$

$$\dot{x}(t) = K I_{\mathrm{dm}} t \tag{11-23}$$

又已知

$$\varepsilon(t) = x_0 - x(t) \tag{11-24}$$

$$\dot{\varepsilon}(t) = -\dot{x}(t) \tag{11-25}$$

综合式（11-22）～式（11-25），即可求得

$$x_0 - \varepsilon(t) = \frac{1}{2K I_{\mathrm{dm}}} [\dot{x}(t)]^2 = \frac{1}{2K I_{\mathrm{dm}}} [\dot{\varepsilon}(t)]^2$$

即

$$\varepsilon = \varepsilon_0 - \frac{1}{2K I_{\mathrm{dm}}} \dot{\varepsilon}^2 \tag{11-26}$$

式（11-26）便是加速段过渡过程相轨迹的方程，它是通过相平面上（$\varepsilon_0$，0）点的一条曲线 $AB$，如图 11-17 所示。相轨迹上的箭头表示随时间的运动方向。

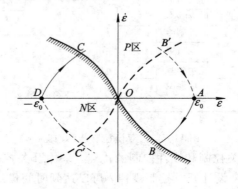

图 11-17　两个积分环节组成的对象的相轨迹及最佳开关线

如果利用图 11-17 中通过原点的两个半段抛物线 $CO$ 和 $OB$ 来控制电流极限值 $\pm I_{\mathrm{dm}}$ 的切换，就可以实现无超调的过渡过程。因此，把 $COB$ 段相轨迹称为系统的最佳开关线。

开关线是通过原点的两段抛物线，所以应当满足

$$\varepsilon = \pm \frac{1}{2K I_{\mathrm{dm}}} \dot{\varepsilon}^2 \tag{11-27}$$

开关线是由 $OB$、$OC$ 两段曲线组成的，$OB$ 段的方程相当于式（11-27）取正号，但 $\varepsilon < 0$；$OC$ 段的方程相当于式（11-27）取负号，但 $\varepsilon > 0$。综合考虑 $OB$、$OC$ 段的要求，可用一个方程来表达：

$$\varepsilon = -\frac{1}{2KI_{dm}}\dot{\varepsilon}\,|\,\dot{\varepsilon}\,|$$ 　　　　　　　　　(11 - 28)

此式就是开关线的方程。从图 11 - 17 可以看出，开关线把整个相平面划分为两部分，右上部为 $P$ 区，左下部为 $N$ 区。当系统的实际状态处在 $P$ 区时，控制作用应当选择 $+I_{dm}$；与此相反，当系统的实际状态处在 $N$ 区时，控制作用应当选择 $-I_{dm}$。当系统的状态由 $P$ 区运动到开关线上(或从 $N$ 区运动到开关线上)时，控制作用应当切换；当系统的状态由开关线运动到原点时，应去掉控制作用。

## 11.3　基于 DSP 的运动控制系统

数字信号处理器(Digital Signal Processor，DSP)是指用于数字信号处理的可编程微处理器。目前最常用的运动控制 DSP 芯片是 TI 公司的 TMS320F28XX 系列数字控制器(Digital Signal Controller，DSC)，典型的型号有定点处理器 TMS320F2812，浮点处理器 TMS320F28335 及双核处理器 TMS320F28377D 等。

### 11.3.1　TMS320F28XX 实现异步电动机矢量控制

在高性能全数字控制的传动系统中，广泛地应用矢量的方法，该控制方法数字化实现简单，显著减小逆变器输出电流谐波成分及电动机谐波损耗，提高了直流电压利用率。

**1. 矢量控制系统原理**

交流感应电动机的矢量变换控制是根据磁动势和功率不变的原则，通过正交变换将三相静止坐标变换成二相静止坐标(3s/2s 变换)，然后通过旋转变换将两相静止坐标变成两相旋转坐标(即 2s/2r 变换)，在 2s/2r 变换下将定子电流矢量分解成按转子磁场定向的两个直流分量 $i_{sd}$ 和 $i_{sq}$(其中 $i_{sd}$ 叫励磁电流分量，$i_{sq}$ 则转矩电流分量)，并对其分别加以控制。控制 $i_{sd}$ 就相当于控制磁通，控制 $i_{sq}$ 就相当于控制转矩。

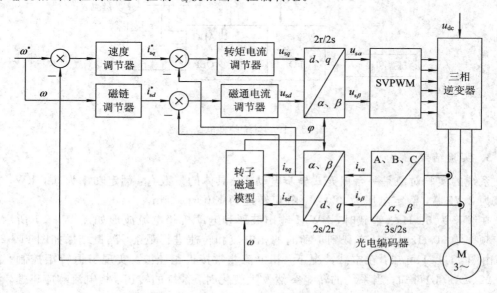

图 11 - 18　交流电机变频调速系统框图

矢量变换控制的基本思想是把交流电动机模拟成直流电动机，使之能够像直流电动机一样来进行控制。基于电压空间矢量 PWM 技术的交流电动机变频调速系统如图 11-18 所示。由图 11-18 可知，系统包含转速环(外环)和电流环(内环)。由给定转速 $\omega^*$ 和实测的转速 $\omega$ 相比较，偏差信号送入转速调节器，得到输出 $i_{sq}^*$；由给定转速 $\omega^*$ 经过磁链调节器，得到 $i_{sd}^*$；再让 $i_{sq}^*$ 和 $i_{sq}$ 以及 $i_{sd}^*$ 和 $i_{sd}$ 比较的输出分别通过转矩电流调节器和磁链电流调节器，其输出为定子电压矢量给定值在同步旋转坐标系中的两个分量 $u_{sq}$ 和 $u_{sd}$；$u_{sq}$ 和 $u_{sd}$ 经过旋转坐标系向静止坐标系变换，为 SVPWM 模块提供 $u_{s\alpha}$ 和 $u_{s\beta}$ 输入量，最后 SVPWM 模块的 6 路输出信号用于驱动三相逆变电路。在 2s/2r 和 2r/2s 旋转变换中需要转子磁通角 $\varphi$，它是由电动机磁通模型提供的。

**2. 系统硬件实现**

在大功率电力电子器件应用中，智能功率模块(IPM)不仅包括基本组合单元和驱动电路，还具有保护和报警电路。在本系统中选用日本三菱公司 M15RSH120，它是七管封装，额定电压为 1200 V，额定电流为 15 A。

基于 DSP 和 IPM 器件的电动机矢量控制变频模块的硬件电路如图 11-19 所示。实际系统采用型号为 LTS 25-NP 的磁平衡式霍尔传感器(LEM)模块来检测电流。检测电动机定子电流、转速，矢量控制算法和产生 6 路 PWM 信号在中断服务子程序中完成。主程序的流程如图 11-20(a)所示，SVPWM 子程序的流程如图 11-20(b)所示。

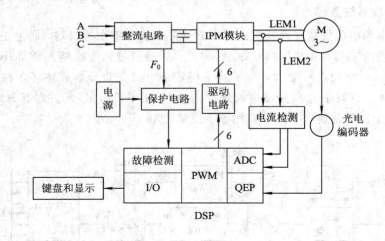

图 11-19　系统硬件电路框图

**3. 实验结果**

系统的实验对象是一台鼠笼式异步电动机，具体的参数有：额定功率为 0.6 kW，额定电流为 2.75 A，额定电压为 220 V，额定转速为 1400 r/min。

在频率为 50 Hz、空载时，PWM 输出波形和电动机相电流波形如图 11-21 所示。当设定频率为 30 Hz，对从空载到负荷时的相电流和转速进行观察，测量结果如图 11-22 所示。由图 11-21 可知，在空载情况下，相电流非常接近正弦波，实现了恒转矩控制。由图 11-22(a)、(b)可知，当系统的转矩突然发生变化时，系统的转速、相电流响应迅速，说明系统具有良好的动、静态性能。

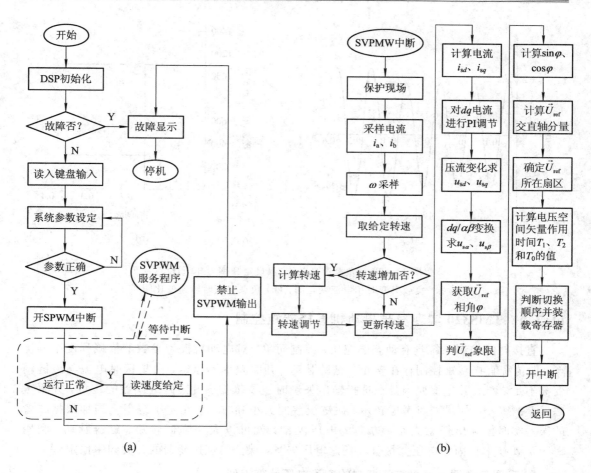

图 11 - 20　矢量控制软件程序

（a）主程序的流程图；（b）SVPWM 子程序的流程图

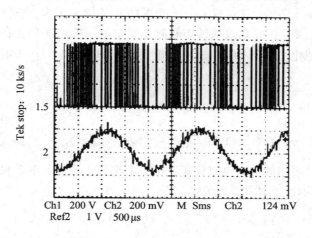

图 11 - 21　PWM 波形和电动机相电流

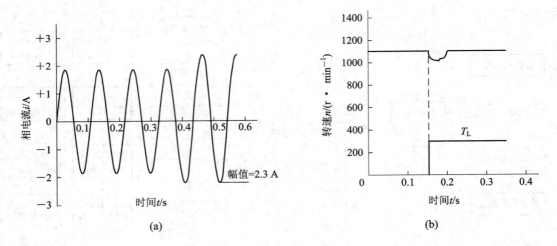

图 11-22 负载突变的影响(设定频率为 30 Hz)

(a) 负载突变时相电流变化图；(b) 负载突变时转速变化图

### 11.3.2 TMS320 实现异步电动机直接转矩控制

直接转矩控制系统具有动态响应快、控制简单，对电动机模型参数的依赖程度小等优点。但传统直接转矩控制存在转矩、磁链脉动，开关频率不恒定，过扇区时电流与磁链畸变等不足之处。其主要原因是在选择输出矢量时主要依据转矩、磁链误差的正负，并不考虑误差的大小。如果同时考虑转矩、磁链误差的大小和方向，在定子绕组上施加根据二者的误差实时推导出任意大小、方向的电压矢量，就可以大大降低转矩、磁链脉动。利用 SVPWM 技术将固定电压矢量合成任意电压矢量，保证实现逆变器的开关频率恒定。

**1. 空间矢量调制直接转矩控制的定子电压计算模型**

常规的直接转矩控制采用转矩、磁链的两个滞环比较器，使系统获得转矩和磁链调节。但滞环比较会导致转矩、磁链脉动，逆变器的开关频率不定。空间矢量调制可以合成大小、方向任意的矢量，更好地跟随转矩和磁链给定值，开关频率恒定。

根据异步电动机电磁转矩的计算式，设电动机在 $t(n)$ 和 $t(n+1)$ 时刻产生的电磁转矩分别为

$$T_e(n) = \frac{3}{2} \times \frac{n_p}{2} (\psi_s \times i_s) \tag{11-29}$$

$$T_{eg}^* = T_e(n+1) = \frac{3}{2} \times \frac{n_p}{2} [(\psi_s + \Delta\psi_s) \times (i_s + \Delta i_s)] \tag{11-30}$$

式中，$T_{eg}^*$ 为 $t(n+1)$ 时刻的给定电磁转矩，在一个控制周期内，电动机产生的电磁转矩变化量 $\Delta T_e$ 可以表示为(约去式中二阶项)

$$\Delta T_e = \frac{3}{2} \times \frac{n_p}{2} [(\psi_s \times \Delta i_s) + (\Delta\psi_s \times i_s)] \tag{11-31}$$

电动机定子电流的变化量可表示为

$$\Delta i_s = \frac{u - u_m}{L_s} T_s \tag{11-32}$$

式中：$T_s$ 为控制周期。

根据异步电动机静止坐标系内定子电压方程，有

$$\Delta\psi_s = (u_s - R_s i_s)T_s \tag{11-33}$$

可得

$$\Delta T_e = \frac{3}{2} \times \frac{n_p}{2}\left[\frac{\psi_{sd}(u_q - u_{mq})}{L_s} - \frac{\psi_{sq}(u_d - u_{md})}{L_s} + u_d i_{sq} - u_q i_{sd}\right] \tag{11-34}$$

其中，$u_{md} = -\omega_1(\psi_{sq} - i_{sq}L_s)$；$u_{mq} = \omega_1(\psi_{sd} - i_{sd}L_s)$；$\omega_1$ 为电气同步角速度，其算式为

$$\omega_1 = \frac{\psi_{sd}(u_{sq} - R_s i_{sq}) + \psi_{sq}(u_{sd} - R_s i_{sd})}{\psi_{sd}^2 + \psi_{sq}^2}$$

希望在下一个控制周期内，定子磁链可以达到给定磁链 $\psi_{sg}^*$：

$$(\psi_{sd} + u_d T_s)^2 + (\psi_{sq} + u_q T_s)^2 = (\psi_{sg}^*)^2 \tag{11-35}$$

在考虑定子电阻电压的情况下，在下一个控制周期内需要加在定子上的电压为

$$\begin{cases} u_{sd} = u_d + R_s i_{sd} \\ u_{sq} = u_q + R_s i_{sq} \end{cases} \tag{11-36}$$

**2. 空间矢量调制直接转矩控制系统的实现**

1) 空间矢量调制直接转矩控制系统的结构

图 11-23 所示为空间矢量调制直接转矩控制系统的结构图，定子磁链 $\psi_s$ 由 $u-n$ 数学模型求得，电磁转矩 $T_e$ 由式(11-29)式求得，给定转速 $\omega^*$ 与反馈值 $\omega$ 之差经过速度 PI 调节，得出给定电磁转矩 $T_{eg}^*$。$T_{eg}^*$ 与 $T_e$ 得到 $\Delta T_e$，$\psi_{sg}^*$ 与 $\psi_s$ 得到 $\Delta\psi_s$。另外给出 $u_s$ 和 $i_s$，根据式(11-36)即可求得定子上的电压 $dq$ 分量，根据矢量调制方法即可得到直接转矩控制的 SVPWM 开关信号。

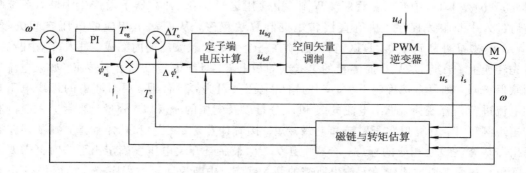

图 11-23　空间矢量调制直接转矩控制系统的结构图

2) 基于 DSP 的空间矢量调制直接转矩控制系统硬件结构

直接转矩控制系统硬件结构主要由控制器 DSP、三相整流电路、IGBT 逆变电路及驱动保护电路、光电编码器以及电压和电流传感器组成。选用 LV228P 电压传感器，确定直流侧电压，从而达到间接检测三相交流电压的目的，并由 DSP 计算逆变器输出电压的 $u_{s\alpha}$ 和 $u_{s\beta}$ 分量。定子电流的检测采用 LA108-P 电流传感器，分别对 A、B 相定子电流进行采样，从而获得实时的定子电流信息，求出电流的 $i_{s\alpha}$ 和 $i_{s\beta}$ 分量。转速测量采用 HED S-5605 光电编码器。图 11-24 所示为感应电动机直接转矩控制系统结构图。

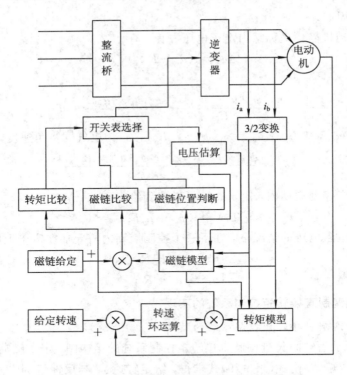

图 11-24　直接转矩控制系统控制器结构框图

### 3. 系统软件设计

图 11-25(a) 所示为描述系统控制软件总体结构和实现过程的主程序流程图。图 11-25(b) 是 DTC 中断服务程序流程图。由通用定时器 $T_3$ 计数器下溢产生中断，系统响应后进入中断服务程序，执行直接转矩控制算法程序，从而输出相应的电压空间矢量。PWM 载波周期为 100 $\mu s$，DTC 算法必须在一个 PWM 载波周期内完成。进入 $T_3$ 中断后，首先转换上一次启动 A/D 时测量的第 $n$ 点的相电流、母线电压以及给定转速。如果电流达到软保护限，则可直接确定下一时刻的输出电压矢量为零。否则，要对测得的母线电压和相电流进行坐标变换，求出电流的 $i_{s\alpha}$ 和 $i_{s\beta}$ 分量以及电压的 $u_{s\alpha}$ 和 $u_{s\beta}$ 分量。然后进入磁链和转矩观测环节，计算出定子磁链和电磁转矩。接着计算磁链误差和转矩误差，判断误差是否超出滞环宽度设立相应的标志，合成电压矢量，最后查开关电压表确定出下一时刻需要发出的电压矢量。通过比较单元输出所需的开关状态，中断返回至主程序进入等待状态。

### 4. 实验结果

实验系统采用三相电动机，其额定功率 $P_N = 4$ kW，额定转速 $n_N = 1000$ r/min，定子电阻 $R_s = 3.2$ Ω，转子电阻 $R_r = 3.5$ Ω，定子电感 $L_s = 649.4$ mH，转子电感 $L_r = 649.4$ mH，励磁电感 $L_m = 622.2$ mH，转动惯量 $J = 0.12$ kg·m²，定子额定电流 $I_N = 9$ A，定子额定电压 $U_N = 380$ V。

对该电动机进行实验时，给定转速为 1000 r/min，空载启动，定子磁链幅值给定为 1 Wb，其磁链和定子相电流分别如图 11-26 和 11-27 所示。从实验波形可以看出定子磁链在启动瞬间就达到给定值，稳态时磁链保持在给定值附近。在启动时，电动机的冲击电

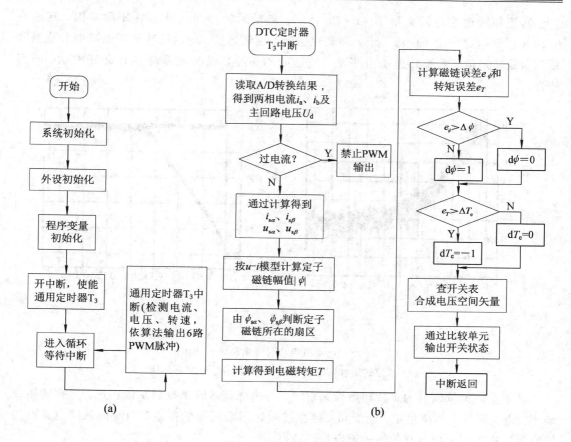

图 11-25　软件流程图

（a）主程序流程图；（b）DTC 中断服务程序流程图

流比较大，这是因为在直接转矩控制下，在建立电动机磁场过程中，单一电压矢量施加于电动机时间稍长，电动机启动相当于全压启动。如果冲击电流太大，应在软件上考虑限流措施。在稳态运行时，两相相电流波形接近正弦波，相位关系保持较好，说明定子磁链控制得较好。

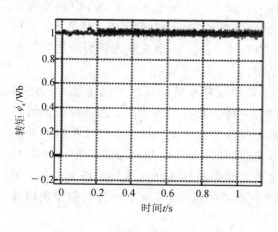

图 11-26　给定磁链和实际磁链

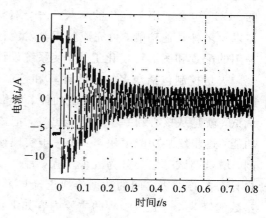

图 11-27　定子相电流

转矩和转速响应波如形图 11 - 28 所示。启动时转矩很快达到转矩限幅值,转速在 0.18 s 达到给定转速 1000 r/min。当转速达到给定转速后,电动机转矩开始降低并逐渐降低到负载转矩值。系统转速上升平稳,转速波动很小,说明该系统具有良好的动、静态特性。

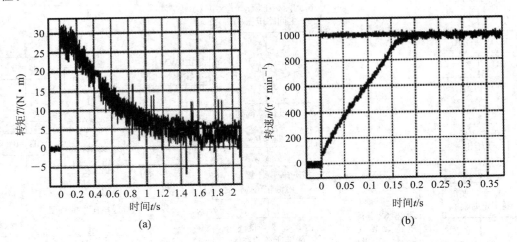

图 11 - 28　电动机启动时转矩和转速的波形

(a) 给定转矩和实际转矩;(b) 给定转速和实际转速

基于空间矢量调制的直接转矩控制系统,与传统直接转矩控制系统相比,具有转矩波动小、逆变器开关频率恒定、电流和磁链在过扇区不会畸变的优点,同时该系统也具有传统直接转矩控制系统具有的转矩响应快的特点。

## 11.4　基于矢量控制系统的增量调试

TI 公司给出了以转子磁场定向控制的矢量控制系统的软件框架,该框架是基于集成开发环境 Integrated Development Enviroment-IDC,即 Code Composer Studio-CCS 来完成的。CCS 包含了用于优化的 C/C++ 编译器、源码编辑器、项目构建环境、调试器、分析器以及多种其他功能,可完成应用开发流程的每个步骤。CCS 提供成熟的核心功能与简便易用的配置和图形可视化工具,使系统设计更快捷。

矢量控制包括众多复杂的计算和控制规律,软件编制和功能实现必须遵循一定的准则,才能快速、准确地实现控制功能。增量调试是一种行之有效的解决方法,所谓的增量调试,就是从核心和基本的功能出发,把核心功能模块调试正确,然后再逐步扩展到外围功能,逐步增加功能模块,一步一步实现整体系统的调试。异步电动机的磁场定向 FOC 控制,增量调试时主要分为五个步骤,每一步的主要工作是把基本功能模块关联为一体,用户只需关心模块之间的数据传递正确与否,只有在必要的情况下,才会涉及功能模块内部参数的修改,这五个步骤的主要内容如下:

【第一步】　测试基本功能块。测试基本功能块主要采用 Ramp Gen.（斜坡发生器）产生开环位置信号，Inv. Park（逆 Park 变换）利用开环位置信号，加上直轴 $d$ 和交轴 $q$ 轴电压信号输出给定电压信号，给定电压信号再经过 Space Vector Gen.（空间矢量发生器）生成占空比分别为 $T_A$、$T_B$ 和 $T_C$ 的信号，信号通过 PWM Driver（PWM 驱动）模块最后生成 PWM 驱动信号，如图 11-29 所示。

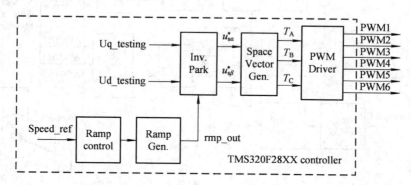

图 11-29　测试基本功能块（Speed_ref 为参考转速；Ramp control 为斜坡控制器）

【第二步】　完成相电流 ADCIN1 和 ADCIN2 的采样（包括电流信号处理和校正）。三相相电流经过 Clarke 和 Park 变换后，此时仍然采用开环位置信号，完成逆 Park 变换。第二步中另外的工作就是采取适当的电压给定值，在逆变器的输入端加上合适的母线电压，使异步电动机旋转。需要说明的是，该步骤中的母线电压可能需要反复调节，以取得合适的电压/频率比，以使电动机旋转，如图 11-30 所示。

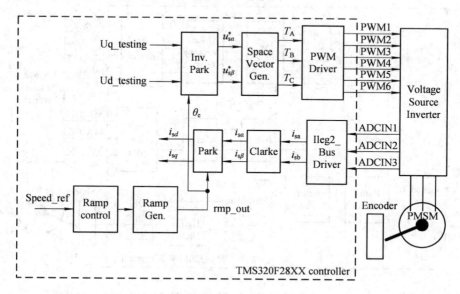

图 11-30　相电流 ADCIN1 和 ADCIN2 的采样
（Encoder 为编码器；Ileg2_Bus Driver 为 AD 转换器；Voltage Source Inverter 为电压源型逆变器）

【第三步】　完成电流闭环控制。两个电流内环均采用闭环控制，用示波器观测电流给定值和电流反馈的波形，如果跟随性能不好，需要反复调试控制参数，直到有满意的控制性能。该步骤中还需要对位置传感器的输出信号及转速计算信号进行校正，如图 11 - 31 所示。

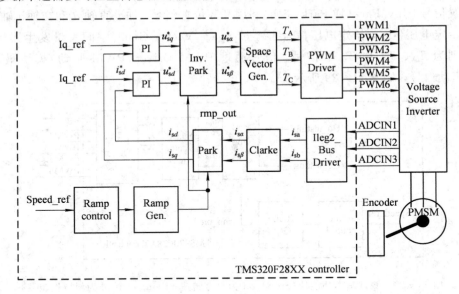

图 11 - 31　电流闭环控制

【第四步】　位置传感器信号校正。这其中最重要的就是传感器零位的校正，此时观测传感器的位置信号和开环位置信号的相位，通过零位补偿，使两者相位一致，如图 11 - 32 所示。

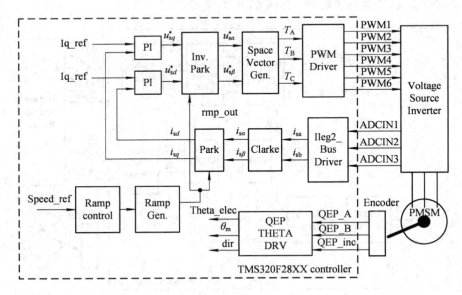

图 11 - 32　位置传感器信号校正（QEP THETA DRV 为位置信号计算）

【第五步】　转速闭环调试，根据前一步测试和校正的位置信号，取代开环的位置信号，完成转速和位置闭环控制。此时还需要调制转速外环 PI 参数，如果性能不满足，反复调整，直到取得满意的控制性能，如图 11 - 33 所示。

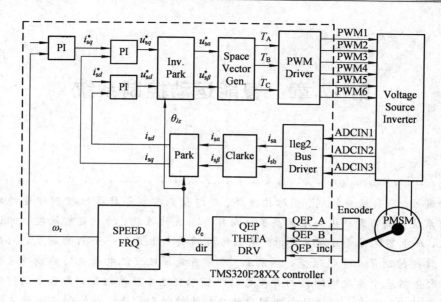

图 11-33　转速闭环调试（SPEED FRQ 为转速信号计算）

# 习题与思考题

11.1　运动控制系统的数字控制器与连续控制器比较，有哪些优点？

11.2　增量型 PID 控制器与位置型 PID 控制器各有何优缺点？

11.3　FOC 控制为什么要采用增量调试？

11.4　矢量控制和直接转矩控制的区别是什么？

# 第 12 章　智能运动控制系统

反馈线性化，自适应控制、变结构控制、模型预测控制等非线性控制理论的发展及在运动控制系统中的应用，极大地提高了运动控制系统的性能。特别是智能控制的进步和研究的深入，加上高速信号处理器技术，使运动控制技术上升到一个新的高度，同时也给电气传动系统的控制带来了新思想、新方法。本章首先梳理交流电动机的非线性与智能控制方法，其次介绍基于速度观测器的异步电动机模糊自适应反演控制，最后介绍智能控制在运动控制系统中的应用，以便读者理解为什么智能控制已成为运动控制系统的主要发展方向之一。

## 12.1　交流电动机的非线性与智能控制方法

交流电动机是一类典型的多变量、强耦合、非线性、参数时变的控制对象，这些因素大大增加了交流电动机实现高性能调速的难度。虽然矢量控制和直接转矩控制使交流电动机变频调速系统的性能获得了很大程度的提高，但依然存在着一些缺点。而现代控制理论的发展为解决矢量控制和直接转矩控制中存在的问题提供了一个新的途径，出现了许多具有应用前景的新型交流调速系统控制方法，这为进一步提高交流电动机调速系统的静、动态性能提供了可能。本节简要介绍交流电动机的几种非线性与智能控制方法。

### 1. 非线性反馈线性化控制

非线性反馈线性化是一种研究非线性控制系统的方法，它与局部线性化方法有着本质的不同。非线性反馈线性化控制是基于微分同胚的概念，利用非线性坐标变换和反馈（状态反馈或者输出反馈）控制将一个非线性系统变换为一个线性系统，实现系统的动态解耦和全局线性化。

从本质上看，交流电动机是一个非线性的多变量系统，1987 年，Krseminski 首次利用微分几何的方法研究五阶的异步电动机模型，从理论上证明使用非线性反馈线性化法可以实现交流电动机的转速-磁链、转矩-磁链解耦控制，提高交流调速系统的性能。

非线性反馈线性化利用了基于控制对象的精确数学模型的控制方法，在其实现过程中主要存在以下两个问题：

（1）在调速系统运行过程中，当参数发生变化时能否保持系统的稳定性，如何抑制电动机参数变化对控制系统的影响，提高系统的鲁棒性；

（2）如何准确估计调速系统的状态变量，如果出现状态估计误差，控制系统的稳定性能否得到保证。这两个问题一直是非性性反馈线性化在交流调速系统中广泛应用的难点与挑战。

**2. 反步设计控制**

反步(Backstepping)设计控制方法基于一种非线性控制系统递推设计思想，是 1991 年由美国加州大学的 Kanellakopoulos 和 Kokotovic 提出的，旨在递推设计非线性系统 Lyaponov 函数和控制律。反步设计控制的基本思想是将高阶非线性系统化为多个低阶子系统，进行递推(分层)设计。首先根据最靠近系统输出端的子系统的输入、输出关系，设计系统的 Lyaponov 函数，并基于 Lyaponov 稳定性原理得到虚拟的控制律；然后向后逐步递推，得到各个子系统的 Lyaponov 函数和虚拟控制律，直至得到实际输入的控制律。

Kanellakopoulos 等人最早把反步设计控制方法应用于异步电动机调速领域，继而在交流调速领域又出现了结合滑模控制的反步设计控制方法、带有各种参数自适应律的反步设计控制方法、带有磁链观测器的反步设计控制方法、使用扩张状态观测器对不确定性进行补偿的反步设计控制方法等。

反步设计控制方法作为构造非线性控制的一种有效方法，把高阶非线性系统进行分解并逐步设计控制器，在设计的每一步都以保证一个子系统的稳定性为目标，从而可保证整个系统的稳定性，这是其优越性所在。但是在交流电动机控制问题中，由于未知参数众多，利用反步设计控制方法构造的控制律过于复杂，使得这种方法至今多停留在理论研究上。

**3. 滑模变结构控制**

滑模变结构控制是由苏联学者在 20 世纪 50 年代提出的一种非线性控制方法，它与常规控制方法的根本区别在于控制律的不连续性，即滑模变结构控制中使用的控制器具有随系统"结构"随时变化的特性。滑模变结构控制主要特点是，根据性能指标函数的偏差及导数，有目的地使系统沿着设计好的"滑动模态"轨迹运动。这种滑动模态是可以设计的，且与系统的参数、扰动无关，因而整个控制系统具有很强的鲁棒性。早在 1981 年，Sabonovic 等人就将滑模变结构控制方法引入异步电动机调速系统中，并进行了深入的研究，其后又出现了许多异步电动机滑模变结构控制的研究成果。但是滑模变结构控制本质上不连续的开关特性使系统存在"抖振"问题，其主要原因如下：

(1) 对于实际的滑模变结构系统，其控制力(输入量的大小)总是受到限制的，从而使系统的加速度有限。

(2) 系统的惯性、切换开关的时间滞后以及状态检测的误差，特别对于计算机控制系统，当采样时间较长时，会形成"准滑模"等现象。

"抖振"问题在一定程度上限制了滑模变结构控制方法在交流调速领域中的应用。

**4. 自适应控制**

自适应控制与常规反馈控制一样，也是一种基于数学模型的控制方法，所不同的是自适应控制所要求的关于模型和扰动的先验知识比较少，需要在系统运行过程中不断提取有关模型的信息，使模型逐渐完善，所以自适应控制是克服参数变化产生的影响的有力控制手段。

应用于电动机控制的自适应控制有模型参考自适应控制、参数辨识自校正控制以及新发展的各种非线性自适应控制。但是自适应控制在交流调速系统中的应用存在以下问题：

（1）对于参数自校正控制缺少全局稳定性证明。

（2）参数自校正控制的前提是参数辨识算法的收敛性，如果在交流调速系统的一些特殊的工况下，不能保证参数辨识算法的收敛性，则难以保证整个自适应交流调速控制处于正常的工作状态。

（3）对于模型参考自适应控制，未建模动态的存在可能造成自适应控制系统的不稳定。

**5．模型预测控制**

模型预测控制是利用系统的数学模型来预测系统在一定的控制作用之下未来的动态行为，即求得系统未来的状态；其次根据给定的约束条件和预先定义的最优化准则滚动地求解最优控制问题，获得最佳状态的操作，并实施当前控制；在滚动的每一步通过检测实时信息修正对未来动态行为的预测，即通过反馈矫正并实现闭环控制。模型预测控制可归结为预测模型、滚动优化和反馈校正 3 条原理

交流电动机的有限集模型预测控制是一种基于逆变器离散数学模型的控制算法，它能够在有限的几个开关状态中通过枚举法选择出一个最优的开关向量（状态）状态或者开关状态序列，因此它不需要调制器来产生 PWM 驱动信号，同时还能够很好地解决逆变器的非线性问题。有限集模型预测控制又可分为最优开关向量（状态）模型预测控制和最优开关序列模型预测控制。

**6．智能控制**

在交流传动中，依赖经典的以及各种近代控制理论提出的控制策略都存在一个共同问题，即控制算法依赖精确的电动机模型，当模型受到参数变化和扰动作用的影响时，系统性能受到影响，如何抑制这种影响一直是电工界的一大课题。

智能控制是将人工智能与控制理论结合起来，完成更高级的控制功能。智能控制主要包括：专家系统、模糊控制及神经网络理论等。智能控制能摆脱对控制对象模型的依赖，因而许多学者将智能控制引入交流传动领域，这是调速系统的发展方向之一，具有十分重要的现实意义。与其他控制方法相比，智能控制具有以下独到之处：

（1）智能控制突破了传统控制理论中必须基于数学模型的框架，不依赖或不完全依赖控制对象的数学模型，只按实际效果进行控制。

（2）智能控制继承了人脑思维的非线性特性，同时，还可以根据当前状态方便地切换控制器的结构，用变结构的方法改善系统的性能。

（3）在复杂系统中，智能控制还具有分层信息处理和决策的功能。

由于交流传动系统具有比较明确的数学模型，所以在交流传动中引入智能控制方法，并非像许多控制对象那样是出于建模困难，而是充分利用智能控制非线性、变结构、自寻优等特点来克服交流传动系统时变参数与非线性等不利因素，以提高系统的鲁棒性。

本章根据交流调速系统控制策略的发展情况，选择了 3 种具有代表性的控制方法，即自适应反演控制、模糊控制、神经网络控制来介绍交流电动机调速系统的运动控制。

## 12.2　基于速度观测器的异步电动机模糊自适应反演控制

近年来，电力电子技术和控制技术的迅速发展，为实现高性能的电动机调速提供了可

能。异步电动机因其结构简单、运行可靠等优点在调速系统中得到广泛应用。在工程实际中，为了实现高性能的速度控制，需要在电动机转轴上安装速度传感器，检测电动机的转速信息并反馈形成闭环控制。但该方法增加了系统的成本，容易引入噪声，使系统变得更加的复杂，降低了电动机运行的可靠性。由于异步电动机自身具有强耦合、多变量、非线性的特点，各种先进的控制策略被应用到异步电动机控制系统设计中以提高异步电动机系统的动、静态性能，但它们仍需要安装速度传感器，并未消除速度传感器对异步电动机系统的影响。

本节针对异步电动机的结构特点，设计转速观测器以估计异步电动机转轴的角速度，利用模糊逻辑系统逼近系统中的未知非线性函数，并基于自适应和反步设计控制法构造控制器。所设计的控制器结构简单、易于工程实现，能确保系统跟踪误差收敛于原点附近充分小的一块邻域内。

**1. 异步电动机的数学模型**

$dq$ 坐标系下异步电动机传动系统的数学模型为

$$\begin{cases} \dfrac{\mathrm{d}\omega}{\mathrm{d}t} = \dfrac{n_{\mathrm{p}}L_{\mathrm{m}}}{L_{\mathrm{r}}J}\psi_{\mathrm{r}}i_q - \dfrac{T_{\mathrm{L}}}{J} \\[2mm] \dfrac{\mathrm{d}\psi_d}{\mathrm{d}t} = -\dfrac{R_{\mathrm{r}}}{L_{\mathrm{r}}}\psi_{\mathrm{r}} + \dfrac{L_{\mathrm{m}}R_{\mathrm{r}}}{L_{\mathrm{r}}}i_d \\[2mm] \dfrac{\mathrm{d}i_d}{\mathrm{d}t} = -\dfrac{L_{\mathrm{m}}^2 R_{\mathrm{r}} + L_{\mathrm{r}}^2 R_{\mathrm{s}}}{\sigma L_{\mathrm{s}}L_{\mathrm{r}}^2}i_d + \dfrac{L_{\mathrm{m}}R_{\mathrm{r}}}{\sigma L_{\mathrm{s}}L_{\mathrm{r}}^2}\psi_{\mathrm{r}} + n_{\mathrm{p}}\omega i_q + \dfrac{L_{\mathrm{m}}R_{\mathrm{r}}}{L_{\mathrm{r}}}\dfrac{i_q^2}{\psi_{\mathrm{r}}} + \dfrac{1}{\sigma L_{\mathrm{s}}}u_d \\[2mm] \dfrac{\mathrm{d}i_q}{\mathrm{d}t} = \dfrac{L_{\mathrm{m}}^2 R_{\mathrm{r}} + L_{\mathrm{r}}^2 R_{\mathrm{s}}}{\sigma L_{\mathrm{s}}L_{\mathrm{r}}^2}i_q - \dfrac{n_{\mathrm{p}}L_{\mathrm{m}}}{\sigma L_{\mathrm{s}}L_{\mathrm{r}}}\omega\psi_{\mathrm{r}} - n_{\mathrm{p}}\omega i_d - \dfrac{L_{\mathrm{m}}R_{\mathrm{r}}}{L_{\mathrm{r}}}\dfrac{i_d i_q}{\psi_{\mathrm{r}}} + \dfrac{1}{\sigma L_{\mathrm{s}}}u_q \\[2mm] \dfrac{\mathrm{d}\theta}{\mathrm{d}t} = \omega \end{cases} \quad (12-1)$$

式中：$u_d$、$u_q$ 为异步电动机 $d$、$q$ 轴定子电压；$i_d$、$i_q$ 为 $d$、$q$ 轴定子电流；$\theta$、$\omega$ 分别表示转子角度和转子角速度；$J$ 为转动惯量；$T_{\mathrm{L}}$ 为负载转矩；$\psi_{\mathrm{r}}$ 为转子磁链；$\sigma = 1 - \dfrac{L_{\mathrm{m}}^2}{L_{\mathrm{s}}L_{\mathrm{r}}}$ 为电动机漏感系数。将电动机模型式(12-1)用状态方程表示，定义新的状态变量：

$$x_1 = \theta, \quad x_2 = \omega, \quad x_3 = i_{\mathrm{q}}, \quad x_4 = \psi_{\mathrm{d}}, \quad x_5 = i_{\mathrm{d}}$$

选取参数：

$$a_1 = \frac{n_{\mathrm{p}}L_{\mathrm{m}}}{L_{\mathrm{r}}}, \quad b_1 = -\frac{L_{\mathrm{m}}^2 R_{\mathrm{r}} + L_{\mathrm{r}}^2 R_{\mathrm{s}}}{\sigma L_{\mathrm{s}}L_{\mathrm{r}}^2}, \quad b_2 = -\frac{n_{\mathrm{p}}L_{\mathrm{m}}}{\sigma L_{\mathrm{s}}L_{\mathrm{r}}}, \quad b_3 = n_{\mathrm{p}}, \quad b_4 = \frac{L_{\mathrm{m}}R_{\mathrm{r}}}{L_{\mathrm{r}}},$$

$$b_5 = \frac{1}{\sigma L_{\mathrm{s}}}, \quad c_1 = -\frac{R_{\mathrm{r}}}{L_{\mathrm{r}}}, \quad d_2 = \frac{L_{\mathrm{m}}R_{\mathrm{r}}}{\sigma L_{\mathrm{s}}L_{\mathrm{r}}^2}$$

则异步电动机的数学模型可表示为如下的状态空间方程：

$$\begin{cases} \dot{x}_1 = x_2 \\[1mm] \dot{x}_2 = \dfrac{a_1}{J}x_3 x_4 - \dfrac{T_{\mathrm{L}}}{J} \\[1mm] \dot{x}_3 = -b_1 x_3 + b_2 x_2 x_4 - b_3 x_2 x_5 - b_4\dfrac{x_3 x_5}{x_4} + b_5 u_q \\[1mm] \dot{x}_4 = c_1 x_4 + b_4 x_5 \\[1mm] \dot{x}_5 = b_1 x_5 + d_2 x_4 + b_3 x_2 x_3 + b_4\dfrac{x_3^2}{x_4} + b_5 u_d \end{cases} \quad (12-2)$$

式中：$u_d$、$u_q$ 为异步电动机的控制输入。

**2. 转速降维观测器的设计**

转速观测器的设计如下：

$$\begin{cases} \dot{\hat{x}}_1 = \hat{x}_2 + c_1(y - \hat{x}_1) \\ \dot{\hat{x}}_2 = \hat{\boldsymbol{\theta}}_2^{\mathrm{T}} \boldsymbol{\phi}(z) + c_2(y - \hat{x}_1) + x_3 \\ \hat{y} = \hat{x}_1 \end{cases} \qquad (12-3)$$

由万能逼近定理，对非线性函数 $\dot{x}_2 = \dfrac{a_1}{J}x_3x_4 - \dfrac{T_L}{J} - x_3 + x_3 = f_2 + x_3$，存在模糊逻辑系统 $\boldsymbol{\theta}_2^{*\mathrm{T}} \boldsymbol{\phi}(z)$，使得 $f_2 = \boldsymbol{\theta}_2^{*\mathrm{T}} \boldsymbol{\phi}(z) + \varepsilon_2$，$\varepsilon_2$ 是逼近误差，并满足 $\varepsilon_2 \leqslant |\delta_2|$，从而有 $\dot{x}_2 = \boldsymbol{\theta}_2^{*\mathrm{T}} \boldsymbol{\phi}(z) + \varepsilon_2 + x_3$。令 $\boldsymbol{x} = [x_1, x_2]^{\mathrm{T}}$，定义 $\boldsymbol{e} = \boldsymbol{x} - \hat{\boldsymbol{x}}$ 为观测器误差，则系统观测器的误差表达式：$\dot{\boldsymbol{e}} = \boldsymbol{Ae} + \boldsymbol{\varepsilon} + \tilde{\boldsymbol{\omega}}$。其中 $\boldsymbol{\varepsilon} = [0, \varepsilon_2]^{\mathrm{T}}$，$\boldsymbol{A} = \begin{bmatrix} -c_1 & 1 \\ -c_2 & 0 \end{bmatrix}$，$\tilde{\boldsymbol{\omega}} = [0, \boldsymbol{\theta}_2^{\mathrm{T}} \boldsymbol{\phi}(z)]$，定义 $\tilde{\omega}_i = \theta_i^* - \hat{\theta}_i$（$i = 1,2$）。给定矩阵 $\boldsymbol{Q}^{\mathrm{T}} = \boldsymbol{Q} > 0$，必存在一个正定矩阵 $\boldsymbol{P}^{\mathrm{T}} = \boldsymbol{P} > 0$，使 $\boldsymbol{A}^{\mathrm{T}}\boldsymbol{P} + \boldsymbol{PA} = -\boldsymbol{Q}$。选取 Lyapunov 函数 $V_0 \leqslant \boldsymbol{e}^{\mathrm{T}} \boldsymbol{Pe}$。对 $V_0$ 求导得 $\dot{V}_0 = -\boldsymbol{e}^{\mathrm{T}}\boldsymbol{Qe} + 2\boldsymbol{e}^{\mathrm{T}}\boldsymbol{P}(\boldsymbol{\varepsilon} + \tilde{\boldsymbol{\sigma}})$。由杨氏不等式得 $\dot{V}_0 \leqslant -\boldsymbol{e}^{\mathrm{T}}\boldsymbol{Qe} + 2\|\boldsymbol{e}\|^2 + \|\boldsymbol{P}\|^2 \varepsilon_2^2 + \|\boldsymbol{P}\|^2 \tilde{\boldsymbol{\theta}}_2^{\mathrm{T}} \tilde{\boldsymbol{\theta}}_2$

**3. 模糊自适应反步设计控制器的设计**

根据反步设计控制法原理，控制器设计步骤如下：

（1）定义第一个子系统的误差变量 $z_1 = x_1 - x_{1d}$，其中 $x_{1d}$ 为位置参考信号。由 $x_2 = \hat{x}_2 + e_2$，得到 $\dot{z}_1 = \hat{x}_2 + e_2 - \dot{x}_{1d}$。选取 Lyapunov 函数为 $V_1 = V_0 + \dfrac{1}{2}z_1^2$，对 $V_1$ 求导，并将 $\dot{z}_1$ 代入得

$$\dot{V}_1 = \dot{V}_0 + z_1(\hat{x}_2 + e_2 - \dot{x}_{1d}) \qquad (12-4)$$

由杨氏不等式可以得到 $z_1 e_2 \leqslant \dfrac{1}{2}\|\boldsymbol{e}\|^2 + \dfrac{1}{2}z_1^2$。视 $\hat{x}_2$ 为第一个子系统的控制输入，选取虚拟控制律为 $\alpha_1 = -\dfrac{1}{2}z_1 + \dot{x}_{1d} - k_1 z_1$，代入式（12-4）得

$$\dot{V}_1 \leqslant \dot{V}_0 + \dfrac{1}{2}\|\boldsymbol{e}\|^2 - k_1 z_1^2 + z_1 z_2 \qquad (12-5)$$

（2）定义第二个子系统的误差变量 $z_2 = x_2 - \alpha_1$。对 $z_2$ 求导得

$$\dot{z}_2 = \hat{\boldsymbol{\theta}}_2^{\mathrm{T}} \boldsymbol{\phi}(z) + c_2(y - \hat{x}_1) + x_3 - \dot{\alpha}_1 = x_3 + \hat{\boldsymbol{\theta}}_2^{\mathrm{T}} \boldsymbol{\phi}(z) + \tilde{\boldsymbol{\theta}}_2^{\mathrm{T}} \boldsymbol{\phi}(z) - \tilde{\boldsymbol{\theta}}_2^{\mathrm{T}} \boldsymbol{\phi}(z) + c_2 e_1 - \dot{\alpha}_1 \qquad (12-6)$$

选取 Lyapunov 函数为 $V_2 = V_1 + \dfrac{1}{2}z_2^2 + \dfrac{1}{2r_1}\tilde{\boldsymbol{\theta}}_2^{\mathrm{T}} \tilde{\boldsymbol{\theta}}_2$，对 $V_2$ 求导得

$$\dot{V}_2 \leqslant \dot{V}_1 + z_1 z_2 + z_2\left(x_3 + \hat{\boldsymbol{\theta}}_2^{\mathrm{T}} \boldsymbol{\phi}(z) - \tilde{\boldsymbol{\theta}}_2^{\mathrm{T}} \boldsymbol{\phi}(z) + c_2 e_1 + \left(\dfrac{1}{2} + k_1\right)(\hat{x}_2 + e_2 - \dot{x}_{1d}) - \ddot{x}_{1d}\right) +$$

$$\dfrac{1}{r_1}\tilde{\boldsymbol{\theta}}_2^{\mathrm{T}}(r_1 z_2 \boldsymbol{\phi}(z) + \dot{\hat{\boldsymbol{\theta}}}_2) \qquad (12-7)$$

由杨氏不等式得

$$-z_2 \tilde{\boldsymbol{\theta}}_2^{\mathrm{T}} \boldsymbol{\phi}(z) \leqslant \dfrac{1}{2}z_2^2 + \dfrac{1}{2}\tilde{\boldsymbol{\theta}}_2^{\mathrm{T}} \tilde{\boldsymbol{\theta}}_2 \qquad (12-8)$$

$$z_2\left(\frac{1}{2}+k_1\right)e_2 \leqslant \frac{1}{2}z_2^2 + \frac{1}{2}\left(\frac{1}{2}+k_1\right)^2 \parallel e \parallel^2 \qquad (12-9)$$

将式(12-8)和式(12-9)代入式(12-7)得

$$\dot{V}_2 \leqslant \dot{V}_0 + \frac{1}{2}\left(\left(\frac{1}{2}+k_1\right)^2 + 1\right)\parallel e \parallel^2 - k_1 z_1^2 + \frac{1}{2}\tilde{\boldsymbol{\theta}}_2^{\mathrm{T}}\tilde{\boldsymbol{\theta}}_2 + z_2(z_1 + x_3 + \hat{\boldsymbol{\theta}}_2^{\mathrm{T}}\boldsymbol{\phi}(z) + $$

$$z_2 + c_2 e_1 + \left(\frac{1}{2}+k_1\right)(\hat{x}_2 - \dot{x}_{1d}) - \ddot{x}_{1d}) + \frac{1}{r_1}\tilde{\boldsymbol{\theta}}_2^{\mathrm{T}}(r_1 z_2 \boldsymbol{\phi}(z) + \dot{\tilde{\boldsymbol{\theta}}}_2) \qquad (12-10)$$

取虚拟控制函数和自适应律

$$\alpha_2 = -z_1 - \hat{\boldsymbol{\theta}}_2^{\mathrm{T}}\boldsymbol{\phi}(z) - z_2 - c_1 e_1 - \left(\frac{1}{2}+k_1\right)(\hat{x}_2 - \dot{x}_{1d}) + \ddot{x}_{1d} - k_2 z_2 \qquad (12-11)$$

$$\dot{\hat{\boldsymbol{\theta}}}_2 = r_1 z_2 \boldsymbol{\phi}(z) - m_1 \tilde{\boldsymbol{\theta}}_2 \qquad (12-12)$$

把式(12-11)和式(12-12)代入式(12-10)得

$$\dot{V}_2 \leqslant \dot{V}_0 + \frac{1}{2}\parallel e \parallel^2 + \frac{1}{2}\left(\frac{1}{2}+k_1\right)^2 \parallel e \parallel^2 + \frac{1}{2}\tilde{\boldsymbol{\theta}}_2^{\mathrm{T}}\tilde{\boldsymbol{\theta}}_2 - \sum_i^2 k_i z_i^2 + \frac{m_1}{r_1}\tilde{\boldsymbol{\theta}}_2^{\mathrm{T}}\hat{\boldsymbol{\theta}}_2 + z_2 z_3$$

$$(12-13)$$

(3) 定义第三个子系统的误差变量 $z_3 = x_3 - \alpha_2$。对 $z_3$ 求导得

$$\dot{z}_3 = -b_1 x_3 + b_2 x_2 x_4 - b_3 x_2 x_5 - b_4 \frac{x_3 x_5}{x_4} + b_5 u_q - \dot{\alpha}_2 \qquad (12-14)$$

选取 Lyapunov 函数为 $V_3 = V_2 + \frac{1}{2}z_3^2$，对 $V_3$ 求导得

$$\dot{V}_3 = \dot{V}_2 + z_3(f_3 + b_5 u_q) \qquad (12-15)$$

式中 $f_3(z_3) = -b_1 x_3 + b_2 x_2 x_4 - b_3 x_2 x_5 - b_4 \frac{x_3 x_5}{x_4} - \dot{\alpha}_2$。

同理利用模糊逻辑系统，使得

$$f_3(z_3) \leqslant \frac{1}{2l_3^2}z_3^2 \parallel \boldsymbol{w}_3 \parallel^2 \boldsymbol{S}(z_3)^{\mathrm{T}}\boldsymbol{S}(z_3) + \frac{1}{2}l_3^2 + \frac{1}{2}z_3^2 + \frac{1}{2}\varepsilon_3^2$$

把上式代入到(12-15)得

$$\dot{V}_3 \leqslant \dot{V}_2 + z_2 z_3 + z_3\left(\frac{1}{2l_3^2}z_3^2 \parallel \boldsymbol{w}_3 \parallel^2 \boldsymbol{S}(z_3)^{\mathrm{T}}\boldsymbol{S}(z_3) + \frac{1}{2}z_3 + b_5 u_q\right) + \frac{1}{2}l_3^2 + \frac{1}{2}\varepsilon_3^2$$

$$(12-16)$$

取真实的控制律 $u_q$

$$u_q = \frac{1}{b_5}\left(-\frac{1}{2l_3^2}z_3^2 \hat{\boldsymbol{\theta}}\boldsymbol{S}(z_3)^{\mathrm{T}}\boldsymbol{S}(z_3) - \frac{1}{2}z_3 - k_3 z_3\right) \qquad (12-17)$$

其中 $\hat{\boldsymbol{\theta}}$ 是 $\boldsymbol{\theta}$ 的估计值，$\boldsymbol{\theta}$ 在后面给出定义。将式(12-17)代入式(12-16)得

$$\dot{V}_3 \leqslant \dot{V}_2 + z_2 z_3 - k_3 z_3^2 + \frac{1}{2l_3^2}z_3^2(\parallel \boldsymbol{w}_3 \parallel^2 - \hat{\boldsymbol{\theta}})\boldsymbol{S}(z_3)^{\mathrm{T}}\boldsymbol{S}(z_3) + \frac{1}{2}l_3^2 + \frac{1}{2}\varepsilon_3^2 \qquad (12-18)$$

(4) 定义第四个子系统的误差变量 $z_4 = x_4 - x_{4d}$，其中 $x_{4d}$ 为参考信号。选取 Lyapunov 函数为 $V_4 = V_3 + \frac{1}{2}z_4^2$，对 $V_4$ 求导得

$$\dot{V}_4 = \dot{V}_3 + z_4(c_1 x_4 + b_4 x_5 - \dot{x}_{4d}) \qquad (12-19)$$

选取虚拟控制律为 $\alpha_3 = \dfrac{1}{b_4}(-c_1 x_4 + \dot{x}_{4d} - k_4 z_4)$，代入式(12-19)得

$$\dot{V}_4 \leqslant \dot{V}_0 + \frac{1}{2}\parallel e \parallel^2 + \frac{1}{2}\left(\frac{1}{2}+k_1\right)^2 \parallel e \parallel^2 + \frac{1}{2}\tilde{\boldsymbol{\theta}}_2^{\mathrm{T}}\tilde{\boldsymbol{\theta}}_2 - \sum_i^4 k_i z_i^2 + \frac{m_1}{r_1}\tilde{\boldsymbol{\theta}}_2^{\mathrm{T}}\hat{\boldsymbol{\theta}}_2 +$$
$$\frac{1}{2l_3^2}z_3^2(\parallel \boldsymbol{w}_3 \parallel^2 - \hat{\boldsymbol{\theta}})\boldsymbol{S}(z_3)^{\mathrm{T}}\boldsymbol{S}(z_3) + \frac{1}{2}l_3^2 + \frac{1}{2}\varepsilon_3^2 + b_4 z_4(x_5 - \alpha_3) \qquad (12-20)$$

(5) 定义第五个子系统的误差变量 $z_5 = x_5 - \alpha_3$。选取 Lyapunov 函数为 $V_5 = V_4 + \dfrac{1}{2}z_5^2$，对 $V_5$ 求导得

$$\dot{V}_5 = \dot{V}_4 + z_5 \dot{z}_5 = \dot{V}_4 + z_5(f_5 + b_5 u_d) \qquad (12-21)$$

式中 $f_5(z_5) = b_1 x_5 + d_2 x_4 + b_3 x_2 x_3 + b_4 \dfrac{x_3^2}{x_4} - \dot{\alpha}_3$。

再次利用模糊逻辑系统，使得

$$f_5(z_5) \leqslant \frac{1}{2l_5^2}z_5^2 \parallel \boldsymbol{w}_5 \parallel^2 \boldsymbol{S}(z_5)^{\mathrm{T}}\boldsymbol{S}(z_5) + \frac{1}{2}l_5^2 + \frac{1}{2}z_5^2 + \frac{1}{2}\varepsilon_5^2$$

将上式代入式(12-21)得

$$\dot{V}_5 \leqslant \dot{V}_4 + z_5\left(\frac{1}{2l_5^2}z_5^2 \parallel \boldsymbol{w}_5 \parallel^2 \boldsymbol{S}(z_5)^{\mathrm{T}}\boldsymbol{S}(z_5) + \frac{1}{2}z_5 + b_5 u_d\right) + \frac{1}{2}l_5^2 + \frac{1}{2}\varepsilon_5^2 \qquad (12-22)$$

取真实的控制律 $u_d$

$$u_d = -\frac{1}{b_5}\left(\frac{1}{2l_5^2}z_5^2 \hat{\boldsymbol{\theta}}\boldsymbol{S}(z_5)^{\mathrm{T}}\boldsymbol{S}(z_5) + \frac{1}{2}z_5 + k_5 z_5\right) \qquad (12-23)$$

定义 $\boldsymbol{\theta} = \max\{\parallel \boldsymbol{w}_3 \parallel^2, \parallel \boldsymbol{w}_5 \parallel^2\}$，把式(12-23)代入式(12-22)得

$$\dot{V}_5 \leqslant -\boldsymbol{e}^{\mathrm{T}}\boldsymbol{Q}\boldsymbol{e} + \parallel \boldsymbol{P} \parallel^2 \varepsilon_2^2 + \parallel \boldsymbol{P} \parallel^2 \tilde{\boldsymbol{\theta}}_2^{\mathrm{T}}\tilde{\boldsymbol{\theta}}_2 + \left(\frac{5}{2} + \frac{1}{2}\left(\frac{1}{2}+k_1\right)^2\right)\parallel e \parallel^2 +$$
$$\frac{1}{2}\tilde{\boldsymbol{\theta}}_2^{\mathrm{T}}\tilde{\boldsymbol{\theta}}_2 - \sum_i^5 k_i z_i^2 + \frac{m_1}{r_1}\tilde{\boldsymbol{\theta}}_2^{\mathrm{T}}\hat{\boldsymbol{\theta}}_2 + \frac{1}{2l_3^2}z_3^2(\parallel \boldsymbol{w}_3 \parallel^2 - \hat{\boldsymbol{\theta}})\boldsymbol{S}(z_5)^{\mathrm{T}}\boldsymbol{S}(z_5) +$$
$$\frac{1}{2}l_3^2 + \frac{1}{2}\varepsilon_3^2 + \frac{1}{2l_5^2}z_5^2(\parallel \boldsymbol{w}_5 \parallel^2 - \hat{\boldsymbol{\theta}})\boldsymbol{S}(z_5)^{\mathrm{T}}\boldsymbol{S}(z_5) + \frac{1}{2}l_5^2 + \frac{1}{2}\varepsilon_5^2 \qquad (12-24)$$

引入变量 $\tilde{\boldsymbol{\theta}}$，$\tilde{\boldsymbol{\theta}} = \hat{\boldsymbol{\theta}} - \boldsymbol{\theta}$。选取 Lyapunov 函数 $V_6 = V_5 + \dfrac{1}{2r_2}\tilde{\boldsymbol{\theta}}^{\mathrm{T}}\tilde{\boldsymbol{\theta}}$。其中 $r_i(i=1,2)$ 是正数，对 $V_6$ 求导得

$$\dot{V}_6 \leqslant -\boldsymbol{e}^{\mathrm{T}}\boldsymbol{Q}\boldsymbol{e} + \frac{5}{2}\parallel e \parallel^2 + \parallel \boldsymbol{P} \parallel^2 \varepsilon_2^2 + \parallel \boldsymbol{P} \parallel^2 \tilde{\boldsymbol{\theta}}_2^{\mathrm{T}}\tilde{\boldsymbol{\theta}}_2 + \frac{1}{2}\left(\frac{1}{2}+k_1\right)^2 \parallel e \parallel^2 +$$
$$\frac{1}{2}\tilde{\boldsymbol{\theta}}_2^{\mathrm{T}}\tilde{\boldsymbol{\theta}}_2 - \sum_i^5 k_i z_i^2 + \frac{m_1}{r_1}\tilde{\boldsymbol{\theta}}_2^{\mathrm{T}}\hat{\boldsymbol{\theta}}_2 + \frac{1}{r_2}\tilde{\boldsymbol{\theta}}^{\mathrm{T}}\dot{\hat{\boldsymbol{\theta}}} + \frac{1}{2l_3^2}z_3^2(\parallel \boldsymbol{w}_3 \parallel^2 - \hat{\boldsymbol{\theta}})\boldsymbol{S}(z_3)^{\mathrm{T}}\boldsymbol{S}(z_3) +$$
$$\frac{1}{2}l_3^2 + \frac{1}{2}\varepsilon_3^2 + \frac{1}{2l_5^2}z_5^2(\parallel \boldsymbol{w}_5 \parallel^2 - \hat{\boldsymbol{\theta}})\boldsymbol{S}(z_5)^{\mathrm{T}}\boldsymbol{S}(z_5) + \frac{1}{2}l_5^2 + \frac{1}{2}\varepsilon_5^2 \qquad (12-25)$$

进一步可得

$$\dot{V}_6 \leqslant -\boldsymbol{e}^{\mathrm{T}}\boldsymbol{Q}\boldsymbol{e} + \parallel \boldsymbol{P} \parallel^2 \varepsilon_2^2 + \parallel \boldsymbol{P} \parallel^2 \tilde{\boldsymbol{\theta}}_2^{\mathrm{T}}\tilde{\boldsymbol{\theta}}_2 + \left(\frac{5}{2} + \frac{1}{2}\left(\frac{1}{2}+k_1\right)^2\right)\parallel e \parallel^2 + \frac{1}{2}\tilde{\boldsymbol{\theta}}_2^{\mathrm{T}}\tilde{\boldsymbol{\theta}}_2 -$$
$$\sum_i^5 k_i z_i^2 + \frac{m_1}{r_1}\tilde{\boldsymbol{\theta}}_2^{\mathrm{T}}\hat{\boldsymbol{\theta}}_2 + \frac{1}{r_2}\tilde{\boldsymbol{\theta}}\left(\dot{\hat{\boldsymbol{\theta}}} - \frac{r_2}{2l_3^2}z_3^2 \boldsymbol{S}(z_3)^{\mathrm{T}}\boldsymbol{S}(z_3) - \frac{r_2}{2l_5^2}z_5^2 \boldsymbol{S}(z_5)^{\mathrm{T}}\boldsymbol{S}(z_5)\right) \qquad (12-26)$$

取得自适应律为：$\dot{\hat{\boldsymbol{\theta}}} = \dfrac{r_2}{2l_3^2} z_3^2 \boldsymbol{S}(z_3)^{\mathrm{T}} \boldsymbol{S}(z_3) + \dfrac{r_2}{2l_5^2} z_5^2 \boldsymbol{S}(z_5)^{\mathrm{T}} \boldsymbol{S}(z_5)$。其中 $m_1$，$m_2$，$l_3$，$l_5$ 是正数。

**4. 稳定性分析**

将自适应律 $\dot{\hat{\boldsymbol{\theta}}}$ 代入式(12-26)中得

$$\dot{V}_6 \leqslant -\boldsymbol{e}^{\mathrm{T}} \boldsymbol{Q} \boldsymbol{e} + \| \boldsymbol{P} \|^2 \varepsilon_2^2 + \| \boldsymbol{P} \|^2 \tilde{\boldsymbol{\theta}}_2^{\mathrm{T}} \tilde{\boldsymbol{\theta}}_2 + \left( \frac{5}{2} + \frac{1}{2} \left( \frac{1}{2} + k_1 \right)^2 \right) \| \boldsymbol{e} \|^2 +$$

$$\frac{1}{2} \tilde{\boldsymbol{\theta}}_2^{\mathrm{T}} \tilde{\boldsymbol{\theta}}_2 - \sum_i^5 k_i z_i^2 + \frac{m_1}{r_1} \tilde{\boldsymbol{\theta}}_2^{\mathrm{T}} \tilde{\boldsymbol{\theta}}_2 - \frac{m_2}{r_2} \tilde{\boldsymbol{\theta}}^{\mathrm{T}} \hat{\boldsymbol{\theta}} \qquad (12-27)$$

对于 $\tilde{\boldsymbol{\theta}}_2^{\mathrm{T}} \tilde{\boldsymbol{\theta}}_2$，有 $\dfrac{m_1}{r_1} \tilde{\boldsymbol{\theta}}_2^{\mathrm{T}} (\boldsymbol{\theta}_2^* - \tilde{\boldsymbol{\theta}}_2) \leqslant -\dfrac{m_1}{2r_1} \tilde{\boldsymbol{\theta}}_2^{\mathrm{T}} + \dfrac{m_1}{2r_1} \boldsymbol{\theta}_2^{*\mathrm{T}} \boldsymbol{\theta}_2^*$。同理。$\tilde{\boldsymbol{\theta}}^{\mathrm{T}} \tilde{\boldsymbol{\theta}} \leqslant -\dfrac{1}{2} \tilde{\boldsymbol{\theta}}^{\mathrm{T}} \tilde{\boldsymbol{\theta}} + \dfrac{1}{2} \boldsymbol{\theta}^{\mathrm{T}} \boldsymbol{\theta}$，由上述不等式(12-27)得

$$\dot{V}_6 \leqslant -r_3 \| \boldsymbol{e} \|^2 - \sum_i^5 k_i z_i^2 - m_1 \tilde{\boldsymbol{\theta}}_2^{\mathrm{T}} \tilde{\boldsymbol{\theta}}_2 \left( \frac{1}{2r_1} \| \boldsymbol{P} \|^2 - \frac{1}{2} \right) - \tilde{\boldsymbol{\theta}}^{\mathrm{T}} \tilde{\boldsymbol{\theta}} \frac{m_2}{2r_2} + \| \boldsymbol{P} \|^2 \varepsilon_2^2 +$$

$$\frac{\sigma}{2r_1} \boldsymbol{\theta}_2^{*\mathrm{T}} \boldsymbol{\theta}_2^* + \frac{m_2}{2r_2} \boldsymbol{\theta}^{\mathrm{T}} \boldsymbol{\theta} \leqslant -a_0 V_5 + b_0 \qquad (12-28)$$

其中：

$$a_0 = \min \left\{ 2r_3 / \lambda_{\min}(\boldsymbol{P}), \ 2k_1, \ 2k_2, \ 2k_3, \ 2k_4, \ 2k_5, \ 2r_1 m_1 \left( \frac{1}{2r_1} - \| \boldsymbol{P} \|^2 - \frac{1}{2} \right), \ m_2 \right\}$$

$$r_3 = -\lambda_{\min}(\boldsymbol{Q}) - \frac{5}{2} - \frac{1}{2} \left( \frac{1}{2} + k_1 \right)^2$$

$$b_0 = \| \boldsymbol{P} \|^2 \varepsilon_2^2 + \frac{\sigma}{2r_1} \boldsymbol{\theta}_2^{*\mathrm{T}} \boldsymbol{\theta}_2^* + \frac{m_2}{2r_2} \boldsymbol{\theta}^{\mathrm{T}} \boldsymbol{\theta}$$

由式(12-28)得 $V \leqslant \left( V(t_0) - \dfrac{b_0}{a_0} \right) e^{-a_0(t-t_0)} + \dfrac{b_0}{a_0} \leqslant V(t_0) + \dfrac{b_0}{a_0}$，$\forall t > t_0$。上式表明变量 $z_i$ $(i = 1, 2, 3, 4, 5)$、$\tilde{\theta}$ 属于紧集 $\Omega = \left\{ (z_i, \tilde{\theta}) \mid V \leqslant V(t_0) + \dfrac{b_0}{a_0}, \ \forall t > t_0 \right\}$，并且有 $\lim\limits_{t \to \infty} z_1^2 \leqslant \dfrac{2b_0}{a_0}$。由以上分析可得，在控制律 $u_d$ 和 $u_q$ 的作用下，能确保系统跟踪误差收敛于原点附近充分小一块邻域内。

**5. 系统仿真分析**

为验证所提出的异步电动机自适应模糊反步设计控制方法的有效性，在 MATLAB 环境下进行仿真分析，电动机参数为

$$J = 0.0586 \text{ kg} \cdot \text{m}^2, \ R_s = 0.1 \ \Omega, \ R_r = 0.15 \ \Omega,$$

$$L_s = L_r = 0.0699 \text{ H}, \ L_m = 0.068 \text{ H}, \ n_p = 1$$

选择模糊集为

$$\mu_{F_i^l} = \exp \left[ \frac{-(x+l)^2}{2} \right] \quad l \in \mathbf{N}, \ l \in [-5, 5]$$

选择控制律参数为

$$k_1 = 200, \ k_2 = 80, \ k_3 = 300, \ k_4 = k_5 = 100$$

$$r_1 = r_2 = r_3 = r_4 = 0.05$$

$$m_1 = m_2 = 0.05, \ l_3 = l_4 = 0.5$$

给定参考信号 $x_{1d} = 0.5 \sin(t) + 0.5 \sin(0.5t)$，$x_{4d} = 1$。

仿真结果如图 12-1 至图 12-4 所示。图 12-1 给出了转子位置输出 $x_1$ 跟踪期望位置信号 $x_{1d}$ 的性能曲线，两曲线几乎重合。图 12-2 给出了转子角度 $x_1$ 与观测角度 $\hat{x}_1$ 的变化曲线，两曲线几乎重合。图 12-3 给出了 $q$ 轴定子电压曲线。图 12-4 给出了 $d$ 轴定子电压曲线。从仿真结果可以看出电动机位置信号可以精准跟踪给定位置信号。

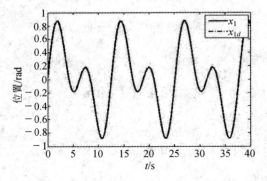

图 12-1   转子位置 $x_1$ 和期望的位置信号 $x_{1d}$

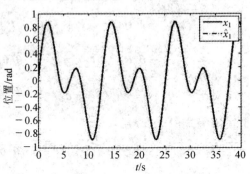

图 12-2   转子角度 $x_1$ 和观测曲线 $\hat{x}_1$

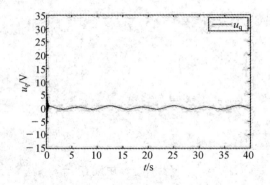

图 12-3   电动机的 $u_q$ 曲线

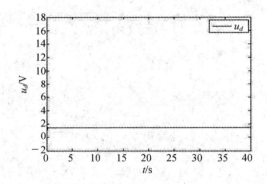

图 12-4   电动机的 $u_d$ 曲线

## 12.3   智能控制在运动控制系统中的应用

近年来，国内外关于智能控制的研究十分活跃，其研究与应用已深入到众多的领域，它的发展也给电气传动系统的控制策略带来了新思想、新方法。

专家控制器、模糊控制器、神经网络控制器是三种典型的智能控制器。专家系统在实际应用中有较多的问题和困难，目前智能控制主要集中在模糊控制、神经网络控制应用上，特别是两者的结合——模糊神经网络控制，它融合了两者的优点，已成为研究的热点。

将智能控制引入交流调速系统中，这是调速系统的发展方向之一，具有十分重要的现实意义。但是交流电动机调速系统如何采用智能控制，是否能达到满意的结果，这方面的研究还有待深入。在进行系统分析和设计时，充分利用智能控制的非线性、变结构、自寻优等优点来克服交流调速系统的变参数、非线性等不利因素，可以提高系统的鲁棒性。在交流调速系统中尝试智能控制时，应注重继承和发展已为实践所接受的传统控制方案，扬长避短，才能够充分发挥智能控制的作用与优点。

本节主要介绍模糊控制、神经网络控制和模糊神经网络控制在运动控制系统中的应用。

### 12.3.1 模糊控制在运动控制系统中的应用

常规的控制方法主要针对集总参数的线性动态系统，要求对象必须可量化，且各种量化参数的关系能够用微分方程或差分方程来描述，其显著特点是控制系统过分依赖于纯数学解析的方法和控制系统的精确数学模型。然而，现代系统的复杂性、测量不准确性以及系统动力学的不确定性，使得采用经典控制理论解决复杂的实际问题时显得无能为力。1965 年，美国著名控制论专家 Zadeh 创立了模糊集合论，其核心是对复杂的系统或过程建立一种语言分析的数学模式，使人们日常生活中的自然语言能直接转化为计算机所能接受的算法语言。模糊集合理论的诞生为解决复杂系统的控制问题提供了强有力的数学工具。1974 年，Mamdani 创立了基于模糊语言描述控制规则的模糊控制理论，并将其成功地应用于工业控制，在自动控制领域中开辟了模糊控制理论及其工程应用的崭新阶段。进入 20 世纪 90 年代后，由于其简单、易用、控制效果好等特点，模糊控制方法广泛应用于各种控制系统，尤其是用在那些模型不确定、非线性、大时滞系统的控制系统上，并取得了极大成功。

#### 1. 模糊控制器的基本结构

模糊控制器的基本结构部分见图 12-5，包括模糊化、模糊规则集、模糊推理和解模糊化等几部分。

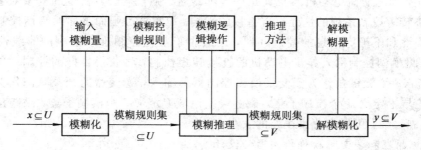

图 12-5 模糊控制器的基本结构

（1）模糊化：将实际输入转换为模糊输入。

（2）模糊规则集：过程操作者用 if-then 控制规则形式给出的信息。目前模糊系统主要用以下两种形式的模糊规则：

$$R_1: \text{if } x_1 \text{ is } A_1 \text{ and } x_2 \text{ is } A_2, \cdots, x_n \text{ is } A_n \text{ then } y \text{ is } B_i \qquad (12-29)$$

$$R_2: \text{if } x_1 \text{ is } A_1 \text{ and } x_2 \text{ is } A_2, \cdots, x_n \text{ is } A_n \text{ then } y = f(x_1, x_2, \cdots, x_n) \qquad (12-30)$$

这里 $A_i (i=1, 2, \cdots, n)$ 和 $B_i$ 分别是在 $U \subset R$ 中的输入变量 $x$ 和输出变量 $y$ 的模糊集合，$f(x_1, x_2, \cdots, x_n)$ 可以是任意的函数。采用式（12-29）模糊规则集的模糊系统统称为 Mamdani 模糊系统，采用式（12-30）模糊规则集的模糊系统统称为 Takagi-Sugeno(TS) 模糊系统。

（3）模糊推理：基于模糊规则集采用模糊逻辑操作和推理方法，进而获得模糊输出。

常用的推理方法有 Mamdani 推理法、Zadeh 推理法、最小推理法等。

（4）解模糊化：将模糊输出集转换成系统的数值输出。最常用的解模糊方法有最大隶属度平均法、重心法、加权平均法等。

**2. 模糊控制器设计的主要因素**

在设计模糊控制器时需要考虑的主要因素有：

（1）选择合适的模糊控制器类型。这主要取决于被控对象的特性、控制要求和实现手段以及被控对象的变量个数，以决定采用单变量模糊控制器还是多变量模糊控制器。

（2）确定输入、输出变量的实际论域。一般来说输入信号和输出信号的变化范围是由实际控制系统决定的，但有时也有一定的调整余地。

（3）确定输入和输出变量的模糊集个数及各模糊集的隶属度函数。

（4）设计模糊规则集。模糊规则集是决定模糊控制性能的关键因素，一般根据经验来设计，或用模糊聚类分析方法由控制器的已有输入、输出样本中自动提取。

（5）选择模糊推理方法。

（6）选择解模糊方法。

**3. 异步电动机直接转矩控制多变量模糊控制器的设计**

第 7 章中介绍的直接转矩控制系统采用滞环控制器，依据转矩误差、定子磁链幅值误差来选择逆变器的开关状态，属于 Band - Band 控制，无法区分定子磁链误差、转矩误差的等级，对于一些不确定因素引起的误差微小变化，不能及时控制。众所周知，电动机本身的参数（如异步电动机的定子电阻）和拖动负载的参数（如转动惯量），在某些应用场合会随工况而变化，加之交流电动机本身又是一个非线性、强耦合、多变量的复杂对象，变化的参数对直接转矩控制系统的性能有着直接的影响。以鲁棒性强而著称的模糊控制善于处理存在不精确性和不确定信息的控制问题，最适用于常规控制难以解决的非线性和时变系统。因此，将模糊控制引入异步电动机的直接转矩控制，将获得良好的控制性能。把转矩误差、磁链误差、磁链角作为多变量模糊控制器的输入，逆变器的开关状态作为输出，在转矩误差论域上定义 5 个模糊子集，磁链误差论域上定义 3 个模糊子集，磁链角论域上定义 12 个模糊子集，更加细化了误差的大小。

1）系统原理和多变量模糊控制器的设计

采用模糊控制器的直接转矩控制系统（称为直接转矩模糊控制系统）如图 12-6 所示。它由模糊控制器、逆变器、交流电动机、磁链观测器、转矩观测器组成。外环加模糊转速控制器，系统可以在转速开环和闭环两种情况下运行。开环运行时，给定信号为给定转矩 $T_g^*$ 和给定磁链 $\psi_g^*$；系统闭环运行时，给定转矩来自模糊转速控制器的输出。

在多变量模糊控制器的设计中，采用圆形磁链轨迹的控制策略，选择与系统性能密切相关的转矩误差 $T_e$、磁链误差 $\psi_e$ 和磁链角 $\varphi$ 作为多变量模糊控制器的输入。

（1）模糊变量转矩误差 $T_e$。模糊变量 $T_e$ 是给定转矩 $T_g^*$ 与实际电磁转矩观测值 $T_f$ 之差，即

$$T_e = T_g^* - T_f \tag{12-31}$$

$T_f$ 可按如下公式计算：

$$T_f = 1.5 \times n_p \times (\psi_{s\alpha} \times i_{s\beta} - \psi_{s\beta} \times i_{s\alpha}) \tag{12-32}$$

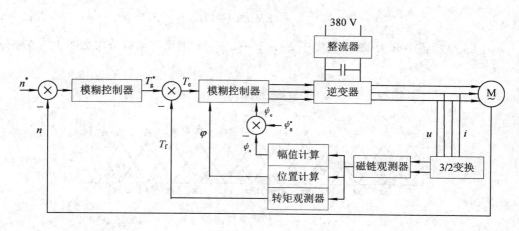

图 12 - 6　直接转矩模糊控制系统

其中：$\psi_{s\alpha}$、$\psi_{s\beta}$为定子磁链估计值在$\alpha$、$\beta$轴的分量，它们可以由基于定子电压、定子电流磁链模型的磁链观测器得到，也可以由基于定子电压、定子电流和转速的磁链观测器得到。

　　为进一步有效控制转矩，细化转矩误差的等级，将转矩误差在其论域上定义 5 个模糊子集，相应的语言变量为正大(PL)、正小(PS)、零(Z)、负小(NS)、负大(NL)，隶属度函数分布如图 12 - 7 所示。

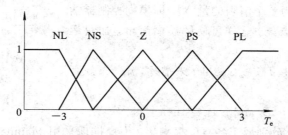

图 12 - 7　$T_e$的隶属度函数分布

　　(2) 模糊变量磁链误差$\psi_e$。磁链误差$\psi_e$为给定定子磁链$\psi_g^*$与定子磁链实际观测值$\psi_s$之差：

$$\psi_e = \psi_g^* - \psi_s \qquad (12-33)$$

$\psi_s$可由下式计算：

$$\psi_s = \sqrt{\psi_{s\alpha}^2 + \psi_{s\beta}^2} \qquad (12-34)$$

　　在磁链误差论域设定很小的情况下，其论域上定义 3 个模糊集，磁链增加为正(P)，磁链不变为零(Z)，磁链减小为负(N)。模糊集的个数多，模糊控制器的灵敏度好，但规则数目成平方增长，增加计算量，所以选 3 个模糊集。磁链误差的隶属度函数分布如图 12 - 8 所示。

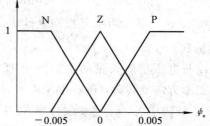

图 12 - 8　$\psi_e$的隶属度函数分布

　　(3) 模糊变量磁链角$\varphi$。模糊变量$\varphi$是定子磁链与参考轴之间的夹角，即定子磁链角：

$$\varphi = \arctan \frac{\psi_{s\alpha}}{\psi_{s\beta}} \qquad\qquad (12-35)$$

$\varphi$ 在 $\alpha\beta$ 坐标系中分为 12 个模糊子集($\varphi_0, \cdots, \varphi_{11}$),隶属度函数分布如图 12-9 所示。

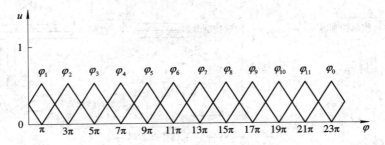

图 12-9 　 $\varphi$ 的隶属度函数分布

在隶属度函数全交叠时,一般情况下,对于每个输入($\varphi_0$, $T_{e0}$, $\psi_{e0}$)都会同时激活 6 条规则,总的输出是这 6 条规则的加权平均。这种并行机制是模糊控制器鲁棒性强的内因。选欠交叠隶属度函数会减弱模糊控制器的鲁棒性。为增强鲁棒性,$T_e$、$\psi_e$、$\varphi$ 均采用对称、全交叠的三角形隶属度函数。

(4)控制变量。模糊控制器输出的控制变量是逆变器的开关状态 $n$ 所对应的电压空间矢量(如图 12-10 所示),把 8 种开关状态归结为 8 个清晰的量 $N_i$,即模糊控制器输出的隶属度函数是单点集。这样可使解模糊简单,加快运算速度。

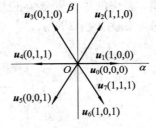

图 12-10 　 电压空间矢量图

模糊控制规则可由 $T_e$、$\psi_e$、$\varphi$ 和 $n$ 来描述,第 $i$ 条规则 $R_i$ 可写成:

if $T_e$ is $A_i$, $\psi_e$ is $B_i$ and $\varphi$ is $C_i$ then $n$ is $N_i$

其中,$A_i$、$B_i$、$C_i$、$N_i$ 分别属于各自的模糊集。模糊推理采用 Mamdani 推理法,解模糊采用最大隶属度平均法,即有

$$\mu'_{N_i}(n) = \min(\alpha_i, \mu_{N_i}(n)) \qquad\qquad (12-36)$$

$$\alpha_i = \min(\mu_{A_i}(T_e), \mu_{B_i}(\psi_e), \mu_{C_i}(\varphi)) \qquad\qquad (12-37)$$

这里 $\mu_{A_i}$、$\mu_{B_i}$、$\mu_{C_i}$ 和 $\mu_{N_i}$ 是模糊变量 $T_e$、$\psi_e$、$\varphi$ 和 $N$ 在各自模糊集 $A_i$、$B_i$、$C_i$ 和 $N_i$ 上的隶属度函数。

$\psi_e$ 与电压空间矢量的关系如图 12-11 所示,$\psi_e$ 按图示方向旋转时,在 $\varphi_1$ 区,$u_1$ 使 $\psi_e$ 快速增大,$u_2$ 使 $\psi_e$ 较快增大,$u_6$ 使 $\psi_e$ 缓慢增大。而 $u_4$ 使 $\psi_e$ 快速减小,$u_5$ 使 $\psi_e$ 较快减小,$u_3$ 使 $\psi_e$ 缓慢减小。同理,在垂直于 $\psi_e$ 方向上可得到 $T_e$ 的变化规律:$u_3$ 使 $T_e$ 快速增大,$u_2$ 使 $T_e$ 较快增大,$u_4$ 使 $T_e$ 缓慢增大,而 $u_6$ 使 $T_e$ 快速减小,$u_5$ 使 $T_e$ 较快减小,$u_1$ 使 $T_e$ 缓慢减小,由此可以得到模糊控制规则,如表 12-1 所示。

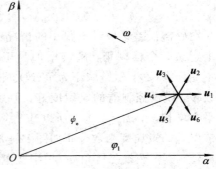

图 12-11 　 $\psi_e$ 与电压空间矢量的关系

**表 12-1　模糊控制规则表**

| $\psi_e$ | $T_e$ | $\varphi_0$ | $\varphi_1$ | $\varphi_2$ | $\varphi_3$ | $\varphi_4$ | $\varphi_5$ | $\varphi_6$ | $\varphi_7$ | $\varphi_8$ | $\varphi_9$ | $\varphi_{10}$ | $\varphi_{11}$ |
|---|---|---|---|---|---|---|---|---|---|---|---|---|---|
| P | PL | 3 | 1 | 1 | 5 | 5 | 4 | 4 | 6 | 6 | 2 | 2 | 3 |
|   | PS | 3 | 1 | 1 | 5 | 5 | 4 | 4 | 6 | 6 | 2 | 2 | 3 |
|   | Z | 0 | 0 | 0 | 0 | 0 | 0 | 0 | 0 | 0 | 0 | 0 | 0 |
|   | NS | 2 | 2 | 3 | 3 | 1 | 5 | 5 | 5 | 4 | 4 | 6 | 6 |
|   | NL | 2 | 2 | 3 | 3 | 1 | 5 | 5 | 5 | 4 | 4 | 6 | 6 |
| Z | PL | 1 | 1 | 5 | 5 | 4 | 4 | 6 | 6 | 2 | 2 | 3 | 3 |
|   | PS | 1 | 5 | 5 | 4 | 4 | 6 | 6 | 2 | 2 | 3 | 3 | 1 |
|   | Z | 0 | 0 | 0 | 0 | 0 | 0 | 0 | 0 | 0 | 0 | 0 | 0 |
|   | NS | 0 | 0 | 0 | 0 | 0 | 0 | 0 | 0 | 0 | 0 | 0 | 0 |
|   | NL | 6 | 2 | 2 | 3 | 3 | 1 | 1 | 5 | 5 | 4 | 4 | 6 |
| N | PL | 1 | 5 | 5 | 4 | 4 | 6 | 6 | 2 | 2 | 3 | 3 | 1 |
|   | PS | 5 | 5 | 4 | 4 | 6 | 6 | 2 | 2 | 3 | 3 | 1 | 1 |
|   | Z | 0 | 0 | 0 | 0 | 0 | 0 | 0 | 0 | 0 | 0 | 0 | 0 |
|   | NS | 4 | 6 | 6 | 2 | 2 | 3 | 3 | 1 | 1 | 5 | 5 | 4 |
|   | NL | 6 | 6 | 2 | 2 | 3 | 3 | 1 | 1 | 5 | 5 | 4 | 4 |

**2）系统仿真结果**

采用 MATLAB/Simulink 对以上设计的系统进行数字仿真。图 12-12 为系统转矩响应。图（a）为转矩从 12 N·m 突变到 6 N·m 时直接转矩模糊控制系统的转矩响应曲线，图（b）为传统直接转矩控制系统转矩从 12 N·m 突变到 6 N·m 时的转矩响应曲线。经过对比，从图中可以看出，模糊控制系统的启动时间和转矩突变响应时间均快于传统直接转矩控制系统，而且无超调，转矩脉动大大减小。图 12-13 为磁链幅值响应。图（a）为直接转

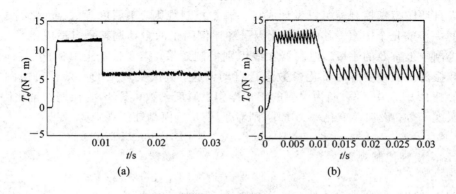

图 12-12　系统转矩响应

（a）直接转矩模糊控制系统转矩响应；（b）传统直接转矩控制系统转矩响应

矩模糊控制系统磁链幅值响应曲线，图(b)为传统直接转矩控制系统磁链幅值响应曲线。从图12-13中可以看到系统采用多变量模糊控制器后，磁链迅速上升到给定值，幅值波动明显小于传统直接转矩控制系统，控制磁链幅值形成圆形旋转磁场。

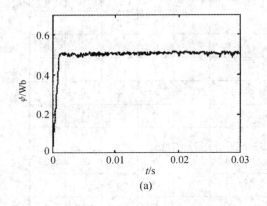
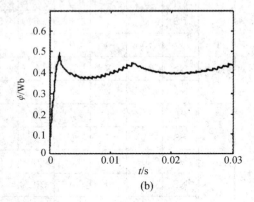

图 12-13   磁链幅值响应

(a) 直接转矩模糊控制磁链幅值响应曲线；(b) 传统直接转矩控制磁链幅值响应曲线

**4. 自适应模糊转速调节器**

自适应模糊控制器必须同时具备两个功能：

(1) 根据被控过程的运行状态给出合适的控制量，即控制功能。

(2) 根据给定的控制量的控制效果，对控制器的控制决策进一步改进，以获得更好的控制效果，即自适应功能。

自适应模糊控制器的本质是通过对控制性能评价，给出控制决策，并用语言形式描述决策。Zadeh 的模糊集理论是设计自适应模糊控制器的有力工具，它将描述外部世界的不精确语言与控制器内部的精确数学表示联系起来。自适应模糊控制原理如图 12-14 所示。

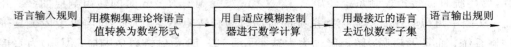

图 12-14   自适应模糊控制原理

通常自适应模糊控制器可以设计成自动调整控制规则、隶属度函数、量化因子及比例因子中的一个或几个因素。其中，量化因子和比例因子的自动调整是自适应模糊控制应用于实时控制中最有效的手段。控制器在线识别控制效果，需要依据上升时间、超调量、稳态误差和振荡发散程度等对量化参数进行自动调整。其改变规则的有效性可由图 12-15 说明。在图 12-15 中，图(a)为误差的正常操作隶属度函数，图(b)为误差的量化因子调整后的隶属度函数。设误差变化率为 PB，则对于图(a)，模糊控制规则为

$$\text{if “error” is NB and “rate” is PB, then U is ZO}$$

对于图(b)，模糊控制规则为

$$\text{if “error” is NS and “rate” is PB, then U is PS}$$

这意味着量化因子的调整对于控制器的规则输出产生了影响。

由于交流电动机参数受温度和磁路饱和的影响，具有严重的非线性，再加上实际调速系统的转速设定范围变化较大，常规模糊控制器的规则只能凭个人的一般经验进行设计，

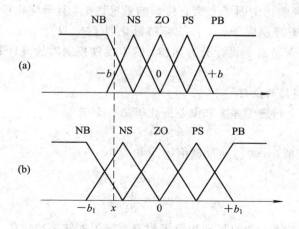

图 12 - 15　模糊控制器的量化因子调整

再经过试验反复调整，不仅费时费力、很难优化，而且量化因子、比例因子的选取对系统的性能影响很大，一旦这些因子确定后，系统的参数、给定或扰动变化过大，则满足不了该系统在时变情况下响应速度快、稳态精度高的要求。

本节介绍一种自适应模糊 PD 型转速调节器，它能根据直接转矩模糊控制系统中转速的实时变化趋势，通过自适应调整机构对模糊控制器的比例因子进行在线自动调整。直接转矩模糊控制系统外环采用这种自适应模糊转速调节器，使得转速响应具有超调小、响应快、适应性强、受对象参数变化影响小等性能，适用于全速范围。

外环带有自适应模糊转速调节器的直接转矩模糊控制系统如图 12 - 16 所示。自适应模糊转速调节器的输入是转速偏差和转速偏差的变化率，可以根据转速实时变化来调整比例因子，使系统的静、动态性能只依赖于其转速偏差信号，不受或少受被控对象参数变化的影响。当定子电阻 $R_s$ 发生变化时，系统仍然响应快、超调小、稳态精度高，从而改善了系统的低速性能。

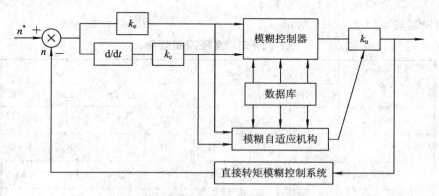

图 12 - 16　带自适应模糊转速调节器的直接转矩模糊控制系统结构

自适应模糊控制器在基本的模糊控制器基础上增加了调整控制机构，分为面向对象的控制级和面向控制器的规则调整级。面向对象的控制级是基本模糊控制器；面向控制器的规则调整级是自适应调整机构，用来调整量化因子 $k_e$、$k_c$ 和比例因子 $k_u$。如果同时调整三个参数会使控制算法过于复杂，因为这三者是互相牵制的。调整比例因子 $k_u$ 比调整量化因

子 $k_e$、$k_c$ 效果更好。调整比例因子 $k_u$ 会直接影响系统性能，且最终也能起到调整 $k_e$、$k_c$ 的作用，所以采用在线调整比例因子 $k_u$，离线调整量化因子 $k_e$、$k_c$。

自适应模糊转速调节器的设计分为两步：基本模糊控制器的设计和模糊自适应机构的设计。

1）基本模糊控制器的设计

输入变量有两个，转速偏差 $e$ 和偏差变化率 $\Delta e$。转速偏差

$$e = n^* - n \tag{12-38}$$

其中，$n^*$ 为转速给定值，$n$ 为转速反馈值。

偏差变化率

$$\Delta e = \frac{\mathrm{d}e}{\mathrm{d}t} \tag{12-39}$$

输出控制量 $u$ 乘以 $k_u\alpha$ 为直接转矩模糊控制系统中的转矩给定值。转速偏差 $e$、偏差变化率 $\Delta e$、控制量 $u$ 分别在其论域上定义了 7 个模糊子集{负大（NB），负中（NM），负小（NS），零（ZE），正小（PS），正中（PM），正大（PB）}。隶属度函数选取对称、均匀分布、全交叠的三角形隶属度函数（见图 12-17）。

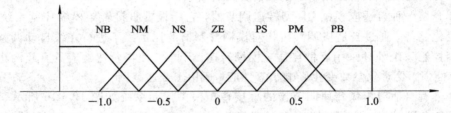

图 12-17 $e$，$\Delta e$ 和 $u$ 的隶属度函数分布

模糊控制器的控制规则可由 $e$、$\Delta e$ 和 $u$ 描述，第 $i$ 条规则 $R_i$ 可写成

$$\text{if } e = E \text{ and } \Delta e = \Delta E \text{ then } u = U \tag{12-40}$$

这里 $E$、$\Delta E$、$U$ 分别属于各自的模糊子集。

模糊控制规则如表 12-2 所示。

表 12-2 模糊控制规则

| $\Delta e$ | $u$ | | | | | | |
|---|---|---|---|---|---|---|---|
| | $e=$NB | $e=$NM | $e=$NS | $e=$ZE | $e=$PS | $e=$PM | $e=$PB |
| NB | NB | NB | NB | NM | NS | NS | ZE |
| NM | NB | NM | NM | NM | NS | ZE | PS |
| NS | NB | NM | NS | NS | ZE | PS | PM |
| ZE | NB | NM | NS | NE | PS | PM | PB |
| PS | NM | NS | ZE | PS | PS | PM | PB |
| PM | NS | ZE | PS | PM | PM | PM | PB |
| PB | ZE | PS | PS | PM | PB | PB | PB |

2) 模糊自适应机构的设计

当模糊控制器的比例因子固定时，不能适应直接转矩模糊控制系统的变参数、非线性特性，故增加增益调整因子 $\alpha$ 在线调整比例因子。自适应模糊控制器的输入和输出变量之间的关系如下：

$$e_N = k_e e \tag{12-41}$$

$$\Delta e_N = k_c \Delta e \tag{12-42}$$

$$\Delta u_N = (\alpha k_u) u \tag{12-43}$$

其中，$e_N$、$\Delta e_N$ 为模糊自适应机构的输入。

增益调整因子 $\alpha$ 也采用三角形隶属度函数，其在 $[0,1]$ 区间上均匀分布，模糊语言变量为｛零(ZE)，非常小(VS)，小(S)，小大(SB)，中大(MB)，大(B)，非常大(VB)｝。加入自校正因子 $\alpha$ 来在线调整比例因子，使普通模糊控制器的增益 $k_u^* = \alpha k_u$，即相当于实时调整模糊控制器的增益。增益调整因子 $\alpha$ 与转速偏差 $e$、转速偏差变化率 $\Delta e$ 的关系可以表示为

$$\alpha(k) = f(e(k), \Delta e(k)) \tag{12-44}$$

$f$ 是 $e(k)$、$\Delta e(k)$ 的非线性函数，$\alpha$ 的大小取决于受控对象的瞬时状态。

模糊集的个数多，模糊控制器的灵敏度好。在隶属度函数全交叠时，一般情况下，对于每个输入 $(e_0, \Delta e_0)$ 都会同时激活 4 条规则，总的输出是这 4 条规则的加权平均。为增强鲁棒性，增益调整因子 $\alpha$ 隶属度函数选对称、均匀分布、全交叠的三角形隶属度函数。增益调整因子 $\alpha$ 的隶属度函数分布如图 12-18 所示。

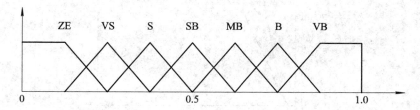

图 12-18  $\alpha$ 的隶属度函数分布

自适应机构的控制规则可由 $e$、$\Delta e$ 和 $\alpha$ 描述，第 $i$ 个规则 $R_i$ 可表示为

$$\text{if } e = E \text{ and } \Delta e = \Delta E \text{ then } \alpha = \alpha$$

其中，$E$、$\Delta E$、$\alpha$ 分别属于各自的模糊子集。

自适应模糊控制器的调整方法如下：

首先去掉调整机构，使 $\alpha = 1$，在这种情况下，调整模糊控制器的量化因子和比例因子，使转速响应达到较好的控制效果。选择 $k_e$ 使偏差 $e_N$ 映射到 $[-1,1]$ 区间上，$k_u$、$k_c$ 的调整是使转速的瞬态响应尽可能好，这样就为下一步校正工作做好了准备。

在校正步骤中，$\alpha$ 不为 1，而根据该时刻的 $e$ 和 $\Delta e$ 修正此时的 $\alpha$。$\alpha$ 的修正规则如表 12-3 所示，模糊推理采用 Mamdani 推理法，解模糊采用加权平均法。$k_u$ 近似取上一步骤中的两倍，以保持一致的上升速度，$k_e$、$k_c$ 的调整同上一步骤。

**表 12 - 3 α 的修正规则**

| Δe | a | | | | | | |
|---|---|---|---|---|---|---|---|
| | e=NB | e=NM | e=NS | e=ZE | e=PS | e=PM | e=PB |
| NB | VB | VB | VB | B | SB | S | ZE |
| NM | VB | VB | B | MB | MB | S | VS |
| NS | VB | MB | B | B | VS | S | VS |
| ZE | S | SB | MB | ZE | MB | SB | S |
| PS | VS | S | VS | B | B | MB | VB |
| PM | VS | S | MB | MB | B | VB | VB |
| PB | ZE | S | SB | B | VB | VB | VB |

图 12 - 19 为当转速给定值 $n^* = 40$ r/min 时的系统转速响应曲线。曲线 1 为系统加自适应模糊转速调节器的转速响应,曲线 2 为系统加常规模糊转速调节器的转速响应。从图中可以看出,外环加自适应模糊转速调节器时,系统响应快,超调量小,无静差。系统外环加常规模糊转速控制器,响应变慢,静差大。当转速给定值为 $n^* = 1000$ r/min 时,系统加自适应模糊转速调节器的响应速度快于系统加常规模糊转速调节器的响应速度,且无超调,稳态精度高。

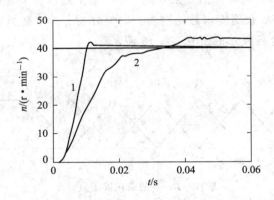

图 12 - 19  $n^* = 40$ r/min 时的转速响应

当定子电阻 $R_s$ 变化时,系统转速响应受影响很小,自适应模糊转速调节器改善了系统低速性能。在异步电动机直接转矩控制中,开关状态选择器采用多变量模糊控制器,转速调节器采用自适应模糊控制器,都取得了很好的效果,进一步提高了系统性能,增强了系统鲁棒性。其方案结构简单,思路清晰,易于实现,为开发高性能的交流调速系统奠定了良好的基础。

## 12.3.2 神经网络控制在运动控制系统中的应用

神经网络控制是智能控制的另一个重要分支。自从 1943 年美国心理学家 McCulloch 和数学家 Pitts 首次提出形式神经元的数学模型以来,神经网络的研究开始了它的艰难历程。20 世纪 50 年代至 80 年代是神经网络研究的萧条期,此时专家系统和人工智能技术发展相当迅速，但仍有不少学者致力于神经网络模型的研究。如 J. S. Albus 在 1975 年提出的 CMAC(Cerebeller Model Articulation Controller)神经网络模型，利用人脑记忆模型提出了一种分布式的联想查表系统；Grossberg 在 1976 年提出的自共振理论解决了无导师指导下的模式分类。到了 20 世纪 80 年代，人工神经网络进入了发展期。1982 年，美国生物物理学家 Hopfield 提出了 HNN(Hopfield Neural Networks)模型，解决了回归网络的学习问题。1986 年 PDP(Parallel Distributed Processing)小组的研究人员提出的多层前向神经网络的 BP(Back - Propagation)学习算法，实现了有导师指导下的网络学习，从而为神经网络的应用开辟了广阔的前景。神经网络在许多方面试图模拟人脑的功能，并不依赖于精确的数学模型，因而显示出强大的自学习和自适应能力。

　　神经网络通过神经元以及相互连接的权值，初步实现了生物神经系统的部分功能。因其具有非线性映射能力、并行计算能力、自学习能力以及强鲁棒性等优点，故已广泛应用于控制领域。

　　按神经网络在系统中的作用划分，它有两种功能模式：神经网络建模和神经网络控制。神经网络在控制系统中所起的作用可大致分为四大类：第一类是在基于模型的各种控制机构中充当对象的模型；第二类是充当控制器；第三类是在控制系统中起优化计算的作用；第四类是与其他智能控制如专家系统、模糊控制相结合为其提供非参数化对象模型、推理模型等。对于运动控制系统，它的模型是通过物理分析和归纳得到的，模型的结构比较准确，只是模型结构复杂，为多变量、非线性结构，而且参数时变，使系统分析和控制变得复杂和困难。因此，在运动控制系统中我们主要把神经网络用于控制。

### 1. 神经网络基本原理

　　人工神经网络实质上是由大量的、同时也是很简单的处理单元(或称神经元)相互连接而形成的复杂网络系统，这些单元类似于生物神经系统的单元。神经网络系统是一个高度复杂的非线性动力学系统，其特色在于信息的分布式存储和并行协同处理。虽然每一个神经元的结构和功能十分简单，但由大量神经元构成的网络系统的行为却是丰富多彩和十分复杂的。

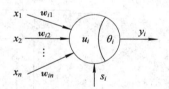

图 12 - 20　神经元结构模型

　　神经元是神经网络最基本的组成部分，它一般是多输入单输出的非线性器件，其结构模型如图 12 - 20 所示。其中，$u_i$ 为神经元的内部状态；$\theta_i$ 为阈值；$x_j$ 为输入信号，$j=1$，$\cdots$，$n$；$w_{ij}$ 为从单元 $U_j$ 到单元 $x_i$ 连接权系数；$s_i$ 为外部输入信号。那么，图 12 - 20 所示模型可描述为

$$\text{Net}_i = \sum_j w_{ij} x_j + s_j - \theta_i \qquad (12 - 45)$$

$$u_i = f(\text{Net}_i) \qquad (12 - 46)$$

$$y_i = g(u_i) = h(\text{Net}_i) \qquad (12 - 47)$$

　　神经网络是一个并行和分布式的信息处理网络结构，它一般是由许多神经元按一定规则连接而成，最典型的结构有前向网络和反馈网络，如图 12 - 21(a)、(b)所示。

　　神经网络通过对权值的调整而具有学习功能，权值调整的目的就是使实际输出和期望输出的误差最小。神经网络的学习算法分为两大类：有导师学习和无导师学习。

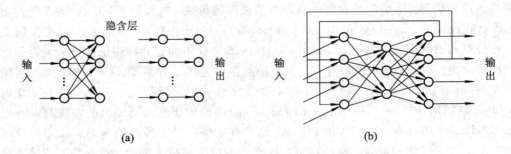

图 12 - 21　神经网络结构示意图

（a）前向网络；（b）反馈网络

## 2. 神经网络直接转矩控制

将神经网络用于交流调速控制系统的逆变器控制中，因其具有较强的学习能力、自适应能力、自组织能力及容错能力而可以获得较好的控制效果。

常规的直接转矩控制系统中转矩调节器和磁链调节器一般采用施密特触发器，其容差的大小对系统性能影响很大。有人将转矩和磁链的偏差细化以提高系统的性能，但其细化区间的大小还会受到人为因素的制约。为此，我们上一节引入模糊集合理论，采用模糊控制器作为开关状态的选择器，不仅克服了容差的影响，而且明显改善了系统性能。这一节我们利用人工神经网络来构造开关状态选择器。大量仿真结果证明，由神经网络状态选择器构成的系统的性能是比较令人满意的，其结构图如图 12 - 22 所示。

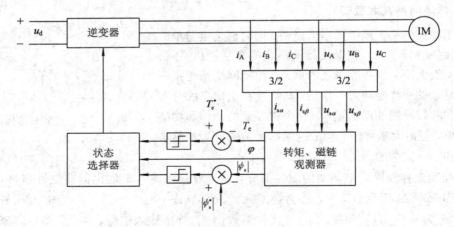

图 12 - 22　由神经网络状态选择器构成的系统结构图

1）神经网络结构

神经网络结构的设计是一个较复杂的问题。根据问题性质的不同，使用场合和要求也不一样，一般没有统一的标准。由神经网络的理论可知，三层前向网络能映射任意非线性函数。因此，我们选用三层前向网络作为状态选择器。

结合 DTC 的原理，确定神经网络状态选择器的输入为三个：

转矩误差：
$$E_{T_e} = T_e^* - T_e$$

磁链角：
$$\varphi = \arctan\frac{\psi_{sq}}{\psi_{sd}}$$

磁链幅值误差：
$$E_\phi = |\psi_s^*| - |\psi_s|$$

其输出为逆变器的开关状态 $v_1$，$v_2$，$v_3$；隐含层单元的数目待定；网络结构如图 12-23 所示。

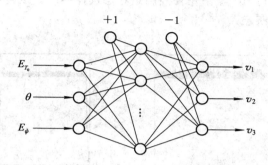

图 12-23　神经网络结构图

2）根据 DTC 原理确定学习的样本

学习样本的获取是神经网络控制器设计的一个重要内容。给定的训练样本中应包含足够的信息，使得由网络的学习算法能学到被控对象的内在规律。由统计学方面的知识可知，对绝大多数实际问题来说，当训练样本趋于无穷多时，通过训练样本学到的权值参数在概率上收敛于真正要求的权值，但实际上训练样本不可能无穷多，即使训练样本可任意多，训练时间也不可能任意长。因此，如何准确地确定训练样本，对于一个控制系统来说是至关重要的。

在 $\alpha\beta$ 坐标系中，结合定子电压空间矢量、磁链空间矢量和它的角度确定学习的样本，如表 12-4 所示。

表 12-4　确定学习的样本

| $\mathrm{sgn}(T_e - T_e^*)$ | $\mathrm{sgn}(|\psi_s| - |\psi_s^*|)$ | $K$ |
|---|---|---|
| 0 | 0 | $n+1$ |
| 0 | 1 | $n+2$ |
| 1 | $x$ | 0 |
| 逆变器状态　$K=\begin{cases}K & K\leqslant 6 \\ K-6 & K>6\end{cases}$ | | |

3）学习算法

为加快神经网络的训练速度，本小节采用 Levenberg-Marquardt 方法（简称 LM 方法）来训练前向网络。它是一种基于梯度下降法和牛顿法的参数优化的学习算法，其权值修正规则为

$$\Delta w = (\boldsymbol{J}^{\mathrm{T}}\boldsymbol{J} + \mu\boldsymbol{I})^{-1}\boldsymbol{J}^{\mathrm{T}}\boldsymbol{e} \tag{12-48}$$

其中，$\boldsymbol{J}$ 为每个网络误差对该层网络权值导数的雅可比矩阵，$\boldsymbol{e}$ 为误差项，$\boldsymbol{\mu}$ 为自适应因子。变量 $\boldsymbol{\mu}$ 确定了网络学习是根据牛顿法还是梯度法来完成，随着 $\boldsymbol{\mu}$ 的增大，LM 的项 $\boldsymbol{J}^{\mathrm{T}}\boldsymbol{J}$ 可以忽略，因此学习过程主要根据梯度下降即 $\boldsymbol{\mu}^{-1}\boldsymbol{J}^{\mathrm{T}}\boldsymbol{e}$ 项来决定。只要迭代使误差增

加，$\mu$ 也就会增加，直到误差不再增加为止。但是如果 $\mu$ 太大，由于 $\mu^{-1}J^{T}e$ 接近于零会使学习停止，因此在网络训练过程中，应通过选择适合的参数，使网络达到期望的误差。

**3. 仿真结果**

经过大量的网络训练，选择隐含层单元为 8 个，采用 LM 方法训练，当训练进行到 150 次时，误差的精度可达到 $10^{-4}$。采用神经网络状态选择器的直接转矩控制系统仿真结果如图 12-24 和图 12-25 所示。

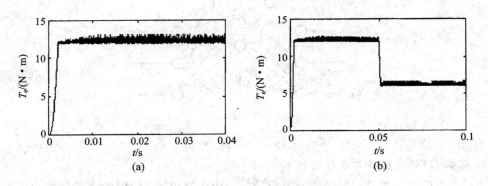

(a)　　　　　　　　　　　(b)

图 12-24　采用神经网络状态选择器的转矩响应曲线
（a）突加 12 N·m 转矩给定值时的转矩响应；（b）转矩给定值由 12 N·m 降到 6 N·m 时的转矩响应

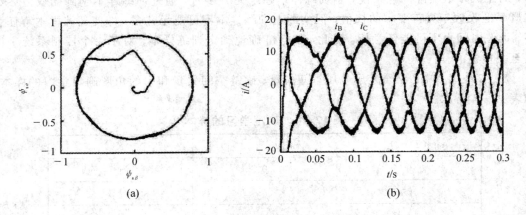

(a)　　　　　　　　　　　(b)

图 12-25　神经网络系统稳态时的定子磁链轨迹及定子电流响应曲线
（a）神经网络 DTC 系统的磁链轨迹；（b）神经网络 DTC 系统的定子电流

图 12-24(a) 为神经网络状态选择器在系统突加 12 N·m 的转矩给定值时的转矩响应，图 12-24(b) 为系统稳定运行一段时间后转矩给定值由 12 N·m 降到 6 N·m 时的转矩响应。由仿真结果可以看出，由神经网络状态选择器构成的系统在转矩给定值突变时，转矩响应迅速，并且脉动较小，系统并行运算速度快，学习性好。

图 12-25 为神经网络系统稳态时的定子磁链轨迹及定子电流响应曲线。由图可以看出采用神经网络状态选择器，定子磁链轨迹近似为一圆形，定子电流波形基本接近正弦波，电流畸变小，系统稳定性能明显改善。

总之，采用神经网络构成的状态选择器具有如下优点：

（1）由于神经网络采用并行处理结构，因而计算速度快。

（2）由于神经网络的学习性好，因而这种类型的神经网络状态选择器可以自适应电动机参数的变化。

### 12.3.3　模糊神经网络在运动控制系统中的应用

模糊控制和神经网络控制有各自的基本特性和应用范围。神经网络的优点是具有大规模并行处理能力、学习能力以及自适应能力，缺点是表达知识比较困难，学习速度慢；而模糊控制能以较少的规则来表达知识，系统简单而透明，其缺点是难以进行学习，难以建立完善的控制规则。另外，在推理过程中，由于模糊性的增加而会损失一些信息。模糊神经网络是一种集模糊逻辑推理的知识表达能力与神经网络的自学习能力于一体的新技术，是模糊控制和神经网络控制的有机结合，充分表现二者之间的互补性、关联性。

模糊神经网络控制大致可分为三类：第一类是直接利用神经网络的学习功能及映射能力，去等效模糊系统中的各个模糊功能块；第二类是在神经网络模型中引入模糊逻辑推理方法，使其具有直接处理模糊信息的能力；第三类是把模糊系统和神经网络集成在一个系统中，以发挥各自的优势。模糊神经网络控制在结构上虽然也是局部逼近网络，但是它是按照模糊系统模型建立的，网络中的各个节点及所有参数均有明确的物理意义，因此这些参数的初值比较容易确定，然后利用学习算法使之很快收敛到要求的输入输出关系，这是模糊神经网络控制优于单纯的神经网络控制之处；同时，由于模糊神经网络控制具有神经网络的结构，因而参数学习和调整比较容易，这是它优于单纯的模糊控制之处。

**1. 模糊神经网络直接转矩控制**

在 12.3.1 节和 12.3.2 节中，我们详细介绍了模糊控制器和神经网络控制器用于逆变器控制的设计方法，用其取代传统 DTC 系统中的 Bang - Bang 控制器取得了满意的效果。然而，模糊控制的学习性差，并且输入、输出变量隶属度函数的选择具有较大的主观性和盲目性，如选择不当，系统性能不仅得不到改善，还可能变差。再者，由于输入、输出变量模糊子集的个数较多，导致模糊控制规则很多，这样识别和建立规则的时间随规则数增加而以指数形式增加，计算复杂性增大，影响了系统的运行速度。神经网络的推理性差，将神经网络的学习能力引到模糊控制系统中去，将模糊控制器的模糊化处理、模糊推理、精确化计算通过分布式的神经网络来表示是实现模糊控制器自组织、自学习的重要途径。在这样一个模型结构中，神经网络的输入输出信号、隐含节点用来表示隶属度函数和模糊控制规则，并把模糊控制抽象的经验规则转化为神经网络的一组输入输出样本，使神经网络对这些样本进行学习、记忆，并以"联想记忆"的方式来使用。这种控制器保留了与人类推理控制相近的模糊逻辑推理，并且神经网络的并行处理能力使得模糊逻辑推理的速度大大提高，可将其用于 DTC 系统中电压空间矢量的选择，模糊神经网络（FNN）直接转矩控制系统结构如图 12 - 26 所示。

1）模糊神经网络的结构

模糊神经网络的研究中，什么样的网络结构最好、什么样的学习算法最佳、如何保证网络学习的收敛性等诸多问题都还没有明确的答案。这里介绍一种用多层前向网络结构来逼近的模糊神经网络系统，将其用作 DTC 系统中的状态选择器，FNN 结构示意图如图 12 - 27 所示。

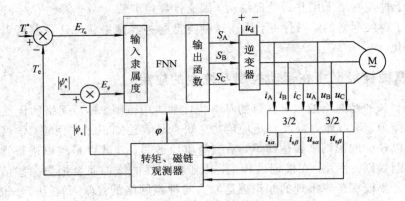

图 12-26 模糊神经网络直接转矩控制系统结构图

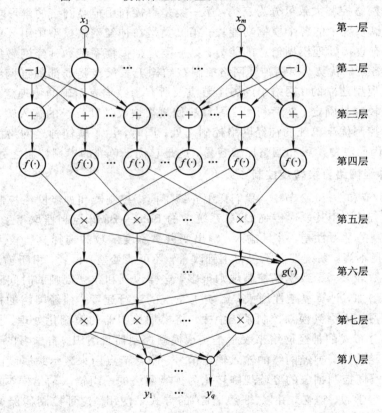

图 12-27 FNN 结构示意图

下面定义模糊神经网络结构中每一层各节点的基本功能和函数关系。一个典型的神经元函数通常由一个神经元输入函数和激励函数组合而成。神经元的输出信号是与其相连的有限个其他神经元的输出和相连接的系数的函数，通常可表示为

$$\mathrm{net} = f(I_1^{(k)}, I_2^{(k)}, \cdots, I_p^{(k)}, w_1^{(k)}, w_2^{(k)}, \cdots, w_p^{(k)}) \qquad (12-49)$$

其中，上标 $k$ 表示所在的层次；$I_i^{(k)}$ 表示与其相连接的神经元的输入；$w_i^{(k)}$ 表示相应的连接权值，$(i=1, 2, \cdots, p)$。如果用 $O_i^{(k)}$ 表示输出，$m$ 为输入变量个数，$n$ 为控制规则数，$q$ 为

输出变量个数，则各层表示如下。

第一层　此层为输入层，其中：

$$I_j^{(1)} = x_j; \quad O_j^{(1)} = I_j^{(1)} \qquad j = 1, 2, \cdots, m \tag{12-50}$$

第二层　功能是把精确量转化为模糊量：

$$I_j^{(2)} = w_j^{(1)} O_j^{(1)}; \quad O_j^{(2)} = I_j^{(2)} \qquad j = 1, 2, \cdots, m \tag{12-51}$$

第三层　计算模糊量距正态函数中心的距离：

$$I_j^{(3)} = O_j^{(2)} - w_{ji}^{(2)}; \quad O_{ji}^{(3)} = I_{ji}^{(3)} \qquad j = 1, 2, \cdots, m; i = 1, 2, \cdots, n \tag{12-52}$$

第四层　功能是计算各输入量的隶属度值：

$$I_{ji}^{(4)} = w_{ji}^{(3)} O_{ji}^{(3)}$$

$$O_{ji}^{(4)} = \exp\{(- I_{ji}^{(4)})^2\} \qquad j = 1, 2, \cdots, m; i = 1, 2, \cdots, n \tag{12-53}$$

自第二层到第四层网络的功能是实现输入变量对模糊语言变量的隶属关系，在有的文章中把模糊化看作一个神经网络节点，这样做使节点内部函数相对复杂。本节这样组网更能体现单个神经元的功能简单，多个神经元组合在一起就能构成复杂功能的特点。

第五层　求出各条模糊规则的激发强度：

$$I_i^{(5)} = \prod_{j=1}^{m} O_{ji}^{(4)}; \quad O_i^{(5)} = I_i^{(5)} \qquad i = 1, 2, \cdots, n \tag{12-54}$$

第六层　此层是一个过渡层，增加这一层主要是为了使整个神经元内部函数相对简单：

$$I_i^{(6)} = O_i^{(5)}; \quad O_i^{(6)} = I_i^{(6)} \qquad i = 1, 2, \cdots, n$$

$$I_{n+1}^{(6)} = \sum_{i=1}^{n} O_i^{(5)}; \quad O_{n+1}^{(6)} = \frac{1}{I_{n+1}^{(6)}} \tag{12-55}$$

第七层　功能是求出各 F 规则的模糊基函数：

$$I_i^{(7)} = O_i^{(6)} O_{n+1}^{(6)}; \quad O_i^{(7)} = I_i^{(7)} \qquad i = 1, 2, \cdots, n \tag{12-56}$$

第八层　功能是通过计算模糊基函数展开得出推理结果。其中各神经元的权限就是各个模糊基函数的关系：

$$I_j^{(8)} = \sum_{i=1}^{n} \Theta_i O_i^{(7)}; \quad y_j = O_j^{(8)} = I_j^{(8)} \qquad j = 1, 2, \cdots, q \tag{12-57}$$

其中，$\Theta_i$ 是通过网络学习确定的，在最初设计时可以令 $\Theta_i$ 为一任意值。

2) 模糊神经网络的学习算法

FNN 系统的学习过程就是通过调整网络权值 $w^{(1)}$、$w^{(2)}$、$w^{(3)}$、$\Theta$，使被控对象的输出逼近期望输出，使误差函数 $E$ 趋于最小。误差函数定义为

$$E = 0.5 \times \sum_{i=1}^{m} (y_{di} - y_i)^2$$

式中：$m$ 为网络学习样本数；$y_{di}$ 为期望输出；$y_i$ 为被控对象的实际输出。这里采用误差反传法（BP 算法）改变网络权值以达到学习的目的。设网络连接权值的学习规则为 $\Delta W \propto \left(-\dfrac{E}{W}\right)$，则权值调整公式为

$$W(t+1) = W(t) + \eta \frac{\partial E}{\partial W} + \alpha[W(t) - W(t-1)] \qquad (12-58)$$

式中：$\eta$ 为学习效率；$\alpha$ 为平滑因子。在上式中关键是求出 $\frac{\partial E}{\partial W}$。下面给出各层权值调整公式。

对于第八层：

$$\frac{\partial E}{\partial \Theta_k} = \frac{\partial E}{\partial y_i} \times \frac{\partial y_i}{\partial \Theta_k} = \sum_{i=1}^{m} (y_{di} - y_i)(-O_k^{(7)}) f(I^{(8)})$$

令输出层反传误差为

$$\delta_k^{(8)} = -f'(I^{(8)}) \sum_{i=1}^{m} (y_{di} - y_i)$$

则有

$$\Theta_k(t+1) = \Theta_k(t) + n\delta_k^{(8)} + \alpha[\Theta_k(t) - \Theta_k(t-1)] \qquad (12-59)$$

用同样的方法可以求出第七层至第二层的反传误差及权值修正公式。下面为各层的反传误差公式：

第七层：　　$\delta_k^{(7)} = f'(I_k^{(7)}) \delta_k^{(8)} \Theta_k$　　　$k=1,2,\cdots,n$

第六层：　　$\delta_k^{(6)} = \delta_k^{(7)} O_{n+1}^{(6)} f'(I_k^{(6)})$　　　$k=1,2,\cdots,n$

　　　　　　$\delta_{n+1}^{(6)} = \sum \delta_k^{(7)} O_n^{(6)} f'(I_{n+1}^{(6)})$

第五层：　　$\delta_k^{(5)} = (\delta_k^{(6)} + \delta_{n+1}^{(6)}) f'(I_k^{(5)})$　　　$k=1,2,\cdots,n$

第四层：　　$\delta_{jk}^{(4)} = \delta^{(5)} \left( \prod_{l\neq 1,\,l\neq j}^{m} O_{lk}^{(4)} \right) f'(I_{jk}^{(4)})$　　　$j=1,2,\cdots,m; k=1,2,\cdots,n$

第三层：　　$\delta_{jk}^{(3)} = \delta_{jk}^{(4)} W_{jk} f'(I_{jk}^{(3)})$　　　$j=1,2,\cdots,m; k=1,2,\cdots,n$

第二层：　　$\delta_k^{(2)} = \sum \delta_{k1}^{(3)} f'(I_k^{(2)})$　　　$k=1,2,\cdots,n$

对于第六层的第 $n+1$ 个节点

$$f'(I_{n+1}^{(6)}) = -(O_{n+1}^{(6)})^2$$

对于其他各线性节点

$$f'(I_k^{(e)}) = 1$$

根据以上推导的结果，可得网络连接权值调整公式为

$$W_{lk}^{(e-1,\,e)}(t+1) = W_{lk}^{(e-1,\,e)}(t) + n\delta_k^{(e)} O_l^{(e-1)} + \alpha[W_{lk}^{(e-1,\,e)}(t) - W_{lk}^{(e-1,\,e)}(t-1)] \qquad (12-60)$$

式中：$W^{(e-1,\,e)}$ 表示从第 $e-1$ 层到第 $e$ 层的连接权值。

以表 12-4 作为训练样本，按照前面介绍的 FNN 系统学习算法，经过几千次的训练后，图 12-27 所示网络的目标函数达到了期望值，将训练后的网络接入图 12-26 所示的系统，作为开关状态选择器。

**2. 仿真结果**

采用模糊神经网络状态选择器的直接转矩控制系统仿真结果如图 12-28 和图 12-29 所示。

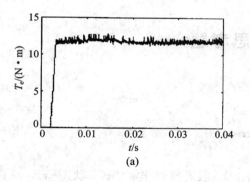 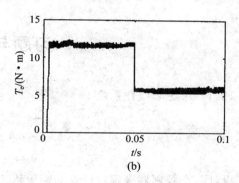

图 12-28　转矩响应曲线

（a）突加 12 N·m 转矩给定值时的转矩响应；（b）转矩给定值由 12 N·m 降到 6 N·m 时的转矩响应

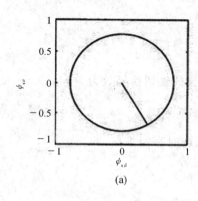 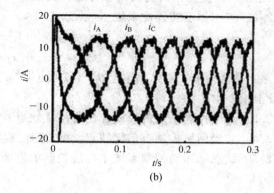

图 12-29　稳定时的定子磁链轨迹和定子电流响应曲线

（a）磁链轨迹；（b）定子电流

图 12-28(a)为采用模糊神经网络状态选择器的直接转矩控制系统在突加 12 N·m 的转矩给定值时的转矩响应，图 12-28(b)为系统稳定运行一段时间后转矩给定值由 12 N·m 降到 6 N·m 时的转矩响应。由仿真结果可以看出，采用模糊神经网络状态选择器后，无论系统是突加转矩给定值还是突减转矩给定值，由于转矩的快速调节作用，转矩实际值始终快速、无超调地跟踪转矩给定值，它的响应时间更短，转矩的脉动减小，系统的动态特性明显改善。

图 12-29 为稳态时的定子磁链轨迹及定子电流响应曲线。由图中可以看出采用模糊神经网络状态选择器，系统稳定性能明显改善，定子电流波形为正弦波，磁链轨迹为圆形。

综上所述，模糊神经网络状态选择器既具有模糊控制不要求掌握被控对象精确模型及强鲁棒性的优点，又具有神经网络自学习及高控制精度的优点。利用模糊模型将经验知识转化到神经网络中，构成模糊神经网络控制器，并用于 DTC 系统状态选择器的设计，由仿真结果可以看出，系统的静、动态性能明显提高，模糊神经网络能适应非线性不确定性系统，而且神经网络在网络结构、调权算法上有极大的灵活性，模糊神经网络控制器还具有很强的鲁棒性，但在模糊控制规则表的建立与转化为神经网络方面，以及神经网络自学习代替模糊规则的调整方面，还存在着一些问题，有待进一步研究和解决。

# 习题与思考题

12.1 考虑非线性系统

$$\begin{cases} \dot{x}_1 = \sin x_2 \\ \dot{x}_2 = x_1^4 \cos x_2 + u \\ y = x_1 \end{cases}$$

要求设计一个控制器来跟踪任意的期望轨迹 $y_d(t)$。假定模型非常精确,状态 $[x_1, x_2]^T$ 可以测量,并且 $y_d(t)$,$\dot{y}_d(t)$,$\ddot{y}_d(t)$ 已知有界。写出控制器作为测量状态 $[x_1, x_2]^T$ 的函数的完整表达式,并用简单的仿真对设计进行验证。

12.2 考虑如下非线性系统

$$\begin{cases} \dot{x}_1 = x_1 + (1-\theta_1)x_2 \\ \dot{x}_2 = \theta_2 x_2^2 + x_1 + u \end{cases}$$

其中 $\theta_1$ 和 $\theta_2$ 是两个未知参数,满足 $|\theta_1| \leqslant a$,$|\theta_2| \leqslant b$。当线性切换函数为 $s(x) = kx_1 + x_2 = 0$,试设计滑模变结构控制输入 $u$。

12.3 运动控制系统的模糊控制有何优缺点?

12.4 神经网络控制有何优缺点?在实际工程实现时有何难点?

12.5 试总结运动控制系统中智能控制的发展趋势。

# 参 考 文 献

1. 阮毅，杨影，陈伯时. 电力拖动自动控制系统：运动控制系统. 5 版. 北京：机械工业出版社，2016

2. 阮毅，陈维钧. 运动控制系统. 北京：清华大学出版社，2006

3. 尔桂花，窦曰轩. 运动控制系统. 北京：清华大学出版社，2003

4. 潘月斗，李擎，李华德. 电力拖动自动控制系统. 3 版. 北京：机械工业出版社，2021

5. 罗飞，郜晓田，文小玲，等. 电动机拖动与运动控制系统. 2 版. 北京：化学工业出版社，2017

6. 白晶，刘德军. 运动控制系统. 北京：高等教育出版社，2012

7. 黄松清. 电力拖动控制系统. 成都：西南交通大学出版社，2015

8. 曾毅，陈阿莲. 运动控制系统工程. 北京：机械工业出版社，2014

9. 杨耕，罗应立. 电动机与运动控制系统. 2 版. 北京：清华大学出版社，2014

10. BOSE B K. 现代电力电子学与交流传动. 王聪，赵金，于庆广，等译. 北京：机械工业出版社，2005

11. 洪乃刚. 电力电子和电力拖动控制系统的 MATLAB 仿真. 北京：机械工业出版社，2006

12. 胡寿松. 自动控制原理. 7 版. 北京：科学出版社，2019

13. 杨慧珍，贺昱曜. 现代控制理论基础(英文版). 2 版. 北京：电子工业出版社 2021

14. 李永东，郑泽东. 交流电动机数字控制系统. 3 版. 北京：机械工业出版社，2017

15. 李宁，陈桂. 运动控制系统. 北京：高等教育出版社，2004

16. 张勇军，潘月斗，李华德. 现代交流调速系统. 北京：机械工业出版社，2014

17. 舒志兵. 交流伺服运动控制系统. 北京：清华大学出版社，2006

18. 陈伯时，陈敏逊. 交流调速系统. 2 版. 北京：机械工业出版社，2005

19. 马小亮. 大功率交-交变频调速及矢量控制技术. 3 版. 北京：机械工业出版社，2004

20. 冯垛生，曾岳南. 无速度传感器矢量控制原理与实践. 2 版. 北京：机械工业出版社，2006

21. 丁学文. 电力拖动运动控制系统. 2 版. 北京：机械工业出版社，2019

22. 潘月斗. 现代交流电动机控制技术. 北京：机械工业出版社，2018

23. 李发海，朱东起. 电动机学. 6 版. 北京：科学出版社，2019

24. 刘锦波，张承慧. 电动机与拖动. 2 版. 北京：清华大学出版社，2015

25. 周扬忠，胡育文. 交流电动机直接转矩控制. 北京：机械工业出版社，2010

26. 张永昌，张虎，李正熙. 异步电动机无速度传感器高性能控制技术. 北京：机械工业出版社，2015

27. 寇宝泉，程树康. 交流伺服电动机及其控制. 北京：机械工业出版社出版，2021

28. 袁雷，胡冰新，魏克银，等. 现代永磁同步电动机控制原理及 MATLAB 仿真[M]. 北京：北京航空航天大学出版社，2016

29. 朱雅，贺昱曜，徐宇豪. 基于级联 MRAS 的 PMSM 参数在线辨识算法[J]. 西北工业大学学报，2017，35(3)：486－493

30. NABAE A, TAKAHASHI I, AKAGI H. A new neutral-point clamped PWM inverter. IEEE Trans. Ind. Appl., 1980：761～766

31. BHAGWAT P, STEFANOVIC V. Generalized structure of a multilevel PWM inverter. IEEE Trans. Ind. Appl., 1983, 19(6)：1057－1069

32. LAI J S, PENG F Z. Multilevel converters-a new breed of power converters. IEEE Trans. Ind. Appl., 1996, 32(3)：508－517

33. KOURO S, MALINOWSKI M, GOPAKUMAR K, et al. Recent advances and industrial applications of multilevel converters [J]. IEEE Trans. Ind. Appl., 2010, 57(8)：2553－2580.

34. 李永东，肖曦，高跃. 大容量多电平变换器－原理、控制、应用. 北京：科学出版社，2005

35. KOURO S, GEYER T, MD TOIT MOUTON H. Generalized three-level optimal pulse patterns with lower harmonic distortion[J]. IEEE Tran. on Power Electron. , 2020, 35(6): 5741 - 5752.

36. CELANOVIC N, BOROYEVICH D. A comprehensive study of neutral-point voltage balancing problem in three-level neutral-point-clamped voltage source PWM inverters. IEEE Trans. Power Electron, 2000, 15(2): 242～249

37. YAMANAKA K, KIRINO H, TANAKA Y, et al . A novel neutral point potential stabilization technique using the information of output current polarities and voltage vector. IEEE Trans. Ind. Appl. , 2002, 38(6): 1578 - 1580

38. PENG F Z. A generalized multilevel inverter topology with self voltage balancing. IEEE Trans. Ind. Appl. , 2001, 37(2): 611 - 618

39. 张永昌，赵争鸣，张颖超. 三电平逆变器 SHEPWM 多组解特性比较及实验[J]. 电工技术学报，2007, 22(3): 60 - 65.

40. 吴斌，纳里马尼. 大功率变频器及交流传动（原书第 2 版）[M]. 卫三民，苏位峰，宇文博，等译. 北京：机械工业出版社，2019

41. 李永东. 三电平逆变器异步电动机直接转矩控制系统：单一矢量法[J]. 电工技术学报，2004, 19(4): 34 - 39

42. 李永东. 三电平逆变器异步电动机直接转矩控制系统：合成矢量法[J]. 电工技术学报，2004, 19(6): 31 - 35

43. KOURO S, BEKNAL R, MIRANDA H, et al. High-performance torque and flux cntrol for multilevel inverter fed induction motors. IEEE Tran. Power Electron. , 2007, 22(6): 2116 - 2123.

44. 刘述喜. 三电平逆变器供电的感应电动机直接转矩控制系统的研究[D]. 重庆：重庆大学博士论文，2010

45. DEL TORO GARCIA X, ARIAS A, JAYNE M G, et al. Direct torque control of induction motors utilizing three-level voltage source inverters[J]. IEEE Transactions on Industrial Electronics, 2008, 55(2): 721 - 732.

46. 贺昱曜，闫茂德，许世燕，等. 非线性控制理论及应用. 北京：清华大学出版社，2021

47. 王久和. 交流电动机的非线性控制. 北京：电子工业出版社，2009

48. 席裕庚. 预测控制. 2 版. 北京：国防工业出版社，2019

49. RODRIGUEZ J, CORTES P. 功率变换器和电气传动的预测控制. 陈一民，周京华，卫三民，等译. 北京：机械工业出版社，2015

50. XU Y H, HE Y Y, LI H P, XIAO H F. Model predictive control using joint voltage vector for quasi-Z-source inverter with ability of suppressing current ripple [J]. IEEE Journal of Emerging and Selected Topics in Power Electronics, 2022, 10(1): 1108 - 1124

51. 赵全文，于金飞，于金鹏，等. 基于观测器的异步电动机模糊自适应控制. 渤海大学学报，2015, 36 (1): 37 - 43

52. WANG L, MENDEL J M. Fuzzy basis functions, universal approximation, and orthogonal least-squares learning [J]. , IEEE Trans. Neural Networks, 1992, 3(5): 807 - 814

53. 廖永衡，冯晓云，王珍. 基于定子磁链滑摸观测器的异步电动机空间矢量调制直接转矩控制[J]. 中国电动机工程学报，2012, 32(1): 88 - 97

54. 张卿杰. 手把手教你学 DSP：基于 TMS320F28335. 2 版. 北京航空航天大学出版社，2018

55. 顾卫钢. 手把手教你学 DSP：基于 TMS320X281X. 3 版. 北京航空航天大学出版社，2019

56. TI manual. TMS320F28335/28334/28332 TMS320F28235/28234/28232 Digital Signal Controllers (DSCs), www. ti. com.